H. VOGT

PROFESSEUR A LA FACULTÉ DES SCIENCES
DIRECTEUR DE L'INSTITUT ÉLECTROTECHNIQUE ET DE MÉCANIQUE APPLIQUÉE DE NANCY

SOLUTIONS

DES EXERCICES PROPOSÉS

DANS LES

ÉLÉMENTS

DE

MATHÉMATIQUES

SUPÉRIEURES

QUATRIÈME ÉDITION

PARIS

LIBRAIRIE VUIBERT

BOULEVARD SAINT-GERMAIN, 63

1926

SOLUTIONS DES EXERCICES

PROPOSÉS DANS LES ÉLÉMENTS

DE MATHÉMATIQUES SUPÉRIEURES

H. VOGT

PROFESSEUR A LA FACULTÉ DES SCIENCES

DIRECTEUR DE L'INSTITUT ÉLECTROTECHNIQUE ET DE MÉCANIQUE APPLIQUÉE DE NANCY

SOLUTIONS

DES EXERCICES PROPOSÉS

DANS LES

ÉLÉMENTS

DE

MATHÉMATIQUES

SUPÉRIEURES

QUATRIÈME ÉDITION

PARIS

LIBRAIRIE VUIBERT

BOULEVARD SAINT-GERMAIN, 63

1926

SOLUTIONS DES EXERCICES

I. — EXERCICES SUR LES COMPLÉMENTS D'ALGÈBRE

1. *Effectuer les développements de* $(x+a)^4$, $(x+a)^5$, $(x+a)^6$, *et ceux de* $(x+y+z)^2$, $(x+y+z)^3$.

$$(x+a)^4 = x^4 + 4ax^3 + 6a^2x^2 + 4a^3x + a^4.$$
$$(x+a)^5 = x^5 + 5ax^4 + 10a^2x^3 + 10a^3x^2 + 5a^4x + a^5.$$
$$(x+a)^6 = x^6 + 6ax^5 + 15a^2x^4 + 20a^3x^3 + 15a^4x^2 + 6a^5x + a^6.$$
$$(x+y+z)^2 = x^2 + y^2 + z^2 + 2yz + 2zx + 2xy.$$
$$(x+y+z)^3 = x^3 + y^3 + z^3 + 3x^2y + 3x^2z$$
$$+ 3y^2x + 3y^2z + 3z^2x + 3z^2y + 6xyz.$$

2. *Calculer les coefficients successifs du développement de* $(1 + x + x^2 + \cdots)^2$, *et de* $(1 + 2x + 3x^2 + \cdots)^2$.

En multipliant $1 + x + x^2 + \cdots$ par lui-même, le terme x^n se présente lorsqu'on multiplie un terme x^p du multiplicande par le terme x^{n-p} du multiplicateur, et cela pour $p = 0, 1, 2, \ldots, n$, donc $n+1$ fois ; le coefficient est $n+1$, d'où le développement

$$1 + 2x + 3x^2 + \cdots + (n+1)x^n + \cdots$$

En multipliant de même cette expression par elle-même, le terme x^n se présente en multipliant le terme $(p+1)x^p$ du multiplicande par le terme $(n-p+1)x^{n-p}$ du multiplicateur, et cela pour $p = 0, 1, 2, \cdots, n$; le coefficient est donc

$$1.(n+1) + 2.n + 3(n-1) + \cdots + (n+1).1,$$

qu'on peut écrire

$$1(n+2-1)+2(n+2-2)+3(n+2-3)+\cdots$$
$$=(n+2)\left[1+2+3+\cdots+(n+1)\right]-\left[1^2+2^2+\cdots+(n+1)^2\right];$$

on trouve ainsi pour valeur du coefficient $\dfrac{(n+1)(n+2)(n+3)}{6}$,
d'où le développement

$$1+4x+10x^2+20x^3+\cdots+\frac{(n+1)(n+2)(n+3)}{6}x^n+\cdots$$

On peut remarquer que les développements précédents sont ceux de

$$\frac{1}{(1-x)^2} \quad \text{et} \quad \frac{1}{(1-x)^4};$$

on pourrait les établir directement en effectuant les divisions.

----

3. *Calculer la somme des cubes des n premiers nombres, en partant du développement de $(n+1)^4$; vérifier que cette somme est égale au carré de la somme des n premiers nombres.*

En opérant comme au n° 6 et utilisant la formule

$$(n+1)^4 = n^4 + 4n^3 + 6n^2 + 4n + 1,$$

on trouve

$$(n+1)^4 = 4\left(\sum_{1}^{n}p^3\right) + 6\left(\sum_{1}^{n}p^2\right) + 4\left(\sum_{1}^{n}p\right) + n + 1,$$

et on en déduit

$$\sum_{1}^{n}p^3 = \frac{n^2(n+1)^2}{4} = \left(\sum_{1}^{n}p\right)^2.$$

----

4. *On forme une table analogue à une table de multiplication, en écrivant sur une première ligne les n premiers nombres, puis au-dessous de chacun d'eux les produits de ces nombres par 2, puis au-dessous leurs produits par 3, et ainsi de suite, et en n° ligne leurs produits par n.*

Former la somme S de tous ces nombres; former ensuite la somme S_n de ceux qui se trouvent dans la dernière ligne et la dernière colonne, puis la somme S_{n-1} de ceux qui se trouvent dans *l'avant-dernière ligne et l'avant-dernière colonne, non compris dans la somme précédente, et ainsi de suite. En écrivant que S est égale à $S_n + S_{n-1} + \cdots$, retrouver le résultat de l'exercice précédent.*

Si l'on forme la table des nombres

$$
\begin{array}{ccccc}
1 & 2 & 3 & \ldots & n \\
2 & 2.2 & 2.3 & \ldots & 2n \\
3 & 3.2 & 3.3 & \ldots & 3n \\
\cdots & \cdots & \cdots & \cdots & \cdots \\
n & n.2 & n.3 & \ldots & nn,
\end{array}
$$

la somme S de tous ces nombres est égale à

$$(1 + 2 + 3 + \cdots + n)^2 = \frac{n^2(n+1)^2}{4}.$$

La somme S_n des nombres compris dans la dernière ligne et la dernière colonne est égale à

$$2\big[n + 2n + \cdots + (n-1)n\big] + n^2 = 2n\frac{(n-1)n}{2} + n^2 = n^3 \, ;$$

de même S_{n-1} est égal à $(n-1)^3$, et ainsi de suite ; la somme S est donc égale à la somme des cubes des n premiers nombres.

------

5. *Calculer la somme $1.2 + 2.3 + 3.4 + \cdots + n(n+1)$; de même calculer la somme $1.2.3 + 2.3.4 + \cdots + n(n+1)(n+2)$.*

La première somme peut s'écrire

$$
\begin{aligned}
1(1+1) &+ 2(2+1) + 3(3+1) + \cdots + n(n+1) \\
&= (1^2 + 2^2 + \cdots + n^2) + (1 + 2 + \cdots + n) \\
&= \frac{n(n+1)(2n+1)}{6} + \frac{n(n+1)}{2} = \frac{n(n+1)(n+2)}{3}.
\end{aligned}
$$

La deuxième somme peut s'écrire de même

$$
\begin{aligned}
1(1+1)(1+2) &+ 2(2+1)(2+2) + \cdots + n(n+1)(n+2) \\
&= (1^3 + 2^3 + \cdots + n^3) + 3(1^2 + 2^2 + \cdots n^2) + 2(1 + 2 + \cdots + n) \\
&= \frac{n^2(n+1)^2}{4} + 3\frac{n(n+1)(2n+1)}{6} + 2\frac{n(n+1)}{2} = \frac{n(n+1)(n+2)(n+3)}{4}.
\end{aligned}
$$

------

6. *On donne dans un plan n droites indéfinies dont deux quelconques ne sont pas parallèles et trois quelconques ne passent pas par le même point. Déterminer le nombre de leurs points de rencontre et le nombre des régions polygonales séparées finies ou infinies qu'elles déterminent dans le plan.*

On donne dans l'espace n plans indéfinis dont deux quelconques ne sont pas parallèles, trois quelconques ne sont pas parallèles à une même droite et quatre quelconques ne passent pas par le même point. Déterminer le nombre de leurs droites d'intersection, celui de leurs points de rencontre trois à trois, celui des régions polygonales finies ou infinies déterminées sur ces plans, et celui des régions polyédrales finies ou infinies déterminées par ces plans dans l'espace.

Le nombre x_n des points de rencontre de n droites dans un plan est égal au nombre des combinaisons de n objets deux à deux, soit $C_n^2 = \dfrac{n(n-1)}{2}$. On peut encore le trouver par les considérations suivantes : Supposons que l'on prenne d'abord $n-1$ droites, et que l'on connaisse le nombre x_{n-1} de leurs points de rencontre ; si l'on ajoute une n^e droite, elle coupe chacune des précédentes en un point, de sorte que le nombre des points est augmenté de $n-1$; on a dès lors

$$x_n = x_{n-1} + n - 1.$$

En remplaçant dans cette relation de récurrence n par $n-1$, $n-2, \ldots, 2$, remarquant que x_1 est nul, et ajoutant les équations membre à membre, on obtient

$$x_n = (n-1) + (n-2) + \cdots + 2 + 1 = \frac{n(n-1)}{2}.$$

Soit y_n le nombre des régions déterminées par les n droites ; comme précédemment, supposons que l'on considère $n-1$ droites et que l'on connaisse le nombre y_{n-1} des régions qu'elles déterminent ; si l'on ajoute une n^e droite, elle est découpée par les premières en n segments et traverse n régions, qu'elle décompose chacune en deux ; le nombre y_{n-1} est ainsi augmenté de n, et l'on a

$$y_n = y_{n-1} + n.$$

En remplaçant n par $n-1$, $n-2, \ldots, 1$, remarquant qué

$y_0 = 1$ et ajoutant les équations membre à membre, on obtient

$$y_n = n + (n-1) + \cdots + 1 + 1 = \frac{n(n+1)}{2} + 1.$$

Par exemple quatre droites se coupent en six points et déterminent onze régions.

Dans l'espace, le nombre des droites d'intersection de n plans est égal au nombre des combinaisons de n objets deux à deux, soit $C_n^2 = \dfrac{n(n-1)}{2}$; le nombre de leurs points de rencontre trois à trois est celui des combinaisons de n objets trois à trois, $C_n^3 = \dfrac{n(n-1)(n-2)}{6}$.

Un des n plans est rencontré par les $n-1$ autres suivant $n-1$ droites ; elles déterminent dans le premier plan y_{n-1} régions ; il en est de même dans chacun des autres plans. Le nombre total des régions polygonales contenues dans les n plans est égal à $ny_{n-1} = \dfrac{n^2(n-1)}{2} + n$.

Soit z_n le nombre des régions polyédrales déterminées par les n plans ; supposons que l'on envisage $n-1$ plans, et que l'on connaisse le nombre z_{n-1} des régions qu'ils déterminent ; si l'on ajoute un n^e plan, il est coupé par les $n-1$ premiers suivant $n-1$ droites déterminant y_{n-1} régions polygonales ; chacune de ces régions découpe en deux parties le même nombre de régions polyédrales déterminées par les $n-1$ plans ; le nombre z_{n-1} est donc augmenté de y_{n-1}, et l'on a

$$z_n = z_{n-1} + y_{n-1}.$$

En remplaçant n par $n-1$, $n-2$, $\ldots$, 1, remarquant que $z_0 = 1$, et ajoutant les équations membre à membre, on obtient

$$z_n = y_{n-1} + y_{n-2} + \cdots + y_1 + y_0 + 1$$
$$= \frac{(n-1)n}{2} + \frac{(n-2)(n-1)}{2} + \cdots + \frac{1 \cdot 2}{2} + n + 1.$$

En utilisant le résultat de l'exercice 5, on a

$$z_n = \frac{(n-1)n(n+1)}{6} + n + 1 = \frac{(n+1)(n^2 - n + 6)}{6}.$$

Par exemple, quatre plans se coupent suivant six arêtes et quatre sommets ; ils déterminent vingt-huit régions polygonales et quinze régions polyédrales.

7. *On considère la suite des nombres*

$$a_1 = 1, \qquad a_2 = \frac{4 - a_1}{3 - a_1}, \qquad a_3 = \frac{4 - a_2}{3 - a_2}, \qquad \dots;$$

calculer la valeur du terme a_n *en fonction de* n *et sa limite pour* n *infini.*

Les premiers termes $a_1 = 1$, $a_2 = \dfrac{3}{2}$, $a_3 = \dfrac{5}{3}$, $a_4 = \dfrac{7}{4}$ satisfont à la loi

$$a_n = \frac{2n - 1}{n};$$

on peut vérifier que si cette loi est vraie pour n, elle est encore vraie pour $n + 1$; elle est donc générale. La limite de a_n pour n infini est égale à 2 (n° 13).

----

8. *On considère la suite des nombres*

$$a_1 = 1, \qquad a_2 = \frac{1}{1 + a_1}, \qquad a_3 = \frac{1}{1 + a_2}, \qquad \dots;$$

montrer que cette suite a une limite et calculer la valeur de cette limite.

Les premiers termes de la suite $a_1 = 1$, $a_2 = \dfrac{1}{2}$, $a_3 = \dfrac{2}{3}$, $a_4 = \dfrac{3}{5}$, sont compris entre $\dfrac{1}{2}$ et 1; cette propriété est générale, car si elle est vraie pour a_{n-1}, a_n est compris entre $\dfrac{1}{1}$ et $\dfrac{1}{1 + \dfrac{1}{2}} = \dfrac{2}{3}$.

Si l'on forme la différence entre a_{n+1} et a_n,

$$a_{n+1} - a_n = \frac{1}{1 + a_n} - \frac{1}{1 + a_{n-1}} = - \frac{a_n - a_{n-1}}{(1 + a_n)(1 + a_{n-1})},$$

on voit que cette différence est de signe contraire à $a_n - a_{n-1}$; de plus, comme $1 + a_n$ et $1 + a_{n-1}$ sont supérieurs à $\dfrac{3}{2}$, on a

$$|a_{n+1} - a_n| < \frac{4}{9}|a_n - a_{n-1}|;$$

on en conclut que chacun des nombres de la suite est compris entre les deux précédents et que la différence entre deux nombres consécutifs tend vers zéro, lorsque le rang de ces nombres augmente indéfiniment, d'après la suite d'inégalités

$$|a_{n+1} - a_n| < \frac{4}{9}|a_n - a_{n-1}| < \left(\frac{4}{9}\right)^2 |a_{n-1} - a_{n-2}|$$
$$< \cdots < \left(\frac{4}{9}\right)^{n-1} |a_2 - a_1|.$$

On peut répéter sur les termes de la suite le raisonnement du n° 44 relatif aux séries alternées ; ces termes ont une limite l. Si dans l'égalité

$$a_{n+1} = \frac{1}{1 + a_n}$$

on fait croître n indéfiniment, a_n et a_{n+1} deviennent égaux à l, et l'on a

$$l = \frac{1}{1 + l}, \qquad l^2 + l - 1 = 0, \qquad l = \frac{-1 + \sqrt{5}}{2} = 0,618\ldots$$

----

9. *Calculer la limite de* $\dfrac{\sqrt[m]{a} - \sqrt[m]{b}}{\sqrt[p]{a} - \sqrt[p]{b}}$ *quand* b *tend vers* a *; on posera* $\quad a = \alpha^{mp}$ *et* $b = \beta^{mp}$.

L'expression peut se mettre sous la forme

$$\frac{\alpha^p - \beta^p}{\alpha^m - \beta^m} = \frac{(\alpha - \beta)(\alpha^{p-1} + \alpha^{p-2}\beta + \cdots + \beta^{p-1})}{(\alpha - \beta)(\alpha^{m-1} + \alpha^{m-2}\beta + \cdots + \beta^{m-1})};$$

en supprimant le facteur commun $\alpha - \beta$ et passant à la limite pour $\alpha = \beta$, on obtient $\dfrac{p}{m}\alpha^{p-m} = \dfrac{p}{m}a^{\frac{1}{m} - \frac{1}{p}}$.

----

10. *Trouver la limite pour* n *infini de* $\sqrt[n]{x^n + \dfrac{1}{x^n}}$ *; représenter graphiquement cette limite quand* x *varie de* 0 *à* ∞.

Si x est compris entre 0 et 1, on remplace l'expression donnée par $\dfrac{1}{x}\sqrt[n]{x^{2n} + 1}$; comme x^{2n} tend vers zéro, le radical tend vers 1, et la limite cherchée est égale à $\dfrac{1}{x}$.

Si x est égal à 1, l'expression est égale à $\sqrt[n]{2}$ et a pour limite 1.

Si x est supérieur à 1, on remplace l'expression par $x\sqrt[n]{1+\dfrac{1}{x^{2n}}}$;

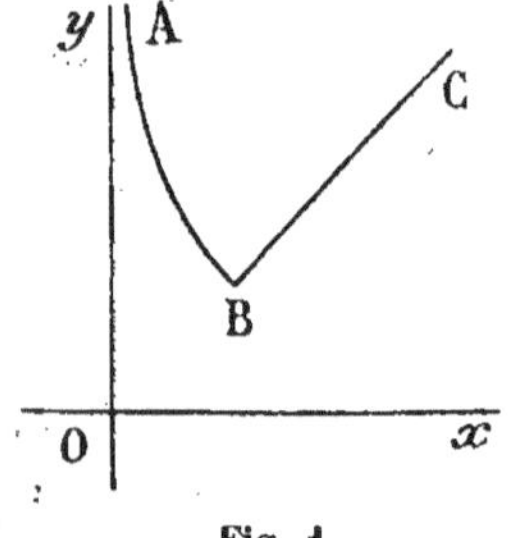

Fig. 1.

comme x^{2n} augmente indéfiniment, le radical tend vers 1 et la limite cherchée est égale à x.

La représentation graphique de la limite, à l'aide de coordonnées rectangulaires x et y, est fournie par les équations

$$y = \frac{1}{x}, \qquad (1 < x \leqslant 1),$$
$$y = x, \qquad (1 \leqslant x),$$

qui représentent une portion AB d'hyperbole équilatère asymptote à l'axe Oy, et une portion BC de la bissectrice de l'angle xOy ($fig.$ 1).

---

11. *On partage la hauteur d'une pyramide en n parties égales et l'on mène par les points de division des plans parallèles à la base; trouver, lorsque n augmente indéfiniment, la limite de la moyenne arithmétique des surfaces des sections ainsi obtenues.*

Les aires des sections faites dans une pyramide par des plans parallèles à la base sont proportionnelles aux carrés de leurs distances au sommet. Si B est la base de la pyramide, les aires des sections déterminées par les n plans à partir du sommet sont égales à

$$B\left(\frac{1}{n}\right)^2, \qquad B\left(\frac{2}{n}\right)^2, \qquad B\left(\frac{3}{n}\right)^2, \qquad \cdots, \qquad B\left(\frac{n}{n}\right)^2;$$

leur moyenne arithmétique est

$$\frac{B}{n^3}[1^2+2^2+\cdots+n^2] = B\,\frac{n(n+1)(2n+1)}{6n^3};$$

la limite de cette moyenne lorsque n augmente indéfiniment est $\dfrac{B}{3}$.

---

12. *Déterminer le volume d'une pyramide; on partagera sa hauteur en n parties égales et l'on tracera par les points de division des plans parallèles à la base; on considérera des prismes inscrits dans la pyramide, ayant pour bases supérieures les sections succes-*

sives, et pour hauteur la distance de deux plans consécutifs ; puis on déterminera la limite de la somme des volumes de ces prismes lorsque n augmente indéfiniment.

Si B est la surface de la base et H la hauteur, les prismes successifs ont pour hauteur $\dfrac{H}{n}$; les surfaces de leurs bases sont entre elles. comme les carrés des distances au sommet, et ont pour valeur

$$B\left(\frac{1}{n}\right)^2, \quad B\left(\frac{2}{n}\right)^2, \quad \cdots \quad B\left(\frac{n-1}{n}\right)^2.$$

La somme des volumes est

$$\frac{BH}{n^3}\left[1^2 + 2^2 + \cdots + (n-1)^2\right] = \frac{BH}{n^3}\frac{(n-1)n(2n-1)}{6};$$

en passant à la limite pour n infini, on trouve $V = \dfrac{BH}{3}.$

---

13. *Trouver la limite pour n infini du produit*

$$(1+x)(1+x^2)(1+x^4)\cdots(1+x^{2^n}).$$

Si $x = -1$, le produit est nul ; si $x = 1$ ou $|x| > 1$, le produit n'a pas de limite ; si $|x| < 1$, on remarque que l'on a

$$1 + x = \frac{1-x^2}{1-x}, \quad 1 + x^2 = \frac{1-x^4}{1-x^2}, \quad \cdots, \quad 1 + x^{2^n} = \frac{1-x^{2^{n+1}}}{1-x^{2^n}};$$

dès lors le produit est égal à $\dfrac{1 - x^{2^{n+1}}}{1-x}$ et a pour limite $\dfrac{1}{1-x}.$

---

14. *Trouver la limite pour n infini de*

$$\frac{1 - \cos\dfrac{x}{n}}{n^2}, \qquad \frac{\operatorname{tg}\dfrac{x}{\sqrt{n}} - \sin\dfrac{x}{\sqrt{n}}}{n\sqrt{n}},$$

$$n^2\left(1 - \cos\frac{x}{n}\right), \qquad n\sqrt{n}\left(\operatorname{tg}\frac{x}{\sqrt{n}} - \sin\frac{x}{\sqrt{n}}\right).$$

Les deux premiers rapports ont pour limite zéro, car les numérateurs tendent vers zéro et les dénominateurs augmentent indéfiniment.

La troisième expression s'écrit

$$2n^2 \sin^2 \frac{x}{2n} = \left(\frac{\sin \dfrac{x}{2n}}{\dfrac{x}{2n}} \right)^2 \frac{x^2}{2},$$

et comme le rapport dans la parenthèse a pour limite l'unité (n° 14), la limite de l'expression est $\dfrac{x^2}{2}$.

De la même manière, la quatrième expression s'écrit

$$\frac{n\sqrt{n}\left(\sin \dfrac{x}{\sqrt{n}}\right)\left(1 - \cos \dfrac{x}{\sqrt{n}}\right)}{\cos \dfrac{x}{\sqrt{n}}} = \frac{1}{\cos \dfrac{x}{\sqrt{n}}} \left(\frac{\sin \dfrac{x}{\sqrt{n}}}{\dfrac{x}{\sqrt{n}}} \right) \left(\frac{\sin \dfrac{x}{2\sqrt{n}}}{\dfrac{x}{2\sqrt{n}}} \right)^2 \frac{x^3}{2};$$

les rapports entre parenthèses et le premier dénominateur ont pour limite l'unité ; la limite de l'expression est $\dfrac{x^3}{2}$.

---

15. *Trouver la limite pour x infini de*

$$x - \sqrt{x^2 + x + 1}, \qquad \sqrt[3]{x^3 + x^2 + 1} - \sqrt[3]{x^3 - x^2 + 1}.$$

Nous supposons x positif ; si nous désignons par a et b les termes de la première différence, par c et d les termes de la deuxième, et si nous appliquons les identités

$$a - b = \frac{a^2 - b^2}{a + b}, \qquad c - d = \frac{c^3 - d^3}{c^2 + cd + d^2},$$

nous voyons que les expressions sont respectivement égales à

$$\frac{-(x + 1)}{x + \sqrt{x^2 + x + 1}},$$

$$\frac{2x^2}{\sqrt[3]{(x^3 + x^2 + 1)^2} + \sqrt[3]{(x^3 + x^2 + 1)(x^3 - x^2 + 1)} + \sqrt[3]{(x^3 - x^2 + 1)^2}}.$$

En divisant par x les deux termes de la première fraction, par x^2 les deux termes de la seconde, et faisant croître x indéfiniment, on voit que les limites des deux expressions sont respectivement $-\dfrac{1}{2}$ et $\dfrac{2}{3}$.

---

16. *Effectuer le produit* $\left(a^{\frac{1}{3}}b^{-\frac{1}{4}}c^{\frac{5}{6}}\right)\left(a^{-\frac{3}{4}}b^{\frac{2}{3}}c^{\frac{1}{4}}\right)\left(a^{-\frac{1}{12}}b^{\frac{1}{3}}c^{-\frac{3}{4}}\right).$

En réduisant les exposants de a, b, c au même dénominateur 12, on obtient

$$a^{\frac{4-9-1}{12}}\,b^{\frac{-3+8+4}{12}}\,c^{\frac{10+3-9}{12}}=a^{-\frac{6}{12}}b^{\frac{9}{12}}c^{\frac{4}{12}}=a^{-\frac{1}{2}}b^{\frac{3}{4}}c^{\frac{1}{3}}.$$

---

17. *Rendre rationnelles les équations*

$$x^{\frac{1}{2}}+y^{\frac{1}{2}}+z^{\frac{1}{2}}=0,\qquad (ax)^{\frac{2}{3}}+(by)^{\frac{2}{3}}=c^{\frac{4}{3}}.$$

En écrivant la première équation sous la forme

$$x^{\frac{1}{2}}+y^{\frac{1}{2}}=-z^{\frac{1}{2}}$$

et élevant au carré, on a

$$x+y+2(xy)^{\frac{1}{2}}=z\;;$$

en isolant $(xy)^{\frac{1}{2}}$ dans un membre, élevant au carré et ordonnant, on obtient

$$x^2+y^2+z^2-2yz-2zx-2xy=0.$$

On peut remarquer que le premier membre de la dernière équation est égal à

$$-\left(x^{\frac{1}{2}}+y^{\frac{1}{2}}+z^{\frac{1}{2}}\right)\left(x^{\frac{1}{2}}+y^{\frac{1}{2}}-z^{\frac{1}{2}}\right)\left(x^{\frac{1}{2}}-y^{\frac{1}{2}}+z^{\frac{1}{2}}\right)\left(-x^{\frac{1}{2}}+y^{\frac{1}{2}}+z^{\frac{1}{2}}\right),$$

d'après la formule

$$(a+b+c)(a+b-c)(a-b+c)(-a+b+c)$$
$$=2a^2b^2+2a^2c^2+2b^2c^2-a^4-b^4-c^4,$$

dans laquelle on ferait

$$a=x^{\frac{1}{2}},\quad b=y^{\frac{1}{2}},\quad c=z^{\frac{1}{2}}.$$

En élevant au cube les deux membres de la seconde équation, on a

$$a^2x^2+b^2y^2+3(ax)^{\frac{2}{3}}(by)^{\frac{2}{3}}\left[(ax)^{\frac{2}{3}}+(by)^{\frac{2}{3}}\right]=c^4\;;$$

en remplaçant la parenthèse par $c^{\frac{4}{3}}$, isolant dans un membre la quantité irrationnelle et élevant au cube, on obtient la relation rationnelle

$$(a^2x^2+b^2y^2-c^4)^3+27(ax)^2(by)^2c^4=0.$$

---

18. *Étudier la convergence ou la divergence des séries dont le terme général est*

$$\frac{a}{b+cn}, \qquad \frac{n+2}{n^3+1}, \qquad \frac{n}{1+a^n}, \qquad \frac{na^n}{n^2+1}, \qquad q^n\left(a^n+\frac{1}{a^n}\right),$$

$$n^p\left(1-\cos\frac{\pi}{n}\right), \qquad \operatorname{tg}\frac{\pi}{\sqrt{n}}, \qquad \operatorname{tg}\frac{\pi}{\sqrt{n}}-\sin\frac{\pi}{\sqrt{n}}.$$

Pour la première série, le rapport de u_n à $\dfrac{1}{n}$ a une limite finie et non nulle ; la série est divergente (n° 38).

Pour la deuxième, le rapport de u_n à $\dfrac{1}{n^2}$ a une limite finie et non nulle, la série est convergente (n° 41).

Pour la troisième, si $|a|<1$, a^n tend vers zéro, le terme u_n augmente indéfiniment, et la série est divergente ; il en est de même si $|a|=1$; si $|a|>1$, la valeur absolue du rapport d'un terme au précédent est égale à

$$\left|\frac{n+1}{n}\cdot\frac{1+a^n}{1+a^{n+1}}\right| = \left|\frac{n+1}{n}\cdot\frac{1}{a}\cdot\frac{1+\dfrac{1}{a^n}}{1+\dfrac{1}{a^{n+1}}}\right|$$

et a pour limite $\left|\dfrac{1}{a}\right|$, qui est inférieur à l'unité ; la série est absolument convergente.

Pour la quatrième, la valeur absolue du rapport d'un terme au précédent a pour limite $|a|$. Si $|a|>1$, la série est divergente ; si $|a|<1$, la série est absolument convergente ; si $a=1$, le terme général de la série est $\dfrac{n}{n^2+1}$, et la série est divergente, comme la série harmonique ; si $a=-1$, la série est alternée, ses termes vont en décroissant en valeur absolue, car

$$|u_{n+1}|-|u_n| = \frac{n+1}{(n+1)^2+1} - \frac{n}{n^2+1} = \frac{-n^2-n+1}{[(n+1)^2+1](n^2+1)}$$

est constamment négatif ; le terme général tend vers zéro ; la série est dès lors convergente (n° 44).

Pour la cinquième, une condition nécessaire de convergence de la série est que $q^n a^n$ et $\dfrac{q^n}{a^n}$ tendent vers zéro, ou que qa et $\dfrac{q}{a}$ soient compris entre -1 et $+1$; il faut pour cela que $|q|$ soit <1, et que $|a|$ soit compris entre les valeurs absolues de q et de $\dfrac{1}{q}$. Ces conditions sont suffisantes, car si elles sont remplies, on peut voir, en reprenant le raisonnement de l'exercice 10, que $\sqrt[n]{|u_n|}$ a une limite inférieure à l'unité.

Pour les séries suivantes, on utilisera la remarque relative à $n^\alpha u_n$ (n° 41), et les résultats de l'exercice 14 ; la sixième série est convergente si $p<1$, la septième est divergente et la huitième est convergente.

---

19. *On appelle série hypergéométrique la série*

$$1 + \frac{\alpha \cdot \beta}{\gamma \cdot 1}\,x + \frac{\alpha(\alpha+1)\beta(\beta+1)}{\gamma(\gamma+1)1 \cdot 2}\,x^2 + \frac{\alpha(\alpha+1)(\alpha+2)\beta(\beta+1)(\beta+2)}{\gamma(\gamma+1)(\gamma+2)1 \cdot 2 \cdot 3}\,x^3 + \cdots ;$$

montrer qu'elle est convergente lorsque x est inférieur à l'unité en valeur absolue.

Pour la série des valeurs absolues des termes, le rapport $\dfrac{u_{n+1}}{u_n}$ (n° 39) est égal à $\left|\dfrac{(\alpha+n-1)(\beta+n-1)}{(\gamma+n-1)n}\,x\right|$; il a pour limite $|x|$ quand n augmente indéfiniment ; la série est donc absolument convergente quand $|x|$ est plus petit que 1.

---

20. *Démontrer que la série dont le terme général est $q^{n^2}x^n$ est convergente quel que soit x lorsque q est inférieur à l'unité en valeur absolue.*

Pour la série des valeurs absolues des termes, l'expression $\sqrt[n]{u_n}$ (n° 40) est $|q^n x|$; elle a pour limite zéro si $|q|<1$, et la série est convergente ; si $|q|>1$, la série est divergente.

---

21. *Démontrer que les séries*

$$\frac{1}{1.2} + \frac{1}{2.2^2} + \frac{1}{3.2^3} + \cdots + \frac{1}{n.2^n} + \cdots,$$

$$1 - \frac{1}{1}\frac{1}{3} + \frac{1}{1.2}\frac{1}{5} - \frac{1}{1.2.3}\frac{1}{7} + \frac{1}{1.2.3.4}\frac{1}{9} - \cdots$$

sont convergentes et trouver leur somme à 1 millième près.

Les termes de la première série sont respectivement inférieurs à ceux d'une progression géométrique de raison $\frac{1}{2}$; cette série est donc convergente ; la deuxième l'est aussi comme étant alternée à termes décroissants et tendant vers zéro (n° 44).

Pour le calcul de la première, le reste R_n est

$$\frac{1}{(n+1)2^{n+1}} + \frac{1}{(n+2)2^{n+2}} + \cdots < \frac{1}{(n+1)2^{n+1}}\left(1 + \frac{1}{2} + \frac{1}{2^2} + \cdots\right)$$

et il est inférieur à $\dfrac{1}{(n+1)2^n}$, c'est-à-dire au double du premier terme négligé ; pour $n = 8$, il est inférieur à $\dfrac{1}{2\,000}$ ou $0,0005$.

Des huit premiers termes conservés, trois sont calculables avec cinq chiffres décimaux exacts ; en conservant dans les cinq autres termes cinq chiffres décimaux, l'erreur commise dans la somme est inférieure à $0,00005$; on obtient ainsi

$$0,5 + 0,125 + 0,04166 + 0,01562 + 0,00625 + 0,00260$$
$$+ 0,00111 + 0,00048 = 0,69272.$$

Si l'on supprime les deux derniers chiffres en forçant d'une unité le chiffre 2, on commet une erreur inférieure à $0,0003$; la somme de toutes les erreurs est inférieure à $\dfrac{5 + 3 + 0,5}{10\,000}$ ou à $0,001$; on peut donc prendre pour valeur de la série $0,693$, approchée à $0,001$ près. La série représente la valeur du logarithme népérien de 2.

Pour la deuxième série, les cinq premiers termes donnent

$$1 - 0,3333 \cdots + 0,1 - 0,0238 \cdots + 0,0046 \cdots ;$$

le premier terme négligé est $\dfrac{1}{1\,320}$, et R_n, qui lui est inférieur (n° 44), est plus petit que $0,0008$. En conservant quatre chiffres décimaux dans les nombres conservés, qui sont de signes différents, l'erreur est inférieure à $0,0002$; on peut donc prendre le résultat $0,7475$ comme valeur approchée de la série à $0,001$ près. Cette série est la valeur de l'intégrale définie $\int_0^1 e^{-x^2} dx$.

---

22. *Pour quelles valeurs de x la série*

$$x + 2x^2 + 3x^3 + \cdots + nx^n + \cdots$$

est-elle convergente? Évaluer le produit par $(1-x)^2$ de la somme des n premiers termes, et en déduire que la série, lorsqu'elle est convergente, a pour somme $\dfrac{x}{(1-x)^2}$. Appliquer ce résultat au calcul de la somme de la série considérée au n° 45.

Pour la série des valeurs absolues, le rapport $\dfrac{u_{n+1}}{u_n}$ est égal à $\dfrac{n+1}{n}|x|$ et a pour limite $|x|$; la série est convergente pour $|x| < 1$ et divergente pour $|x| \geqslant 1$.

Le produit par $(1-x)^2$ de la somme S_n est égal à

$$x - (n+1)x^{n+1} + nx^{n+2}$$

et, pour $|x| < 1$, il a pour limite x quand n augmente indéfiniment ; par suite la somme de la série est égale à $\dfrac{x}{(1-x)^2}$; (comparer à l'exercice 2).

Pour $x = \dfrac{1}{8}$, on a $S = \dfrac{8}{49} = 0,16326 \ \ldots$

---

23. *La longueur du périmètre d'une ellipse est donnée par la formule*

$$S = 2\pi a \left[1 - \left(\frac{1}{2}\right)^2 \frac{e^2}{1} - \left(\frac{1.3}{2.4}\right)^2 \frac{e^4}{3} - \left(\frac{1.3.5}{2.4.6}\right)^2 \frac{e^6}{5} - \cdots \right],$$

où a est le demi-grand axe et e l'excentricité ; calculer S à un centième près pour $a = 5$ et $e = 0,3$.

Pour calculer avec une erreur inférieure à $0,01$ le produit

$$S = 10\pi \left[1 - \frac{1}{2^2} \frac{(0,3)^2}{1} - \left(\frac{1.3}{2.4}\right)^2 \frac{(0,3)^4}{3} - \cdots \right],$$

il faut tenir compte de l'erreur que l'on commet sur π et de celle que l'on commet dans le calcul de la série qui est entre parenthèses. Le nombre 10π est égal à $31,416 + \varepsilon$, ε étant un nombre inférieur en valeur absolue à $0,0001$.

La série peut s'écrire $S'_n + \varepsilon' + R_n$, R_n étant le reste, S'_n une valeur approchée de la somme des n premiers termes et ε' l'erreur commise sur ces termes ; on a donc

$$S = (31,416 + \varepsilon)(S'_n + \varepsilon' + R_n)$$
$$= 31,416 S'_n + 31,416(\varepsilon' + R_n) + \varepsilon(S'_n + \varepsilon' + R_n).$$

Comme la somme de la série est inférieure à l'unité, le dernier terme est inférieur à $0,0001$; si l'on prend $\varepsilon' + R_n < 0,0003$, le produit $31,416(\varepsilon' + R_n)$ sera inférieur à $0,0095$ et le produit $31,416 S'_n$ différera de S de moins de $0,01$.

Remarquons que R_n est inférieur à

$$u_{n+1}(1 + e^2 + e^4 + \cdots) \qquad \text{ou} \qquad \frac{u_{n+1}}{1 - e^2} \, ;$$

comme le quatrième terme est inférieur à $0,000015$, il suffit de prendre $n = 3$, et R_n est inférieur à $0,00002$.

On doit calculer la somme des trois premiers termes

$$1 - \frac{0,09}{4} - \frac{0,0243}{64} = 0,977120 \ldots ;$$

en conservant $0,977$, l'erreur commise ε' est inférieure à $0,00013$, et l'on a finalement $\varepsilon' + R_n < 0,00015$.

Formons le produit $31,416 \times 0,977 = 30,693432$; en conservant seulement $30,69$, nous commettons une erreur inférieure à $0,004$ qui s'ajoute aux précédentes ; mais la somme de toutes ces erreurs reste quand même inférieure à $0,0001 + 32 \times 0,00015 + 0,004$ ou à $0,009$; la valeur $30,69$ est donc bien approchée à $0,01$ près.

---

24. *Lorsque, dans une équation de la forme* $ax^p + x - c = 0$, *où* p *est entier et où* a *et* c *sont positifs,* a *est un nombre inférieur à* $\dfrac{1}{pc^{p-1}}$, *on détermine une racine par approximations successives en posant* $x = c - ax^p$, *et calculant la suite de nombres*

$$x_1 = c, \qquad x_2 = c - ax_1^p, \qquad x_3 = c - ax_2^p, \qquad \cdots ;$$

démontrer que les nombres de cette suite ont une limite, et que cette limite est racine de l'équation donnée ; déterminer une limite de l'erreur commise en s'arrêtant à un certain terme ; appliquer cette méthode à la recherche d'une racine de l'équation

$$0,01x^3 + x - 2 = 0.$$

L'équation a une seule racine positive, car si x croît de 0 à $+\infty$, le premier membre croît de $-c$ à $+\infty$ et s'annule une et une seule fois ; c'est cette racine que l'on se propose de calculer.

Le nombre c étant supérieur à $c - ax^p$, x_1 est supérieur à la racine ; en calculant x_2, on retranche de c le nombre trop grand ax_1^p, et x_2 est inférieur à la racine ; x_3 est de nouveau supérieur à la racine mais plus petit que x_1 ; x_4 est inférieur à la racine, mais plus grand que x_2, et ainsi de suite. On a donc une suite de nombres $x_1, x_2, x_3, \ldots$, qui peuvent être représentés par les points $A_1, A_2, A_3, \ldots$ de la figure 6 (n° 44). Pour montrer que cette suite a une limite, il suffit de montrer que $x_n - x_{n-1}$ tend vers zéro ; la limite sera par suite égale à la racine x, car celle-ci est comprise entre deux nombres consécutifs de la suite ; or on a

$$x_n - x_{n-1} = - a(a_{n-1}^p - x_{n-2}^p) = - a(x_{n-1} - x_{n-2})(x_{n-1}^{p-1} + x_{n-1}^{p-2}x_{n-2} + \cdots);$$

les termes de la dernière parenthèse étant inférieurs à c^{p-1}, on a

$$|x_n - x_{n-1}| < apc^{p-1}|x_{n-1} - x_{n-2}|;$$

comme apc^{p-1} est un nombre k inférieur à l'unité, on trouve, en donnant à n les valeurs successives $3, 4, \ldots$, et faisant le produit des inégalités obtenues,

$$|x_n - x_{n-1}| < k^{n-2}|x_2 - x_1| \quad \text{ou} \quad < k^{n-2}ac^p,$$

ce qui montre bien que la suite des nombres x_n a une limite. L'erreur commise en s'arrêtant à x_n est inférieure à $k^{n-2}ac^p$.

Pour l'équation $0,01x^3 + x - 2 = 0$, on a

$$c = 2, \quad a = 0,01, \quad p = 3, \quad k = 0,12 ;$$

les valeurs successives sont

$$x_1 = 2, \quad x_2 = 1,92, \quad x_3 = 1,9292\ldots, \quad x_4 = 1,9282\ldots,$$

en prenant pour x la moyenne arithmétique de x_3 et x_4, c'est-à-dire $1,9287$, on obtient une valeur approchée de x à $0,0005$ près.

---

25. *Sachant que* $\sin x$ *est égal à la somme de la série*

$$\sin x = \frac{x}{1} - \frac{x^3}{1 \cdot 2 \cdot 3} + \frac{x^5}{1 \cdot 2 \cdot 3 \cdot 4 \cdot 5} - \cdots,$$

que arc $\sin x$ *est égal à la somme de la série*

$$\text{arc } \sin x = \frac{x}{1} + \frac{1}{2}\frac{x^3}{3} + \frac{1 \cdot 3}{2 \cdot 4}\frac{x^5}{5} + \cdots,$$

et que arc tg x *est égal à la somme de la série*

$$\text{arc tg } x = \frac{x}{1} - \frac{x^3}{3} + \frac{x^5}{5} - \cdots,$$

calculer la valeur de $\dfrac{\sin x}{x}$ *à 1 dix-millième près pour* $x = 1$ *degré et pour* $x = 0,1$ *radian ; calculer les valeurs de* arc $\sin \dfrac{1}{4}$ *et de* arc tg $\dfrac{1}{4}$ *à 1 dix-millième près ; vérifier les résultats à l'aide des tables.*

La valeur de $\dfrac{\sin x}{x}$ est la somme de la série

$$1 - \frac{x^2}{6} + \frac{x^4}{120} - \cdots,$$

qui est toujours convergente ; pour $x < 2$, cette série est alternée, et ses termes décroissent en valeur absolue, de sorte qu'en conservant les premiers termes, le reste est inférieur à la valeur absolue du premier terme négligé.

Pour $x = 0,1$ radian, le troisième terme est inférieur à $\dfrac{1}{10^6}$; il suffit de limiter la série aux deux premiers termes, dont la somme est 0,99833 ..., et de conserver les quatre premiers chiffres décimaux ; l'erreur totale due à la suppression des chiffres suivants et à celle du reste est inférieure à 4 cent-millièmes ; on est certain que 0,9983 est approché à 1 dix-millième près. Lorsque x est égal à 1 degré, on doit introduire dans la série sa valeur en radian, qui est $\dfrac{\pi}{180}$; comme précédemment, on limitera la série à ses deux premiers termes et le reste sera inférieur à $\dfrac{1}{10^3}$; en conservant cinq chiffres décimaux, on obtiendra la valeur 0,99995 approchée à 1 cent-millième près. On retrouverait les mêmes résultats au moyen des tables de logarithmes en remarquant que 0,1 radian $= 5°43'46''5$, que $\dfrac{\sin x}{x}$ pour $x = 0,1$ radian est égal à $10\sin 5°43'46''5$, et que pour $x = 1°$, il est égal à $\dfrac{180}{\pi}\sin 1°$.

Les séries permettant de calculer $\arcsin x$ et $\operatorname{arc tg} x$ sont convergentes pour $|x| < 1$; lorsque x est positif, la première de ces séries est à termes positifs ; si l'on y supprime les termes à partir de celui de la forme $a_p x^p$ inclusivement, les coefficients a_{p+2}, a_{p+4}, ... sont inférieurs à a_p, et le reste est au plus égal à

$$a_p x^p (1 + x^2 + x^4 + \cdots) = a_p \frac{x^p}{1 - x^2}.$$

En donnant à x la valeur $\dfrac{1}{4}$ et à p les valeurs 1, 3, 5, on remarque que pour $p = 5$, le reste est inférieur à $\dfrac{3}{40}\left(\dfrac{1}{4}\right)^5\dfrac{16}{15} = \dfrac{1}{12800}$ ou à 0,00008. En calculant la somme des deux premiers termes $\dfrac{1}{4} + \dfrac{1}{6}\left(\dfrac{1}{4}\right)^3$ avec cinq chiffres décimaux, on obtient la valeur 0,25260, et l'on est certain que l'erreur totale est inférieure à 0,00009 ; on peut donc affirmer que 0,2526 est la valeur approchée de la série à un dix-millième près.

La série permettant de calculer $\operatorname{arc tg}\dfrac{1}{4}$ est alternée ; pour obtenir sa valeur à un dix-millième près, il suffit de conserver les premiers termes de façon que le premier terme négligé soit inférieur à 0,0001 ; c'est ce qui a lieu pour $\dfrac{1}{7}\left(\dfrac{1}{4}\right)^7 = \dfrac{1}{114688}$, qui est inférieur à un cent-millième. En calculant les termes conservés, $\dfrac{1}{4} - \dfrac{1}{3}\left(\dfrac{1}{4}\right)^3 + \dfrac{1}{5}\left(\dfrac{1}{4}\right)^5$, et conservant dans le deuxième et le troisième cinq chiffres décimaux, on est certain que l'erreur totale est inférieure à trois cent-millièmes ; on obtient ainsi $0,25 - 0,00520 + 0,00019 = 0,24499$. En forçant d'une unité le dernier chiffre, on commet une nouvelle erreur de un cent-millième ; on est certain que la valeur 0,2450 est approchée à un dix-millième près.

Si l'on veut utiliser les tables de logarithmes, on cherchera les arcs α et β dont le sinus et la tangente sont égaux à $\frac{1}{4}$; on trouve ainsi $\alpha = 14°28'26''1$ et $\beta = 14°2'7''9$, et leurs valeurs en radians sont $0,2526\ldots$ et $0,2449\ldots$.

---

26. *On dit qu'un produit d'un nombre infini de facteurs de la forme*

$$\Pi(1 + u_n) = (1 + u_1)(1 + u_2)\cdots(1 + u_n)\cdots$$

est convergent si le produit Π_n des n premiers facteurs a une limite qui n'est ni nulle ni infinie quand n augmente indéfiniment. Si $u_1, u_2, \ldots$ sont positifs, démontrer que, pour qu'un tel produit soit convergent, il est nécessaire et suffisant que la série de terme général u_n soit convergente.

Application aux produits $\Pi\left(1 + \frac{1}{n}\right)$, $\Pi\left(1 + \frac{1}{n^\alpha}\right)$.

Si Π_n a une limite, le rapport $\dfrac{\Pi_{n+1}}{\Pi_n} = 1 + u_{n+1}$ a pour limite l'unité, et u_{n+1} a pour limite zéro. Le logarithme népérien de Π_n, qui est

$$\log \Pi_n = \log(1 + u_1) + \log(1 + u_2) + \ldots + \log(1 + u_n)$$

a une limite en même temps que Π_n; pour que le produit soit convergent, il faut et il suffit que la série des logarithmes des facteurs soit convergente. Comparons la série de terme général $v_n = \log(1 + u_n)$ à la série u_n; le rapport de deux termes correspondants de ces séries est égal à

$$\frac{v_n}{u_n} = \frac{\log(1 + u_n)}{u_n} = \log(1 + u_n)^{\frac{1}{u_n}}$$

et comme u_n tend vers zéro, ce rapport a pour limite $\log e$ ou 1 (n° 52); les deux séries v_n et u_n sont donc en même temps convergentes ou divergentes.

Exemples. — Le produit $\Pi\left(1 + \frac{1}{n}\right)$ est divergent parce que la série de terme général $\dfrac{1}{n}$ est divergente. Le produit $\Pi\left(1+\dfrac{1}{n^\alpha}\right)$ est convergent, comme la série de terme général $\dfrac{1}{n^\alpha}$, lorsque $\alpha > 1$, et il est divergent lorsque $\alpha \leqslant 1$ (n° 41).

------

27. *On démontre en mécanique que les tensions* T *et* t *aux extrémités d'une corde passant sur une poulie sont liées par la relation*

$$\frac{T}{t} = e^{f\alpha},$$

e *étant la base des logarithmes népériens,* α *l'arc embrassé par la corde, évalué en radians, et* f *le coefficient de frottement de la corde sur la poulie; calculer* α *lorsque l'on a* $f = 0,28$ *et* $T = 100t$.

La relation donnée conduit à $f\alpha = \log \dfrac{T}{t} = 2,3026\ldots \log_{10} \dfrac{T}{t}$; dans l'exemple, on obtient $\alpha = \dfrac{2,3026\ldots \times 2}{0,28} = 16,44\ldots$ exprimé en radians, ce qui fait environ $942°$ ou près de trois circonférences.

------

28. *Trouver la limite pour* m *infini de*

$$\left(\cos\frac{\varphi}{m} + x\sin\frac{\varphi}{m}\right)^{m}.$$

Écrivons l'expression sous la forme $(1+\alpha)^\beta$ (n° 52), avec $\beta = m$ et

$$\alpha = \cos\frac{\varphi}{m} + x\sin\frac{\varphi}{m} - 1 = -2\sin^2\frac{\varphi}{2m} + x\sin\frac{\varphi}{m} ;$$

on a

$$\alpha\beta = -2\sin\frac{\varphi}{2m} \times \frac{\sin\dfrac{\varphi}{2m}}{\dfrac{\varphi}{2m}} \times \frac{\varphi}{2} + \varphi x\,\frac{\sin\dfrac{\varphi}{m}}{\dfrac{\varphi}{m}} ;$$

$\lim \alpha\beta$ est égal à φx, et la limite de l'expression est $e^{\varphi x}$.

------

29. *Trouver la limite pour n infini de*

$$n^2\left(\sqrt[n]{a}-\sqrt[n+1]{a}\right), \qquad n^3\left(\sqrt[n-1]{a}+\sqrt[n+1]{a}-2\sqrt[n]{a}\right).$$

Ces expressions sont égales à

$$n^2\left(a^{\frac{1}{n}}-a^{\frac{1}{n+1}}\right)$$

et à

$$n^3\left(a^{\frac{1}{n-1}}+a^{\frac{1}{n+1}}-2a^{\frac{1}{n}}\right).$$

Nous introduirons comme au n° 56 la quantité $\alpha=\log a$, pour remplacer les exponentielles par $e^{\frac{\alpha}{n-1}}$, $e^{\frac{\alpha}{n}}$ et $e^{\frac{\alpha}{n+1}}$; nous utiliserons les développements en série de ces quantités en mettant en évidence les quatre premiers termes et les restes correspondants (n° 53) sous la forme

$$e^{\frac{\alpha}{n}}=1+\frac{\alpha}{n}+\frac{1}{2}\left(\frac{\alpha}{n}\right)^2+\frac{1}{6}\left(\frac{\alpha}{n}\right)^3+\frac{1}{6}\left(\frac{\alpha}{n}\right)^4 \mathrm{A},$$

$$e^{\frac{\alpha}{n-1}}=1+\frac{\alpha}{n-1}+\frac{1}{2}\left(\frac{\alpha}{n-1}\right)^2+\frac{1}{6}\left(\frac{\alpha}{n-1}\right)^3+\frac{1}{6}\left(\frac{\alpha}{n-1}\right)^4 \mathrm{B},$$

$$e^{\frac{\alpha}{n+1}}=1+\frac{\alpha}{n+1}+\frac{1}{2}\left(\frac{\alpha}{n+1}\right)^2+\frac{1}{6}\left(\frac{\alpha}{n+1}\right)^3+\frac{1}{6}\left(\frac{\alpha}{n+1}\right)^4 \mathrm{C},$$

A, B, C restant finis quand n augmente indéfiniment.

La première des expressions données est dès lors égale à

$$n^2\left[\alpha\left(\frac{1}{n}-\frac{1}{n+1}\right)+\frac{\alpha^2}{2}\left(\frac{1}{n^2}-\frac{1}{(n+1)^2}\right)+\frac{\mathrm{D}}{n^3}\right],$$

D restant fini, et un calcul élémentaire montre qu'elle a pour limite α.

La deuxième expression est égale à

$$n^3\left[\alpha\left(\frac{1}{n-1}+\frac{1}{n+1}-\frac{2}{n}\right)+\frac{\alpha^2}{2}\left(\frac{1}{(n-1)^2}+\frac{1}{(n+1)^2}-\frac{2}{n^2}\right)\right.$$
$$\left.+\frac{\alpha^3}{6}\left(\frac{1}{(n-1)^3}+\frac{1}{(n+1)^3}-\frac{2}{n^3}\right)+\frac{\mathrm{E}}{n^4}\right],$$

E restant fini, et un calcul analogue montre qu'elle a pour limite 2α. Les limites cherchées sont donc $\log a$ et $2\log a$.

30. *On circonscrit à un cercle de rayon égal à l'unité un polygone régulier de n côtés ; si r est le rayon du cercle circonscrit à ce polygone, déterminer la limite de r^{n^2} pour n infini.*

On inscrit dans un cône de révolution d'apothème égal à l'unité et de demi-angle au sommet V une pyramide régulière de n faces et l'on trace l'apothème de cette pyramide ; si a est la longueur de cette apothème, déterminer la limite de a^{n^2} pour n infini.

Le rayon r est égal à $\dfrac{1}{\cos\dfrac{\pi}{n}}$ et a pour limite l'unité ; en posant

$$r = 1 + \alpha, \quad n^2 = \beta, \quad \text{la limite cherchée est égale à } e^{\lim \alpha\beta}. \quad \text{On a}$$

$$\alpha = \frac{1}{\cos\dfrac{\pi}{n}} - 1 = \frac{2\sin^2\dfrac{\pi}{2n}}{\cos\dfrac{\pi}{n}} ; \qquad \alpha\beta = \frac{2}{\cos\dfrac{\pi}{n}}\left(\frac{\sin\dfrac{\pi}{2n}}{\dfrac{\pi}{2n}}\right)^2 \frac{\pi^2}{4} ;$$

$\alpha\beta$ a pour limite $\dfrac{\pi^2}{2}$, et l'expression donnée a pour limite $e^{\frac{\pi^2}{2}}$.

Le rayon et la hauteur du cône ont pour valeurs $r = \sin V$, $h = \cos V$; l'apothème a_0 de la base est égale à

$$r \cos\frac{\pi}{n} = \sin V \cos\frac{\pi}{n},$$

et le carré de l'apothème de la pyramide est égal à

$$a^2 = h^2 + a_0^2 = \cos^2 V + \sin^2 V \cos^2\frac{\pi}{n} = 1 - \sin^2 V \sin^2\frac{\pi}{n} ;$$

on a à déterminer la limite de $(a^2)^{\frac{n^2}{2}}$; ici $\alpha = -\sin^2 V \sin^2\dfrac{\pi}{n}$, $\beta = \dfrac{n^2}{2}$;

la limite de $\alpha\beta$ est $-\dfrac{\pi^2}{2}\sin^2 V$, et celle de l'expression donnée est

$$e^{-\frac{\pi^2}{2}\sin^2 V}.$$

---

31. *Résoudre le système d'équations*

$$(m + 1)x + y = m,$$
$$3x + (m - 1)y = 2 ;$$

examiner les différents cas qui se présentent suivant les valeurs de m.

En tirant x de la deuxième équation et portant dans la première, on a le système équivalent

$$x = \frac{2 - (m - 1)y}{3}, \qquad (m^2 - 4)y + (m - 2) = 0.$$

Si $m^2 - 4$ n'est pas nul, on a une seule solution $y = -\dfrac{1}{m + 2}$, $x = \dfrac{3m + 1}{3(m + 2)}$; si $m = 2$, y est indéterminé et $x = \dfrac{2 - y}{3}$; enfin si $m = -2$, le système est impossible.

---

32. *Calculer le déterminant* $\begin{vmatrix} a & b & c \\ b & c & a \\ c & a & b \end{vmatrix}$; *montrer qu'il est égal au déterminant* $\begin{vmatrix} a+b+c & b & c \\ a+b+c & c & a \\ a+b+c & a & b \end{vmatrix}$, *et en déduire que*

$a^3 + b^3 + c^3 - 3abc$ *est divisible par* $a + b + c$.

La règle du n° 58 donne

$$\begin{vmatrix} a & b & c \\ b & c & a \\ c & a & b \end{vmatrix} = 3abc - a^3 - b^3 - c^3.$$

Le théorème VI du n° 62 montre qu'on peut ajouter aux éléments de la première colonne ceux des deux autres; le théorème IV du même n° montre que le déterminant ainsi transformé est divisible par $a + b + c$ et a pour valeur

$$\begin{vmatrix} a+b+c & b & c \\ a+b+c & c & a \\ a+b+c & a & b \end{vmatrix} = (a+b+c) \begin{vmatrix} 1 & b & c \\ 1 & c & a \\ 1 & a & b \end{vmatrix}$$
$$= (a+b+c)(bc + ca + ab - a^2 - b^2 - c^2);$$

on a donc

$$a^3 + b^3 + c^3 - 3abc = (a+b+c)(a^2 + b^2 + c^2 - bc - ca - ab).$$

---

33. *Calculer le déterminant*
$$\begin{vmatrix} a^2 & a & 1 \\ b^2 & b & 1 \\ c^2 & c & 1 \end{vmatrix};$$

montrer a priori qu'il est nul si deux des quantités a, b, c *sont égales, et en conclure qu'il est égal au produit des différences de ces quantités deux à deux. Généraliser.*

Le déterminant est égal à

$$D = a^2b + b^2c + c^2a - a^2c - b^2a - c^2b,$$

et l'on vérifie qu'il est égal au produit

$$P = (a - b)(a - c)(b - c).$$

A priori, lorsque l'on fait $a = b$, le déterminant est nul d'après le théorème III du n° 62, il est donc divisible par $a - b$, de même par $a - c$, et par $b - c$, donc par P, et D ne diffère de P que par un facteur numérique. En comparant les coefficients de a^2b dans D et P, on voit que ce facteur est égal à l'unité, et que $D = P$.

D'une manière générale, le déterminant du $(n+1)^e$ ordre

$$D = \begin{vmatrix} a^n & a^{n-1} & \ldots & a & 1 \\ b^n & b^{n-1} & \ldots & b & 1 \\ \ldots & \ldots & \ldots & \ldots & \ldots \\ h^n & h^{n-1} & \ldots & h & 1 \\ k^n & k^{n-1} & \ldots & k & 1 \end{vmatrix}$$

est nul lorsque deux des quantités a, b, $\ldots$ k sont égales ; il est donc divisible par chacune des différences $a - b$, $a - c$, $\ldots$ $a - k$, $b - c$, $\ldots$ $b - k$, $\ldots$ $h - k$, et par leur produit ; ce produit est par rapport aux lettres a, b, $\ldots$ h, k, de même degré $n + (n - 1) + \ldots + 1$ que le déterminant D, et ne diffère de D que par un facteur numérique. En comparant les coefficients de $a^n b^{n-1} \ldots h$ dans D et le produit, on voit que ce facteur est égal à l'unité, et que

$$D = (a - b)(a - c) \ldots (a - k)(b - c) \ldots (b - k) \ldots (h - k).$$

34. *Sachant qu'entre les côtés et les angles d'un triangle existent les relations*

$$a = b \cos C + c \cos B, \quad b = c \cos A + a \cos C, \quad c = a \cos B + b \cos A,$$

en déduire, par l'élimination de a, b, c, la relation qui existe entre les cosinus des trois angles A, B, C.

Les trois relations, écrites sous la forme

$$- a + b \cos C + c \cos B = 0, \quad a \cos C - b + c \cos A = 0,$$
$$a \cos B + b \cos A - c = 0,$$

et considérées comme trois équations à trois inconnues a, b et c, ont au moins une solution où les inconnues ne sont pas nulles ; d'après le théorème du n° 65, le déterminant des coefficients des inconnues dans les équations doit être nul, ce qui donne

$$\begin{vmatrix} -1 & \cos C & \cos B \\ \cos C & -1 & \cos A \\ \cos B & \cos A & -1 \end{vmatrix} = 0,$$

et, en développant, on obtient l'équation

$$\cos^2 A + \cos^2 B + \cos^2 C + 2 \cos A \cos B \cos C - 1 = 0.$$

Inversement, si les cosinus de trois angles sont liés par l'équation précédente, le premier membre considéré comme un trinome en $\cos A$ a pour racines

$$- \cos B \cos C \pm \sqrt{\cos^2 B \cos^2 C - \cos^2 B - \cos^2 C + 1}$$
$$= - \cos B \cos C \pm \sin B \sin C = - \cos (B \pm C) ;$$

par suite l'équation se met sous la forme

$$[\cos A + \cos (B + C)][\cos A + \cos (B - C)]$$
$$= 4 \cos \frac{A + B + C}{2} \cos \frac{B + C - A}{2} \cos \frac{A + C - B}{2} \cos \frac{A + B - C}{2} = 0 ;$$

elle est satisfaite par les systèmes de nombres A, B, C tels que l'une des quatre quantités $A + B + C$, $B + C - A$, $A + C - B$, $A + B - C$ soit égale à $(2k + 1)\pi$, k étant un nombre entier quelconque, positif, nul ou négatif ; comme cas particulier, on trouve $A + B + C = \pi$.

35. *Calculer le déterminant*
$$\begin{vmatrix} 0 & a & b & c \\ -a & 0 & d & e \\ -b & -d & 0 & f \\ -c & -e & -f & 0 \end{vmatrix},$$
et vérifier qu'il est carré parfait.

D'après le procédé indiqué au n° 61, le déterminant est égal à la somme

$$a\begin{vmatrix} a & b & c \\ -d & 0 & f \\ -e & -f & 0 \end{vmatrix} - b\begin{vmatrix} a & b & c \\ 0 & d & e \\ -e & -f & 0 \end{vmatrix} + c\begin{vmatrix} a & b & c \\ 0 & d & e \\ -d & 0 & f \end{vmatrix},$$

et, en développant chacun des déterminants du 3e ordre, on trouve

$$a^2f^2 + b^2e^2 + c^2d^2 + 2acdf - 2abef - 2bced = (af + cd - be)^2.$$

Le déterminant est appelé symétrique gauche ; plus généralement, tout déterminant de cette forme est nul s'il est d'ordre impair, et carré parfait s'il est d'ordre pair.

---

36. *Résoudre le système d'équations*
$$qz + ry = a, \qquad rx + pz = b, \qquad py + qx = c.$$

Le déterminant des coefficients des inconnues est
$$\begin{vmatrix} 0 & r & q \\ r & 0 & p \\ q & p & 0 \end{vmatrix} = 2pqr ;$$

l'application de la règle du n° 63 donne

$$x = \frac{-ap + bq + cr}{2qr}, \qquad y = \frac{ap - bq + cr}{2pr}, \qquad z = \frac{ap + bq - cr}{2pq}.$$

---

37. *Résoudre le système d'équations*
$$qz - ry = a, \qquad rx - pz = b, \qquad py - qx = c ;$$
suivant que $ap + bq + cr$ *est différent de zéro ou égal à zéro, le système est impossible ou indéterminé.*

Le déterminant des coefficients des inconnues est

$$\begin{vmatrix} 0 & -r & q \\ r & 0 & -p \\ -q & p & 0 \end{vmatrix} = 0,$$

les trois nombres p, q, r n'étant pas supposés nuls à la fois, et r étant par exemple différent de 0, le déterminant caractéristique relatif

au mineur non nul $\begin{vmatrix} 0 & -r \\ r & 0 \end{vmatrix}$ a pour valeur

$$\begin{vmatrix} 0 & -r & a \\ r & 0 & b \\ -q & p & c \end{vmatrix} = r(ap - bq + cr)$$

et il est nul en même temps que $ap + bq + cr$; si cette quantité n'est pas nulle, le système est impossible; si elle est nulle, le système est indéterminé et z peut être choisi arbitrairement.

---

38. *Résoudre le système d'équations*

$$x + ay + a^2z = a^3,$$
$$x + by + b^2z = b^3,$$
$$x + cy + c^2z = c^3.$$

Le déterminant des coefficients des inconnues

$$D = \begin{vmatrix} 1 & a & a^2 \\ 1 & b & b^2 \\ 1 & c & c^2 \end{vmatrix}$$

est, comme le montre un raisonnement identique à celui de l'exercice 33, égal au produit $(b - a)(c - a)(c - b)$. Les valeurs des inconnues sont des fractions dont le dénominateur est D et dont les numérateurs sont respectivement

$$D_1 = \begin{vmatrix} a^3 & a & a^2 \\ b^3 & b & b^2 \\ c^3 & c & c^2 \end{vmatrix}, \qquad D_2 = \begin{vmatrix} 1 & a^3 & a^2 \\ 1 & b^3 & b^2 \\ 1 & c^3 & c^2 \end{vmatrix}, \qquad D_3 = \begin{vmatrix} 1 & a & a^3 \\ 1 & b & b^3 \\ 1 & c & c^3 \end{vmatrix}.$$

· Les éléments de la première ligne de D_1 sont divisibles par a, ceux de la deuxième ligne par b, ceux de la troisième par c; D_1 est dès lors égal au produit de abc par le déterminant

$$\begin{vmatrix} a^2 & 1 & a \\ b^2 & 1 & b \\ c^2 & 1 & c \end{vmatrix};$$

mais celui-ci est égal à D, comme on le voit en intervertissant les deux premières colonnes, puis la deuxième et la troisième; D_1 est donc égal à $abc\,D$.

Les déterminants D_2 et D_3 s'annulent, comme D, lorsque deux des quantités a, b, c sont égales, et ils sont divisibles par le produit des différences de ces quantités; on trouve soit par calcul direct, soit en retranchant les éléments de la première ligne des éléments correspondants des autres, et mettant en facteurs les différences $b-a$, $c-a$,

$$D_2 = -(ab + ac + bc)D, \qquad D_3 = (a + b + c)D;$$

il en résulte que les valeurs des inconnues sont

$$x = abc, \qquad y = -(ab + ac + bc), \qquad z = a + b + c.$$

---

39. *Calculer le déterminant*

$$\begin{vmatrix} a & 1 & 1 \\ 1 & a & 1 \\ 1 & 1 & a \end{vmatrix}.$$

Application : discuter et résoudre le système d'équations

$$ax + y + z = 1,$$
$$x + ay + z = a,$$
$$x + y + az = a^2.$$

Calculer plus généralement un déterminant d'ordre n dont tous les éléments de la diagonale principale sont égaux à a et dont tous les autres éléments sont égaux à l'unité.

Soit D le déterminant donné; en ajoutant aux éléments de la première colonne les éléments correspondants des autres, on voit apparaître $a + 2$ en facteur dans la première colonne ainsi constituée, et l'on a

$$D = (a + 2) \begin{vmatrix} 1 & 1 & 1 \\ 1 & a & 1 \\ 1 & 1 & a \end{vmatrix} ;$$

en retranchant les éléments de la première ligne du dernier déterminant de ceux des lignes suivantes, on voit apparaître à la deuxième et à la troisième ligne $a - 1$ dans les éléments de la diagonale principale, les autres éléments étant nuls, dès lors $D = (a + 2)(a - 1)^2$.

Si a est différent de $- 2$ et de 1, les équations ont une solution unique, exprimée par des fractions dont le dénominateur est D, et dont les numérateurs sont

$$D_1 = \begin{vmatrix} 1 & 1 & 1 \\ a & a & 1 \\ a^2 & 1 & a \end{vmatrix}, \qquad D_2 = \begin{vmatrix} a & 1 & 1 \\ 1 & a & 1 \\ 1 & a^2 & a \end{vmatrix}, \qquad D_3 = \begin{vmatrix} a & 1 & 1 \\ 1 & a & a \\ 1 & 1 & a^2 \end{vmatrix}.$$

Par des calculs analogues aux précédents, on trouve

$$D_1 = - (a - 1)^2(a + 1), \qquad D_2 = (a - 1)^2, \qquad D_3 = (a - 1)^2(a + 1)^2,$$

de sorte que les valeurs des inconnues sont

$$x = - \frac{a + 1}{a + 2}, \qquad y = \frac{1}{a + 2}, \qquad z = \frac{(a + 1)^2}{a + 2}.$$

Si a est égal à $- 2$, D est nul sans que ses mineurs le soient; en prenant un déterminant principal du second ordre, on constate que le déterminant caractéristique correspondant n'est pas nul, et le système n'a pas de solution.

Si a est égal à 1, les équations se réduisent à une seule :

$$x + y + z = 1 ;$$

le système est indéterminé ; on peut donner à deux des inconnues une valeur arbitraire.

Par un raisonnement analogue au précédent, on voit que le déterminant d'ordre n analogue à D a pour valeur

$$(a + n - 1)(a - 1)^{n-1}.$$

II. — EXERCICES SUR LA GÉOMÉTRIE ANALYTIQUE

40. *En assimilant la surface de la terre à celle d'une sphère de 40 000 kilomètres de circonférence, évaluer en kilomètres carrés la surface d'un triangle sphérique géodésique, au moyen des mesures des angles de ce triangle en grades, le grade étant la centième partie de l'angle droit.*

Si a'', b'', c'' sont les mesures des angles en grades, r'' le rayon de la terre en kilomètres et S'' sa surface en kilomètres carrés, on a, comme au n° 72,

$$a'' = 100\,a, \quad b'' = 100\,b, \quad c'' = 100\,c, \quad S'' = \frac{S\pi r''^2}{2},$$

d'où

$$S'' = \frac{\pi r''^2}{200}\,(a'' + b'' + c'' - 200).$$

En remplaçant r'' par $\dfrac{40\,000}{2\pi}$, on trouve

$$S'' = \frac{2}{\pi}\,10^6\,(a'' + b'' + c'' - 200).$$

41. *Quelle est la valeur d'une accélération de 5cm : sec² lorsqu'on prend comme unité de longueur le mètre et comme unité de temps la minute ?*

Si γ est la mesure donnée de l'accélération, γ' la mesure cherchée, on a

$$\frac{\gamma}{\gamma'} = \left(\frac{l}{l'}\right) : \left(\frac{l}{l'}\right)^2 = \left(\frac{L'_0}{L_0}\right) : \left(\frac{T'_0}{T_0}\right)^2 = 100 : \overline{60}^2,$$

d'où l'on tire

$$\gamma' = 36\gamma = 180.$$

42. *L'équivalent mécanique de la chaleur est représenté par le nombre 425 quand on prend comme unités de temps la seconde, de longueur le mètre, de force le kg-force, de quantité de chaleur la grande calorie; quelle est la valeur numérique de cette constante lorsqu'on prend pour unités de temps la seconde, de longueur le centimètre, de force la dyne, de quantité de chaleur la petite calorie?*

Soit W le travail équivalent à une quantité de chaleur Q ; dans le système kilogramme-mètre-grande calorie, on a entre les mesures w et q la relation $w = 425\,q$. Soient w' et q' les mesures des mêmes quantités dans le système erg-petite calorie ; on a

$$\frac{w}{w'} = \frac{W_0'}{W_0} = \frac{\text{erg}}{\text{kilogrammètre}} = \frac{1}{9{,}8067 \times 10^7}$$

et

$$\frac{q}{q'} = \frac{C_0'}{C_0} = \frac{\text{petite calorie}}{\text{grande calorie}} = \frac{1}{1\,000}.$$

par suite

$$\frac{w'}{9{,}8067 \times 10^7} = 425 \times \frac{q'}{1\,000}.$$

L'équivalent mécanique dans le nouveau système est donc égal à

$$\frac{w'}{q'} = \frac{425 \times 9{,}8067 \times 10^7}{1\,000} = 4{,}168 \times 10^7 \text{ ergs} ;$$

si l'on introduit le joule à la place de l'erg, l'équivalent de la petite calorie est 4,168 joules.

---

43. *En Angleterre on emploie comme mesures de longueur le yard, qui vaut $91^{cm}{,}4404$, le foot, qui est le tiers du yard et vaut $30^{cm}{,}4801$, et l'inch, qui est la douzième partie du foot et vaut $2^{cm}{,}5400$; comme mesure de poids, on emploie la livre ou pound qui vaut 453,592428 gr. poids. On demande de déterminer :*

1° la valeur en foot: sec² du nombre g qui, du centre de l'Angleterre, vaut $981^{cm}{,}33$; la dimension est $[LT^{-2}]$;

2° la valeur en kilowatt et en cheval-vapeur du horsepower des mécaniciens, qui est la puissance de 550 foot-pounds par seconde; la dimension est $P = [L^2MT^{-3}] = [FLT^{-1}]$;

3° la valeur en dynes : cm² et en kg-poids : cm² d'une pression de une livre-poids : inch² ; la dimension est $[L^{-1}MT^{-2}]=[FL^{-2}]$. *Quelle est la pression en kg : cm² de la vapeur dans une chaudière lorsqu'un manomètre anglais marque 200 livres : inch²?*

1° Si g' est la mesure anglaise de l'accélération de la pesanteur, on a

$$\frac{g}{g'}=\left(\frac{L_0'}{L_0}\right):\left(\frac{T_0'}{T_0}\right)^2=\frac{\text{foot}}{\text{centimètre}}=30,4801 ;$$

par suite

$$g'=\frac{981,33}{30,4801}=32,195 \text{ foot}:\text{sec}^2.$$

2° Soit p la mesure d'une puissance P en chevaux-vapeur et p' sa mesure en horsepower ; la dimension étant $[FLT^{-1}]$, on a

$$\frac{p}{p'}=\frac{550}{75}\left(\frac{F_0'}{F_0}\right)\left(\frac{L_0'}{L_0}\right):\left(\frac{T_0'}{T_0}\right)=\frac{550}{75}\times\frac{\text{pound}}{\text{kg}}\times\frac{\text{foot}}{\text{mètre}}=1,014 ;$$

on en conclut $p=1,014\,p'$; sa mesure p'' en kilowatt est $0,7355\,p$ $=0,7457\,p'$; si l'on fait $p'=1$, on voit qu'un horsepower s'exprime par 1,014 cheval et par 0,7457 kilowatt.

3° Soient b la mesure en kg : cm³ d'une pression B et b' sa mesure en pound : inch², on a

$$\frac{b}{b'}=\left(\frac{F_0'}{F_0}\right):\left(\frac{L_0'}{L_0}\right)^2=\frac{\text{pound}}{\text{kg}}:\left(\frac{\text{inch}}{\text{cm}}\right)^2=\frac{0,45359}{(2,54)^2}=0,070307.$$

Si b'' est la mesure en dynes : cm² ou en baryes, on a

$$\frac{b''}{b}=\left(\frac{F_0}{F_0''}\right)=\frac{\text{kilogramme-poids}}{\text{dyne}}=980,67\times10^3 ;$$

par suite

$$b''=68948\,b'.$$

Si $b'=200$, on voit qu'une pression de 200 pounds : inch² s'exprime par $b=14,06$ kg : cm² ou par 13,79 mégabaryes.

---

44. *Vérifier l'homogénéité de la formule des cordes vibrantes*

$$n=\frac{1}{2rl}\sqrt{\frac{gP}{\pi d}} ;$$

n représente le nombre par seconde de vibrations d'une corde, r et

*l son rayon et sa longueur, d son poids spécifique, P le poids ten-
seur, g l'accélération due à la pesanteur et π le nombre 3,1416.*

Remplaçons les lettres représentant les mesures des grandeurs par
l'expression des dimensions de ces grandeurs : n par T^{-1}, l par L,
P par F et d par FL^{-3} ; les deux membres ont pour dimensions
T^{-1} et $\dfrac{1}{L^2}\sqrt{\dfrac{LT^{-2}F}{FL^{-3}}}$; ces dimensions sont bien égales.

---

45. *On considère une circonférence tangente à l'origine à l'axe Ox
et sur cet axe un point A d'abscisse a ; on joint ce point A au centre C de la circonférence et l'on prend les points M et M′ de rencontre de la circonférence avec la droite ainsi tracée. Trouver le lieu
des points M et M′ lorsque le rayon de la circonférence varie.
Montrer qu'il est le même que le lieu du point de rencontre du côté
AB d'un triangle rectangle variable OAB d'hypoténuse OA, avec
la bissectrice de l'angle AOB. Déterminer en coordonnées cartésiennes et en coordonnées polaires l'équation de ce lieu, qu'on appelle
strophoïde droite, et le construire.*

Si la perpendiculaire abaissée de O sur AC (*fig.* 2) rencontre cette
droite en B et la circonférence en D,
les points M et M′ sont les milieux
des arcs limités par O et D ; dès lors
OM et OM′ sont les bissectrices de
l'angle AOB et de l'angle supplémentaire.

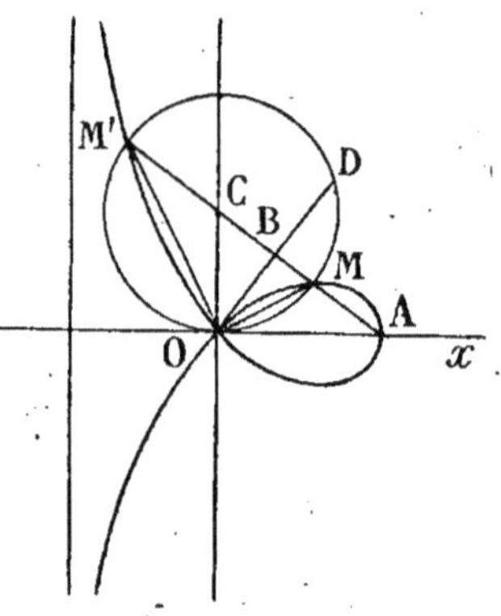

Fig. 2.

Pour déterminer en coordonnées
cartésiennes le lieu des points M et M′,
on forme l'équation de la circonférence
de centre C et celle de la droite AC ;
si R est le rayon OC de la circonférence, ces équations sont

$$x^2 + (y - R)^2 - R^2 = 0 \qquad \text{ou} \qquad x^2 + y^2 - 2Ry = 0$$

et

$$y = \frac{R}{a}(a - x) ;$$

l'élimination de R entre les deux équations fournit l'équation du lieu ; en l'ordonnant, elle s'écrit

$$x(x^2 + y^2) - a(x^2 - y^2) = 0.$$

Une autre manière de trouver l'équation du lieu consiste à former les équations des droites AC et OM ou OM′ au moyen d'un paramètre, par exemple l'angle AOM, et à éliminer ce paramètre.

Pour déterminer directement l'équation du lieu en coordonnées polaires, en désignant par ρ le rayon vecteur OM et par θ l'angle polaire xOM, il suffit d'écrire que les projections sur OD de OM et de OA sont égales, ce qui donne la relation

$$\rho \cos \theta = a \cos 2\theta.$$

Le passage de l'une des équations à l'autre se fait par les formules du n° 85.

Pour effectuer la construction de la courbe, nous utiliserons son équation en coordonnées cartésiennes ; nous la résoudrons par rapport à y sous la forme

$$y^2 = x^2 \frac{a - x}{a + x}, \qquad y = \pm x \sqrt{\frac{a - x}{a + x}}.$$

y n'est réel que si x est compris entre $-a$ et $+a$; à chaque valeur de x correspondent deux valeurs de y égales et de signes contraires, de sorte que la courbe est symétrique par rapport à Ox. Pour $x = a$, $y = 0$; pour $x = 0$, y est aussi égal à zéro ; lorsque M se rapproche indéfiniment de O, la sécante OM a pour limite la tangente à la courbe à l'origine, le coefficient angulaire de cette tangente est la limite de $\frac{y}{x}$ quand x tend vers zéro ; cette limite est ± 1, de sorte que la courbe est tangente à l'origine aux bissectrices des axes de coordonnées.

Pour $x = -a$, y est infini ; la droite $x = -a$ est asymptote à la courbe ; celle-ci a la forme indiquée dans la figure.

---

46. *Étant donnés sur l'axe des x un point* A *d'abscisse* 2 *et sur l'axe des* y *un point* B *d'ordonnée* 3, *on mène par le point* B *une droite faisant avec l'axe des* x *un angle de* 120° *et par le point* A *une perpendiculaire à cette droite ; écrire les équations de* *ces droites, trouver les coordonnées de leur point de rencontre et celles du symétrique de* A *par rapport à la droite.*

Les équations des deux droites sont

$$y - 3 = -\sqrt{3}\,x, \qquad y = \frac{1}{\sqrt{3}}(x - 2)\,;$$

les coordonnées de leur point de rencontre sont

$$x = \frac{2 + 3\sqrt{3}}{4}, \qquad y = \frac{3 - 2\sqrt{3}}{4}.$$

Si x' et y' sont les coordonnées du point A′ symétrique de A par rapport à la droite, les moyennes arithmétiques des coordonnées de A′ et A sont égales à celles du point de rencontre précédent ; on a donc

$$\frac{x' + 2}{2} = \frac{2 + 3\sqrt{3}}{4}, \qquad \frac{y'}{2} = \frac{3 - 2\sqrt{3}}{4},$$

$$x' = \frac{-2 + 3\sqrt{3}}{2}, \qquad y' = \frac{3 - 2\sqrt{3}}{2}.$$

---

47. *Montrer que la condition pour que trois droites représentées par les équations*

$$\mathrm{A}x + \mathrm{B}y + \mathrm{C} = 0, \qquad \mathrm{A}'x + \mathrm{B}'y + \mathrm{C}' = 0, \qquad \mathrm{A}''x + \mathrm{B}''y + \mathrm{C}'' = 0$$

se coupent au même point est

$$\begin{vmatrix} \mathrm{A} & \mathrm{B} & \mathrm{C} \\ \mathrm{A}' & \mathrm{B}' & \mathrm{C}' \\ \mathrm{A}'' & \mathrm{B}'' & \mathrm{C}'' \end{vmatrix} = 0.$$

Il suffit d'appliquer ce qui a été dit au n° 66 sur l'élimination de deux inconnues x et y entre trois équations linéaires.

Désignons par D, D′, D″ les premiers membres des équations des trois droites ; on vérifie aussi que ces droites sont concourantes en constatant qu'il est possible de trouver trois nombres λ, λ', λ'' tels que $\lambda \mathrm{D} + \lambda' \mathrm{D}' + \lambda'' \mathrm{D}''$ soit identiquement nul ; la solution de D = 0 et D′ = 0 annule en effet D″.

---

48. *Connaissant les coordonnées des sommets d'un triangle dans le plan* $x\mathrm{O}y$, *déterminer les coordonnées du centre de gravité,* *ainsi que les longueurs des côtés et les angles de ce triangle ; écrire les équations des côtés, des perpendiculaires aux milieux des côtés, des médianes et des hauteurs du triangle ; vérifier que les droites de chacun des trois derniers systèmes sont concourantes.*

Soient (x_1, y_1), (x_2, y_2), (x_3, y_3) les coordonnées des trois sommets A, B, C du triangle ; celles des milieux A', B', C' des côtés sont

$$\left(x_1' = \frac{x_2 + x_3}{2}, \quad y_1' = \frac{y_2 + y_3}{2}\right), \qquad \left(x_2' = \frac{x_3 + x_1}{2}, \quad y_2' = \frac{y_3 + y_1}{2}\right),$$

$$\left(x_3' = \frac{x_1 + x_2}{2}, \quad y_3' = \frac{y_1 + y_2}{2}\right).$$

Le centre de gravité G partage le segment AA' dans le rapport 2, et, d'après le n° 93, ses coordonnées sont

$$\xi = \frac{x_1 + 2x_1'}{3} = \frac{x_1 + x_2 + x_3}{3}, \qquad \eta = \frac{y_1 + y_2 + y_3}{3}.$$

Les longueurs des côtés sont

$$BC = \sqrt{(x_2 - x_3)^2 + (y_2 - y_3)^2}, \qquad CA = \sqrt{(x_3 - x_1)^2 + (y_3 - y_1)^2},$$

$$AB = \sqrt{(x_1 - x_2)^2 + (y_1 - y_2)^2}.$$

Pour déterminer l'angle A, il est avantageux de calculer le cosinus de l'angle des deux directions AB, AC ; il est donné par la formule

$$\cos A = \frac{(x_2 - x_1)(x_3 - x_1) + (y_2 - y_1)(y_3 - y_1)}{\sqrt{(x_2 - x_1)^2 + (y_2 - y_1)^2}\,\sqrt{(x_3 - x_1)^2 + (y_3 - y_1)^2}},$$

les radicaux étant pris avec le signe $+$. On pourrait aussi trouver la tangente de l'angle de ces deux droites par la formule du n° 96,

$$\operatorname{tg} A = \frac{m' - m}{1 + mm'} \qquad \text{où} \qquad m = \frac{y_2 - y_1}{x_2 - x_1}, \qquad m' = \frac{y_3 - y_1}{x_3 - x_1} ;$$

et l'on trouverait, de cette façon, tous calculs faits,

$$\operatorname{tg} A = \frac{\begin{vmatrix} x_1 & y_1 & 1 \\ x_2 & y_2 & 1 \\ x_3 & y_3 & 1 \end{vmatrix}}{(x_2 - x_1)(x_3 - x_1) + (y_2 - y_1)(y_3 - y_1)} ;$$

mais l'angle compris entre 0 et π donné par cette formule n'est pas toujours l'angle A du triangle, il peut être son supplément.

L'équation de BC est

$$\frac{y-y_2}{y_3-y_2} = \frac{x-x_2}{x_3-x_2}, \quad \text{ou} \quad x(y_2-y_3) - y(x_2-x_3) + x_2 y_3 - y_2 x_3 = 0.$$

L'équation de la perpendiculaire au milieu de BC est

$$(x-x_1')(x_3-x_2) + (y-y_1')(y_3-y_2) = 0$$

ou $\quad D_1 = 2x(x_2-x_3) + 2y(y_2-y_3) - (x_2^2+y_2^2-x_3^2-y_3^2) = 0.$

La médiane AA′ a pour équation

$$\frac{y-y_1}{y_1'-y_1} = \frac{x-x_1}{x_1'-x_1},$$

ou $\quad M_1 = x(2y_1-y_2-y_3) - y(2x_1-x_2-x_3)$
$$+ x_1(y_2+y_3) - y_1(x_2+x_3) = 0.$$

La hauteur abaissée du sommet A sur BC a pour équation

$$(x-x_1)(x_2-x_3) + (y-y_1)(y_2-y_3) = 0$$

ou $\quad H_1 = x(x_2-x_3) + y(y_2-y_3) - x_1(x_2-x_3) - y_1(y_2-y_3) = 0 \,;$

on écrirait de même les équations des autres droites de l'énoncé par permutation circulaire des indices.

Pour démontrer que les trois droites d'un même système sont concourantes, on peut appliquer la règle du problème précédent ou bien encore la remarque faite à ce sujet. On vérifie que les premiers membres des équations satisfont identiquement aux égalités

$$D_1 + D_2 + D_3 = 0, \quad M_1 + M_2 + M_3 = 0, \quad H_1 + H_2 + H_3 = 0,$$

ce qui démontre la propriété énoncée.

———

49. *Déterminer le lieu des points équidistants de deux points donnés.*

Le lieu des points (x, y) équidistants des deux points (x_1, y_1), (x_2, y_2) a pour équation

$$(x-x_1)^2 + (y-y_1)^2 = (x-x_2)^2 + (y-y_2)^2$$

ou $\quad 2x(x_1-x_2) + 2y(y_1-y_2) - [x_1^2+y_1^2-x_2^2-y_2^2] = 0.$

En écrivant cette équation sous la forme

$$\left(x - \frac{x_1+x_2}{2}\right)(x_1-x_2) + \left(y - \frac{y_1+y_2}{2}\right)(y_1-y_2) = 0,$$

on voit qu'elle représente une droite passant par le milieu du segment joignant les deux points donnés et perpendiculaire à ce segment.

---

50. *Déterminer le lieu des points équidistants de deux droites données ; en déduire les équations des bissectrices de l'angle de ces deux droites et de son supplément.*

Le lieu des points équidistants des deux droites d'équations

$$\mathrm{A}x + \mathrm{B}y + \mathrm{C} = 0, \qquad \mathrm{A}'x + \mathrm{B}'y + \mathrm{C}' = 0$$

est l'ensemble des points (x_0, y_0) satisfaisant à l'une ou l'autre des équations

$$\pm \frac{\mathrm{A}x_0 + \mathrm{B}y_0 + \mathrm{C}}{\sqrt{\mathrm{A}^2 + \mathrm{B}^2}} = \pm \frac{\mathrm{A}'x_0 + \mathrm{B}'y_0 + \mathrm{C}'}{\sqrt{\mathrm{A}'^2 + \mathrm{B}'^2}}.$$

D'après les remarques du n° 97, il faut choisir les signes de façon que les deux membres soient positifs ; pour le premier membre, on adoptera le signe de C si le point (x_0, y_0) est, par rapport à la première droite, dans la région renfermant l'origine des coordonnées, et le signe contraire si le point (x_0, y_0) est dans l'autre région ; on agira de même pour le second membre.

Les quatre combinaisons des signes fournissent seulement deux équations distinctes, l'une représentant la bissectrice d'un des angles des deux droites et de son opposé par le sommet ; l'autre représentant la bissectrice des deux angles supplémentaires des premiers.

---

51. *On considère la droite représentée par l'équation*

$$2x - y + 9 = 0 ;$$

par le point de coordonnées $(2, 3)$ *on fait passer les droites faisant avec la droite donnée l'angle* $\frac{\pi}{4}$ *; former les équations de ces droites et calculer les coordonnées des points qu'elles ont en commun avec la première ; former l'équation du cercle circonscrit et l'équation du cercle inscrit au triangle formé par les trois droites.*

Vérifier les résultats par les constructions graphiques de ces droites et de ces cercles.

Soit (*fig.* 3) D la droite donnée, de coefficient angulaire 2, coupant Ox au point d'abscisse $-\dfrac{9}{2}$ et Oy au point d'ordonnée 9 ; soient D′ et D″ les droites passant par M(2, 3) et répondant à la question ; si m' et m'' sont leurs coefficients angulaires, on a

$$\operatorname{tg}\frac{\pi}{4} = 1 = \frac{m'-2}{1+2m'} = \frac{2-m''}{1+2m''},$$

d'où $m' = -3$, $m'' = \dfrac{1}{3}$; les équations de D′ et D″ sont

$$(\text{D}') \quad y - 3 = -3(x-2) ; \qquad (\text{D}'') \quad y - 3 = \frac{1}{3}(x-2) ;$$

les points de rencontre M′ et M″ de ces droites avec D ont respecti

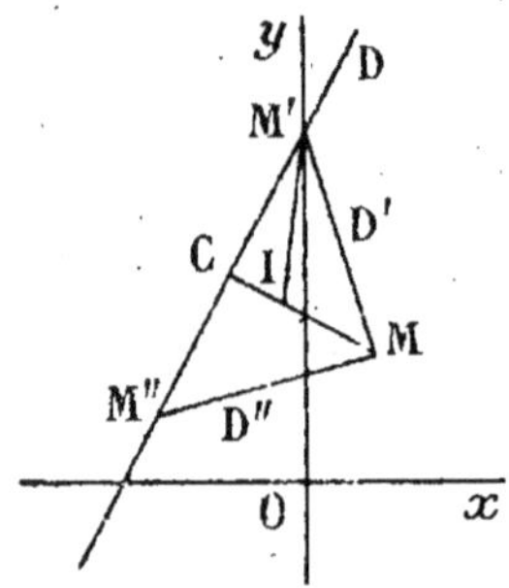

Fig. 3.

vement pour coordonnées (0,9) et (— 4, 1).

Le cercle circonscrit au triangle MM′M″ a pour centre C le milieu de M′M″, dont les coordonnées, moyennes arithmétiques de celles de M′ et M″, sont (— 2, 5) ; son rayon est égal à la distance $\text{CM} = \sqrt{20}$, et son équation est

$$x^2 + y^2 + 4x - 10y + 9 = 0.$$

Le cercle inscrit dans le triangle a pour centre le point de rencontre I des bissectrices intérieures ; l'une de ces bissectrices est la hauteur MC du triangle et a pour équation

$$y - 3 = -\frac{1}{2}(x-2) \qquad \text{ou} \qquad x + 2y - 8 = 0 ;$$

la bissectrice de l'angle MM′M″ est le lieu des points équidistants des deux droites D et D′ d'équations $2x - y + 9 = 0$, $3x + y - 9 = 0$; ce lieu a pour équation

$$\frac{2x-y+9}{\sqrt{5}} = \frac{3x+y-9}{-\sqrt{10}},$$

les signes donnés aux radicaux étant ceux des termes constants parce que I est dans la même région que l'origine par rapport à D et D′.

Le point I a pour coordonnées

$$x_I = -6 + 4\sqrt{2}, \qquad y_I = 7 - 2\sqrt{2} ;$$

le rayon r du cercle inscrit est égal à la distance de ce point à la droite D et a pour valeur $2\sqrt{5}(\sqrt{2}-1)$; tous calculs faits, l'équation du cercle inscrit est

$$x^2 + y^2 - 2(-6 + 4\sqrt{2})x - 2(7 - 2\sqrt{2})y + 65 - 36\sqrt{2} = 0.$$

---

52. *Déterminer l'angle des deux droites représentées par l'équation*

$$Ax^2 + 2Bxy + Cy^2 = 0 \ ;$$

condition pour qu'elles soient rectangulaires. Former l'équation de l'ensemble des bissectrices des angles formés par ces droites.

Les coefficients angulaires m', m'' des deux droites sont les racines de l'équation

$$Cm^2 + 2Bm + A = 0 \ ;$$

et l'on a

$$m' + m'' = -\frac{2B}{C}, \qquad m'm'' = \frac{A}{C}, \qquad m' - m'' = \frac{2\sqrt{B^2 - AC}}{C} \ ;$$

on en déduit, d'après la formule du n° 96,

$$\operatorname{tg} V = \frac{2\sqrt{B^2 - AC}}{A + C}.$$

La condition pour qu'elles soient rectangulaires est $A + C = 0$.

Si m est le coefficient angulaire d'une bissectrice, les angles de cette bissectrice avec les deux droites sont égaux et de sens opposés ; on doit donc avoir

$$\frac{m - m'}{1 + mm'} = -\frac{m - m''}{1 + mm''},$$
$$m^2(m' + m'') + 2m(1 - m'm'') - (m' + m'') = 0.$$

En remplaçant $m' + m''$ et $m'm''$ par leurs valeurs et m par $\frac{y}{x}$, on a, tous calculs faits, pour représenter l'ensemble des bissectrices, l'équation

$$B(y^2 - x^2) + (A - C)xy = 0.$$

---

53. *On sait* (n° 102) *que quatre points* A, B, C, D *situés sur un même axe sont conjugués harmoniques si l'on a la relation*

$$\frac{(CA)}{(CB)} = -\frac{(DA)}{(DB)};$$

cette relation est équivalente à l'une ou à l'autre des deux suivantes :

$$\frac{2}{AB} = \frac{1}{AC} + \frac{1}{AD}, \qquad \overline{IA}^2 = IC \cdot ID,$$

I *désignant le milieu du segment* AB ; *si les abscisses de* A *et* B *sont* x_1 *et* x_2, *celles de* C *et* D, x_3 *et* x_4, *la relation qui existe alors entre ces abscisses est*

$$2x_1 x_2 + 2x_3 x_4 = (x_1 + x_2)(x_3 + x_4),$$

1° *si* x_1 *et* x_2 *sont les racines de l'équation* $ax^2 + bx + c = 0$, *et* x_3 *et* x_4 *les racines de l'équation* $a'x^2 + b'x + c' = 0$, *trouver la relation qui existe entre les coefficients de ces équations lorsque la condition précédente est remplie ;*

2° *on considère les couples de points* A *et* B *dont les abscisses sont les racines de l'équation*

$$ax^2 + bx + c + \lambda(a'x^2 + b'x + c') = 0,$$

où λ *est un paramètre variable ; montrer que l'on peut déterminer deux points fixes* C *et* D *tels que* A *et* B *soient conjugués par rapport à* C *et* D, *quelle que soit la valeur de* λ.

1° **En remplaçant les sommes et les produits des racines des deux équations par leurs valeurs en fonction des coefficients, on a la relation**

$$2\left(\frac{c}{a} + \frac{c'}{a'}\right) = \frac{b}{a}\frac{b'}{a'}, \quad \text{ou} \quad 2(ac' + ca') - bb' = 0.$$

2° **En désignant par** x_1, x_2 **les abscisses des points** A **et** B, **par** x_3, x_4 **celles des points** C **et** D, **on doit avoir**

$$2\frac{c + \lambda c'}{a + \lambda a'} + 2x_3 x_4 = -\frac{b + \lambda b'}{a + \lambda a'}(x_3 + x_4)$$

ou $\quad 2(c + \lambda c') + 2x_3 x_4 (a + \lambda a') + (x_3 + x_4)(b + \lambda b') = 0.$

Pour écrire que cette relation a lieu quel que soit λ, **on doit annuler**

séparément le coefficient de λ et le terme indépendant, ce qui donne

$$2c + 2ax_3x_4 + b(x_3 + x_4) = 0,$$
$$2c' + 2a'x_3x_4 + b'(x_3 + x_4) = 0,$$

d'où $\qquad x_3 + x_4 = -\dfrac{2(ac' - ca')}{ab' - ba'}, \qquad x_3x_4 = \dfrac{bc' - cb'}{ab' - ba'};$

en en conclut que x_3 et x_4 sont les racines de l'équation

$$(ab' - ba')X^2 + 2(ac' - ca')X + (bc' - cb') = 0.$$

On peut encore obtenir ces résultats en cherchant les coefficients inconnus d'une équation, $AX^2 + BX + C = 0$, ayant pour racines x_3 et x_4; ils doivent satisfaire à la condition

$$2A(c + \lambda c') + 2C(a + \lambda a') - B(b + \lambda b') = 0$$

quel que soit λ, c'est-à-dire aux relations

$$2Ac - Bb + 2Ca = 0, \qquad 2Ac' - Bb' + 2Ca' = 0;$$

on retrouve ainsi les valeurs de A, B, C déjà calculées. En éliminant A, B, C entre ces deux équations et celle qui doit donner X, on écrit cette dernière sous la forme

$$\begin{vmatrix} X^2 & X & 1 \\ 2c & -b & 2a \\ 2c' & -b' & 2a' \end{vmatrix} = 0.$$

REMARQUE. — Si l'on considère la courbe représentative de la fraction du deuxième degré

$$y = \dfrac{ax^2 + bx + c}{a'x^2 + b'x + c'},$$

les projections sur Ox des points de rencontre de cette ligne avec la droite parallèle à Ox et d'ordonnée $y = -\lambda$ sont les points A et B. On voit que ces points sont toujours conjugués harmoniques par rapport à deux points fixes C et D; l'équation qui fournit ces derniers est précisément celle qui donne les valeurs de x rendant y maximum ou minimum.

---

54. *Former l'équation d'une circonférence de rayon* R *passant par l'origine, et dont le centre est sur la bissectrice de l'angle* xOy.

Les coordonnées du centre sont $x_0 = y_0 = \dfrac{R\sqrt{2}}{2}$; l'équation de la circonférence est

$$x^2 + y^2 - R\sqrt{2}\,x - R\sqrt{2}\,y = 0.$$

---

55. *Étant donnée la droite représentée par l'équation*

$$x + y - 1 = 0,$$

trouver le lieu des points dont le carré de la distance à cette droite est égal au produit des distances du même point aux deux axes, et construire ce lieu.

Le carré de la distance d'un point (x, y) à la droite est égal à $\dfrac{(x + y - 1)^2}{2}$; si le point est dans le premier ou le troisième quadrant, ses coordonnées x et y sont de même signe et le produit de ses distances aux deux axes est égal à xy. L'équation du lieu est

$$\frac{(x + y - 1)^2}{2} = xy, \qquad \text{ou} \qquad x^2 + y^2 - 2x - 2y + 1 = 0 ;$$

elle représente un cercle dont le centre a pour coordonnées 1, 1, et dont le rayon est égal à 1 ; c'est le cercle tangent aux deux axes de coordonnées aux points où ils sont rencontrés par la droite donnée.

Si le point est dans le deuxième ou le quatrième quadrant, ses coordonnées sont de signes contraires et le produit de ses distances aux deux axes est égal à $-xy$; l'équation du lieu est

$$\frac{(x + y - 1)^2}{2} = -xy \qquad \text{ou} \qquad x^2 + 4xy + y^2 - 2x - 2y + 1 = 0 ;$$

elle représente une hyperbole dont le centre a pour coordonnées $x = y = \dfrac{1}{3}$; les coefficients angulaires des asymptotes de la courbe sont égaux à $-2 \pm \sqrt{3}$, et cette hyperbole est tangente aux deux axes de coordonnées aux points où ils sont rencontrés par la droite donnée.

---

56. *Trouver le lieu des points d'un plan dont la somme des carrés des distances à n points donnés dans ce plan est constante.*

Si (x_1, y_1), (x_2, y_2) . . . . . sont les coordonnées des points donnés et k^2 la constante donnée, l'équation du lieu est

$$\Sigma(x - x_i)^2 + \Sigma(y - y_i)^2 = k^2$$

ou

$$x^2 + y^2 - 2\frac{\Sigma x_i}{n}x - 2\frac{\Sigma y_i}{n}y + \frac{\Sigma(x_i^2 + y_i^2) - k^2}{n} = 0 ;$$

elle représente une circonférence. Le centre est un point dont les coordonnées sont les moyennes arithmétiques des coordonnées des points donnés ; il s'appelle centre des moyennes distances de ces points. Le carré du rayon est

$$R^2 = \frac{k^2}{n} + \left(\frac{\Sigma x_i}{n}\right)^2 + \left(\frac{\Sigma y_i}{n}\right)^2 - \frac{\Sigma(x_i^2 + y_i^2)}{n}.$$

---

57. *Quelle relation doit-il exister entre les coefficients des équations de deux cercles, écrites sous la forme*

$$x^2 + y^2 + 2ax + 2by + c = 0,$$
$$x^2 + y^2 + 2a'x + 2b'y + c' = 0,$$

pour que ces cercles soient orthogonaux? On écrira que le carré de la distance des centres est égal à la somme des carrés des rayons.

Les coordonnées des centres sont (a, b) et (a', b') ; les carrés des rayons sont $a^2 + b^2 - c$ et $a'^2 + b'^2 - c'$; la condition cherchée est

$$(a - a')^2 + (b - b')^2 = a^2 + b^2 - c + a'^2 + b'^2 - c'$$

ou

$$2aa' + 2bb' - c - c' = 0.$$

---

58. *Étant donnés sur l'axe des x deux points A et A′ symétriques par rapport à O, trouver le lieu des points du plan dont le rapport des distances à A et A′ est égal à k ; ce lieu est une circonférence. Montrer que lorsque k varie, les circonférences obtenues coupent l'axe des y en deux points fixes imaginaires, et qu'elles sont orthogonales à toutes les circonférences passant par A et A′. Les points A et A′ sont appelés les points limites du premier faisceau de circonférences.*

Soient a et $-a$ les abscisses des points A et A' ; l'équation du lieu est

$$\frac{\sqrt{(x-a)^2+y^2}}{\sqrt{(x+a)^2+y^2}} = k.$$

Cette équation, rendue entière, peut être écrite sous la forme

$$x^2 + y^2 - 2a\frac{1+k^2}{1-k^2}x + a^2 = 0 \, ;$$

elle représente une circonférence ; les ordonnées des points où elle coupe l'axe des y s'obtiennent en faisant $x = 0$, d'où $y^2 + a^2 = 0$, $y = \pm\, ai$; ce sont deux points fixes imaginaires.

Une circonférence passant par A et A' a pour équation

$$x^2 + y^2 - 2y_0 y - a^2 = 0,$$

y_0 étant l'ordonnée de son centre : on constate, d'après le problème précédent, qu'elle est orthogonale à une quelconque des circonférences trouvées précédemment.

———

59. *Montrer que la projection d'une circonférence sur un plan qui ne lui est pas parallèle est une ellipse ; on supposera que le plan de projection passe par le centre du cercle, on prendra ce centre pour origine, l'axe des x dirigé suivant le diamètre du cercle situé dans le plan, l'axe des y suivant la projection du diamètre perpendiculaire à celui-là et l'on déterminera l'équation de la projection de la circonférence rapportée à ces axes. Déduire de là la valeur de l'aire de l'ellipse.*

Soient a le rayon du cercle, V l'angle de son plan avec le plan de projection ; l'ordonnée y_1 d'un point du cercle dans son plan et l'ordonnée y de la projection de ce point sont telles que l'on ait $y = y_1 \cos V$. Comme on a $x^2 + y_1^2 = a^2$, on en conclut

$$x^2 + \frac{y^2}{\cos^2 V} = a^2 \qquad \text{ou} \qquad \frac{x^2}{a^2} + \frac{y^2}{a^2 \cos^2 V} - 1 = 0 \, ;$$

cette équation est celle d'une ellipse dont les demi-axes sont a et $b = a \cos V$.

L'aire du cercle étant πa^2, celle de sa projection (n° 81) sera $\pi a^2 \cos V = \pi ab$; c'est la valeur de l'aire de l'ellipse.

———

60. *Former l'équation de l'ellipse en coordonnées polaires en prenant comme pôle le centre de la courbe. Montrer que si ρ_1 et ρ_2 sont deux rayons vecteurs rectangulaires de la courbe, on a*

$$\frac{1}{\rho_1^2} + \frac{1}{\rho_2^2} = \frac{1}{a^2} + \frac{1}{b^2}.$$

Il suffit de remplacer dans l'équation de l'ellipse x et y par $\rho \cos \theta$ et $\rho \sin \theta$, ce qui fournit l'équation cherchée ; on peut l'écrire

$$\frac{1}{\rho^2} = \frac{\cos^2 \theta}{a^2} + \frac{\sin^2 \theta}{b^2} ;$$

en calculant les valeurs de ρ_1^2 et ρ_2^2 relatives à deux angles θ_1 et $\theta_2 = \theta_1 + \frac{\pi}{2}$, on vérifie la relation donnée dans l'énoncé.

---

61. *Quelle est la courbe dont les points ont des coordonnées représentées en fonction du paramètre φ par les équations*

$$x = \frac{a}{\cos \varphi}, \qquad y = b \, \mathrm{tg} \, \varphi \, ?$$

On effectue l'élimination de φ entre les équations données en utilisant la relation $\dfrac{1}{\cos^2 \varphi} = 1 + \mathrm{tg}^2 \varphi$; on obtient ainsi l'équation

$$\frac{x^2}{a^2} - \frac{y^2}{b^2} - 1 = 0,$$

qui représente une hyperbole.

---

62. *Une sécante coupe une hyperbole en deux points A et B, et les asymptotes en deux points A' et B' ; démontrer que les milieux des segments AB et A'B' sont confondus, par suite, que AA' et BB' sont des segments égaux et de sens contraires. Déduire de là une construction par points d'une hyperbole dont on connaît les asymptotes et un point A, en faisant tourner une sécante autour de ce point et en construisant chaque fois le deuxième point de la courbe situé sur la sécante.*

Soient

$$(\mathrm{II}) \ \ \frac{x^2}{a^2} - \frac{y^2}{b^2} - 1 = 0 ; \qquad (\mathrm{A}) \ \ \frac{x^2}{a^2} - \frac{y^2}{b^2} = 0$$

l'équation d'une hyperbole et celle de ses asymptotes ; soit $y = mx + h$ l'équation d'une sécante. Les abscisses de ses points de rencontre A et B avec l'hyperbole et celles de ses points de rencontre A' et B' avec les asymptotes sont les racines des deux équations

$$\frac{x^2}{a^2} - \frac{(mx+h)^2}{b^2} - 1 = 0, \qquad \frac{x^2}{a^2} - \frac{(mx+h)^2}{b^2} = 0.$$

La demi-somme des racines de la première est l'abscisse du milieu de AB ; celle des racines de la seconde est l'abscisse du milieu de A'B' ; comme ces valeurs sont égales, la proposition est démontrée.

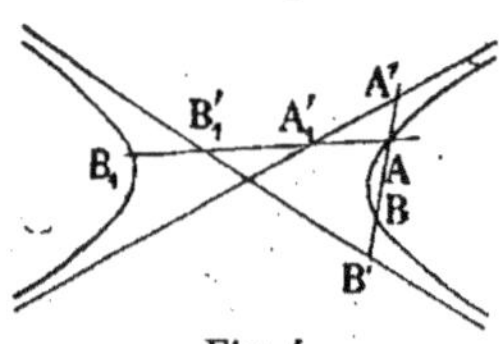

Fig. 4.

La figure 4 indique la construction d'un point B ou d'un point B_1 de l'hyperbole situés sur une sécante issue d'un point connu A ; on prend B'B = AA', ou $B_1'B_1 = AA_1'$; cette construction s'applique aux points d'une branche aussi bien qu'à ceux de l'autre branche de l'hyperbole.

---

63. *Exprimer en fonction de a et de l'excentricité e les quantités b et c dans le cas d'une ellipse et dans celui d'une hyperbole. Dans le dernier cas, déterminer en fonction de e le demi-angle des asymptotes.*

Dans une ellipse, on a $c = ae$, $b = a\sqrt{1 - e^2}$; dans une hyperbole, on a $c = ae$, $b = a\sqrt{e^2 - 1}$, et le demi-angle des asymptotes a pour tangente $\sqrt{e^2 - 1}$; dans le cas d'une hyperbole équilatère, e est égal à $\sqrt{2}$.

---

64. *Trois rayons vecteurs d'une ellipse issus d'un foyer F de cette courbe ont pour longueurs*

$$FA_1 = 2, \qquad FA_2 = 4, \qquad FA_3 = 8 ;$$

les angles (FA_1, FA_2) et (FA_1, FA_3) sont respectivement égaux à $\frac{\pi}{2}$ et π ; déterminer les éléments de l'ellipse.

Si nous prenons pour origine le foyer F de l'ellipse, et si nous désignons par $-\theta_1$ l'angle formé avec FA_1 par le rayon vecteur aboutissant au sommet A de la courbe le plus voisin de F, l'équation en coordonnées polaires de l'ellipse rapportée à l'axe FA est de la forme

$$\rho = \frac{p}{1 + e\cos\theta};$$

les coordonnées de A_1, A_2, A_3 sont $\rho_1 = 2$, θ_1; $\rho_2 = 4$, $\theta_2 = \theta_1 + \dfrac{\pi}{2}$; $\rho_3 = 8$, $\theta_3 = \theta_1 + \pi$; il en résulte les relations

$$1 + e\cos\theta_1 = \frac{p}{\rho_1} = \frac{p}{2},$$

$$1 + e\cos\theta_2 = 1 - e\sin\theta_1 = \frac{p}{\rho_2} = \frac{p}{4},$$

$$1 + e\cos\theta_3 = 1 - e\cos\theta_1 = \frac{p}{\rho_3} = \frac{p}{8}.$$

La première et la troisième équation donnent, par addition,

$$2 = p\left(\frac{1}{2} + \frac{1}{8}\right); \qquad p = \frac{16}{5};$$

on a ensuite

$$e\cos\theta_1 = \frac{3}{5}, \qquad e\sin\theta_1 = \frac{1}{5}, \qquad e = \frac{\sqrt{10}}{5}, \qquad \operatorname{tg}\theta_1 = \frac{1}{3};$$

quant aux demi-axes de l'ellipse, ils sont donnés par

$$p = \frac{b^2}{a} = a(1 - e^2), \qquad a = \frac{p}{1 - e^2} = \frac{16}{3}, \qquad b = \sqrt{ap} = \frac{16\sqrt{15}}{15}.$$

---

65. *Deux rayons vecteurs d'une parabole issus du foyer F de cette courbe ont pour longueurs $FA_1 = 2$, $FA_2 = 6$, et l'angle (FA_1, FA_2) est égal à π; déterminer les éléments de la parabole.*

Si nous prenons comme origine le foyer F de la parabole, et si nous désignons par $-\theta_1$ l'angle formé avec FA_1 par le rayon vecteur aboutissant au sommet A de la courbe, l'équation en coordonnées polaires de la parabole rapportée à l'axe FA est de la forme

$$\rho = \frac{p}{1 + \cos\theta};$$

les coordonnées de A_1, A_2 sont $\rho_1 = 2$, θ_1 ; $\rho_2 = 6$, $\theta_2 = \theta_1 + \pi$; il en résulte

$$1 + \cos\theta_1 = \frac{p}{\rho_1} = \frac{p}{2} ; \qquad 1 - \cos\theta_1 = \frac{p}{\rho_2} = \frac{p}{6}.$$

On en déduit, par voie d'addition et de soustraction,

$$2 = p\left(\frac{1}{2} + \frac{1}{6}\right), \qquad p = 3,$$

$$2\cos\theta_1 = p\left(\frac{1}{2} - \frac{1}{6}\right) = 1, \qquad \cos\theta_1 = \frac{1}{2}, \qquad \theta_1 = \frac{\pi}{3}.$$

---

66. *On considère sur l'axe Ox un point A d'abscisse a ; déterminer et construire le lieu des points M tels que l'angle MAO soit le double de l'angle MOA. Rapporter ce lieu à ses axes.*

Si α désigne l'angle AOM (*fig.* 5), les équations des droites OM, AM sont

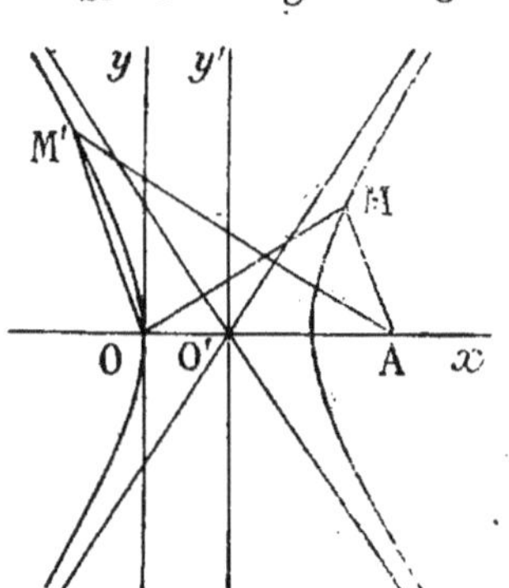

$$y = x\,\mathrm{tg}\,\alpha,$$
$$y = (x - a)\,\mathrm{tg}\,(\pi - 2\alpha)$$
$$= -(x - a)\,\mathrm{tg}\,2\alpha ;$$

en éliminant α entre ces deux équations, on obtient l'équation du lieu

$$y = -(x - a)\frac{2\,\mathrm{tg}\,\alpha}{1 - \mathrm{tg}^2\,\alpha}$$
$$= -\frac{2xy(x - a)}{x^2 - y^2}.$$

Fig. 5.

Cette équation se décompose en $y = 0$, qui représente l'axe des x correspondant au cas où $\alpha = 0$, et en une autre équation qui, rendue entière, est

$$3x^2 - y^2 - 2ax = 0.$$

Elle représente une hyperbole symétrique par rapport à Ox, dont les directions asymptotiques sont les droites $y = \pm x\sqrt{3}$, et qu'il est facile de construire en résolvant l'équation par rapport à y. Les points M de la branche voisine de A répondent à l'énoncé ; les points M″

de la branche passant par O sont tels que l'angle OAM' soit égal à $2AOM' - \pi$.

Le centre de la courbe est le point O' d'abscisse $\dfrac{a}{3}$ et d'ordonnée nulle ; en y transportant l'origine et utilisant les formules $x = \dfrac{a}{3} + x'$, $y = y'$, l'équation se transforme en

$$3x'^2 - y'^2 - \frac{a^2}{3} = 0, \qquad \frac{x'^2}{\dfrac{a^2}{9}} - \frac{y'^2}{\dfrac{a^2}{3}} - 1 = 0,$$

qui met en évidence les demi-axes de l'hyperbole ; on peut ajouter que la demi-distance focale est $c = \sqrt{\dfrac{a^2}{9} + \dfrac{a^2}{3}} = \dfrac{2}{3}\,a$, de sorte que A est un foyer de la courbe.

---

67. *On considère la famille de droites représentées par l'équation*

$$y = mx - \frac{p(1 + m^2)}{2m},$$

où p est la mesure d'une longueur donnée et m un nombre variable. Par un point M de coordonnées (x_0, y_0) passent deux droites de la famille ; condition de réalité de ces droites. Lieux du point M lorsque les droites qui y passent sont rectangulaires, ou lorsqu'elles font un angle donné V ; transformer en coordonnées polaires l'équation de ce dernier lieu et le construire.

Les valeurs des coefficients angulaires m des droites passant par (x_0, y_0) sont les racines de l'équation obtenue en remplaçant x et y par x_0 et y_0 dans la relation donnée ; elle s'écrit

$$(2x_0 - p)m^2 - 2y_0 m - p = 0.$$

Pour que ses racines soient réelles, il faut que l'on ait

$$y_0^2 + p(2x_0 - p) \geqslant 0.$$

La courbe représentée par l'équation $y^2 + p(2x - p) = 0$ est une parabole ayant pour foyer l'origine et pour directrice la droite d'équation $x = p$, comme on le voit en écrivant son équation $x^2 + y^2 = (p - x)^2$; pour que l'inégalité précédente soit satisfaite, il faut que le point M soit extérieur à la parabole ou sur cette courbe.

Pour que les droites passant par M soient rectangulaires, il faut et il suffit que le produit $m'm''$ des racines de l'équation en m soit égal à -1, ce qui donne la condition $x_0 = p$; M doit se trouver sur la directrice de la parabole. Pour que les droites fassent un angle V, il faut et il suffit que l'on ait

$$\operatorname{tg} V = \frac{m' - m''}{1 + m'm''} = \frac{2\sqrt{y_0^2 + p(2x_0 - p)}}{2x_0 - 2p} ;$$

cette relation rendue entière s'écrit sous l'une des formes

$$y_0^2 - x_0^2 \operatorname{tg}^2 V - 2px_0(1 + \operatorname{tg}^2 V) + p^2(1 + \operatorname{tg}^2 V) = 0,$$

$$x_0^2 + y_0^2 = \frac{1}{\cos^2 V}(p - x_0)^2 ;$$

elle représente une hyperbole ayant, comme la parabole, pour foyer l'origine et pour directrice correspondante la droite $x = p$. L'équation en coordonnées polaires, tirée de la dernière relation, est

$$\rho \cos V = \pm (p - \rho \cos \theta) ;$$

en choisissant le signe $+$ au second membre, elle s'écrit

$$\rho = \frac{p}{\cos V + \cos \theta} = \frac{p}{\cos V} \cdot \frac{1}{1 + \dfrac{\cos \theta}{\cos V}} ;$$

elle représente bien une hyperbole d'excentricité $e = \dfrac{1}{\cos V}$. En choisissant le signe $-$ au second membre, remplaçant θ et ρ par $\pi - \theta'$ et $-\rho'$, on retombe sur la même équation. La construction du lieu est immédiate.

---

68. *On considère la droite* D *rencontrant les axes de coordonnées* Ox, Oy *en des points* A *et* B *tels que* OA = OB = a. *Déterminer le lieu des points* M *tels que la somme des carrés des distances de chacun de ces points aux trois côtés du triangle* OAB *soit égale à* $\dfrac{a^2}{2}$; *le rapporter à ses axes et le construire.*

L'équation de AB est $x + y - a = 0$; la somme des carrés des distances du point (x, y) aux trois côtés du triangle OAB (*fig*. 6)

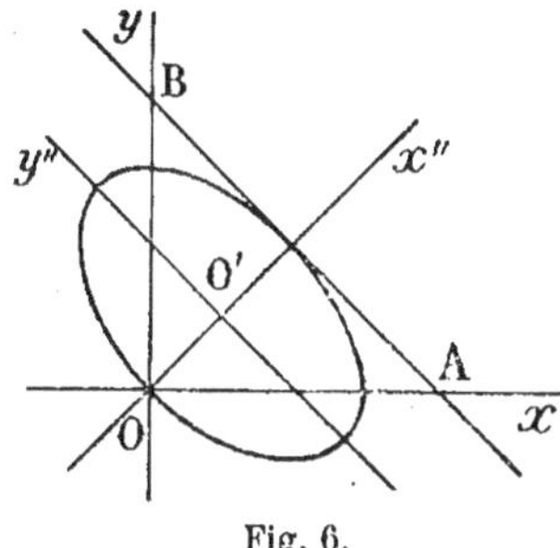

Fig. 6.

est $x^2 + y^2 + \dfrac{(x + y - a)^2}{2}$; en l'égalant à $\dfrac{a^2}{2}$, on obtient l'équation du lieu, qui s'écrit

$$3x^2 + 2xy + 3y^2 - 2ax - 2ay = 0.$$

Elle représente une ellipse symétrique par rapport à la bissectrice de l'angle xOy ; elle passe par l'origine, coupe les axes aux points $x = \dfrac{2a}{3}$, $y = 0$ et $x = 0$, $y = \dfrac{2a}{3}$, et coupe la droite AB en dés points confondus avec le milieu du segment AB.

Le centre de cette ellipse est un point O′ de coordonnées $\dfrac{a}{4}$, $\dfrac{a}{4}$; en y transportant les axes parallèlement à eux-mêmes et utilisant les formules de transformation $x = \dfrac{a}{4} + x'$, $y = \dfrac{a}{4} + y'$, on réduit l'équation à la forme

$$3x'^2 + 2x'y' + 3y'^2 - \frac{a^2}{2} = 0.$$

Il suffit ensuite de faire tourner les axes autour de O′ de l'angle $\dfrac{\pi}{4}$ et d'utiliser les formules

$$x' = x'' \cos \frac{\pi}{4} - y'' \sin \frac{\pi}{4}, \qquad y' = x'' \sin \frac{\pi}{4} + y'' \cos \frac{\pi}{4}$$

pour aboutir à la forme réduite définitive de la courbe rapportée aux axes O′x″, O′y″ :

$$\frac{x''^2}{\dfrac{a^2}{8}} + \frac{y''^2}{\dfrac{a^2}{4}} - 1 = 0.$$

69. *Déterminer graphiquement et par le calcul la somme géométrique de deux vecteurs représentés par les deux diagonales d'un rectangle, ou de quatre vecteurs représentés par les quatre diagonales* *d'un parallélépipède; examiner les divers cas qui se présentent suivant le sens de parcours de ces vecteurs; évaluer les angles que font avec les arêtes les différentes diagonales, et les angles que ces diagonales font entre elles deux à deux.*

Nous ferons le calcul dans le cas d'un parallélépipède, celui d'un rectangle se traitant de la même manière. Prenons l'un des sommets, O, comme origine, les trois côtés $OA = a$, $OB = b$, $OC = c$ issus de ce sommet comme axes Ox, Oy, Oz; désignons par O', A', B', C' les sommets opposés à O, A, B, C; par V_1, V_2, V_3, V_4 les vecteurs OO', AA', BB', CC' et par V'_1, V'_2, V'_3, V'_4 les vecteurs $O'O$, $A'A$, $B'B$, $C'C$ opposés aux premiers. Les projections des quatre premiers de ces vecteurs et les cosinus des angles qu'ils font avec les axes sont indiqués dans le tableau suivant :

	X	Y	Z	$\cos \alpha$	$\cos \beta$	$\cos \gamma$
V_1	a	b	c	μa	μb	μc
V_2	$-a$	b	c	$-\mu a$	μb	μc
V_3	a	$-b$	c	μa	$-\mu b$	μc
V_4	a	b	$-c$	μa	μb	$-\mu c$

où μ désigne $\dfrac{1}{\sqrt{a^2 + b^2 + c^2}}$. Les quantités analogues pour les quatre derniers sont égales et opposées aux précédentes.

Lorsque l'on fait la somme de quatre de ces vecteurs dirigés chacun respectivement suivant une des diagonales, on peut les associer de seize manières différentes, car on peut en effet considérer V_1 ou V'_1, lui ajouter V_2 ou V'_2, puis V_3 ou V'_3 et V_4 ou V'_4, ce qui fait $2 \times 2 \times 2 \times 2 = 16$ combinaisons possibles. Les combinaisons caractéristiques sont indiquées dans le tableau suivant :

	X	Y	Z
$V_1 + V_2 + V_3 + V_4$	$2a$	$2b$	$2c$
$V'_1 + V_2 + V_3 + V_4$	0	0	0
$V_1 + V'_2 + V_3 + V_4$	$4a$	0	0
$V_1 + V_2 + V'_3 + V'_4$	$-2a$	$2b$	$2c$

les autres s'en déduisent par permutation des lettres a, b, c et par changement des signes des trois projections à la fois. Les formules du n° 127 permettent de déterminer dans chaque cas la grandeur de la somme géométrique et les cosinus des angles qu'elle fait avec les axes de projection.

Les angles des vecteurs pris deux à deux sont au nombre de 24 ; les cosinus de ces angles sont donnés par la formule

$$\cos(V_1, V_2) = \frac{-a^2 + b^2 + c^2}{a^2 + b^2 + c^2},$$

et par les formules analogues se déduisant de la précédente par le changement dans le numérateur des signes de a^2, b^2, c^2 de toutes les manières possibles, avec exclusion toutefois des combinaisons où les trois signes seraient identiques ; il n'y a donc que six valeurs distinctes des cosinus, deux à deux égales et opposées.

---

70. *Sur les bissectrices des faces d'un trièdre trirectangle on prend à partir du sommet des vecteurs égaux à l'unité. Déterminer la somme géométrique de ces vecteurs, les angles qu'ils font deux à deux et l'angle de leur somme géométrique avec chacun d'eux.*

Soient V_1, V_2, V_3 les vecteurs égaux à l'unité dirigés respectivement suivant les bissectrices des angles yOz, zOx, xOy, et soit V leur somme géométrique ; les projections de ces vecteurs sont respectivement

$$X_1 = 0, \qquad Y_1 = \frac{\sqrt{2}}{2}, \qquad Z_1 = \frac{\sqrt{2}}{2},$$

$$X_2 = \frac{\sqrt{2}}{2}, \qquad Y_2 = 0, \qquad Z_2 = \frac{\sqrt{2}}{2},$$

$$X_3 = \frac{\sqrt{2}}{2}, \qquad Y_3 = \frac{\sqrt{2}}{2}, \qquad Z_3 = 0,$$

$$X = \sqrt{2}, \qquad Y = \sqrt{2}, \qquad Z = \sqrt{2}.$$

Le vecteur V est égal à $\sqrt{X^2 + Y^2 + Z^2} = \sqrt{6}$; il fait avec les axes des angles dont les cosinus sont $\dfrac{\sqrt{2}}{\sqrt{6}} = \dfrac{1}{\sqrt{3}}$, et ces angles sont égaux à $54°44'7''$. Les angles des vecteurs deux à deux sont donnés par

$$\cos(V_1, V_2) = \frac{X_1 X_2 + Y_1 Y_2 + Z_1 Z_2}{\sqrt{X_1^2 + Y_1^2 + Z_1^2}\sqrt{X_2^2 + Y_2^2 + Z_2^2}} = \frac{1}{2}, \quad (V_1, V_2) = 60°,$$

$$\cos(V, V_1) = \frac{XX_1 + YY_1 + ZZ_1}{\sqrt{X^2 + Y^2 + Z^2}\sqrt{X_1^2 + Y_1^2 + Z_1^2}} = \frac{2}{\sqrt{6}}, \quad (V, V_1) = 35°15'53''.$$

71. *Étant donnés des vecteurs* V_1, V_2, $\cdots$, *démontrer que la grandeur de leur somme géométrique* V *est donnée par la formule*

$$V^2 = \Sigma V_i^2 + 2\Sigma V_i V_k \cos(V_i, V_k),$$

(V_i, V_k) *désignant l'angle des vecteurs* V_i *et* V_k.

Les formules du n° 127 donnent

$$V^2 = (\Sigma X_i)^2 + (\Sigma Y_i)^2 + (\Sigma Z_i)^2$$
$$= \Sigma(X_i^2 + Y_i^2 + Z_i^2) + 2\Sigma(X_i X_k + Y_i Y_k + Z_i Z_k),$$

mais on a $\qquad\qquad X_i^2 + Y_i^2 + Z_i^2 = V_i^2$

et $\qquad X_i X_k + Y_i Y_k + Z_i Z_k$.

$$= V_i V_k (\cos\alpha_i \cos\alpha_k + \cos\beta_i \cos\beta_k + \cos\gamma_i \cos\gamma_k) = V_i V_k \cos(V_i, V_k) ;$$

on a donc bien

$$V^2 = \Sigma V_i^2 + 2\Sigma V_i V_k \cos(V_i, V_k).$$

72. *Montrer que les équations*

$$x = a \cos\varphi + a' \sin\varphi,$$
$$y = b \cos\varphi + b' \sin\varphi,$$
$$z = c \cos\varphi + c' \sin\varphi$$

représentent une courbe plane du second ordre; déterminer le plan de la courbe, et ses projections sur les plans de coordonnées.

Toute combinaison des équations données indépendantes de φ fournit l'équation d'une surface renfermant la courbe. Si l'on considère $\cos\varphi$ et $\sin\varphi$ comme deux quantités variables, et si l'on porte dans une des équations leurs valeurs tirées des deux autres, on obtient le même résultat qu'en éliminant $\sin\varphi$ et $\cos\varphi$ entre les trois équations envisagées comme linéaires ; le résultat (n° 66) est l'équation

$$\begin{vmatrix} x & a & a' \\ y & b & b' \\ z & c & c' \end{vmatrix} = 0 ;$$

elle représente un plan passant par l'origine et renfermant la courbe.

Pour obtenir les projections de la courbe sur les plans de coordonnées, il faut éliminer φ entre les équations prises deux à deux ; on les résout par rapport à $\sin\varphi$ et $\cos\varphi$ et on égale à l'unité la somme des carrés de ces deux quantités. Pour la projection sur le plan xOy, on obtient ainsi l'équation

$$(bx - ay)^2 + (b'x - a'y)^2 = (ab' - ba')^2,$$

qui représente une ligne du second ordre ; la ligne dans l'espace est aussi du second ordre ; elle a pour centre l'origine, car à chaque point $M(x, y, z)$ donné par φ correspond un point M' de coordonnées $(-x, -y, -z)$ donné par $\varphi + \pi$ et symétrique du premier par rapport au point O.

Dans le cas particulier où l'on a $\dfrac{a'}{a} = \dfrac{b'}{b} = \dfrac{c'}{c}$, on constate que l'on a $\dfrac{x}{a} = \dfrac{y}{b} = \dfrac{z}{c}$, et la ligne se réduit à une portion de droite.

___

73. *On considère dans l'espace la courbe définie par les équations*

$$x = \cos t + \sqrt{3} \sin t,$$
$$y = \cos t - \sqrt{3} \sin t,$$
$$z = -2 \cos t ;$$

démontrer qu'elle est une circonférence ayant pour centre l'origine des coordonnées ; déterminer son rayon et son plan. Former les équations de ses projections sur les plans de coordonnées. Quelle relation doit-il exister entre les paramètres t et t' de deux points M et M' pour que les rayons aboutissant à ces points soient rectangulaires ?

Ce problème est un cas particulier du précédent ; la courbe est contenue dans un plan ayant pour équation $x + y + z = 0$.

La distance d'un point de la courbe à l'origine est égale à

$$\sqrt{x^2 + y^2 + z^2} = \sqrt{6} \, ;$$

elle est constante, par suite la courbe est un cercle de centre O et de rayon $\sqrt{6}$. Les équations de ses projections sur les trois plans de coordonnées sont

$$x^2 + y^2 + xy = 3, \qquad y^2 + z^2 + yz = 3, \qquad x^2 + z^2 + xz = 3.$$

L'angle de deux rayons aboutissant aux deux points (x, y, z) et (x', y', z') a un cosinus donné par

$$\cos V = \frac{xx' + yy' + zz'}{\sqrt{x^2 + y^2 + z^2} \sqrt{x'^2 + y'^2 + z'^2}} = \cos(t' - t) \, ;$$

pour que ces rayons soient rectangulaires, il faut et il suffit que

$$t' = t + (2k + 1) \frac{\pi}{2},$$

k étant un nombre entier, positif, nul ou négatif.

———

74. *Courbe de Viviani. Sur une sphère de centre* O *et de rayon* R, *on considère le lieu des points dont les coordonnées polaires* θ *et* ψ *sont liées par la relation* $\theta + \psi = \frac{\pi}{2}$. *Former les expressions des coordonnées des points de ce lieu et les équations de ses projections sur les plans de coordonnées ; construire ces projections.*

En utilisant les formules du n° 129, y remplaçant ρ par R et ψ par $\frac{\pi}{2} - \theta$, on obtient la représentation paramétrique de la courbe sous la forme

$$x = R \sin^2 \theta, \qquad y = R \sin \theta \cos \theta, \qquad z = R \cos \theta.$$

L'élimination de θ entre ces relations deux à deux conduit aux équations

$$x^2 + y^2 = Rx, \qquad Rx + z^2 = R^2, \qquad R^2 y^2 = z^2(R^2 - z^2),$$

qui représentent les projections de la courbe sur les plans de coordonnées. La première représente un cercle de rayon $\dfrac{R}{2}$ tangent à l'origine à l'axe des y ; la deuxième représente une parabole dont le sommet est le point d'abscisse R sur Ox, et passant par les points de cotes $\pm$ R sur Oz ; la partie de cette courbe comprise à l'intérieur du cercle de centre O et de rayon R convient seule à la question ; la troisième équation représente une courbe passant par l'origine, avec des tangentes en ce point dirigées suivant les bissectrices des angles des axes Oy, Oz ; elle a la forme d'un 8.

------

75. *Trouver l'équation du cône ayant pour sommet l'origine et pour directrice le cercle représenté par les équations*

$$x^2 + y^2 + z^2 - R^2 = 0, \qquad x + y + z - R = 0.$$

D'après les remarques faites au n° 131, on doit rendre homogènes les équations données sous la forme

$$x^2 + y^2 + z^2 - R^2 t^2 = 0, \qquad x + y + z - R t = 0,$$

puis éliminer t entre ces relations, ce qui donne

$$yz + zx + xy = 0.$$

Cette équation représente un cône de révolution contenant les trois axes de coordonnées.

------

76. *Démontrer que toute section plane d'un cône de révolution se projette sur un plan perpendiculaire à l'axe suivant une conique ayant pour foyer le point de rencontre de l'axe et du plan de projection.*

Si l'on prend comme origine le sommet et comme axe Oz l'axe du cône, et si V est le demi-angle au sommet, l'équation de la génératrice méridienne dans le plan des xz est $z = x \operatorname{cotg} V$; l'équation de la surface de révolution (n° 138) est alors

$$z^2 = (x^2 + y^2) \operatorname{cotg}^2 V.$$

On peut supposer le plan sécant parallèle à l'axe Oy ; il coupe le plan xOy suivant une droite dont nous appellerons l'abscisse a ; si φ

est l'angle qu'il fait avec Oz, l'équation de ce plan est

$$z = (x - a)\cotg\varphi.$$

La projection sur le plan xOy de la courbe d'intersection du cône et du plan a pour équation

$$(x - a)^2\cotg^2\varphi = (x^2 + y^2)\cotg^2 V\,;$$

elle exprime que les distances MO et MH d'un point M de cette projection à l'origine et à la droite d'équation $x - a = 0$ sont telles que l'on ait

$$\frac{\overline{MO}^2}{\overline{MH}^2} = \frac{x^2 + y^2}{(x - a)^2} = \frac{\cotg^2\varphi}{\cotg^2 V}\,;$$

par conséquent cette projection est une conique ayant pour foyer le sommet du cône et pour directrice la trace du plan sécant sur le plan mené par ce sommet perpendiculairement à l'axe. L'excentricité a pour valeur $e = \dfrac{\cotg\varphi}{\cotg V}$; suivant que φ est supérieur, inférieur ou égal à V, la conique est une ellipse, une hyperbole ou une parabole.

On arrive au même résultat en transformant l'équation de la projection en coordonnées polaires, comme dans l'exercice 67 ; on a

$$(\rho\cos\theta - a)^2\cotg^2\varphi = \rho^2\cotg^2 V, \qquad \rho = \frac{a\cotg\varphi\,\tg V}{\pm 1 + \cotg\varphi\,\tg V\cos\theta}.$$

---

77. *Une surface réglée est définie par les équations*

$$x = (a + z)\cos t, \qquad y = (a - z)\sin t,$$

t étant un paramètre variable. Former l'équation de cette surface et étudier ses sections par des plans parallèles au plan xOy.

L'équation de la surface, obtenue en éliminant t entre les équations données, est

$$\frac{x^2}{(a + z)^2} + \frac{y^2}{(a - z)^2} = 1\,;$$

sa section par un plan d'équation $z = h$ est une ellipse de demi-axes $|a + h|$ et $|a - h|$; comme cas particuliers : pour $h = 0$, la section par le plan des xy est un cercle ; pour $h = a$, elle est une droite double parallèle à Ox ; pour $h = -a$, une droite double parallèle à Oy.

On obtient le même résultat en remarquant que pour z donné les équations définissent les coordonnées des points d'une ellipse en fonction du paramètre angulaire t (n° 109).

---

78. *On considère le paraboloïde de révolution d'équation*

$$x^2 + y^2 - 2pz = 0 ;$$

on coupe ce paraboloïde par des plans représentés par l'équation

$$z = m(x - a),$$

où a est la mesure d'une longueur donnée et m un nombre variable ; démontrer que les projections sur le plan xOy des sections du paraboloïde par ces plans sont des cercles ayant même axe radical. Trouver le lieu des centres de ces sections.

Pour former l'équation de la projection sur le plan xOy de la section considérée, il suffit d'éliminer z entre les deux équations, ce qui donne

$$x^2 + y^2 - 2pm(x - a) = 0, \qquad (x - pm)^2 + y^2 = pm(pm - 2a) ;$$

cette équation représente un cercle de centre $x_0 = pm$, $y_0 = 0$; le carré du rayon est égal à $pm(pm - 2a)$, et n'est positif que si m est extérieur à l'intervalle $\left(0, \dfrac{2a}{p}\right)$.

Tous les cercles obtenus en faisant varier m ont même axe radical, la droite $x = a$, car la puissance du point $(a, 0)$ par rapport à l'un quelconque de ces cercles est égale à a^2.

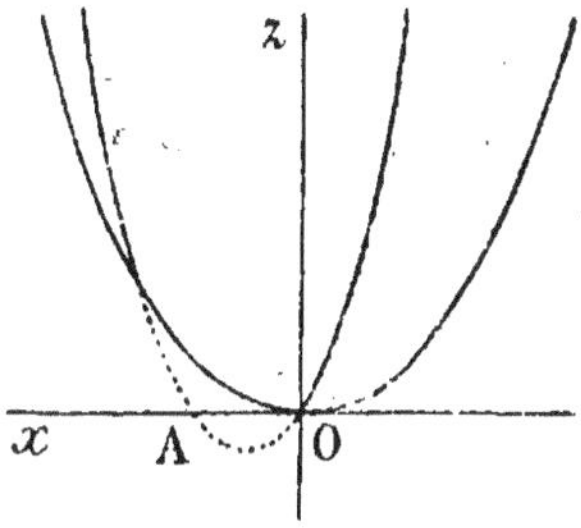

Le centre d'une section dans l'espace est le point du plan de cette section qui se projette au centre du cercle ; ses coordonnées sont

$$x = pm, \qquad y = 0, \qquad z = m(pm - a) ;$$

l'élimination de m conduit aux équations

$$y = 0, \qquad z = \frac{x(x - a)}{p} ;$$

Fig. 7.

elles représentent dans le plan xOz une parabole (*fig.* 7) passant par l'origine et par le point d'abscisse a sur Ox ; elle coupe la parabole méridienne de la surface de révolution contenue dans le plan xOz à l'origine et au point $\left(2a, \dfrac{2a^2}{p}\right)$. La partie du lieu correspondant à des sections réelles est celle qui est située à l'intérieur de la parabole méridienne ; on s'en rend compte en donnant à m des valeurs extérieures à l'intervalle $\left(0, \dfrac{2a}{p}\right)$, ces valeurs correspondant aux sections réelles.

---

79. *Étant donnés dans l'espace trois points* A, B, C *de coordonnées* (x_1, y_1, z_1), (x_2, y_2, z_2), (x_3, y_3, z_3), *montrer que les coordonnées d'un point* D *du plan* ABC *ont pour valeurs*

$$x = \frac{\lambda_1 x_1 + \lambda_2 x_2 + \lambda_3 x_3}{\lambda_1 + \lambda_2 + \lambda_3}, \qquad y = \frac{\lambda_1 y_1 + \lambda_2 y_2 + \lambda_3 y_3}{\lambda_1 + \lambda_2 + \lambda_3},$$

$$z = \frac{\lambda_1 z_1 + \lambda_2 z_2 + \lambda_3 z_3}{\lambda_1 + \lambda_2 + \lambda_3} ;$$

déduire de là l'équation du plan passant par les trois points A, B *et* C.

Soit A′ un point de la droite BC tel que $\dfrac{BA'}{A'C} = \dfrac{\lambda_3}{\lambda_2}$; les coordonnées de ce point sont, d'après le n° 139,

$$x_1' = \frac{\lambda_2 x_2 + \lambda_3 x_3}{\lambda_2 + \lambda_3}, \qquad y_1' = \frac{\lambda_2 y_2 + \lambda_3 y_3}{\lambda_2 + \lambda_3}, \qquad z_1' = \frac{\lambda_2 z_2 + \lambda_3 z_3}{\lambda_2 + \lambda_3}.$$

Soit D un point de la droite AA′ tel que $\dfrac{AD}{DA'} = \dfrac{\lambda_2 + \lambda_3}{\lambda_1}$; d'après les mêmes formules, les coordonnées de D sont

$$x = \frac{\lambda_1 x_1 + (\lambda_2 + \lambda_3) x_1'}{\lambda_1 + \lambda_2 + \lambda_3} = \frac{\lambda_1 x_1 + \lambda_2 x_2 + \lambda_3 x_3}{\lambda_1 + \lambda_2 + \lambda_3},$$

de même pour y et z.

Lorsque $\lambda_1, \lambda_2, \lambda_3$ varient, on obtient les coordonnées des points du plan défini par A, B, C ; pour trouver l'équation de ce plan, il suffit d'éliminer $\lambda_1, \lambda_2, \lambda_3$ entre les trois équations mises sous la forme

$$\lambda_1(x - x_1) + \lambda_2(x - x_2) + \lambda_3(x - x_3) = 0,$$
$$\lambda_1(y - y_1) + \lambda_2(y - y_2) + \lambda_3(y - y_3) = 0,$$
$$\lambda_1(z - z_1) + \lambda_2(z - z_2) + \lambda_3(z - z_3) = 0,$$

ce qui conduit à l'équation

$$\begin{vmatrix} x - x_1 & x - x_2 & x - x_3 \\ y - y_1 & y - y_2 & y - y_3 \\ z - z_1 & z - z_2 & z - z_3 \end{vmatrix} = 0.$$

En retranchant la première colonne de chacune des autres, on l'écrit encore

$$\begin{vmatrix} x - x_1 & x_1 - x_2 & x_1 - x_3 \\ y - y_1 & y_1 - y_2 & y_1 - y_3 \\ z - z_1 & z_1 - z_2 & z_1 - z_3 \end{vmatrix} = 0 ;$$

on peut constater qu'elle est identique à celle que l'on déduirait des considérations du n° 142.

------

80. *Déterminer les coordonnées du centre de gravité d'un triangle ou d'un tétraèdre dans l'espace.*

Les coordonnées du centre de gravité G d'un triangle de sommets $A_1(x_1, y_1, z_1)$, $A_2(x_2, y_2, z_2)$, $A_3(x_3, y_3, z_3)$ se déduisent des formules de l'exercice 79 par un calcul analogue à celui de l'exercice 48, et sont

$$\xi = \frac{x_1 + x_2 + x_3}{3}, \qquad \eta = \frac{y_1 + y_2 + y_3}{3}, \qquad \zeta = \frac{z_1 + z_2 + z_3}{3}.$$

Si l'on forme un tétraèdre ayant pour sommets les trois points précédents et un quatrième point $A_4(x_4, y_4, z_4)$, le centre de gravité G' de ce tétraèdre est situé sur la droite GA_4, et partage cette droite en deux segments A_4G' et $G'G$ de rapport 3 ; on a de cette façon

$$\xi' = \frac{x_4 + 3\xi}{4} = \frac{x_1 + x_2 + x_3 + x_4}{4} = \frac{\Sigma x_1}{4}, \qquad \eta' = \frac{\Sigma y_1}{4}, \qquad \zeta' = \frac{\Sigma z_1}{4}.$$

------

81. *Trouver le lieu des points de l'espace équidistants de deux points donnés ou de trois points donnés.*

Trouver le lieu des points équidistants de deux plans donnés ou de trois plans donnés.

Trouver le lieu des points équidistants de deux droites données.

Soient des points donnés $A_1(x_1, y_1, z_1)$, $A_2(x_2, y_2, z_2)$, $A_3(x_3, y_3, z_3)$, et soit $A(x, y, z)$ un point de l'espace ; d'après la formule du n° 125 donnant le carré de la distance de deux points, le lieu des points A équidistants de A_1 et A_2 est représenté par l'équation

$$(x - x_1)^2 + (y - y_1)^2 + (z - z_1)^2 = (x - x_2)^2 + (y - y_2)^2 + (z - z_2)^2,$$

qui se réduit à

$$(x_1 - x_2)\left[x - \frac{x_1 + x_2}{2} \right] + (y_1 - y_2)\left[y - \frac{y_1 + y_2}{2} \right]$$
$$+ (z_1 - z_2)\left[z - \frac{z_1 + z_2}{2} \right] = 0 ;$$

elle représente le plan passant par le milieu de la droite A_1A_2 et perpendiculaire à cette droite (n° 141).

Si l'on joint à cette équation celle du plan perpendiculaire à la droite A_1A_3 en son milieu, analogue à la précédente, on obtient les équations de la droite, lieu des points équidistants des trois points A_1, A_2, A_3 ; elle est perpendiculaire au plan du triangle de ces trois points, et passe par le centre du cercle circonscrit à ce triangle.

Soient

$$A_i x + B_i y + C_i z + D_i = 0 \qquad (i = 1, 2, 3)$$

les équations de trois plans P_1, P_2, P_3 ; d'après la formule du n° 144, un point $A(x, y, z)$ sera équidistant des deux plans P_1 et P_2 si l'on a

$$\left| \frac{A_1 x + B_1 y + C_1 z + D_1}{\pm \sqrt{A_1^2 + B_1^2 + C_1^2}} \right| = \left| \frac{A_2 x + B_2 y + C_2 z + D_2}{\pm \sqrt{A_2^2 + B_2^2 + C_2^2}} \right| ;$$

suivant les signes des radicaux, cette équation est équivalente à l'une ou l'autre des équations comprises dans la formule

$$\frac{A_1 x + B_1 y + C_1 z + D_1}{\pm \sqrt{A_1^2 + B_1^2 + C_1^2}} = \frac{A_2 x + B_2 y + C_2 z + D_2}{\pm \sqrt{A_2^2 + B_2^2 + C_2^2}} ;$$

ces équations se réduisent à deux distinctes et représentent les deux plans bissecteurs des dièdres formés par les plans P_1 et P_2.

Le lieu des points équidistants des trois plans P_1, P_2, P_3 est représenté par l'ensemble des équations

$$\frac{A_1 x + B_1 y + C_1 z + D_1}{\pm \sqrt{A_1^2 + B_1^2 + C_1^2}} = \frac{A_2 x + B_2 y + C_2 z + D_2}{\pm \sqrt{A_2^2 + B_2^2 + C_2^2}}$$
$$= \frac{A_3 x + B_3 y + C_3 z + D_3}{\pm \sqrt{A_3^2 + B_3^2 + C_3^2}} ;$$

comme on peut toujours fixer le signe du premier radical sans modifier le système de ces équations, on voit qu'il y a seulement quatre combinaisons possibles des signes, à chacune desquelles correspond une droite; les quatre droites ainsi obtenues sont celles suivant lesquelles se coupent trois des plans bissecteurs des dièdres formés par les trois plans; ce sont les lieux des centres des sphères inscrites dans ces trièdres.

Soient enfin D_1 et D_2 deux droites représentées par les équations

$$\frac{x-x_1}{a_1} = \frac{y-y_1}{b_1} = \frac{z-z_1}{c_1} \quad \text{et} \quad \frac{x-x_2}{a_2} = \frac{y-y_2}{b_2} = \frac{z-z_2}{c_2};$$

le carré de la distance d'un point (x, y, z) à la première de ces droites (n° 144) est

$$(x-x_1)^2 + (y-y_1)^2 + (z-z_1)^2$$
$$- \frac{[a_1(x-x_1) + b_1(y-y_1) + c_1(z-z_1)]^2}{a_1^2 + b_1^2 + c_1^2};$$

en égalant cette expression à celle que l'on peut former d'une manière analogue pour la deuxième droite, on obtient l'équation du lieu; elle est du deuxième degré et peut s'écrire sous la forme $P = QR$, avec

$$P = 2(x_1-x_2)\left[x - \frac{x_1+x_2}{2}\right] + 2(y_1-y_2)\left[y - \frac{y_1+y_2}{2}\right]$$
$$+ 2(z_1-z_2)\left[z - \frac{z_1+z_2}{2}\right],$$

$$\frac{Q-R}{2} = \frac{a_1(x-x_1) + b_1(y-y_1) + c_1(z-z_1)}{\sqrt{a_1^2 + b_1^2 + c_1^2}},$$

$$\frac{Q+R}{2} = \frac{a_2(x-x_2) + b_2(y-y_2) + c_2(z-z_2)}{\sqrt{a_2^2 + b_2^2 + c_2^2}};$$

la surface qu'elle représente est du deuxième ordre et du genre paraboloïde hyperbolique.

---

82. *Montrer que pour que quatre plans représentés par des équations de la forme*

$$Ax + By + Cz + D = 0$$

aient un point commun, il faut que le déterminant formé par les *coefficients de x, y, z et les termes connus dans ces équations soit nul.*

Trouver la condition pour que deux droites données par leurs équations soient dans un même plan.

1° En raisonnant comme dans l'exercice 47, il faut que les équations des quatre plans, considérées comme linéaires à trois inconnues x, y, z, soient satisfaites par un même système de valeurs de ces inconnues ; par conséquent (n° 69) le déterminant des coefficients et des termes connus doit être nul.

2° Si l'on considère les droites comme données chacune par l'intersection de deux plans, il faut que les quatre plans aient un point commun ; il faut par suite que le déterminant des coefficients et des termes connus dans les équations de ces plans soit nul.

Le raisonnement pourrait être insuffisant si les droites sont parallèles. Dans ce cas, si a, b, c sont les coefficients directeurs de leur direction commune, A_i, B_i, C_i, D_i $(i = 1, 2, 3, 4)$ les coefficients des équations des plans, on doit avoir les conditions

$$A_i a + B_i b + C_i c = 0 \qquad (i = 1, 2, 3, 4).$$

D'après ce que nous avons dit au n° 65, les quatre déterminants du troisième ordre formés au moyen des coefficients A, B, C doivent être tous les quatre nuls ; dans ce cas, du reste, le déterminant des coefficients A, B, C, D est forcément nul.

Si l'on veut résoudre la même question lorsque les équations des droites sont données sous la forme

$$\frac{x - x_0}{a} = \frac{y - y_0}{b} = \frac{z - z_0}{c},$$

$$\frac{x - x_1}{a'} = \frac{y - y_1}{b'} = \frac{z - z_1}{c'},$$

on écrit qu'à un point commun correspond un nombre t, valeur commune des premiers rapports, et un nombre t', valeur commune des seconds, tels que les valeurs de x, y, z soient les mêmes, et que l'on ait

$$x_0 + at = x_1 + a't', \qquad y_0 + bt = y_1 + b't', \qquad z_0 + ct = z_1 + c't' ;$$

ces équations du premier degré en t et t' doivent être compatibles et, d'après le n° 66, il est nécessaire que le déterminant

$$\begin{vmatrix} x_0 - x_1 & a & a' \\ y_0 - y_1 & b & b' \\ z_0 - z_1 & c & c' \end{vmatrix}$$

soit nul. Dans le cas particulier où les droites sont parallèles, les coefficients directeurs sont proportionnels ; le déterminant précédent est encore nul.

---

83. *Par deux droites* D *et* D' *on fait passer des plans* P *et* P' *assujettis à la condition d'être perpendiculaires. Lieu de la droite d'intersection de ces deux plans. Cas où* D *et* D' *sont deux droites concourantes.*

Il y a avantage à représenter les droites D et D' la première comme intersection de deux plans P_1 et P_2, la seconde comme intersection de deux autres plans P_1' et P_2' ; d'après le n° 143, les équations des plans P et P' sont respectivement de la forme

$$(A_1 + \lambda A_2)x + (B_1 + \lambda B_2)y + (C_1 + \lambda C_2)z + (D_1 + \lambda D_2) = 0,$$
$$(A_1' + \lambda' A_2')x + (B_1' + \lambda' B_2')y + (C_1' + \lambda' C_2')z + (D_1' + \lambda' D_2') = 0.$$

La condition pour qu'ils soient rectangulaires est (n° 141)

$$(A_1 + \lambda A_2)(A_1' + \lambda' A_2')$$
$$+ (B_1 + \lambda B_2)(B_1' + \lambda' B_2') + (C_1 + \lambda C_2)(C_1' + \lambda' C_2') = 0 \; ;$$

on aura l'équation du lieu en éliminant λ et λ' entre les trois équations précédentes ; le résultat est une équation du second degré, que l'on peut écrire d'une manière abrégée sous la forme

$$\alpha P_1 P_2 + \beta P_1 P_2' + \gamma P_1' P_2 + \delta P_1' P_2' = 0,$$

en appelant P_1, P_2, P_1', P_2' les premiers membres des équations des quatre plans, et α, β, γ, δ quatre coefficients constants. Sous cette forme, on voit que la surface du second ordre trouvée comme lieu passe par les quatre droites suivant lesquelles les plans P_1 et P_2 coupent respectivement les plans P_1' et P_2'.

On peut démontrer géométriquement, et aussi analytiquement en prenant par exemple la droite D comme axe des z, que toute section du lieu par un plan perpendiculaire à l'une des droites D ou D' est un cercle.

Dans le cas où les droites sont concourantes, les plans passent tous par leur point de concours, et le lieu est un cône du second ordre.

----

84. *Un tétraèdre a pour sommets l'origine* O, *un point* A *de l'axe des* x *d'abscisse* 4, *un point* B *du plan* xOy *d'abscisse* 4 *et d'ordonnée* 3, *et un point* C *de l'axe des* z *de cote* 3. *Déterminer les angles formés par les couples d'arêtes opposées de ce tétraèdre, le dièdre d'arête* BC, *le centre et le rayon de la sphère circonscrite au tétraèdre, le centre et le rayon de la sphère inscrite.*

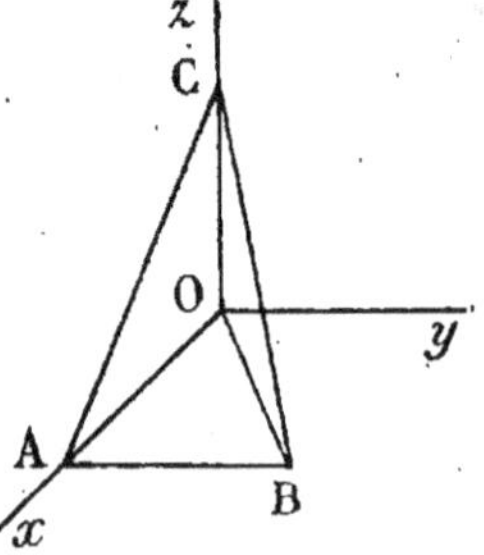

Fig. 8.

Les coefficients directeurs des arêtes (*fig.* 8) sont

OA (1, 0, 0),   AB (0, 1, 0),
OB (4, 3, 0),   AC (4, 0, — 3),
OC (0, 0, 1),   BC (4, 3, — 3);

les angles des couples d'arêtes opposées sont donnés (n° 140) par

$$\cos(OA, BC) = \frac{4}{\sqrt{34}}, \qquad (OA, BC) = 38°2',$$

$$\cos(OB, AC) = \frac{16}{25}, \qquad (OB, AC) = 50°12'30'',$$

$$\cos(OC, AB) = 0, \qquad (OC, AB) = 90°.$$

Les plans OBC, ABC ont pour équations

$$3x - 4y = 0, \qquad 3x + 4z - 12 = 0 \, ;$$

l'angle de ces plans a pour cosinus (n° 141) $\cos V = \dfrac{9}{25}$, le dièdre d'arête BC a pour mesure 68°54'.

Le centre de la sphère circonscrite est le point de rencontre des plans perpendiculaires à trois arêtes telles que OA, OC, AB en leurs milieux ; il a pour coordonnées $2, \dfrac{3}{2}, \dfrac{3}{2}$; le rayon de cette sphère est la distance de son centre à l'origine, et est égal à $\dfrac{\sqrt{34}}{2}$.

Le centre de la sphère inscrite est le point intérieur au tétraèdre et équidistant de ses faces, dont les équations sont

$$y = 0, \qquad z = 0, \qquad 3x - 4y = 0, \qquad 3x + 4z - 12 = 0 \, ;$$

les coordonnées du centre satisfont aux équations

$$\frac{y}{1} = \frac{z}{1} = \frac{3x - 4y}{5} = \frac{3x + 4z - 12}{-5},$$

les signes des dénominateurs étant choisis de façon que les distances d'un point intérieur au tétraèdre soient exprimées par des nombres positifs. La solution de ces équations est $x = 2$, $y = z = \dfrac{2}{3}$, et le rayon de la sphère inscrite est égal à $\dfrac{2}{3}$.

En changeant de toutes les manières possibles les signes des dénominateurs des équations, on obtient des équations fournissant les coordonnées des centres des huit sphères tangentes aux quatre faces du tétraèdre.

---

85. *Généraliser dans l'espace les problèmes n°s 56 et 57.*

En utilisant des notations analogues à celles de l'exercice 56, on voit que le lieu des points (x, y, z) dont la somme des carrés des distances à des points donnés est égale à k^2 a pour équation

$$x^2 + y^2 + z^2 - 2\frac{\Sigma x_i}{n} x - 2\frac{\Sigma y_i}{n} y - 2\frac{\Sigma z_i}{n} z - \frac{k^2}{n} + \frac{\Sigma(x_i^2 + y_i^2 + z_i^2)}{n} = 0 \, ;$$

cette équation représente une sphère dont le centre est le centre des moyennes distances des points donnés.

La condition pour que deux sphères représentées par les équations

$$x^2 + y^2 + z^2 + 2ax + 2by + 2cz + d = 0,$$
$$x^2 + y^2 + z^2 + 2a'x + 2b'y + 2c'z + d' = 0,$$

se coupent orthogonalement est

$$2aa' + 2bb' + 2cc' - d - d' = 0.$$

---

86. *Démontrer que l'ellipsoïde, les hyperboloïdes, le cône, le paraboloïde elliptique et le cylindre elliptique possèdent des sections circulaires. Pour les déterminer, on opère un changement d'axes de* *coordonnées en conservant l'un des axes et faisant tourner les deux autres dans leur plan d'un angle* α; *on détermine* α *de façon que la section de la surface par un plan parallèle à l'un des nouveaux plans de coordonnées soit une circonférence.*

L'équation d'une surface de second ordre ayant un centre peut être ramenée à la forme

$$A x^2 + B y^2 + C z^2 - D = 0;$$

elle représente un ellipsoïde ou un hyperboloïde si aucun des coefficients n'est nul, un cône si D est nul, et un cylindre parallèle à Oz si C est nul.

Coupons la surface par un plan P passant par l'axe Oy, tel que sa trace Ox' sur le plan xOz fasse avec Ox un angle α : pour tout point M de ce plan, de coordonnées x', y par rapport aux axes $Ox'y$, on a

$$x = x' \cos \alpha, \qquad z = x' \sin \alpha;$$

par suite, l'équation de la section de la surface par le plan est

$$(A \cos^2 \alpha + C \sin^2 \alpha) x'^2 + B y^2 - D = 0;$$

elle représente un cercle si les coefficients de x'^2 et de y^2 sont égaux, c'est-à-dire si l'on a

$$A \cos^2 \alpha + C \sin^2 \alpha = B, \qquad \text{d'où} \qquad \operatorname{tg}^2 \alpha = \frac{B - A}{C - B}.$$

Cette équation donne des valeurs réelles, égales et de signes contraires pour $\operatorname{tg} \alpha$ si B est compris entre A et C; on en conclut que quels que soient les grandeurs et les signes des coefficients A, B, C, la surface a toujours des sections circulaires; les plans de ces sections passent par l'axe correspondant au coefficient dont la valeur est comprise entre les deux autres.

Supposons maintenant que la surface soit un paraboloïde elliptique représenté par l'équation

$$\frac{x^2}{p} + \frac{y^2}{q} - 2z = 0;$$

le même calcul que précédemment donne comme équation de la section par le plan $x'Oy$

$$\frac{x'^2 \cos^2 \alpha}{p} + \frac{y^2}{q} - 2x' \sin \alpha = 0;$$

cette section sera un cercle si l'on a $\dfrac{\cos^2\alpha}{p} = \dfrac{1}{q}$. Cette équation fournit pour $\cos\alpha$ deux valeurs auxquelles correspondent des sections circulaires si p est inférieur à q ; si p est supérieur à q, il suffit d'intervertir le rôle des axes Ox et Oy.

Remarquons enfin que si une surface du second ordre est coupée suivant un cercle par un plan P, elle est aussi coupée suivant un cercle par tout plan parallèle à P. Il suffit pour le voir de prendre des axes de coordonnées tels que le plan P soit le plan des xy ; l'équation de la surface est de la forme

$$x^2 + y^2 + 2ax + 2by + c + z(\alpha x + \beta y + \gamma z + \delta) = 0,$$

puisque la section par le plan $z = 0$ doit être un cercle ; on voit que la section de cette surface par un plan d'équation $z = h$ est encore un cercle.

------

87. *Montrer que les formules*

$$(1 + t^2)x = (1 - t^2)x' - 2ty',$$
$$(1 + t^2)y = 2tx' + (1 - t^2)y'$$

définissent dans le plan une transformation de coordonnées rectangulaires en d'autres rectangulaires ayant la même origine ; de même, les formules

$$\rho x = (1 + \lambda^2 - \mu^2 - \nu^2)x' + 2(\lambda\mu - \nu)y' + 2(\lambda\nu + \mu)z',$$
$$\rho y = 2(\mu\lambda + \nu)x' + (1 - \lambda^2 + \mu^2 - \nu^2)y' + 2(\mu\nu - \lambda)z',$$
$$\rho z = 2(\nu\lambda - \mu)x' + 2(\mu\nu + \lambda)y' + (1 - \lambda^2 - \mu^2 + \nu^2)z',$$

où
$$\rho = 1 + \lambda^2 + \mu^2 + \nu^2,$$

définissent dans l'espace une transformation de coordonnées rectangulaires en d'autres rectangulaires ayant la même origine.

Il suffit de vérifier que les premières formules peuvent être mises sous la forme (3) du n° 116 ; l'on y parvient immédiatement en posant $t = \operatorname{tg}\dfrac{\alpha}{2}$, ce qui donne en même temps la signification du paramètre t, il est la tangente de la moitié de l'angle de rotation des axes de coordonnées.

Les deuxièmes formules peuvent de même être mises sous la forme (5) du n° 152 ; il suffit alors de vérifier que les coefficients satisfont aux conditions que doivent remplir les cosinus, c'est-à-dire aux équations

$$\alpha_1^2 + \beta_1^2 + \gamma_1^2 = 1, \qquad \alpha_1\alpha_2 + \beta_1\beta_2 + \gamma_1\gamma_2 = 0,$$

et aux autres analogues, ce qui se fait facilement.

La signification géométrique des paramètres λ, μ, ν est la suivante :

Soit OD une droite issue de l'origine et faisant avec Ox, Oy, Oz des angles dont les cosinus sont α, β, γ ; autour de cette droite on fait tourner le trièdre $Oxyz$ tout d'une pièce d'un angle θ et on lui donne une position $Ox'y'z'$; on peut montrer que les paramètres ont pour valeurs

$$\lambda = \alpha \operatorname{tg} \frac{\theta}{2}, \qquad \mu = \beta \operatorname{tg} \frac{\theta}{2}, \qquad \nu = \gamma \operatorname{tg} \frac{\theta}{2}.$$

Pour le voir, on imagine un trièdre trirectangle particulier OXYZ dont l'axe OZ est dirigé suivant OD ; l'axe OX est dans le plan DOx, et l'axe OY est perpendiculaire à ce plan ; une rotation autour de OZ d'un angle θ définit une transformation de coordonnées fournie par des formules analogues à celles de la géométrie plane ; en les appliquant à des points situés sur les axes Ox, Oy, Oz à une distance de O égale à l'unité, on peut évaluer les coordonnées dans le système primitif des nouvelles positions des points ainsi choisis et ce sont les cosinus directeurs cherchés.

---

88. *Étant donnés trois vecteurs* V_1, V_2, V_3 *formant un trièdre de sommet* O, *tout vecteur* V *issu de ce point peut être considéré comme la somme géométrique de trois vecteurs* aV_1, bV_2, cV_3, *où a, b, c sont trois facteurs numériques convenablement choisis. Si l'on considère deux vecteurs* V *et* V' *caractérisés par les systèmes de nombres* (a, b, c), (a', b', c'), *former le produit scalaire de ces deux vecteurs en fonction de ceux des vecteurs* V_1, V_2, V_3 *pris deux à deux ; cas où ces vecteurs forment un trièdre trirectangle. Former le produit vectoriel de* V *par* V'.

Le parallélépipède dont la diagonale est V et dont les arêtes ont les directions de V_1, V_2 et V_3 permet de décomposer V en trois vecteurs respectivement égaux à $a\mathrm{V}_1$, $b\mathrm{V}_2$ et $c\mathrm{V}_3$, a, b, c étant des facteurs numériques ; V est alors la somme géométrique de $a\mathrm{V}_1$, $b\mathrm{V}_2$, $c\mathrm{V}_3$.

De la formule du n° 126 on déduit que le produit scalaire d'un vecteur par la somme géométrique de plusieurs autres est égal à la somme numérique des produits scalaires du premier par chacun des autres ; il en résulte que le produit scalaire de deux vecteurs V et V' respectivement égaux aux sommes géométriques de $a\mathrm{V}_1$, $b\mathrm{V}_2$, $c\mathrm{V}_3$ et de $a'\mathrm{V}_1$, $b'\mathrm{V}_2$, $c'\mathrm{V}_3$ est égal à

$$\mathrm{V}\mathrm{V}' = aa'\mathrm{V}_1\mathrm{V}_1 + bb'\mathrm{V}_2\mathrm{V}_2 + cc'\mathrm{V}_3\mathrm{V}_3 + (ab' + ba')\mathrm{V}_1\mathrm{V}_2 + \cdots,$$

en représentant par $\mathrm{V}\mathrm{V}'$ le produit scalaire de V par V'. On peut remarquer que le produit d'un vecteur par lui-même est égal au carré de la mesure de ce vecteur ; si, de plus, les vecteurs V_1, V_2, V_3 forment un trièdre trirectangle, les produits $\mathrm{V}_1\mathrm{V}_2$, $\mathrm{V}_2\mathrm{V}_3$, $\mathrm{V}_3\mathrm{V}_1$ sont nuls, et l'on a

$$\mathrm{V}\mathrm{V}' = aa'\mathrm{V}_1^2 + bb'\mathrm{V}_2^2 + cc'\mathrm{V}_3^2.$$

Si nous désignons par $(\mathrm{V}\mathrm{V}')$ le produit vectoriel de V par V', nous avons encore, d'après le n° 155,

$$(\mathrm{V}\mathrm{V}') = aa'(\mathrm{V}_1\mathrm{V}_1) + bb'(\mathrm{V}_2\mathrm{V}_2) + cc'(\mathrm{V}_3\mathrm{V}_3)$$
$$+ bc'(\mathrm{V}_2\mathrm{V}_3) + cb'(\mathrm{V}_3\mathrm{V}_2) + \cdots,$$

mais cette fois le produit vectoriel d'un vecteur par lui-même est nul, et les produits $(\mathrm{V}_2\mathrm{V}_3)$, $(\mathrm{V}_3\mathrm{V}_2)$ sont égaux et opposés ; on a donc

$$(\mathrm{V}\mathrm{V}') = (bc' - cb')(\mathrm{V}_2\mathrm{V}_3) + (ca' - ac')(\mathrm{V}_3\mathrm{V}_1) + (ab' - ba')(\mathrm{V}_1\mathrm{V}_2).$$

D'autres notations ont été adoptées par divers auteurs pour les produits scalaire et vectoriel de deux vecteurs.

---

89. *Étant donnés trois vecteurs* V, V', V'' *formant un trièdre de sommet* O, *on considère leurs produits vectoriels ; soient* G *le produit de* V' *par* V'', G' *de* V'' *par* V, G'' *de* V *par* V' *et* P *le volume du parallélépipède ayant pour arêtes* V, V' *et* V''. *Sur les droites portant les produits précédents on prend à partir de* O *les vecteurs*

$$\mathrm{W} = \frac{\mathrm{G}}{\mathrm{P}}, \quad \mathrm{W}' = \frac{\mathrm{G}'}{\mathrm{P}}, \quad \mathrm{W}'' = \frac{\mathrm{G}''}{\mathrm{P}}.$$

Montrer que : 1° si Q est le volume du parallélépipède ayant pour arêtes W, W', W'', le produit PQ est égal à l'unité ;

2° les deux systèmes de vecteurs V, V', V'' et W, W', W'' sont réciproques, c'est-à-dire que le premier peut être déduit du second comme le second a été déduit du premier.

Soient X, Y, Z ; X', Y', Z' ; X'', Y'', Z'' les composantes suivant les axes de coordonnées des vecteurs V, V', V'' ; les produits vectoriels $G = (V'V'')$, $G' = (V''V)$, $G'' = (VV')$ sont des vecteurs ayant pour composantes suivant les axes

(G) $\qquad X_1 = Y'Z'' - Z'Y'', \quad Y_1 = Z'X'' - X'Z'', \quad Z_1 = X'Y'' - Y'X'',$

(G') $\qquad X_1' = Y''Z - Z''Y, \quad Y_1' = Z''X - X''Z, \quad Z_1' = X''Y - Y''X,$

(G'') $\qquad X_1'' = YZ' - ZY', \quad Y_1'' = ZX' - XZ', \quad Z_1'' = XY' - YX'.$

Le volume P du parallélépipède construit sur V, V', V'' est égal à six fois le volume du tétraèdre construit sur les mêmes vecteurs, et a pour valeur (n° 154)

$$P = \begin{vmatrix} X & Y & Z \\ X' & Y' & Z' \\ X'' & Y'' & Z'' \end{vmatrix};$$

remarquons qu'il est égal à $XX_1 + YY_1 + ZZ_1$, c'est-à-dire au produit scalaire des deux vecteurs V et G, ou bien encore de V' et G', ou de V'' et G'', ce qu'il serait facile de montrer géométriquement.

Les vecteurs W, W', W'', égaux aux quotients par P de G, G', G'', ont pour composantes

$$X_2 = \frac{X_1}{P}, \qquad Y_2 = \frac{Y_1}{P}, \qquad Z_2 = \frac{Z_1}{P},$$

$$X_2' = \frac{X_1'}{P}, \qquad Y_2' = \frac{Y_1'}{P}, \qquad Z_2' = \frac{Z_1'}{P},$$

$$X_2'' = \frac{X_1''}{P}, \qquad Y_2'' = \frac{Y_1''}{P}, \qquad Z_2'' = \frac{Z_1''}{P}.$$

Si l'on calcule les différences

$$Y_1'Z_1'' - Z_1'Y_1'', \qquad Z_1'X_1'' - X_1'Z_1'', \qquad X_1'Y_1'' - Y_1'X_1'',$$

on constate qu'elles sont égales à PX, PY, PZ ; le volume du parallélépipède construit sur W, W', W'' a pour valeur

$$Q = \begin{vmatrix} X_2 & Y_2 & Z_2 \\ X'_2 & Y'_2 & Z'_2 \\ X''_2 & Y''_2 & Z''_2 \end{vmatrix} = \frac{1}{P^3} \begin{vmatrix} X_1 & Y_1 & Z_1 \\ X'_1 & Y'_1 & Z'_1 \\ X''_1 & Y''_1 & Z''_1 \end{vmatrix} = \frac{1}{P^2}(XX_1 + YY_1 + ZZ_1) = \frac{1}{P};$$

on voit bien que le produit PQ est égal à l'unité.

Les composantes du quotient par Q du produit vectoriel $(W' W'')$ sont, d'après ce qui précède, égales à $\dfrac{1}{Q}\dfrac{X}{P}$, $\dfrac{1}{Q}\dfrac{Y}{P}$, $\dfrac{1}{Q}\dfrac{Z}{P}$, par suite égales à X, Y, Z; elles sont donc identiques à celles du vecteur V, ce qui démontre la deuxième propriété.

Nous pouvons ajouter que W a la même direction que la hauteur du parallélépipède P normale à la face $V' V''$, et est égal à l'inverse de cette hauteur; de même pour W' et W'', ainsi que pour V, V', V'' par rapport au parallélépipède Q.

---

90. *Des vecteurs représentés par les côtés successifs d'un triangle parcourus dans un même sens de circulation forment un système équivalent à un couple. Généraliser pour un polygone quelconque.*

Le polygone des vecteurs représentés par les côtés successifs d'un contour est identique à ce contour; si donc celui-ci est fermé, la résultante générale est nulle et le système est équivalent à un système nul ou à un couple. Dans le cas d'un triangle, le système est réductible à un couple, dont le moment s'obtient en prenant la somme des moments des vecteurs par rapport à l'un des sommets du triangle; cette somme se réduit au moment du côté opposé et a pour valeur le double de la surface du triangle; le vecteur représentatif est perpendiculaire au plan du triangle dans un sens tel que pour un observateur placé suivant ce vecteur, le sens de circulation sur les côtés du triangle soit positif.

Dans le cas d'un polygone fermé quelconque, plan ou gauche, si l'on trace des diagonales issues de l'un des sommets, on forme une suite de triangles ayant chacun un côté commun avec le précédent; en plaçant sur les diagonales des vecteurs égaux et opposés représentés par ces diagonales supposées parcourues dans des sens opposés, on voit que l'on est ramené à une suite de triangles analogues aux précédents. Chacun des systèmes représentés par les côtés de ces triangles est réductible à un couple ; il en est de même du système total, et l'on obtiendra le moment résultant en composant géométriquement les vecteurs représentatifs des moments partiels.

On peut retrouver ce résultat par le calcul : si $(x_i, y_i, z_i)(i = 0, 1, \ldots, n)$ sont les coordonnées des sommets successifs, le dernier étant confondu avec le premier, le vecteur de rang k joignant le point d'indice $k - 1$ au point d'indice k a pour projections

$$X_k = x_k - x_{k-1}, \qquad Y_k = y_k - y_{k-1}, \qquad Z_k = z_k - z_{k-1}.$$

On voit d'abord que $\Sigma X_k = 0$, $\Sigma Y_k = 0$, $\Sigma Z_k = 0$, ce qui montre que la résultante est nulle ; la projection sur l'axe Ox du moment résultant est fournie par l'équation

$$L = \Sigma \big[y_{k-1}(z_k - z_{k-1}) - z_{k-1}(y_k - y_{k-1}) = \Sigma(y_{k-1}z_k - z_{k-1}y_k) \big]$$

et des équations analogues donnent les projections M et N du moment résultant sur les autres axes.

---

91. *Lieu des points de l'espace tels que le moment résultant d'un système de vecteurs par rapport à chacun d'eux soit parallèle à une droite donnée. Discussion des différents cas.*

Soient X, Y, Z, L, M, N les six coordonnées d'un système de vecteurs, et x, y, z les coordonnées d'un point quelconque A de l'espace ; le moment résultant du système par rapport au point A est (n° 155)

$$L' = L - (yZ - zY), \quad M' = M - (zX - xZ), \quad N' = N - (xY - yX).$$

Laissons de côté le cas peu intéressant où le système de vecteurs se réduit à zéro ; examinons le cas particulier où X, Y, Z sont tous les trois nuls ; le système se réduit à un couple et le moment résultant est toujours parallèle à une direction fixe ; le problème est donc indéterminé ou impossible, suivant que la droite donnée est ou n'est pas parallèle à cette direction.

Dans le cas où la résultante générale n'est pas nulle, les conditions pour que le moment résultant soit parallèle à une droite donnée de paramètres directeurs a, b, c s'obtiennent en écrivant que L', M', N' sont proportionnels à a, b, c, ou bien que l'on a, en désignant par

t la valeur commune des rapports,

$$yZ - zY = L - at, \quad zX - xZ = M - bt, \quad xY - yX = N - ct.$$

On peut remplacer l'une des équations par la combinaison obtenue en ajoutant les produits des équations par X, Y, Z respectivement, c'est-à-dire

$$0 = LX + MY + NZ - (aX + bY + cZ)t \, ;$$

on obtient alors les cas suivants :

1° La résultante générale X, Y, Z n'est pas perpendiculaire à la direction donnée ; la somme $aX + bY + cZ$ n'est pas nulle ; la dernière équation donne une valeur unique pour t et deux des équations précédentes déterminent le lieu du point (x, y, z) ; elles représentent une droite particulière, parallèle à la résultante générale.

2° La résultante générale est perpendiculaire à la direction donnée, et en outre la somme $LX + MY + NZ$ n'est pas nulle ; l'équation en t est impossible et le problème n'a pas de solution.

3° La résultante générale est perpendiculaire à la direction donnée et de plus la somme $LX + MY + NZ$ est nulle ; on démontre en mécanique que le système est réductible à une résultante unique ; dans ce cas, l'équation en t est identiquement satisfaite et les équations se réduisent à deux distinctes. L'élimination de t entre deux d'entre elles fournit l'équation d'un plan qui est le lieu cherché.

En prenant comme origine un point de la résultante unique R, les quantités L, M, N sont nulles, et l'équation du lieu se réduit à $ax + by + cz = 0$; elle représente un plan perpendiculaire à la direction donnée et contenant la résultante R.

---

92. *Déterminer les angles d'un triangle sphérique connaissant les trois côtés, et rendre calculables par logarithmes les formules donnant* $\cos \dfrac{A}{2}$, $\sin \dfrac{A}{2}$, $\operatorname{tg} \dfrac{A}{2}$. *Déduire de là l'expression du volume d'un parallélépipède quelconque connaissant les longueurs des arêtes et les angles des faces de ce parallélépipède.*

Si a, b, c sont les côtés donnés et A, B, C les angles opposés inconnus d'un triangle sphérique, la formule du n° 158,

$$\cos a = \cos b \cos c + \sin b \sin c \cos A,$$

et les formules analogues déterminent séparément $\cos A$, $\cos B$ et $\cos C$.

En calculant $\cos A$ et formant les deux expressions

$$1 + \cos A = 2 \cos^2 \frac{A}{2} = \frac{\cos a - \cos (b + c)}{\sin b \sin c},$$

$$1 - \cos A = 2 \sin^2 \frac{A}{2} = \frac{\cos (b - c) - \cos a}{\sin b \sin c},$$

on peut rendre les derniers termes calculables par logarithmes ; en posant $a + b + c = 2p$, on trouve ainsi

$$\cos \frac{A}{2} = \sqrt{\frac{\sin p \sin (p - a)}{\sin b \sin c}}, \qquad \sin \frac{A}{2} = \sqrt{\frac{\sin (p - b) \sin (p - c)}{\sin b \sin c}},$$

d'où

$$\operatorname{tg} \frac{A}{2} = \sqrt{\frac{\sin (p - b) \sin (p - c)}{\sin p \sin (p - a)}}$$

$$= \frac{1}{\sin (p - a)} \sqrt{\frac{\sin (p - a) \sin (p - b) \sin (p - c)}{\sin p}}.$$

Si r est la mesure en radians du rayon du cercle inscrit dans le triangle, ce rayon est le côté de l'angle droit d'un triangle rectangle dont l'autre côté est égal à $p - a$ et l'angle opposé est $\dfrac{A}{2}$; d'après la formule $\operatorname{tg} b = \sin c \operatorname{tg} B$, on voit que le radical de la formule donnant $\operatorname{tg} \dfrac{A}{2}$ est égal à $\operatorname{tg} r$.

Si nous formons le produit $\sin A = 2 \cos \dfrac{A}{2} \sin \dfrac{A}{2}$, nous trouvons

$$\sin A = \frac{1}{\sin b \sin c} \left[2 \sqrt{\sin p \sin (p - a) \sin (p - b) \sin (p - c)} \right],$$

l'expression entre crochets, qui est la valeur commune des produits tels que $\sin b \, \sin c \, \sin A$, s'appelle le sinus du trièdre et est désignée par $\sqrt{\omega}$; on peut vérifier qu'elle est égale à la racine carrée du déterminant

$$\begin{vmatrix} 1 & \cos c & \cos b \\ \cos c & 1 & \cos a \\ \cos b & \cos a & 1 \end{vmatrix}$$

en employant un mode de raisonnement analogue à celui qui a fourni la valeur du déterminant de l'exercice 34. Ce sinus est nul si les trois faces sont dans un même plan, car l'une des quantités p, $p-a$, $p-b$, $p-c$ est égale à 0 ou à un multiple de π.

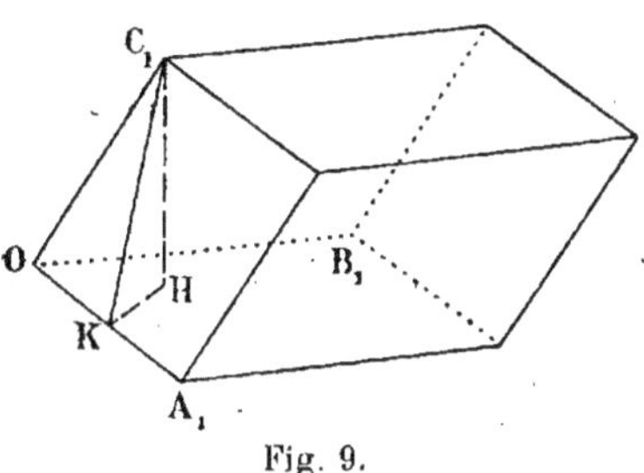
Fig. 9.

Pour calculer le volume d'un parallélépipède construit sur trois arêtes $OA_1 = a_1$, $OB_1 = b_1$, $OC_1 = c_1$ formant un trièdre (*fig.* 9), nous abaisserons du point C_1 une perpendiculaire C_1H sur le plan de la face opposée et une perpendiculaire C_1K sur OA_1. Si nous désignons par a, b, c les angles, et par A, B, C les dièdres du trièdre $OA_1B_1C_1$, ces six quantités sont identiques aux six éléments d'un triangle sphérique ; le volume du parallélépipède est égal à

$$V = \text{surface}\,(OA_1,\ OB_1) \times C_1H = a_1 b_1 \sin c \times C_1H\ ;$$

comme $C_1H = C_1K \sin A = OC_1 \sin b \sin A$, nous aurons

$$V = a_1 b_1 c_1 \sin b \sin c \sin A = a_1 b_1 c_1 \sqrt{\omega},$$

en désignant par $\sqrt{\omega}$ le sinus du trièdre, que nous avons calculé précédemment.

III. — EXERCICES SUR LES DÉRIVÉES ET LES DIFFÉRENTIELLES

93. *Exercices sur les dérivées, avec les résultats.*

FONCTIONS	DÉRIVÉES
$x^4 + 4x^3 - 6x^2 + 1,$	$4x(x^2 + 3x - 3),$
$(x^2 + x + 1)(x^2 - x + 1),$	$2x(2x^2 + 1),$
$(5x + 1)^4(x^2 - 4)^3,$	$(5x + 1)^3(x^2 - 4)^2(50x^2 + 6x - 80),$
$\dfrac{ax - b}{ax + b},$	$\dfrac{2ab}{(ax + b)^2},$
$\dfrac{1}{1 - x^2},$	$\dfrac{2x}{(1 - x^2)^2},$
$\dfrac{x^2 + x + 1}{x^2 - x + 1},$	$\dfrac{-2x^2 + 2}{(x^2 - x + 1)^2},$
$\dfrac{1}{\sqrt{ax + b}},$	$\dfrac{-a}{2\sqrt{(ax + b)^3}},$
$\dfrac{1}{\sqrt{1 - x^2}},$	$\dfrac{x}{\sqrt{(1 - x^2)^3}},$
$\dfrac{x}{\sqrt{a^2 + x^2}},$	$\dfrac{a^2}{\sqrt{(a^2 + x^2)^3}},$
$e^{-x^2},$	$-2x\,e^{-x^2},$
$\log \dfrac{1 - x}{1 + x},$	$\dfrac{-2}{1 - x^2},$
$\log\left(x + \sqrt{a^2 + x^2}\right),$	$\dfrac{1}{\sqrt{a^2 + x^2}},$
$\log \operatorname{tg}\left(\dfrac{\pi}{4} + \dfrac{x}{2}\right),$	$\dfrac{1}{\cos x},$
$\dfrac{n \sin 2x}{1 - n \cos 2x},$	$\dfrac{2n(\cos 2x - n)}{(1 - n \cos 2x)^2},$

FONCTIONS	DÉRIVÉES
$\operatorname{arc\,tg} \dfrac{2x}{1-x^2}$,	$\dfrac{2}{1+x^2}$,
$\operatorname{arc\,tg} \dfrac{x}{\sqrt{1-x^2}}$,	$\dfrac{1}{\sqrt{1-x^2}}$,
$\operatorname{arc\,sin} 2x\sqrt{1-x^2}$,	$\dfrac{2}{\sqrt{1-x^2}}$.

Les règles de calcul indiquées aux n°s 164 et suivants conduisent aux résultats mentionnés ; nous ferons seulement, au sujet des trois dernières fonctions proposées, les remarques suivantes :

Si $\alpha = \operatorname{arc\,tg} x$ et $\beta = \operatorname{arc\,tg} \dfrac{2x}{1-x^2}$, on a $x = \operatorname{tg}\alpha$ et $\dfrac{2x}{1-x^2} = \operatorname{tg}\beta$; mais $\operatorname{tg} 2\alpha$ a également pour valeur $\dfrac{2x}{1-x^2}$, donc $\beta = 2\alpha + k\pi$; la dérivée de β est égale à deux fois la dérivée de α, ou à $\dfrac{2}{1+x^2}$.

Si $\alpha = \operatorname{arc\,sin} x$ et $\beta = \operatorname{arc\,tg} \dfrac{x}{\sqrt{1-x^2}}$, on a $x = \sin\alpha$, $\dfrac{x}{\sqrt{1-x^2}} = \operatorname{tg}\beta$; mais $\operatorname{tg}\alpha = \dfrac{\sin\alpha}{\sqrt{1-\sin^2\alpha}} = \dfrac{x}{\sqrt{1-x^2}}$, donc $\beta = \alpha + k\pi$ et la dérivée de β est égale à celle de α ou de $\operatorname{arc\,sin} x$.

Si $\alpha = \operatorname{arc\,sin} x$ et $\beta = \operatorname{arc\,sin} 2x\sqrt{1-x^2}$, on a $x = \sin\alpha$ et $2x\sqrt{1-x^2} = \sin\beta$; mais $\sin 2\alpha = 2x\sqrt{1-x^2}$, donc β et 2α ayant le même sinus sont tels que $\beta = 2k\pi + 2\alpha$, ou $\beta = (2k+1)\pi - 2\alpha$; la dérivée de β est égale, au signe près, à deux fois la dérivée de α ou de $\operatorname{arc\,sin} x$.

---

94. *Montrer que la dérivée* n^e *d'un produit* uv *est donnée par la formule suivante, qu'on appelle formule de Leibniz :*

$$y^n = u^{(n)}v + \frac{n}{1} u^{(n-1)}v' + \frac{n(n-1)}{1.2} u^{(n-2)}v'' + \cdots + uv^{(n)},$$

les coefficients successifs étant ceux du binome.

Vogt. — Solut.   6

Pour $n = 1, 2, 3,$ on a bien

$$y' = u'v + uv', \quad y'' = u''v + 2u'v' + uv'', \quad y''' = u'''v + 3u''v' + 3u'v'' + uv'''.$$

Il suffit de montrer que si la formule est supposée vraie pour n, elle l'est encore pour $n + 1$. En prenant la dérivée des deux membres de $y^{(n)}$, on a

$$y^{(n+1)} = u^{(n+1)}v + \frac{n}{1}\left| u^{(n)}v' + \frac{n(n-1)}{1 \cdot 2} \right| u^{(n-1)}v'' + \cdots + uv^{(n+1)},$$
$$+ 1 \left| \phantom{u^{(n)}v'} + \frac{n}{1} \right|$$

ce qui est bien identique à

$$u^{(n+1)}v + \frac{n+1}{1} u^{(n)}v' + \frac{(n+1)n}{1 \cdot 2} u^{(n-1)}v'' + \cdots + uv^{(n+1)};$$

la formule se trouve ainsi démontrée pour toutes les valeurs de n.

---

95. *Déterminer la dérivée d'ordre n de $\dfrac{1}{\sqrt{x}}$, de $\sin ax$, de $\cos ax$, de $\log(1 + x)$, de $e^x \sin x$, de e^{-x^2}.*

Les dérivées successives de $y = x^{-\frac{1}{2}}$ sont

$$y' = -\frac{1}{2} x^{-\frac{3}{2}}, \quad y'' = +\frac{1}{2} \cdot \frac{3}{2} x^{-\frac{5}{2}}, \ldots,$$

$$y^{(n)} = (-1)^n \frac{1 \cdot 3 \cdot 5 \ldots (2n-1)}{2^n} x^{-\left(n+\frac{1}{2}\right)};$$

celles de $z = \sin ax$ sont

$$z' = a \cos ax = a \sin\left(ax + \frac{\pi}{2}\right), \qquad z'' = a^2 \sin\left(ax + 2\frac{\pi}{2}\right), \cdots,$$

$$z^{(n)} = a^n \sin\left(ax + n\frac{\pi}{2}\right);$$

celles de $\cos ax$ sont celles de $\dfrac{z'}{a}$; la dérivée n^e de $\cos ax$ est

$$a^n \sin\left(ax + (n+1)\frac{\pi}{2}\right);$$

celles de $u = \log(1 + x)$ sont

$$u' = \frac{1}{1 + x} = (1 + x)^{-1}, \ u'' = (-1)(1 + x)^{-2}, \ \ldots\ldots,$$

$$u^{(n)} = (-1)^{n-1} 1 . 2 \ldots (n - 1)(1 + x)^{-n}.$$

En posant $u = e^x$, $v = \sin x$, et appliquant la formule de Leibniz, on voit que la dérivée n^e de $e^x \sin x$ est

$$e^x \left[\sin x + \frac{n}{1} \sin\left(x + \frac{\pi}{2}\right) + \frac{n(n-1)}{1 . 2} \sin\left(x + 2\frac{\pi}{2}\right) \right.$$
$$\left. + \cdots + \sin\left(x + n\frac{\pi}{2}\right) \right].$$

Les dérivées successives de $w = e^{-x^2}$ sont

$$w' = -2x e^{-x^2}, \quad w'' = (4x^2 - 2)e^{-x^2}, \quad w''' = (-8x^3 + 12x)e^{-x^2}, \cdots ;$$

pour les premières valeurs de n, la dérivée d'ordre n est de la forme $U_n e^{-x^2}$, U_n étant un polynome en x de degré n, ne renfermant que des termes dont le degré a la même parité que n. Nous allons montrer que cette propriété est générale; en supposant qu'elle soit vraie jusqu'à n et formant la dérivée suivante, celle-ci est

$$w^{(n+1)} = (-2x U_n + U_n')e^{-x^2},$$

la forme du coefficient de e^{-x^2} justifie bien la proposition. La relation de récurrence

$$U_{n+1} = -2x U_n + U_n'$$

permet de calculer les coefficients de U_{n+1} au moyen de ceux de U_n; on peut vérifier que l'on a

$$U_n = (-1)^n \left[(2x)^n - \frac{n(n-1)}{1}(2x)^{n-2} \right.$$
$$\left. + \frac{n(n-1)(n-2)(n-3)}{1 . 2}(2x)^{n-4} - \cdots \right],$$

en montrant que U_{n+1}, formé d'après la loi de récurrence, est donné par une formule déduite de la précédente en y changeant n en $n+1$.

96. *Vérifier que les fonctions* $e^{ax}\cos bx$ *et* $e^{ax}\sin bx$ *satisfont à la relation*

$$y'' - 2ay' + (a^2 + b^2)y = 0.$$

La première des deux fonctions a pour dérivées successives

$$y' = e^{ax}(a\cos bx - b\sin bx),$$
$$y'' = e^{ax}(a^2\cos bx - 2ab\sin bx - b^2\cos bx),$$

et elle satisfait bien à la relation donnée ; il en est de même pour la deuxième fonction.

---

97. *Étudier les variations des fonctions suivantes :*

$$x^4 + px^2 + q, \qquad (x-1)^3(5-x)^2, \qquad x + \frac{a}{x}, \qquad \frac{x^2 - 3x + 2}{(x+1)^2},$$

$$\frac{2x^2 - 5x + 2}{3x^2 - 10x + 3}, \qquad \frac{x^3 - a^2x}{x^2 - b^2}, \qquad x\sqrt{\frac{1-x}{1+x}},$$

$$\frac{\operatorname{tg} 3x}{\operatorname{tg} 2x}, \qquad x - \sin 2x, \qquad 2\sin x + \cos 2x, \qquad x^n e^{-x^2},$$

$$e^{ax}\sin bx, \qquad e^{ax}\cos bx, \qquad e^{\frac{1}{x}}, \qquad xe^{\frac{1}{x}}, \qquad (x+a)e^{\frac{1}{x}},$$

$$e^{\frac{x-a}{x^2}}, \qquad x + \log(x^2 - 1),$$

et construire les courbes représentatives.

$$1° \qquad\qquad y = x^4 + px^2 + q.$$

Cette fonction a pour dérivée $y' = 4x\left(x^2 + \dfrac{p}{2}\right)$.

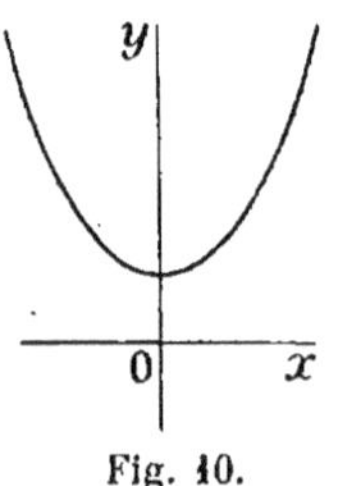

Fig. 10.

Si p est positif, la dérivée ne s'annule que pour $x = 0$, en passant du négatif au positif ; il en résulte que la fonction passe, pour $x = 0$, par un minimum égal à q (*fig.* 10).

Si p est négatif, la dérivée s'annule pour $x = 0$ et en outre pour $x = \pm\sqrt{\dfrac{-p}{2}}$; on a alors le tableau des variations et la courbe ci-contre (*fig.* 11).

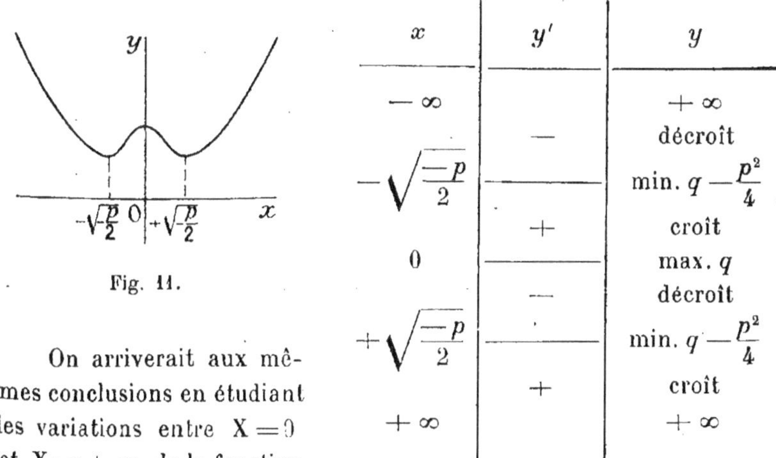

Fig. 11.

x	y'	y
$-\infty$		$+\infty$
	$-$	décroît
$-\sqrt{\dfrac{-p}{2}}$		min. $q-\dfrac{p^2}{4}$
	$+$	croît
0		max. q
	$-$	décroît
$+\sqrt{\dfrac{-p}{2}}$		min. $q-\dfrac{p^2}{4}$
	$+$	croît
$+\infty$		$+\infty$

On arriverait aux mêmes conclusions en étudiant les variations entre $X=0$ et $X=+\infty$ de la fonction $y=X^2+pX+q$, qui se déduit de la première en posant $x^2=X$.

2° $$y=(x-1)^3(5-x)^2.$$

Cette fonction a pour dérivée $y'=(x-1)^2(5-x)(17-5x)$.

La dérivée s'annule d'abord pour $x=1$ sans changer de signe, ce qui correspond à un point d'inflexion de la courbe représentative ; ensuite pour $x=5$ et $x=\dfrac{17}{5}$ en changeant de signe ; on a le tableau des variations et la courbe représentative (*fig.* 12).

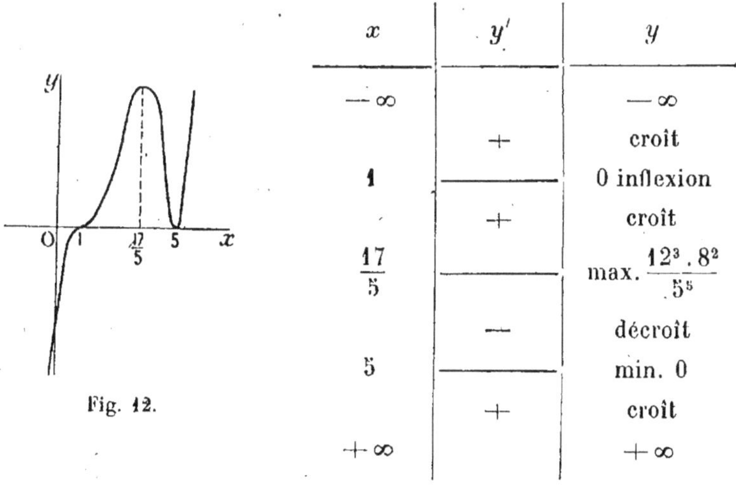

Fig. 12.

x	y'	y
$-\infty$		$-\infty$
	$+$	croît
1		0 inflexion
	$+$	croît
$\dfrac{17}{5}$		max. $\dfrac{12^3 \cdot 8^2}{5^5}$
	$-$	décroît
5		min. 0
	$+$	croît
$+\infty$		$+\infty$

$$3° \qquad y = x + \frac{a}{x}.$$

Cette fonction est discontinue pour $x = 0$; sa dérivée, $y' = 1 - \dfrac{a}{x^2}$, s'annule ou ne s'annule pas suivant le signe de a.

Si $a > 0$, la dérivée s'annule pour $x = \pm \sqrt{a}$, on a le tableau et la courbe ci-contre (*fig.* 13).

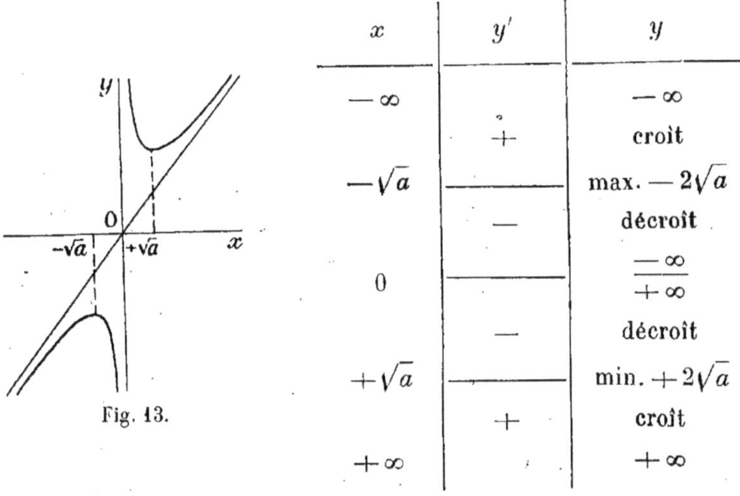

x	y'	y
$-\infty$		$-\infty$
	$+$	croît
$-\sqrt{a}$		max. $-2\sqrt{a}$
	$-$	décroît
0		$\dfrac{-\infty}{+\infty}$
	$-$	décroît
$+\sqrt{a}$		min. $+2\sqrt{a}$
	$+$	croît
$+\infty$		$+\infty$

Fig. 13.

Si $a < 0$, la dérivée ne s'annule pas et reste positive ; la fonction est toujours croissante ; elle s'annule pour $x = \pm\sqrt{-a}$; la courbe représentative est celle de la figure 14. Les deux courbes sont des hyperboles ayant pour asymptotes l'axe Oy et la droite $y = x$.

Fig. 14.

$$4° \qquad y = \frac{x^2 - 3x + 2}{(x+1)^2}.$$

Cette fonction est discontinue pour $x = -1$, mais sans changer de signe ; elle s'annule pour $x = 1$ et $x = 2$; la dérivée, $y' = \dfrac{5x - 7}{(x+1)^3}$, change de signe pour $x = -1$ et pour $x = \dfrac{7}{5}$; on a le tableau suivant des variations et la courbe représentative (*fig.* 15).

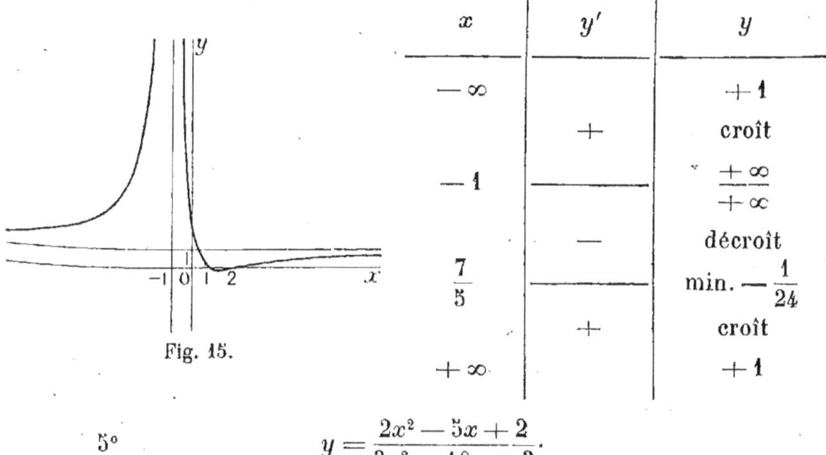

Fig. 15.

x	y'	y
$-\infty$		$+1$
	$+$	croît
-1		$\dfrac{+\infty}{+\infty}$
	$-$	décroît
$\dfrac{7}{5}$		min. $-\dfrac{1}{24}$
	$+$	croît
$+\infty$		$+1$

$5°$
$$y = \frac{2x^2 - 5x + 2}{3x^2 - 10x + 3}.$$

Cette fonction est discontinue pour $x = 3$ et $x = \dfrac{1}{3}$; elle s'annule pour $x = 2$ et $x = \dfrac{1}{2}$; la dérivée,

$$y' = \frac{-5(x^2 - 1)}{(3x^2 - 10x + 3)^2},$$

s'annule pour $x = \pm 1$; on a le tableau suivant des variations et la courbe représentative (*fig.* 16).

x	y'	y
$-\infty$		$\dfrac{2}{3}$
	$-$	décroît
-1		mín. $\dfrac{9}{16}$
	$+$	croît
$\dfrac{1}{3}$		$\dfrac{+\infty}{-\infty}$
	$+$	croît
1		max. $\dfrac{1}{4}$
	$-$	décroît
3		$\dfrac{-\infty}{+\infty}$
	$-$	décroît
$+\infty$		$\dfrac{2}{3}$

Fig. 16.

6°
$$y = \frac{x^3 - a^2x}{x^2 - b^2}.$$

On peut supposer a et b positifs; la fonction est discontinue pour $x = \pm b$; elle s'annule pour $x = \pm a$ et $x = 0$. La dérivée est

$$y' = \frac{x^4 + (a^2 - 3b^2)x^2 + a^2b^2}{(x^2 - b^2)^2};$$

la nature des racines du numérateur et l'ordre de grandeur des valeurs qui annulent y' dépendent de la comparaison de a^2 à b^2.

Si a^2 est inférieur à b^2, y' s'annule pour quatre valeurs réelles de x dont deux sont inférieures et deux supérieures en valeur absolue à a et b; il est facile de former le tableau de variation, et la courbe représentative a la forme de la figure 17. Si au contraire b^2 est inférieur à a^2, la dérivée ne s'annule pas et est toujours positive, et l'on a la courbe représentative (*fig.* 18).

Les courbes ont pour centre l'origine et pour asymptotes les droites

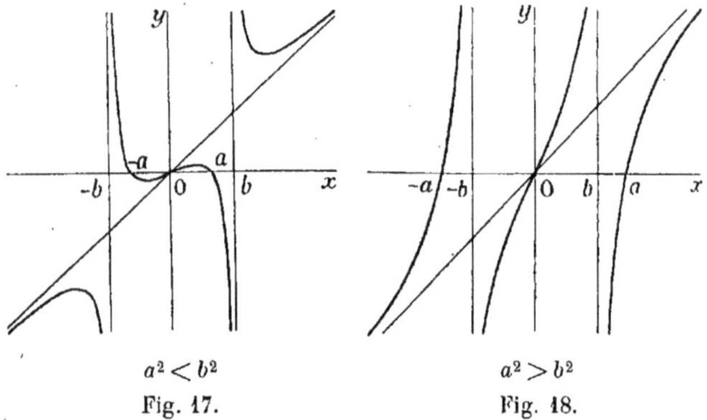

$$a^2 < b^2$$
Fig. 17.

$$a^2 > b^2$$
Fig. 18.

$y = x$, $x = \pm b$; le coefficient angulaire de la tangente à l'origine est égal à la limite de $\dfrac{y}{x}$ pour $x = 0$, c'est-à-dire à $\dfrac{a^2}{b^2}$.

7°
$$y = x\sqrt{\frac{1-x}{1+x}}.$$

Cette fonction n'est réelle que si x est compris entre -1 et $+1$; elle est discontinue pour $x = -1$ et s'annule pour $x = 0$ et $x = 1$;

la dérivée, $y' = \dfrac{1 - x - x^2}{(1 + x)\sqrt{1 - x^2}}$, s'annule pour une seule valeur de x comprise entre -1 et $+1$; c'est pour la valeur positive $x' = \dfrac{\sqrt{5} - 1}{2}$.

On a le tableau suivant des variations et la courbe représentative (*fig.* 19).

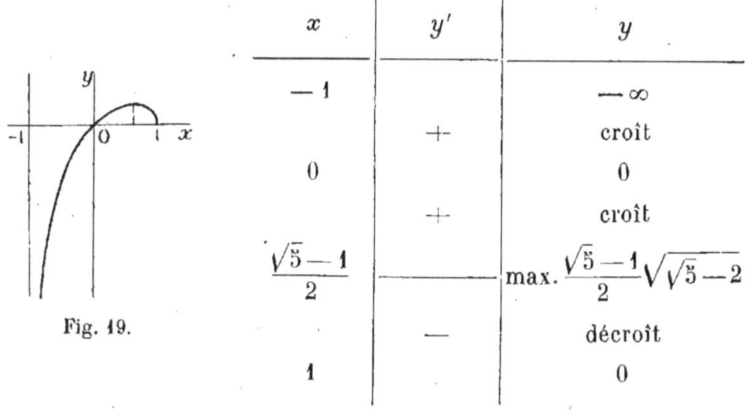

Fig. 19.

x	y'	y
-1		$-\infty$
	$+$	croît
0		0
	$+$	croît
$\dfrac{\sqrt{5} - 1}{2}$	$-$	max. $\dfrac{\sqrt{5} - 1}{2}\sqrt{\sqrt{5} - 2}$
	$-$	décroît
1		0

En ajoutant à la courbe obtenue sa symétrique par rapport à l'axe Ox, on obtient une strophoïde.

8°
$$y = \frac{\operatorname{tg} 3x}{\operatorname{tg} 2x}.$$

En exprimant $\operatorname{tg} 3x$ et $\operatorname{tg} 2x$ au moyen de $\operatorname{tg} x$, on peut écrire la fonction

$$y = \frac{(3 \operatorname{tg} x - \operatorname{tg}^3 x)(1 - \operatorname{tg}^2 x)}{(1 - 3 \operatorname{tg}^2 x) 2 \operatorname{tg} x}.$$

Pour $\operatorname{tg} x = 0$, y est indéterminé ; en écartant ce cas, divisant les deux termes par $\operatorname{tg} x$ et posant $\operatorname{tg}^2 x = z$, on a la fraction du second degré

$$y = \frac{(3 - z)(1 - z)}{2(1 - 3z)}.$$

Si x varie de 0 à π, ou plus généralement de $2k\pi$ à $(2k + 1)\pi$, z varie de 0 à $+\infty$ et les variations de y sont de même nature que celles de la fonction de z précédente. Si x varie de 0 à $-\pi$ ou plus généralement de $2k\pi$ à $(2k - 1)\pi$, les variations de y sont symétriques des précédentes.

La fonction y de z est discontinue pour $z = \dfrac{1}{3}$ et s'annule pour $z = 1$ et $z = 3$; sa dérivée,

$$y' = \frac{-3z^2 + 2z + 5}{2(1 - 3z)^2},$$

s'annule pour la valeur positive

$$z = \frac{5}{3} ;$$

on a le tableau suivant des variations et la courbe représentative (*fig.* 20).

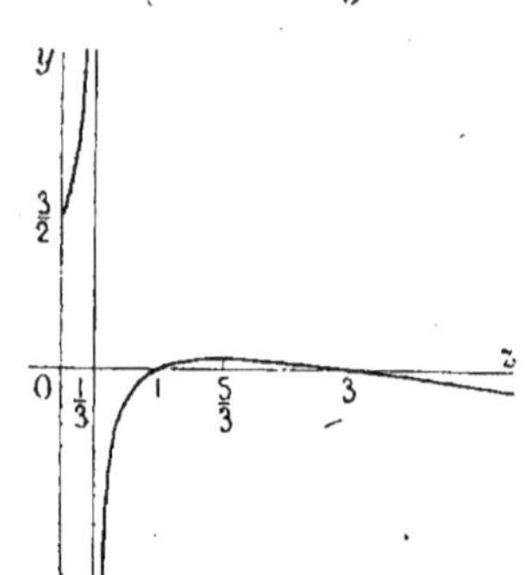

Fig. 20.

z	0		$\dfrac{1}{3}$	1		$\dfrac{5}{3}$	3		$+\infty$
y'	$+$			$+$	$+$		$-$		$-$
y	$\dfrac{3}{2}$ croît $+\infty$		$-\infty$ croît	0 croît		$\dfrac{1}{9}$ décroît		0 décroît	$-\infty$

$$max.$$

Cette courbe est une partie d'hyperbole et a pour asymptotes les droites $z = \dfrac{1}{3}$ et $y = \dfrac{-z}{6} + \dfrac{11}{18}$ (n° 299).

9°
$$y = x - \sin 2x.$$

Cette fonction est toujours réelle et continue ; sa dérivée,

$$y' = 1 - 2\cos 2x,$$

s'annule lorsque $\cos 2x = \dfrac{1}{2}$, c'est-à-dire pour $2x = 2k\pi \pm \dfrac{\pi}{3}$. Aux valeurs $x = k\pi + \dfrac{\pi}{6}$ correspondent des minima égaux à $k\pi + \dfrac{\pi}{6} - \dfrac{\sqrt{3}}{2}$ et aux valeurs $x = k\pi - \dfrac{\pi}{6}$ correspondent des maxima égaux à $k\pi - \dfrac{\pi}{6} + \dfrac{\sqrt{3}}{2}$. La courbe représentative est symétrique par rapport à l'origine et plus généralement par rapport à tous ses points d'abscisses

$x = \dfrac{k\pi}{2}$; elle se compose d'une suite d'arcs égaux dont l'un correspond aux valeurs de x comprises entre 0 et π (*fig.* 21), et dont les autres se déduisent de celui-là par une translation parallèle à la droite $y = x$. Le coefficient angulaire de la tangente à l'origine ainsi qu'aux points d'abscisses $k\pi$ est -1 ; aux points d'abscisses

$$k\pi + \frac{\pi}{2},$$

il est égal à 3.

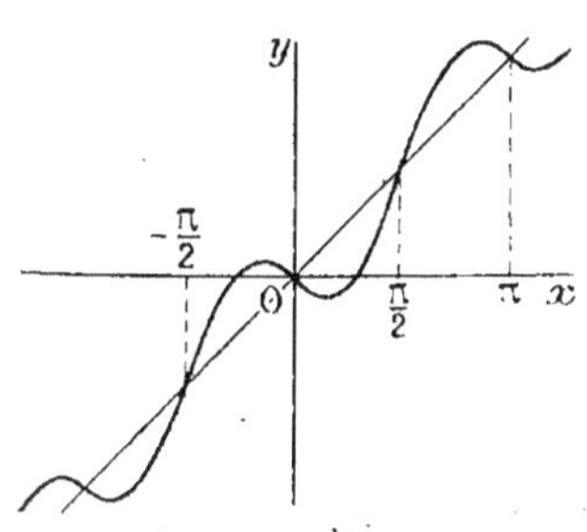

Fig. 21.

$$10° \qquad y = 2 \sin x + \cos 2x.$$

Cette fonction est réelle et continue ; sa dérivée,

$$y' = 2 \cos x(1 - 2 \sin x),$$

s'annule lorsque $\cos x = 0$, c'est-à-dire pour $x = k\pi + \dfrac{\pi}{2}$, et lorsque $\sin x = \dfrac{1}{2}$, c'est-à-dire pour $x = 2k\pi + \dfrac{\pi}{6}$ et $x = (2k+1)\pi - \dfrac{\pi}{6}$.

Aux valeurs $x = 2k\pi + \dfrac{\pi}{2}$ correspondent des minima égaux à 1 ; aux valeurs $x = 2k\pi + \dfrac{3\pi}{2}$ des minima égaux à -3 ; aux valeurs

$$x = 2k\pi + \frac{\pi}{6}$$

et

$$(2k+1)\pi - \frac{\pi}{6}$$

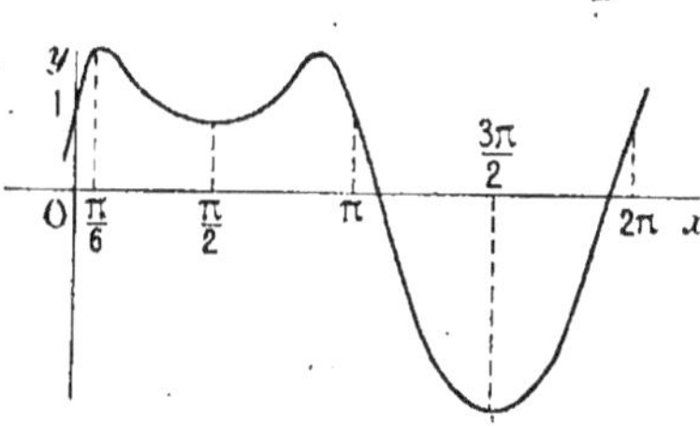

Fig. 22.

correspondent des maxima égaux à 2 ; la fonction est périodique, de période 2π, et il suffit de construire la portion comprise entre 0 et 2π représentée ci-contre (*fig.* 22), puis de transporter cette portion parallèlement à Ox par une translation égale à $2k\pi$.

$$11° \qquad y = x^n e^{-x^2}.$$

Nous supposons n entier et positif, la fonction est réelle et continue ; sa dérivée est

$$y' = x^{n-1}e^{-x^2}(n - 2x^2).$$

Si n est pair, la dérivée s'annule pour la valeur $x = 0$ à laquelle correspond un minimum, et pour les valeurs $x = \pm\sqrt{\dfrac{n}{2}}$ auxquelles correspondent des maxima ; la courbe représentative est symétrique par rapport à Oy (*fig.* 23).

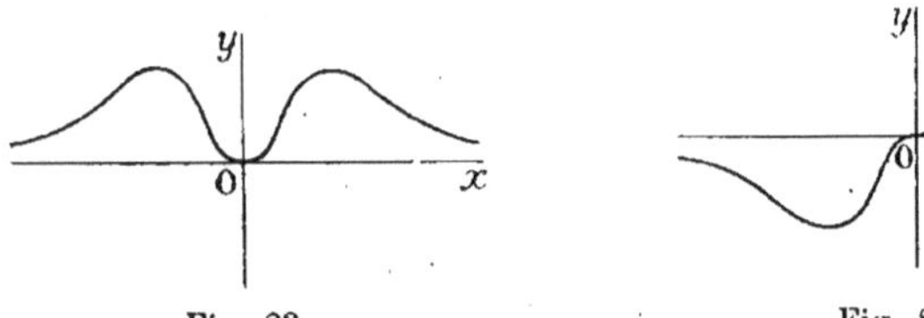

Fig. 23.   Fig. 24.

Si n est impair, il y a un minimum pour $x = -\sqrt{\dfrac{n}{2}}$ et un maximum pour $x = +\sqrt{\dfrac{n}{2}}$; la courbe (*fig.* 24) est symétrique par rapport à l'origine, elle présente en ce point un point d'inflexion, la tangente étant confondue avec Ox si n est supérieur à 1.

12° $y = e^{ax} \sin bx.$

La fonction est réelle et continue pour toute valeur de x ; sa dérivée

$$y' = e^{ax}(a \sin bx + b \cos bx)$$

s'annule en changeant de signe pour les solutions de l'équation $\operatorname{tg} bx = -\dfrac{b}{a}$, solutions qui sont de la forme $x = \alpha + \dfrac{k\pi}{b}$. La fonction s'annule pour les valeurs $x = \dfrac{k\pi}{b}$, et elle devient égale à l'une des fonctions $y_1 = e^{ax}$, $y_2 = -e^{ax}$ pour les valeurs $x = \dfrac{\pi}{2b} + \dfrac{k\pi}{b}.$

La courbe représentative de la fonction y est comprise entre celles des fonctions y_1 et y_2 ; elle leur est tangente alternativement pour les valeurs précédentes de x, car y' a la même valeur que y_1' ou y_2' lorsque $\sin bx$ est égal à ± 1, et que $\cos bx$ est nul.

Si a et b sont positifs, la courbe a l'aspect de la figure 25 ; les abscisses 0, OA_1, OB_1, OA_2, ... des points où la courbe coupe Ox ou est tangente aux courbes C_1 ou C_2 représentatives de y_1 et y_2 sont

les multiples successifs de $\dfrac{\pi}{2b}$.

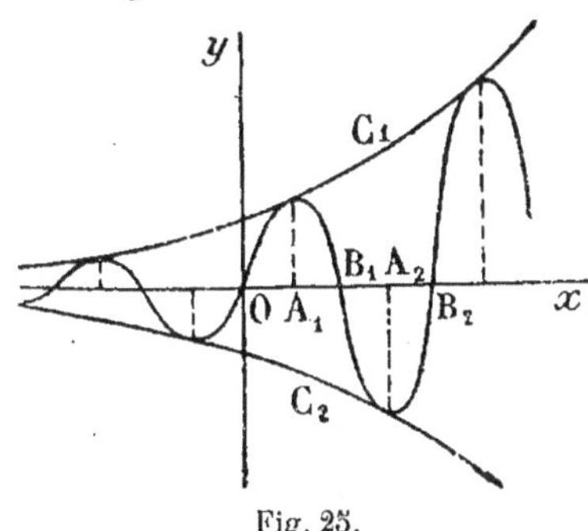

Fig. 25.

Si a est positif et b négatif, la courbe a l'aspect de la symétrique de la précédente par rapport à Ox; si a est négatif, elle a l'aspect de la symétrique de l'une ou de l'autre des précédentes par rapport à Oy.

13°
$$y = e^{ax} \cos bx.$$

L'étude de cette fonction est analogue à celle de la précédente ; la courbe représentative a le même aspect que les courbes précédentes, en supposant que l'origine est transportée en A_1.

14°
$$y = e^{\frac{1}{x}}.$$

La fonction est toujours réelle et positive ; elle est discontinue pour $x = 0$. Lorsque x s'approche de zéro par valeurs positives, y tend vers $+\infty$; si x s'approche de zéro par valeurs négatives, y tend vers zéro.

La dérivée $y' = e^{\frac{1}{x}}\left(-\dfrac{1}{x^2}\right)$ est toujours négative ; la fonction est toujours décroissante ; pour
$$x = \pm\infty,$$
y est égal à 1.

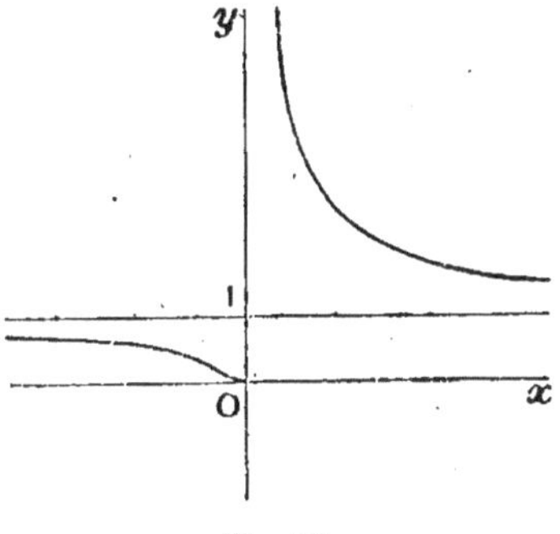

La courbe représentative est asymptote à l'axe Oy et à la droite d'équation $y = 1$; elle passe par l'origine, dont elle s'approche du côté des x négatifs ; le coefficient angulaire de la tangente à l'origine est la valeur limite de y' ; si l'on y fait $x = -\dfrac{1}{X}$, on a $y' = -\dfrac{X^2}{e^X}$,

Fig. 26.

et cette fraction tend vers zéro lorsque X augmente indéfiniment (n° 184).

La dérivée seconde $y'' = e^{\frac{1}{x}} \dfrac{2x+1}{x^4}$ change de signe pour $x = -\dfrac{1}{2}$,
et la courbe présente pour cette valeur de x un point d'inflexion ; elle a l'aspect de la figure 26.

15° $$y = xe^{\frac{1}{x}}.$$

Comme la précédente, cette fonction est toujours réelle et continue, sauf pour $x = 0$; lorsque x s'approche de zéro par valeurs positives, et qu'on pose $x = \dfrac{1}{X}$, on voit que $y = \dfrac{e^{X}}{X}$ augmente indéfiniment avec x ; lorsque x s'approche de zéro par valeurs négatives, y tend vers zéro.

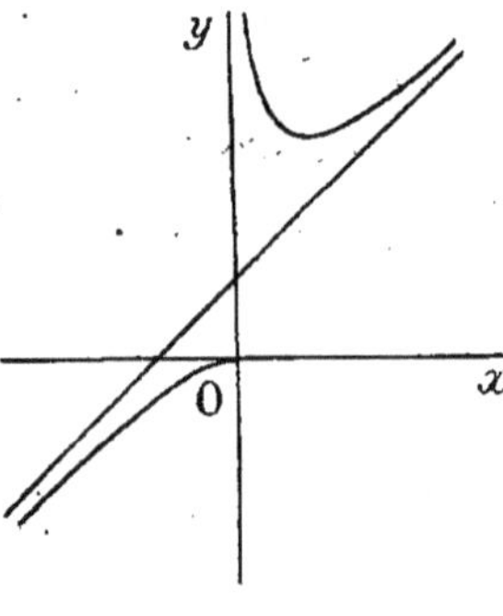

Fig. 27.

La dérivée $y' = e^{\frac{1}{x}}\left(1 - \dfrac{1}{x}\right)$ change de signe pour $x = 0$ et pour $x = 1$; lorsque x varie de $-\infty$ à 0, y croît ; lorsque x varie de 0 à 1, y décroît pour croître ensuite ; y passe pour $x = 1$ par un minimum égal à e.

La courbe représentative de y passe par l'origine, et y possède comme tangente l'axe des x, car si l'on fait dans la dérivée $x = -\dfrac{1}{X}$, $y' = \dfrac{X+1}{e^{X}}$ tend vers zéro quand X augmente indéfiniment. La courbe a pour asymptote Oy ; elle a une autre asymptote, que l'on obtient en remplaçant $e^{\frac{1}{x}}$ par $1 + \dfrac{1}{x} + \dfrac{1}{2x^2} + \dfrac{A}{x^3}$, où A reste fini lorsque x est infini (n° 53) ; on a alors

$$y = x + 1 + \dfrac{1}{2x} + \dfrac{A}{x^2};$$

et l'on voit que la droite d'équation $y_1 = x + 1$ est asymptote à la courbe ; celle-ci a la forme de la figure 27.

16° $$y = (x + a)e^{\frac{1}{x}}.$$

L'étude de cette fonction est analogue à celle des précédentes ; la fonction est discontinue pour $x = 0$; elle devient nulle lorsque x s'approche de zéro par valeurs négatives ; lorsque x s'approche de zéro par valeurs positives, y devient $+\infty$ si a est positif ou nul, $-\infty$ si a est négatif. La dérivée

$$y' = e^{\frac{1}{x}}\frac{x^2 - x - a}{x^2}$$

tend vers zéro lorsque x s'approche de zéro par valeurs négatives ; si $a \leqslant -\frac{1}{4}$, elle est toujours positive ; si $a > -\frac{1}{4}$, elle s'annule pour deux valeurs de x, et est négative dans l'intervalle de ces racines. La dérivée seconde

$$y'' = e^{\frac{1}{x}}\frac{x(1 + 2a) + a}{x^4}$$

change de signe pour $x = -\dfrac{a}{1 + 2a}$, et l'on peut vérifier que cette valeur de x est comprise entre les racines de la dérivée, si elles existent.

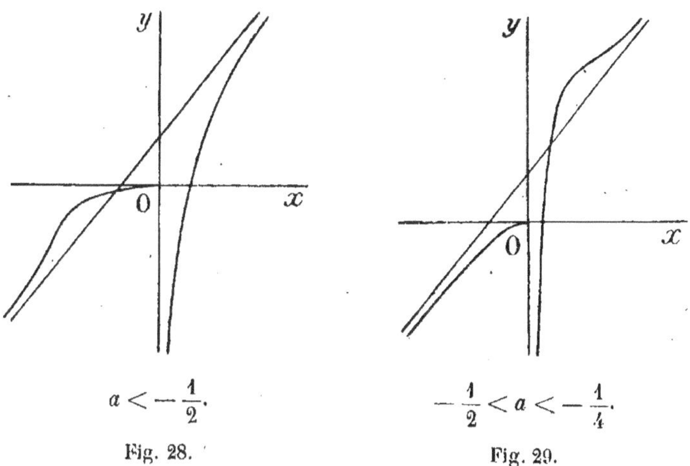

$$a < -\frac{1}{2}.$$

Fig. 28.

$$-\frac{1}{2} < a < -\frac{1}{4}.$$

Fig. 29.

La courbe représentative a pour asymptote Oy ; elle a une autre asymptote, que l'on obtient en remplaçant comme précédemment $e^{\frac{1}{x}}$

par $1 + \dfrac{1}{x} + \dfrac{1}{2x^2} + \dfrac{A}{x^3}$, de sorte que y a la forme

$$y = x + (1 + a) + \left(\dfrac{1}{2} + a\right)\dfrac{1}{x} + \dfrac{B}{x^2}$$

et la courbe a pour asymptote la droite $y_1 = x + 1 + a$.

La comparaison des valeurs remarquables de x suivant les valeurs de a conduit à distinguer les cas correspondants aux figures 28, 29, 30, 31.

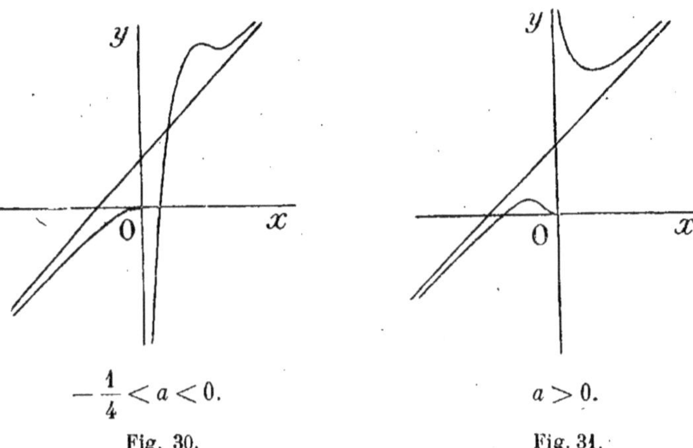

$$-\dfrac{1}{4} < a < 0.$$

Fig. 30.

$$a > 0.$$

Fig. 31.

17°
$$y = e^{\frac{x-a}{x^2}}.$$

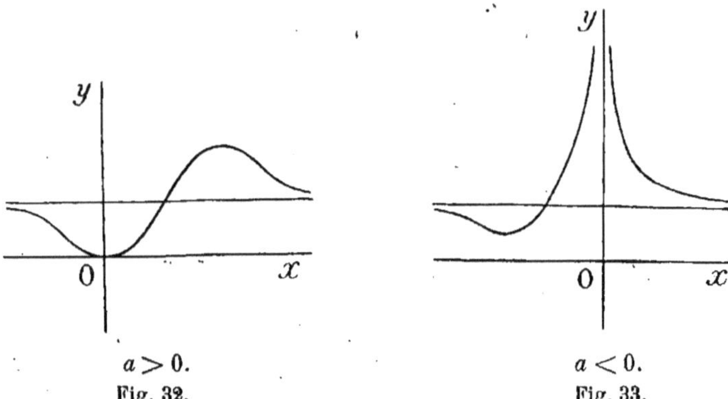

$$a > 0.$$

Fig. 32.

$$a < 0.$$

Fig. 33.

Si a est positif, lorsque x tend vers zéro, y tend vers zéro, ainsi que sa dérivée

$$y' = e^{\frac{x-a}{x^2}} \frac{x(2a-x)}{x^4},$$

comme le montre un raisonnement analogue aux précédents. Si a est négatif, y tend vers $+\infty$ lorsque x tend vers zéro. La dérivée change de signe pour $x=0$ et pour $x=2a$, et est positive entre ces valeurs. Lorsque x augmente indéfiniment, y tend vers 1 ; la courbe représentative a la forme indiquée dans les figures 32 et 33.

$$18° \qquad\qquad y = x + \log(x^2 - 1).$$

Cette fonction n'est réelle que si $x^2 - 1$ est positif, c'est-à-dire si

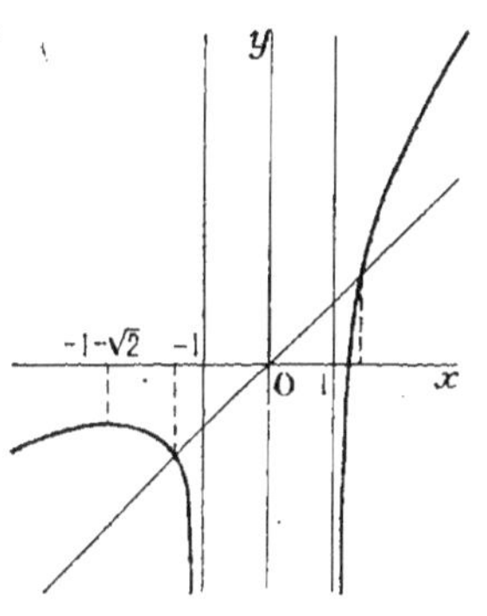
Fig. 34.

$x < -1$ ou > 1 ; elle est discontinue pour $x = \pm 1$; sa dérivée, $y' = \dfrac{x^2 + 2x - 1}{x^2 - 1}$, s'annule dans l'intervalle de réalité pour la seule valeur $x = -1 - \sqrt{2}$, à laquelle correspond un maximum. La courbe représentative a la forme ci-contre (*fig.* 34) ; les ordonnées de cette courbe se déduisent de celles de la droite $y = x$ en leur ajoutant la quantité $\log(x^2 - 1)$ et cette quantité s'annule pour $x = \pm \sqrt{2}$.

---

98. *Étudier la variation du volume d'un cône d'apothème donné.*

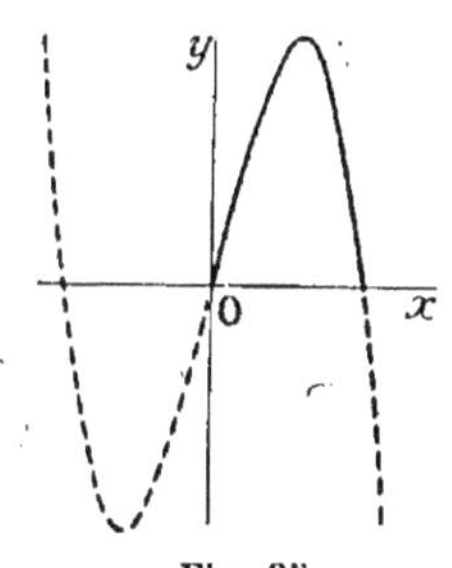
Fig. 35.

Si a est l'apothème du cône et x sa hauteur, le rayon de sa base est égal à $\sqrt{a^2 - x^2}$ et son volume est $V = \dfrac{1}{3}\pi(a^2 - x^2)x$; les variations de ce volume sont les mêmes que celles de la fonction

$$y = (a^2 - x^2)x = a^2 x - x^3.$$

Cette fonction est réelle et continue ; sa dérivée, $y' = a^2 - 3x^2$, s'annule pour la valeur $x = \pm a\dfrac{\sqrt{3}}{3}$, à la-

Vogt. — Solut.

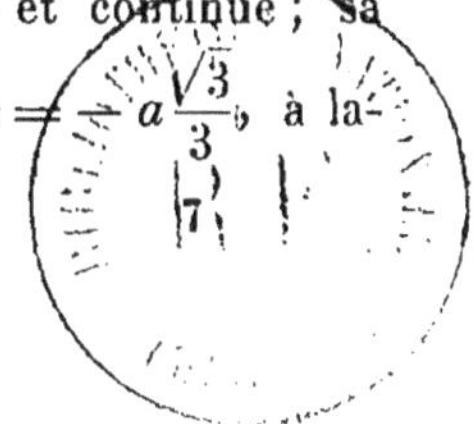

quelle correspond un minimum, et pour la valeur $x = + a\dfrac{\sqrt{3}}{3}$, à laquelle correspond un maximum. La courbe représentative (*fig.* 35) est symétrique par rapport à l'origine ; la seule portion qui convienne au problème géométrique est celle qui est comprise entre les points d'abscisse $x = 0$ et $x = a$.

---

99. *Étudier la variation du volume et celle de la surface totale d'un cylindre ou d'un cône inscrits dans une sphère donnée.*

Si $2x$ est la hauteur d'un cylindre inscrit dans une sphère de rayon R, le rayon de la base de ce cylindre est $\sqrt{R^2 - x^2}$, son volume V et sa surface totale S sont

$$V = 2\pi(R^2 - x^2)x, \qquad S = 2\pi(R^2 - x^2) + 4\pi x\sqrt{R^2 - x^2}.$$

La variation de V est la même que celle de la fonction de l'exercice précédent ; la surface varie comme la fonction

$$y = R^2 - x^2 + 2x\sqrt{R^2 - x^2} ;$$

cette fonction n'est réelle que si x est compris entre $-R$ et $+R$; sa dérivée,

$$y' = \frac{2}{R^2 - x^2}\left(- x\sqrt{R^2 - x^2} + R^2 - 2x^2\right),$$

ne peut s'annuler que si x satisfait à l'équation rationnelle

$$x^2(R^2 - x^2) = (R^2 - 2x^2)^2.$$

Cette équation en x^2 a pour racines les valeurs $x^2 = \dfrac{5 \pm \sqrt{5}}{10}R^2$, qui sont toutes deux positives et inférieures à R^2, mais l'une est inférieure à l'autre et supérieure à $\dfrac{R^2}{2}$; il en résulte que la dérivée y' s'annule pour la racine carrée positive de la première valeur et pour la racine carrée négative de la seconde ; comme y' est positif pour $x = 0$, on voit qu'à la valeur $x' = - R\sqrt{\dfrac{5 + \sqrt{5}}{10}}$ correspond un minimum et à la valeur $x'' = + R\sqrt{\dfrac{5 - \sqrt{5}}{10}}$ correspond un maximum. La courbe représentative a la forme de la figure 36 ; la partie

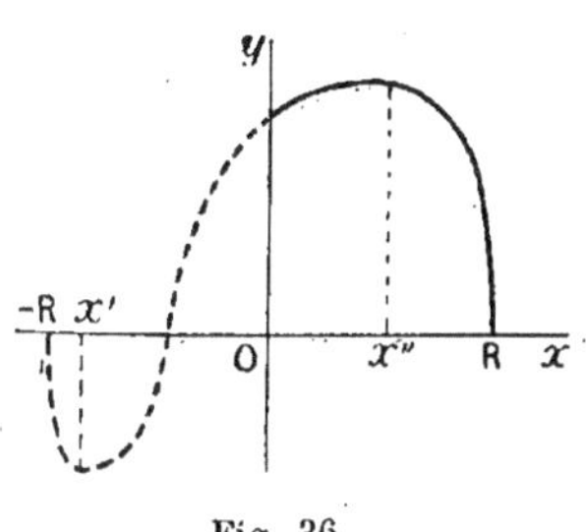

Fig. 36.

comprise entre les abscisses $x = 0$ et $x = \mathrm{R}$ correspond au problème géométrique ; elle représente la variation de la somme des surfaces des bases et de la surface latérale du cylindre ; la partie comprise entre les abscisses $x = 0$ et $x = -\mathrm{R}$ représente la variation de la différence entre la somme des surfaces des bases et la valeur absolue de la surface latérale.

Si l'on représente par x la hauteur d'un cône inscrit dans la même sphère, le rayon de la base de ce cône est $r = \sqrt{x(2\mathrm{R} - x)}$ et son volume a pour mesure

$$V = \frac{1}{3} \pi x^2 (2\mathrm{R} - x) ;$$

la variation de ce volume est la même que celle de la fonction

$$y = x^2 (2\mathrm{R} - x) = 2\mathrm{R}x^2 - x^3 ;$$

sa dérivée, $y' = 4\mathrm{R}x - 3x^2$, s'annule pour la valeur $x = 0$, à laquelle

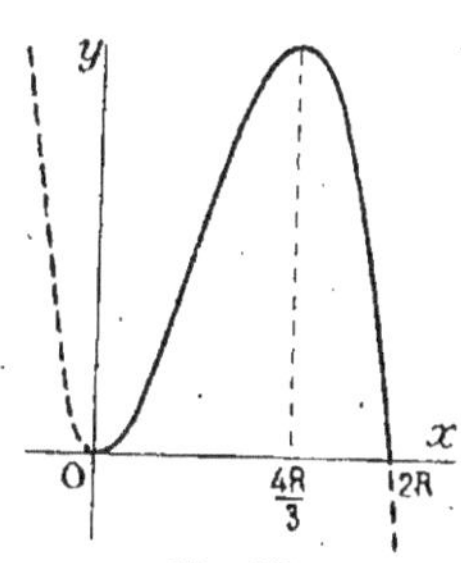

Fig. 37.

correspond un minimum, et pour la valeur $x = \dfrac{4\mathrm{R}}{3}$, à laquelle correspond un maximum ; la courbe représentative a la forme de la figure 37 ; la portion comprise entre les abscisses $x = 0$ et $x = 2\mathrm{R}$ correspond seule au problème géométrique.

La surface totale du même cône a pour mesure

$$S = \pi x (2\mathrm{R} - x) + \pi \sqrt{x(2\mathrm{R} - x)} \sqrt{2\mathrm{R}x} ;$$

elle varie comme la fonction

$$y = x(2\mathrm{R} - x) + x\sqrt{2\mathrm{R}(2\mathrm{R} - x)} ;$$

cette fonction n'est réelle que pour $x < 2\mathrm{R}$; sa dérivée,

$$y' = \frac{2(\mathrm{R} - x)\sqrt{2\mathrm{R}(2\mathrm{R} - x)} + 4\mathrm{R}^2 - 3\mathrm{R}x}{\sqrt{2\mathrm{R}(2\mathrm{R} - x)}},$$

s'annule pour des valeurs comprises parmi les racines de l'équation

$$8R(2R - x)(R - x)^2 - (4R^2 - 3Rx)^2$$
$$= - Rx(8x^2 - 23Rx + 16R^2) = 0.$$

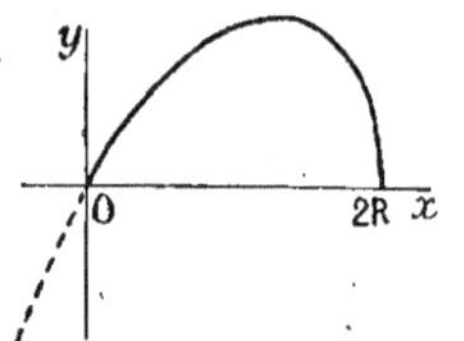

Fig. 38.

Cette équation a pour racines d'abord $x = 0$ et ensuite deux valeurs x' et x'' réelles et comprises toutes les deux entre R et 2R ; mais l'une est inférieure et l'autre supérieure à $4\dfrac{R}{3}$; la seule valeur $x' = R\dfrac{23 - \sqrt{17}}{16}$ comprise entre R et $\dfrac{4}{3}$ R peut annuler la dérivée y', et il lui correspond un maximum de la fonction. La courbe représentative a la forme de la figure 38 ; la partie comprise entre les abscisses 0 et 2R convient seule à la question.

---

100. *Étudier la variation du volume, de la surface latérale et de la surface totale d'un cône circonscrit à une sphère donnée.*

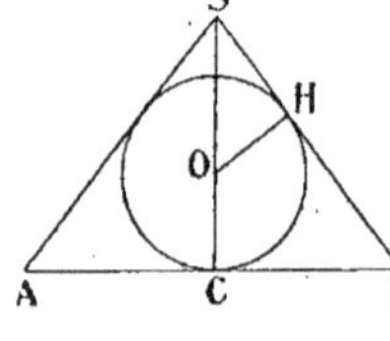

Fig. 39.

Soit SAB (*fig.* 39) la section méridienne d'un cône circonscrit à une sphère de centre O et de rayon R ; en désignant par x la hauteur SC du cône, les triangles semblables SCB, SOH donnent

$$\frac{CB}{OH} = \frac{SB}{SO} = \frac{SC}{SH} \qquad \text{ou} \qquad \frac{CB}{R} = \frac{SB}{x - R} = \frac{x}{\sqrt{x(x - 2R)}} ;$$

on en déduit le rayon de la base $r = \dfrac{Rx}{\sqrt{x(x - 2R)}}$ et l'apothème $a = \dfrac{x(x - R)}{\sqrt{x(x - 2R)}}$ du cône considéré ; son volume est $V = \dfrac{1}{3}\dfrac{\pi R^2 x^3}{x(x - 2R)}$.

En laissant de côté le cas où x est nul, la variation de ce volume est la même que celle de la fonction $y = \dfrac{x^2}{x - 2R}$. Cette fonction est discontinue pour $x = 2R$; sa dérivée,

$$y' = \frac{x^2 - 4Rx}{(x - 2R)^2},$$

s'annule pour la valeur $x = 0$ en passant du positif au négatif, et pour la valeur $x = 4R$ en passant du négatif au positif ; à la première correspond un maximum de y égal à 0 et à la seconde un minimum égal à 8R ; la courbe représentative (*fig.* 40) est une hyperbole ayant pour asymptotes les droites d'équations $x = 2R$ et $y = x + 2R$ (n° 299) ; la partie comprise entre 0 et 2R ne répond pas à la question géométrique.

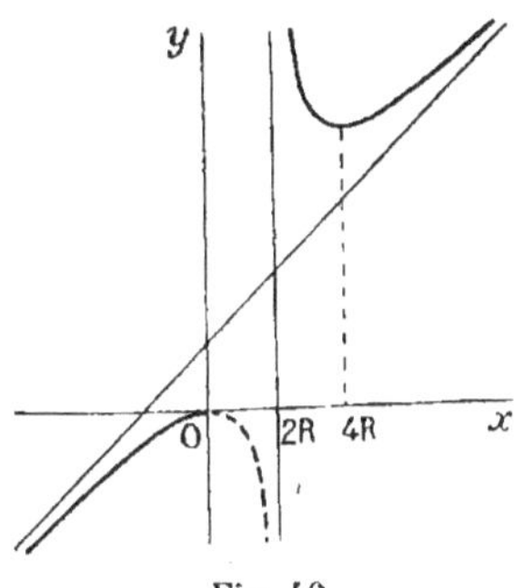

Fig. 40.

La surface latérale du cône a pour mesure

$$S = \pi r a = \frac{\pi R x^2 (x - R)}{x(x - 2R)} ;$$

en laissant de côté le cas où x est nul, la variation de cette surface est la même que celle de la fonction $y = \dfrac{x(x - R)}{x - 2R}$. L'étude de cette variation est analogue à la précédente ; la dérivée,

$$y' = \frac{x^2 - 4Rx + 2R^2}{(x - 2R)^2},$$

s'annule pour les valeurs $x = R(2 \pm \sqrt{2})$; la courbe représentative (*fig.* 41) est encore une hyperbole ayant pour asymptotes les droites d'équations $x = 2R$ et $y = x + R$; la partie comprise entre les abscisses 0 et 2R ne convient pas à la question géométrique.

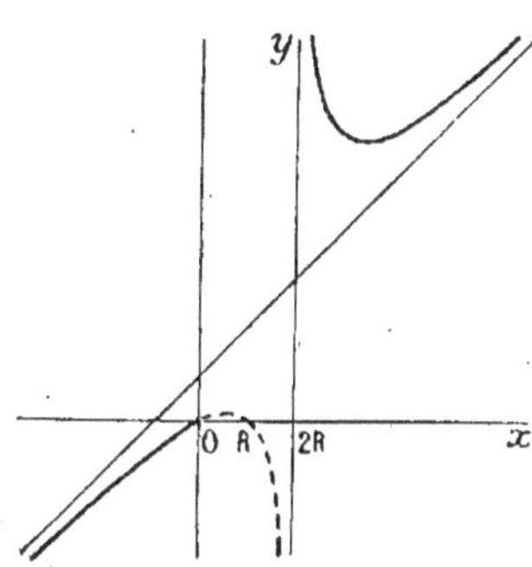

Fig. 41.

La surface totale du cône a pour mesure

$$S_1 = \pi r a + \pi r^2 = \frac{\pi R x^3}{x(x - 2R)} ;$$

on voit que le volume est égal au produit de cette surface par le tiers du rayon R ; cela résulte du reste de cette remarque que le volume d'un polyèdre circonscrit à une sphère est égal au produit de la surface de ce polyèdre par le tiers du rayon ; la variation de la surface totale est donc la même que celle du volume.

101. *Déterminer les dimensions d'un litre cylindrique en métal à une seule base, sachant que la surface du métal est minimum.*

Si x et y sont le rayon de la base et la hauteur du litre, il faut chercher le minimum de la fonction $S = \pi x^2 + 2\pi xy$ sachant que le volume $V = \pi x^2 y$ est donné ; on en déduit

$$y = \frac{V}{\pi x^2}, \qquad S = \pi x^2 + \frac{2V}{x}.$$

Cette fonction S est discontinue pour $x = 0$; sa dérivée,

$$S' = 2\pi x - \frac{2V}{x^2},$$

s'annule pour $x = \sqrt[3]{\dfrac{V}{\pi}}$ en passant du négatif au positif, de sorte qu'à cette valeur correspond un minimum de S ; on trouve $y = x$ et $S = 3\sqrt[3]{\pi V^2}$.

Si V est égal à un décimètre cube, on a $x = y = 0^{dm},6827\ldots$

---

102. *Déterminer sur la droite joignant deux points où sont placées des sources lumineuses d'intensités données différentes le point dont l'éclairement total dû aux deux sources est maximum.*

Si x et x' sont les distances du point aux deux sources lumineuses, i et i' les éclairements à l'unité de distance, l'éclairement total est égal à $\dfrac{i}{x^2} + \dfrac{i'}{x'^2}$, et l'on a de plus $x + x' = a$; on a donc à trouver le maximum de la fonction $y = \dfrac{i}{x^2} + \dfrac{i'}{(a-x)^2}$, dont la dérivée,

$$y' = \frac{-2i}{x^3} + \frac{2i'}{(a-x)^3},$$

s'annule pour $x = \dfrac{a}{1 + \sqrt[3]{\dfrac{i'}{i}}}$, et à cette valeur correspond un maximum de la fonction.

---

103. *On donne un petit segment rectiligne horizontal ; déterminer le point où il faut placer une source lumineuse : 1° soit sur une* *droite donnée perpendiculaire à la direction du segment ; 2° soit sur une ellipse donnée dont le centre est le milieu du segment, et dont un axe est horizontal, pour que l'éclairement de ce segment soit maximum. On sait que cet éclairement est en raison inverse du carré de la distance de la source lumineuse au centre du segment et proportionnel au sinus de l'angle formé par le rayon lumineux aboutissant à ce centre avec la direction du segment éclairé.*

Choisissons un système de coordonnées polaires tel que l'origine soit le centre du segment donné et l'axe des x la direction de ce segment ; si a est l'abscisse d'une droite donnée perpendiculaire à Ox, le rayon vecteur ρ d'un point situé sur la droite est $\rho = \dfrac{a}{\cos\theta}$, et l'éclairement du segment est proportionnel à la fonction $\dfrac{\sin\theta}{\rho^2}$ ou à la fonction $y = \sin\theta \cos^2\theta$. La dérivée,

$$y' = \cos^3\theta - 2\sin^2\theta\cos\theta,$$

s'annule pour des valeurs de θ égales et de signes contraires, et égales en valeur absolue à $90°$ et à $54°44'$; à ce dernier angle correspond un maximum.

Si la source lumineuse se déplace sur une ellipse de demi-axes a et b, l'axe de longueur $2a$ étant dirigé suivant Ox, l'équation de cette courbe en coordonnées polaires est

$$\rho^2\left(\frac{\cos^2\theta}{a^2} + \frac{\sin^2\theta}{b^2}\right) = 1 \; ;$$

l'éclairement est proportionnel à $\dfrac{\sin\theta}{\rho^2}$ ou à la fonction

$$y = \sin\theta(b^2\cos^2\theta + a^2\sin^2\theta),$$

qui a pour dérivée

$$y' = \cos\theta\,[b^2\cos^2\theta + (3a^2 - 2b^2)\sin^2\theta].$$

Si a^2 est plus grand que $\dfrac{2b^2}{3}$, la dérivée ne s'annule que pour $\cos\theta = 0$, $\theta = \dfrac{\pi}{2}$, et à cette valeur correspond un maximum ; si a^2 est plus petit que $\dfrac{2b^2}{3}$, la dérivée s'annule pour la valeur $\theta = \dfrac{\pi}{2}$, à laquelle correspond un minimum, et pour les valeurs fournies par l'équation $\operatorname{tg}^2 \theta = \dfrac{b^2}{2b^2 - 3a^2}$, auxquelles correspond un maximum.

---

104. *Trouver la vraie valeur pour* $x = 1$ *de*

$$\frac{1 - 3x^2 + 2x^3}{(x^2 - 1)^2}, \qquad \frac{2}{1 - x^2} - \frac{3}{1 - x^3}, \qquad \frac{\log x}{x^n - 1}, \qquad \frac{\log \sin \dfrac{\pi x}{2}}{(x - 1)^2};$$

pour $x = 0,$ *de*

$$\frac{e^x - e^{-x}}{\sin x}, \qquad \frac{x^2 - \sin^2 x}{x^4}, \qquad \frac{\sin x - x \cos x}{x(1 - \cos x)}, \qquad x^n \log x, \qquad x^x.$$

1° En prenant le rapport des dérivées secondes pour $x = 1$, on obtient $\dfrac{3}{4}$; c'est le résultat auquel on arriverait en divisant les deux termes de la fraction par $(x - 1)^2$, et faisant ensuite $x = 1$.

2° En réduisant les fractions au même dénominateur, on remplace la différence par

$$\frac{-(1 - x)(2x + 1)}{(1 - x)(1 + x)(1 + x + x^2)},$$

et l'on trouve comme limite $-\dfrac{1}{2}$.

3° Le rapport des dérivées est

$$\frac{1}{x} : nx^{n-1} = \frac{1}{nx^n};$$

la limite est $\dfrac{1}{n}$.

4° Le rapport des dérivées est $\left(\dfrac{\dfrac{\pi}{2}}{\sin \dfrac{\pi x}{2}} \right) \dfrac{\cos \dfrac{\pi}{2} x}{2(x - 1)}$; le premier de ces deux facteurs a pour limite $\dfrac{\pi}{2}$; le deuxième, qui prend encore pour $x = 1$ la forme indéterminée $\dfrac{0}{0}$ a la même limite que le rapport des dérivées $\dfrac{-\dfrac{\pi}{2} \sin \dfrac{\pi}{2} x}{2}$, c'est-à-dire $-\dfrac{\pi}{4}$, le rapport donné a pour limite $-\dfrac{\pi^2}{8}$.

5° Le rapport des dérivées $\dfrac{e^x + e^{-x}}{\cos x}$ a pour limite 2.

6° Le rapport des dérivées, $\dfrac{2x - \sin 2x}{4x^3}$, se présente encore pour $x = 0$ sous la forme $\dfrac{0}{0}$; en prenant le rapport des dérivées successives, on arrive au quotient $\dfrac{8 \cos 2x}{24}$ dont la limite est $\dfrac{1}{3}$. On arriverait encore à ce résultat en remplaçant $\sin x$ par $x - \dfrac{x^3}{6}(1 + \varepsilon)$, ε tendant vers zéro avec x.

7° En prenant les rapports des dérivées successives, on obtient la limite $\dfrac{2}{3}$; on arriverait encore à ce résultat en remplaçant $\sin x$ par $x - \dfrac{x^3}{6}(1 + \varepsilon)$ et $\cos x$ par $1 - \dfrac{x^2}{2}(1 + \varepsilon')$.

8° Il résulte du n° 184 que la limite est nulle si n est positif, et infinie si n est nul ou négatif.

9° En posant $y = x^x$, on a $\log y = x \log x$, la limite pour $x = 0$ de $\log y$ est nulle et celle de y est alors égale à l'unité.

---

105. *Former les dérivées partielles du premier ordre des fonctions*

$$\frac{x+y}{xy}, \qquad \operatorname{arc\,tg} \frac{x+y}{1-xy}, \qquad \frac{xy}{\sqrt{1 + x^2 + y^2}}, \qquad e^{xyz};$$

pour la dernière fonction, former f'''_{xyz}.

1° $z = \dfrac{x+y}{xy} = \dfrac{1}{x} + \dfrac{1}{y}$, $\quad z'_x = -\dfrac{1}{x^2}$, $\qquad z'_y = -\dfrac{1}{y^2}$;

2° $z = \operatorname{arc\,tg} \dfrac{x+y}{1-xy}$, $\quad z'_x = \dfrac{1}{1+x^2}$, $\qquad z'_y = \dfrac{1}{1+y^2}$;

on peut vérifier que $z = \operatorname{arc\,tg} x + \operatorname{arc\,tg} y$, car si α et β sont les arcs dont les tangentes sont x et y, on a

$$x = \operatorname{tg} \alpha, \qquad y = \operatorname{tg} \beta, \qquad \frac{x+y}{1-xy} = \operatorname{tg}(\alpha + \beta),$$

donc

$$z = \alpha + \beta = \operatorname{arc\,tg} x + \operatorname{arc\,tg} y ;$$

cette remarque permet de retrouver les dérivées de z.

$3°$ $z = \dfrac{xy}{\sqrt{1 + x^2 + y^2}}$, $\quad z'_x = \dfrac{y(1 + y^2)}{(1 + x^2 + y^2)^{\frac{3}{2}}}$, $\quad z'_y = \dfrac{x(1 + x^2)}{(1 + x^2 + y^2)^{\frac{3}{2}}}$,

$4°$ $f = e^{xyz}$, $\quad f'_x = yze^{xyz}$, $\quad f'_y = zxe^{xyz}$, $\quad f'_z = xye^{xyz}$,

$$f'''_{xyz} = (x^2y^2z^2 + 3xyz + 1)e^{xyz}.$$

---

106. *Déterminer les dérivées première et seconde des fonctions implicites y définies par les équations*

$$x^2 - 4xy + y^2 - 1 = 0, \qquad x^3 + y^3 - 3axy = 0,$$

$$\sin y = n \sin x, \qquad \log \sqrt{x^2 + y^2} = \operatorname{arc\,tg} \frac{y}{x}.$$

Si y est donné par l'équation $f(x, y) = 0$, on a

$$y' = -\frac{f'_x}{f'_y}, \qquad y'' = -\frac{(f''_{x^2} + f''_{xy}y')f'_y - (f''_{xy} + f''_{y^2}y')f'_x}{(f'_y)^2}$$

$$= -\frac{f''_{x^2}(f'_y)^2 - 2f''_{xy}f'_xf'_y + f''_{y^2}(f'_x)^2}{(f'_y)^3},$$

l'application aux équations données conduit aux résultats :

$$1° \quad y' = \frac{x - 2y}{2x - y}, \qquad y'' = \frac{-3}{(2x - y)^3};$$

$$2° \quad y' = -\frac{x^2 - ay}{y^2 - ax}, \qquad y'' = -\frac{2a^3xy}{(y^2 - ax)^3}.$$

$$3° \quad \sin y = n \sin x, \qquad \cos y \cdot y' = n \cos x, \qquad y' = \frac{n \cos x}{\cos y};$$

$$y'' = \frac{-n \sin x \cos y + n \sin y \cos x \cdot y'}{\cos^2 y} = \frac{(n^3 - n) \sin x}{\cos^3 y}.$$

$$4° \quad \frac{x + yy'}{x^2 + y^2} = \frac{xy' - y}{x^2 + y^2}, \qquad y' = \frac{x + y}{x - y};$$

$$y'' = \frac{(1 + y')(x - y) - (1 - y')(x + y)}{(x - y)^2} = \frac{2(x^2 - 2xy - y^2)}{(x - y)^3}.$$

---

107. *Déterminer les dérivées partielles de la fonction z définie par l'équation*

$$\frac{x^2}{x^2 + y^2 + z^2 - a^2} + \frac{y^2}{x^2 + y^2 + z^2 - b^2} + \frac{z^2}{x^2 + y^2 + z^2 - c^2} - 1 = 0.$$

En posant

$$F = \frac{x^2}{(x^2 + y^2 + z^2 - a^2)^2} + \frac{y^2}{(x^2 + y^2 + z^2 - b^2)^2} + \frac{z^2}{(x^2 + y^2 + z^2 - c^2)^2}$$

on a

$$x\left[\frac{1}{x^2 + y^2 + z^2 - a^2} - F\right] + zz'_x\left[\frac{1}{x^2 + y^2 + z^2 - c^2} - F\right] = 0,$$

$$y\left[\frac{1}{x^2 + y^2 + z^2 - b^2} - F\right] + zz'_y\left[\frac{1}{x^2 + y^2 + z^2 - c^2} - F\right] = 0,$$

ce qui fournit z'_x et z'_y.

---

108. *Déterminer les maxima et les minima des fonctions implicites y définies par les équations*

$$y^2 - 2xy + 2x^2 - 2x = 0, \qquad y^3 + x^3 - 3axy = 0.$$

La dérivée $y' = -\dfrac{f'_x}{f'_y}$ ne peut changer de signe qu'en s'annulant ou en devenant infinie, ce qui a lieu lorsque f'_x ou f'_y s'annulent. Dans le premier exemple, on a

$$f'_x = 2(2x - y - 1), \qquad f'_y = 2(y - x);$$

l'équation $f'_x = 0$, jointe à $f(x, y) = 0$, a pour solutions

$$x_1 = 1 - \sqrt{\frac{1}{2}}, \quad y_1 = 1 - \sqrt{2}; \quad x_2 = 1 + \sqrt{\frac{1}{2}}, \quad y_2 = 1 + \sqrt{2};$$

de même, l'équation $f'_y = 0$, jointe à $f(x, y) = 0$, a pour solutions

$$x_3 = 0, \qquad y_3 = 0; \qquad x_4 = 2, \qquad y_4 = 2.$$

Pour le système (x_1, y_1), f'_y est négatif et f'_x passe du négatif au positif, et à ce système correspond un minimum de y; de même au système (x_2, y_2) correspond un maximum de y; quant aux valeurs x_3, y_3, x_4, y_4 qui annulent f'_y, elles ne fournissent pas un maximum ou un minimum de y, car les valeurs de y fournies par l'équation $f(x, y) = 0$ doivent être égales pour $x = x_3$ ou x_4 et ne sont réelles que si x est compris entre x_3 et x_4; mais si l'on considère x comme fonction de y, cette fonction passe par un minimum pour le système (x_3, y_3) et par un maximum pour le système (x_4, y_4).

L'étude directe des fonctions représentées par les racines,

$$y = x \pm \sqrt{2x - x^2},$$

aurait conduit au même résultat.

En opérant de la même manière pour le deuxième exemple, on voit facilement que la fonction y de x passe par un maximum pour $x = a\sqrt{2}$, $y = a\sqrt[3]{4}$, et que la fonction x de y passe par un maximum pour $x = a\sqrt[3]{4}$, $y = a\sqrt{2}$.

---

109. *Étant donnée la courbe du second ordre ayant pour centre l'origine et représentée par l'équation*

$$Ax^2 + 2Bxy + Cy^2 - 1 = 0,$$

déterminer les directions et les longueurs de ses axes en cherchant les points pour lesquels le carré de la distance au centre, c'est-à-dire la fonction $\rho^2 = x^2 + y^2$, *passe par un maximum ou un minimum.*

En annulant la dérivée de la fonction composée $\rho^2 = x^2 + y^2$ considérée comme fonction de x, on obtient l'équation $2x + 2yy' = 0$; mais y est fourni par l'équation de la courbe, dont la dérivée est

$$2(Ax + By) + 2(Bx + Cy)y' = 0.$$

En éliminant y' entre les deux équations, on a la relation

$$\frac{Ax + By}{x} = \frac{Bx + Cy}{y}, \qquad \text{ou} \qquad By^2 + (A - C)xy - Bx^2 = 0;$$

cette équation homogène représente deux droites suivant lesquelles sont dirigés les axes de la courbe.

Les rapports précédents ont une valeur commune égale à

$$\frac{Ax + By}{x} = \frac{Bx + Cy}{y} = \frac{x(Ax + By) + y(Bx + Cy)}{x^2 + y^2} = \frac{1}{\rho^2};$$

l'égalité de chacun des premiers rapports à $\dfrac{1}{\rho^2}$ donne les relations

$$\left(A - \frac{1}{\rho^2}\right)x + By = 0, \qquad Bx + \left(C - \frac{1}{\rho^2}\right)y = 0;$$

si l'on élimine x et y entre ces deux équations homogènes, on obtient la relation

$$\left(A - \frac{1}{\rho^2}\right)\left(C - \frac{1}{\rho^2}\right) - B^2 = 0,$$

qui fournit les carrés des longueurs des axes.

On la trouve plus rapidement en cherchant l'équation du faisceau des droites joignant l'origine aux points de rencontre de la courbe avec le cercle d'équation $x^2 + y^2 = \rho^2$; ces droites sont représentées (n° 100) par l'équation

$$A x^2 + 2 B x y + C y^2 - \frac{1}{\rho^2}(x^2 + y^2) = 0 ;$$

lorsque le rayon du cercle est égal à l'un des demi-axes de la courbe, les deux droites précédentes sont confondues ; en écrivant que l'équation homogène ainsi trouvée fournit pour $\frac{y}{x}$ deux racines égales, on retrouve l'équation en ρ^2 précédemment obtenue.

---

110. *Étant donnée dans l'espace la courbe d'intersection de l'ellipsoïde*

$$\frac{x^2}{a^2} + \frac{y^2}{b^2} + \frac{z^2}{c^2} - 1 = 0$$

et du plan

$$ux + vy + wz = 0$$

passant par le centre, déterminer les axes de cette section en cherchant les points pour lesquels la fonction $\rho^2 = x^2 + y^2 + z^2$ passe par un maximum ou un minimum ; démontrer que les directions des axes sont les droites communes au plan et au cône dont l'équation est

$$uyz\left(\frac{1}{b^2} - \frac{1}{c^2}\right) + vzx\left(\frac{1}{c^2} - \frac{1}{a^2}\right) + wxy\left(\frac{1}{a^2} - \frac{1}{b^2}\right) = 0,$$

et que les carrés des longueurs des demi-axes sont les racines d.: l'équation

$$\frac{a^2 u^2}{\rho^2 - a^2} + \frac{b^2 v^2}{\rho^2 - b^2} + \frac{c^2 w^2}{\rho^2 - c^2} = 0.$$

En opérant comme dans l'exercice précédent et considérant y et z comme fonctions de x, on doit écrire les équations

$$x + yy'_x + zz'_x = 0, \qquad \frac{x}{a^2} + \frac{yy'_x}{b^2} + \frac{zz'_x}{c^2} = 0, \qquad u + vy'_x + wz'_x = 0.$$

L'élimination de y'_x et z'_x entre ces équations conduit à la relation

$$\begin{vmatrix} x & y & z \\ \dfrac{x}{a^2} & \dfrac{y}{b^2} & \dfrac{z}{c^2} \\ u & v & w \end{vmatrix} = 0 \, ;$$

cette équation représente un cône dont les droites d'intersection par le plan donné sont les directions des axes de la section ; on peut l'écrire, en développant le déterminant, sous la forme donnée dans l'énoncé.

Pour trouver les carrés des longueurs des axes, multiplions les éléments des colonnes du déterminant respectivement par x, y, z, et ajoutons-les pour former une première colonne nouvelle, nous obtenons

$$\begin{vmatrix} x^2 + y^2 + z^2 & y & z \\ \dfrac{x^2}{a^2} + \dfrac{y^2}{b^2} + \dfrac{z^2}{c^2} & \dfrac{y}{b^2} & \dfrac{z}{c^2} \\ ux + vy + wz & v & w \end{vmatrix} = \begin{vmatrix} \rho^2 & y & z \\ 1 & \dfrac{y}{b^2} & \dfrac{z}{c^2} \\ 0 & v & w \end{vmatrix} = 0 \, ;$$

en développant cette relation, elle donne l'équation

$$wy\left(\frac{\rho^2}{b^2} - 1\right) = vz\left(\frac{\rho^2}{c^2} - 1\right).$$

De cette équation et de celles qui s'en déduisent par permutation circulaire des lettres résulte la suite des relations

$$\frac{x(\rho^2 - a^2)}{ua^2} = \frac{y(\rho^2 - b^2)}{vb^2} = \frac{z(\rho^2 - c^2)}{wc^2} \, ;$$

il suffit de remplacer dans l'équation du plan donné x, y, z par les valeurs proportionnelles tirées de là pour obtenir l'équation cherchée

$$\frac{a^2u^2}{\rho^2 - a^2} + \frac{b^2v^2}{\rho^2 - b^2} + \frac{c^2w^2}{\rho^2 - c^2} = 0.$$

On pourrait arriver à ce résultat en formant l'équation du cône ayant pour sommet l'origine et pour directrice la courbe d'intersection de l'ellipsoïde par la sphère d'équation $x^2 + y^2 + z^2 = \rho^2$. Cette équation (comparer à l'exercice 75) est

$$x^2\left(\frac{1}{a^2} - \frac{1}{\rho^2}\right) + y^2\left(\frac{1}{b^2} - \frac{1}{\rho^2}\right) + z^2\left(\frac{1}{c^2} - \frac{1}{\rho^2}\right) = 0 \, ;$$

elle représente un cône ; en écrivant que le plan donné rencontre ce cône suivant deux droites confondues ou bien lui est tangent, on retrouverait l'équation déjà obtenue.

———

111. *Étant donnée la surface du second ordre ayant pour centre l'origine et pour équation*

$$\mathrm{A}x^2 + \mathrm{A}'y^2 + \mathrm{A}''z^2 + 2\mathrm{B}yz + 2\mathrm{B}'zx + 2\mathrm{B}''xy - 1 = 0,$$

déterminer les directions et les longueurs de ses axes en cherchant les points pour lesquels la fonction $\rho^2 = x^2 + y^2 + z^2$ *passe par un maximum ou un minimum.*

En considérant z comme une fonction des deux variables x et y définie par l'équation de la surface, on voit que ρ^2 est une fonction des deux mêmes variables ; on obtient les maxima et minima de cette fonction en annulant séparément ses dérivées partielles par rapport à x et y, c'est-à-dire en écrivant les équations

$$x + zz'_x = 0, \qquad y + zz'_y = 0.$$

Si nous désignons par $\varphi(x, y, z)$ l'ensemble des termes du second degré de l'équation de la surface, nous avons, pour déterminer les dérivées partielles de z, les deux équations

$$\varphi'_x + \varphi'_z z'_x = 0, \qquad \varphi'_y + \varphi'_z z'_y = 0 \;;$$

en éliminant z'_x et z'_y entre les quatre relations précédentes, nous trouvons pour déterminer x, y, z les équations

$$\frac{\dfrac{1}{2}\varphi'_x}{x} = \frac{\dfrac{1}{2}\varphi'_y}{y} = \frac{\dfrac{1}{2}\varphi'_z}{z},$$

auxquelles il faut joindre l'équation de la surface.

La valeur commune des rapports précédents est égale à

$$\frac{\dfrac{1}{2}(x\varphi'_x + y\varphi'_y + z\varphi'_z)}{x^2 + y^2 + z^2} = \frac{1}{\rho^2} \;;$$

on obtient donc les équations

$$Ax + B''y + B'z - \frac{x}{\rho^2} = 0,$$

$$B''x + A'y + Bz - \frac{y}{\rho^2} = 0,$$

$$B'x + By + A''z - \frac{z}{\rho^2} = 0 ;$$

en éliminant x, y, z entre ces relations, on obtient l'équation

$$\begin{vmatrix} A - \dfrac{1}{\rho^2} & B'' & B' \\ B'' & A' - \dfrac{1}{\rho^2} & B \\ B' & B & A'' - \dfrac{1}{\rho^2} \end{vmatrix} = 0,$$

qui donne les carrés des longueurs des demi-axes ; à chacune des racines de cette équation correspond un ensemble de valeurs proportionnelles à x, y, z fournies par deux des équations du premier degré précédentes ; ces valeurs sont représentées par les points d'une droite qui est un axe de la surface. On voit ainsi que la recherche de la direction des axes résulte de la résolution de l'équation du troisième degré qui donne les valeurs de $\frac{1}{\rho^2}$; cette dernière n'est autre que l'équation en S que l'on utilise dans la recherche des directions principales (n° 346).

————

112. *Déterminer sur un paraboloïde d'équation*

$$\frac{x^2}{p} + \frac{y^2}{q} - 2z = 0$$

un point dont la distance à un point donné de l'axe Oz soit maximum ou minimum.

Soient x, y, z les coordonnées d'un point M de la surface, et h la cote d'un point donné sur Oz ; le carré de la distance MH est une fonction

$$V = x^2 + y^2 + (z - h)^2 = x^2 + y^2 + \left(\frac{x^2}{2p} + \frac{y^2}{2q} - h \right)^2$$

dont on veut déterminer le maximum ou le minimum.

En annulant les dérivées premières de V, on obtient les deux équations

$$V'_x = 2x + \frac{2x}{p}\left(\frac{x^2}{2p} + \frac{y^2}{2q} - h\right) = 0,$$

$$V'_y = 2y + \frac{2y}{q}\left(\frac{x^2}{2p} + \frac{y^2}{2q} - h\right) = 0,$$

qui admettent les solutions

$$1° \begin{cases} x = 0, \\ y = 0, \end{cases} \qquad 2° \begin{cases} x = 0, \\ y = \pm\sqrt{2q(h-q)}, \end{cases} \qquad 3° \begin{cases} x = \pm\sqrt{2p(h-p)}, \\ y = 0, \end{cases}$$

dont les dernières n'existent que si $q(h-q)$ ou $p(h-p)$ sont positifs. Nous devons former les dérivées secondes

$$V''_{x^2} = 2 + \frac{3x^2}{p^2} + \frac{y^2}{pq} - \frac{2h}{p}, \quad V''_{xy} = \frac{2xy}{pq}, \quad V''_{y^2} = 2 + \frac{x^2}{pq} + \frac{3y^2}{q^2} - \frac{2h}{q}.$$

Nous examinerons le cas où le paraboloïde est elliptique : nous pourrons alors supposer $p > q > 0$, et le cas où il est hyperbolique : nous supposerons alors $p > 0 > q$. Pour la première solution, on a

$$V''_{x^2} = 2\left(1 - \frac{h}{p}\right), \quad V''_{xy} = 0, \quad V''_{y^2} = 2\left(1 - \frac{h}{q}\right),$$

$$T = V''^2_{xy} - V''_{x^2}V''_{y^2} = \frac{-4(p-h)(q-h)}{pq};$$

les résultats relatifs aux différents cas sont résumés dans le tableau :

h	$p > q > 0.$	$p > 0 > q.$
$-\infty$	$T < 0,\ V''_{x^2} > 0,\ $ minimum.	$T > 0,\ $ ni max. ni min.
q	$T > 0,\ $ ni max. ni min.	$T < 0,\ V''_{x^2} > 0,\ $ minimum.
p	$T < 0,\ V''_{x^2} < 0,\ $ maximum.	$T > 0,\ $ ni max. ni min.
$+\infty$		

Pour la deuxième solution,

$$V''_{x^2} = \frac{2(p-q)}{p}, \quad V''_{xy} = 0, \quad V''_{y^2} = \frac{4(h-q)}{q}.$$

Comme p est supérieur à 0 et à q, que $q(h-q)$ doit être positif, V''_{x^2} et V''_{y^2} sont positifs, T est négatif, et il y a minimum.

Pour la troisième solution,

$$V''_{x^2} = \frac{4(h-p)}{p}, \qquad V''_{xy} = 0, \qquad V''_{y^2} = \frac{2(q-p)}{q}$$

Comme $p(h-p)$ doit être positif et que q est $< p$, V''_{x^2} est positif ; V''_{y^2} est négatif si le paraboloïde est elliptique, et alors il n'y a ni maximum ni minimum ; au contraire V''_{y^2} est positif si le paraboloïde est hyperbolique et alors il y a minimum.

---

113. *Déterminer dans l'espace le point dont la somme des carrés des distances à des points fixes donnés est maximum ou minimum.*

Si $x_i, y_i, z_i (i = 1, 2, \ldots, n)$ sont les coordonnées des points fixes donnés, et x, y, z celles du point cherché M, on doit rendre maximum ou minimum la fonction des trois variables

$$f = \Sigma \rho^2 = \Sigma \left[(x - x_i)^2 + (y - y_i)^2 + (z - z_i)^2 \right].$$

En annulant séparément les dérivées de f par rapport à x, y, z, on a les trois équations

$$nx - \Sigma x_i = 0, \qquad ny - \Sigma y_i = 0, \qquad nz - \Sigma z_i = 0 ;$$

elles ont comme solution les coordonnées du centre des moyennes distances des points donnés. L'étude des dérivées secondes de f montre que la fonction est minimum pour le système des valeurs obtenues.

---

114. *Un récipient a la forme d'un parallélépipède rectangle et sa surface se compose de l'ensemble de ses faces moins une ; déterminer ses dimensions de façon que cette surface soit minimum pour un volume donné.*

Si x, y, z sont les longueurs des arêtes, le volume est $V = xyz$ et la surface considérée est

$$S = xy + 2xz + 2yz ;$$

c'est une fonction des deux variables indépendantes x, y égale à

$$S = xy + \frac{2(x+y)V}{xy} = xy + 2V\left(\frac{1}{x} + \frac{1}{y}\right).$$

En annulant ses dérivées partielles, on a les équations

$$S'_x = y - \frac{2V}{x^2} = 0, \qquad S'_y = x - \frac{2V}{y^2} = 0,$$

qui sont satisfaites pour les valeurs $x = y = \sqrt[3]{2V}$.

L'étude des dérivées secondes,

$$S''_{x^2} = \frac{4V}{x^3}, \qquad S''_{xy} = 1, \qquad S''_{y^2} = \frac{4V}{y^3},$$

qui prennent les valeurs $S''_{x^2} = 2$, $S''_{xy} = 1$, $S''_{y^2} = 2$ pour le système des valeurs trouvées, montre que la fonction passe par un minimum ; sa valeur est $3\sqrt[3]{4V^2}$.

---

115. *Déterminer dans le plan d'un triangle le point dont le produit dés distances aux trois côtés est maximum.*

Soient x, y, z les distances d'un point M aux trois côtés a, b, c d'un triangle ABC ; si ce point est à l'intérieur du triangle, il existe entre x, y, z et la surface S de ce triangle la relation $ax + by + cz = 2S$; on a donc à trouver le maximum ou le minimum de la fonction $f = xyz$ dans les conditions précédentes. Le problème est analogue à celui qui est traité au n° 196 ; le produit des facteurs ax, by, cz, dont la somme est constante, est maximum lorsque les facteurs sont égaux, c'est-à-dire lorsque l'on a $ax = by = cz = \frac{2S}{3}$; on voit que le point correspondant est le centre de gravité du triangle.

Si le point M est exinscrit dans un des angles, par exemple dans l'angle C, les distances x, y, z sont liées par la relation

$$ax + by - cz = 2S ;$$

on a à trouver le maximum ou le minimum de la fonction

$$f = \frac{xy}{c}(ax + by - 2S) ;$$

ses dérivées partielles ne s'annulent pour aucune valeur positive et non nulle des variables ; dans ce cas, il n'y a pas de maximum ni de minimum de la fonction. Il en est de même si le point est dans l'angle opposé par le sommet à l'un des angles du triangle.

---

116. *Déterminer un parallélépipède rectangle inscrit dans un ellipsoïde, et dont le volume ou la surface totale soit maximum ou minimum.*

Désignons par x, y, z les coordonnées positives du sommet **M** du parallélépipède situé dans le trièdre positif des coordonnées ; les autres sommets auront leurs coordonnées égales à $\pm x$, $\pm y$, $\pm z$; les arêtes parallèles aux axes sont égales à $2x$, $2y$, $2z$. Le volume du parallélépipède est égal à $8xyz$, les trois variables étant liées par la relation $\dfrac{x^2}{a^2}+\dfrac{y^2}{b^2}+\dfrac{z^2}{c^2}-1=0$; le volume varie comme le produit $\dfrac{x^2}{a^2}\cdot\dfrac{y^2}{b^2}\cdot\dfrac{z^2}{c^2}$ de trois facteurs dont la somme est constante ; en laissant de côté le cas où l'une ou l'autre des coordonnées est nulle, on voit comme dans l'exercice précédent que le maximum du volume a lieu lorsque l'on a $\dfrac{x^2}{a^2}=\dfrac{y^2}{b^2}=\dfrac{z^2}{c^2}=\dfrac{1}{3}$, d'où $x=\dfrac{a}{\sqrt{3}}$, $y=\dfrac{b}{\sqrt{3}}$, $z=\dfrac{c}{\sqrt{3}}$.

La surface totale est égale à $8(xy+xz+yz)$; cette fonction peut être considérée comme composée de deux variables x et y, par l'intermédiaire de z fourni par l'équation de l'ellipsoïde $\varphi=0$; en posant $f=xy+xz+yz$, nous devons écrire les équations
$$f'_x+f'_z z'_x=0, \qquad f'_y+f'_z z'_y=0 \qquad \text{et} \qquad \varphi'_x+\varphi'_z z'_x=0, \qquad \varphi'_y+\varphi'_z z'_y=0.$$
En éliminant z'_x et z'_y, nous obtenons

$$\frac{f'_x}{\varphi'_x}=\frac{f'_y}{\varphi'_y}=\frac{f'_z}{\varphi'_z} \qquad \text{ou} \qquad \frac{y+z}{\dfrac{x}{a^2}}=\frac{z+x}{\dfrac{y}{b^2}}=\frac{x+y}{\dfrac{z}{c^2}}.$$

Remarquons que x, y, z ne peuvent pas être tous les trois nuls ; dès lors la valeur commune de ces rapports est égale à

$$\frac{x(y+z)+y(z+x)+z(x+y)}{\dfrac{x^2}{a^2}+\dfrac{y^2}{b^2}+\dfrac{z^2}{c^2}}=2f\,;$$

nous pouvons par suite écrire les trois équations

$$y+z-\frac{2f}{a^2}x=0, \qquad z+x-\frac{2f}{b^2}y=0, \qquad x+y-\frac{2f}{c^2}z=0.$$

En les considérant comme homogènes par rapport à x, y, z, et éliminant ces trois inconnues, nous en déduisons la relation

$$\begin{vmatrix} -\dfrac{2f}{a^2} & 1 & 1 \\ 1 & -\dfrac{2f}{b^2} & 1 \\ 1 & 1 & -\dfrac{2f}{c^2} \end{vmatrix} = 0$$

ou bien

$$f^3 - \frac{f}{4}\,(b^2c^2 + c^2a^2 + a^2b^2) - \frac{a^2b^2c^2}{4} = 0.$$

Cette équation a toujours ses trois racines réelles (n° 268), parce que la condition $4p^3 + 27q^2 < 0$ est toujours remplie ; cette condition s'écrit en effet

$$(b^2c^2 + c^2a^2 + a^2b^2)^3 - 27a^4b^4c^4 > 0 \,;$$

or, il est facile de conclure des raisonnements faits dans la résolution de l'exercice n° 32, que si α, β et γ sont trois nombres positifs, on a toujours

$$\alpha^3 + \beta^3 + \gamma^3 \geqslant 3\alpha\beta\gamma, \qquad (\alpha^3 + \beta^3 + \gamma^3)^3 > 27\alpha^3\beta^3\gamma^3 \,;$$

il suffit alors d'écrire $\alpha^3 = b^2c^2$, $\beta^3 = c^2a^2$, $\gamma^3 = a^2b^2$ pour en conclure que l'inégalité entre a, b, c est satisfaite.

Il existe donc trois valeurs de f, dont une seule est positive, qui sont maximum ou minimum ; les valeurs correspondantes de x, y, z se déduisent des équations du premier degré homogènes écrites précédemment ; elles fournissent un sommet du parallélépipède comme point de rencontre de l'ellipsoïde avec la droite d'intersection de deux des plans représentés par ces équations.

Suivant le signe des valeurs ainsi trouvées pour x, y, z, la fonction dont on trouve ainsi le maximum ou le minimum est égale à la somme ou à la différence des surfaces des faces du parallélépipède.

Sans effectuer le calcul des dérivées secondes, on peut se rendre compte d'une manière simple, en donnant à x, y, z toutes les valeurs positives ou nulles qui satisfont à l'équation $\varphi = 0$, que les valeurs prises par f sont dans certains cas égales à 0 et dans d'autres cas positives ; par suite la racine positive de l'équation du troisième degré en f doit correspondre à un maximum de la somme des faces du parallélépipède.

———

117. *Étant donnés deux nombres* x *et* $y = x + \varepsilon$ *dont la différence est très petite, quelle erreur commet-on lorsqu'on substitue à* $\sqrt{xy}$ *la moyenne arithmétique* $\dfrac{x+y}{2}$ *des deux nombres ?*

L'erreur commise est

$$\delta = \sqrt{xy} - \frac{x+y}{2} = -\frac{1}{2}\left(\sqrt{y} - \sqrt{x}\right)^2 ;$$

la différence $\sqrt{y} - \sqrt{x} = \dfrac{y-x}{\sqrt{y}+\sqrt{x}} = \dfrac{\varepsilon}{\sqrt{x+\varepsilon}+\sqrt{x}}$ diffère très peu de $\dfrac{\varepsilon}{2\sqrt{x}}$; par suite l'erreur à évaluer diffère très peu de $-\dfrac{\varepsilon^2}{8x}$.

---

118. *Avec quelle approximation connaît-on la surface d'un rectangle dont les dimensions sont* $a = 75^{cm}$ *à* 2^{mm} *près, et* $b = 32^{cm}$ *à* 1^{mm} *près ?*

D'après la formule (4) du n° 202 on a

$$\Delta ab = a\Delta b + b\Delta a = 75 \times 0,1 + 32 \times 0,2 = 13^{cm2},9 ;$$

on peut prendre, comme limite supérieure de l'erreur, 14^{cm2}, la surface est donc comprise entre $(2\,400 + 14)^{cm2}$ et $(2\,400 - 14)^{cm2}$.

---

119. *Évaluer une limite supérieure de l'erreur dont est affectée la racine cubique d'un nombre approché ; déterminer le rayon d'une sphère dont le volume est* $2^{m3},752$ *à* 1^{dm3} *près, le nombre* π *étant pris égal à 3,1416 : évaluer une limite supérieure de l'erreur commise.*

Si $N = \sqrt[3]{a} = a^{\frac{1}{3}}$, on a

$$\Delta N = f'_a \Delta a = \frac{1}{3} a^{-\frac{2}{3}} \Delta a = \frac{1}{3} \frac{\Delta a}{\left(\sqrt[3]{a}\right)^2}.$$

Soit à trouver le rayon d'une sphère de volume V, d'après la formule $r = \sqrt[3]{\dfrac{3}{4}\dfrac{V}{\pi}}$; π est donné avec une erreur inférieure à $\dfrac{1}{10^5}$; en prenant le décimètre comme unité, on a

$$\Delta \frac{V}{\pi} = \frac{\Delta V}{\pi} + \frac{V\Delta\pi}{\pi^2} = \frac{1}{\pi} + \frac{2752}{\pi^2}\cdot\frac{1}{10^5} < 0,33 ;$$

en conservant dans $\dfrac{V}{\pi}$ deux chiffres décimaux exacts, on obtient un nombre 875,98, avec une erreur totale inférieure à 0,34 ; par suite $\dfrac{3}{4}\dfrac{V}{\pi} = 656,985$ est connu avec une erreur inférieure à $\dfrac{3}{4}0,34 < 0,27$. En prenant la racine cubique de ce nombre, on a un résultat compris entre 8,6 et 8,7 ; l'erreur commise est au plus égale à $\dfrac{1}{3}\dfrac{0,27}{(8,6)^2}$ ou 0,0013 ; en calculant le résultat avec quatre chiffres décimaux, on commet une nouvelle erreur inférieure à 0,0001, par conséquent le nombre trouvé, 8,6933, est connu avec une erreur inférieure à 0,0014 ; le rayon cherché est donc compris entre 8,6919 et 8,6947.

---

120. *Déterminer l'approximation avec laquelle on peut évaluer le côté* b *d'un triangle rectangle dont on connaît l'hypoténuse* $a = 85^m,7$ *à* $0^m,2$ *près et l'angle* B $= 36°28'$ *à* $5'$ *près.*

Le côté b est donné par la formule $b = a \sin B$, d'où l'on tire

$$\Delta b = \Delta a \cdot \sin B + a \cos B \cdot \Delta B.$$

Ici ΔB doit être évalué en radian et a pour valeur $\dfrac{5\pi}{180 \times 60}$, cette valeur étant inférieure à 0,0016 ; comme $\sin B$ et $\cos B$ sont inférieurs respectivement à 0,6 et 0,9, on a pour limite de Δb le nombre $0,2 \times 0,6 + 90 \times 0,9 \times 0,0016$ ou 0,25.

Le calcul fait à l'aide des tables de logarithmes donne $b = 50,94$, avec une erreur due aux tables inférieure à 0,01 ; l'erreur totale est donc inférieure à 0,26.

---

121. *Avec quelle approximation connaît-on la durée d'oscillation d'un pendule simple dont la longueur est* $l = 1^m,578$ *à* 0,002 *près ? Le nombre* g *est égal à* 9,81 *à* 0,005 *près. Quelle valeur approchée suffit-il de prendre pour* π *pour effectuer le calcul ?*

La formule $t = \pi\sqrt{\dfrac{l}{g}}$ donne d'abord $\dfrac{l}{g} = 0,16085\ldots$, avec une erreur au plus égale à $\dfrac{\Delta l}{g} + l\dfrac{\Delta g}{g^2}$ ou à 0,0003 ; en prenant $\dfrac{l}{g} = 0,1608$ avec quatre chiffres exacts, l'erreur totale est inférieure à 0,0004. La racine carrée est supérieure à 0,4, l'erreur dont elle est affectée est inférieure à $\dfrac{0,0004}{2 \times 0,4}$ ou 0,0005 ; en prenant la racine carrée avec quatre chiffres exacts, 0,4009, l'erreur totale est inférieure à 0,0006. Il reste à calculer le produit de cette racine par π ; l'erreur sur le produit est

$$\Delta\pi \times 0,4009 + 0,0006 \times \pi ;$$

il suffit de prendre $\Delta\pi = 0,005$, c'est-à-dire $\pi = 3,14$ pour que les deux termes soient du même ordre de grandeur, on a alors comme limite de l'erreur 0,004. En prenant trois chiffres dans le produit 1,2596, on trouve comme résultat 1,26 à 0,005 près.

---

122. *Calculer à un millimètre près les dimensions du litre, sachant qu'il a la forme d'un cylindre dont la hauteur est égale au diamètre.*

Si h est la hauteur du cylindre, on a, en prenant le décimètre comme unité,

$$V = \frac{\pi h^3}{4} = 1 ; \qquad h = \sqrt[3]{\frac{4}{\pi}} = \sqrt[3]{4 \times 0,3183098\ldots}$$

Il faut que le résultat soit connu avec deux chiffres exacts ; il suffit que l'erreur commise sur la racine soit inférieure à 0,005, et que, d'autre part, l'erreur provenant des chiffres négligés soit inférieure à la même limite ; il suffit alors que la quantité sous le radical soit connue avec une erreur inférieure à 0,015. Nous prendrons $\dfrac{1}{\pi} = 0,318$ avec une erreur inférieure à 0,00031 ; nous serons certains que le produit $4 \times 0,318 = 1,272$ est affecté d'une erreur inférieure à 0,0015 ; comme la racine cubique de 1,272 évaluée avec trois chiffres décimaux est 1,083, on obtient finalement pour valeur de la hauteur 1,08 à un millimètre près.

---

123. *Calculer à* 1 *millième près* tg 15°, *qui est égale à*

$$\sqrt{\frac{1-\cos 30°}{1+\cos 30°}}.$$

On a

$$\text{tg } 15° = \sqrt{\frac{2-\sqrt{3}}{2+\sqrt{3}}} = \sqrt{7-4\sqrt{3}} \; ;$$

comme la racine est supérieure à 0,25, il suffit que l'erreur dont est affectée la quantité sous le radical soit inférieure à 0,0005 ou que $\sqrt{3}$ soit connu avec quatre chiffres décimaux exacts. En prenant $\sqrt{3} = 1,73205$ à 0,00001 près, on a pour la quantité sous le radical 0,07180 à 0,00004 près, et sa racine est 0,2679 avec une erreur inférieure à 0,0008. En adoptant la valeur 0,268, on est certain que le résultat est affecté d'une erreur inférieure à 0,001.

---

124. *L'intensité d'un courant est liée à la déviation* φ *de la boussole par la formule* $i = a\,\text{tg}\,\varphi$, *a étant une constante. Quelle relation existe-t-il entre les erreurs relatives de* i *et de* φ?

On a

$$\Delta i = \frac{a\,\Delta\varphi}{\cos^2\varphi} \; ; \qquad \frac{\Delta i}{i} = \left(\frac{\Delta\varphi}{\varphi}\right)\frac{2\varphi}{\sin 2\varphi}.$$

L'erreur relative de i est égale à l'erreur relative de φ, multipliée par $\dfrac{2\varphi}{\sin 2\varphi}$.

---

125. *Former le tableau des différences successives de la suite des carrés des nombres entiers, ainsi que de la suite des cubes de ces nombres.*

DÉRIVÉES ET DIFFÉRENTIELLES

CARRÉS.				CUBES.				
u	Δu	$\Delta^2 u$	$\Delta^3 u$	u	Δu	$\Delta^2 u$	$\Delta^3 u$	$\Delta^4 u$
1	3	2	0	1	7	12	6	0
4	5	2	0	8	19	18	6	0
9	7	2	0	27	37	24	6	0
.	.	.	.	.	.	.	.	.
n^2	$2n+1$	2	0	n^3	$3n^2+3n+1$	$6(n+1)$	6	0
$(n+1)^2$	$2(n+1)+1$	2	0	$(n+1)^3$	$\begin{cases} 3(n+1)^2 \\ +3(n+1) \\ +1 \end{cases}$	$6(n+2)$	6	0

126. *Appliquer la formule d'interpolation de Lagrange et celle de Newton à la détermination d'une fonction qui prend les mêmes valeurs que* $\cos x$ *pour* $x = -\dfrac{\pi}{2}, \; -\dfrac{\pi}{4}, \; 0, \; +\dfrac{\pi}{4}, \; +\dfrac{\pi}{2}.$ *Même question en remplaçant* $\cos x$ *par* $\sin x$.

Les valeurs de $\cos x$ et $\sin x$ pour les valeurs données de x sont

	$-\dfrac{\pi}{2}$	$-\dfrac{\pi}{4}$	0	$\dfrac{\pi}{4}$	$\dfrac{\pi}{2}$
$\cos x$	0	$\dfrac{\sqrt{2}}{2}$	1	$\dfrac{\sqrt{2}}{2}$	0
$\sin x$	-1	$-\dfrac{\sqrt{2}}{2}$	0	$\dfrac{\sqrt{2}}{2}$	1

En appliquant la formule de Lagrange et simplifiant, on a pour valeur approchée de $\cos x$:

$$u = \frac{64}{\pi^4}\left(x^2 - \frac{\pi^2}{4}\right)\left(x^2 - \frac{\pi^2}{16}\right) - \frac{64}{3\pi^4}\frac{\sqrt{2}}{2}x^2\left(x^2 - \frac{\pi^2}{4}\right),$$

et pour valeur approchée de $\sin x$:

$$v = \frac{32}{3\pi^3}x\left(x^2 - \frac{\pi^2}{16}\right) - \frac{64}{3\pi^3}\cdot\frac{\sqrt{2}}{2}x\left(x^2 - \frac{\pi^2}{4}\right).$$

Pour appliquer la formule de Newton, nous formons le tableau des différences

	Cos x					Sin x			
u	Δu	$\Delta^2 u$	$\Delta^3 u$	$\Delta^4 u$	v	Δv	$\Delta^2 v$	$\Delta^3 v$	$\Delta^4 v$
0	$\dfrac{\sqrt{2}}{2}$	$1-\sqrt{2}$	$2\sqrt{2}-3$	$6-4\sqrt{2}$	-1	$1-\dfrac{\sqrt{2}}{2}$	$\sqrt{2}-1$	$1-\sqrt{2}$	0
$\dfrac{\sqrt{2}}{2}$	$1-\dfrac{\sqrt{2}}{2}$	$\sqrt{2}-2$	$3-2\sqrt{2}$		$-\dfrac{\sqrt{2}}{2}$	$\dfrac{\sqrt{2}}{2}$	0	$1-\sqrt{2}$	
1	$\dfrac{\sqrt{2}}{2}-1$	$1-\sqrt{2}$			0	$\dfrac{\sqrt{2}}{2}$	$1-\sqrt{2}$		
$\dfrac{\sqrt{2}}{2}$	$-\dfrac{\sqrt{2}}{2}$				$\dfrac{\sqrt{2}}{2}$	$1-\dfrac{\sqrt{2}}{2}$			
0					1				

En posant $z = \dfrac{x + \dfrac{\pi}{2}}{\dfrac{\pi}{4}}$, on a

$$u = z\frac{\sqrt{2}}{2} + \frac{z(z-1)}{1.2}(1-\sqrt{2}) + \frac{z(z-1)(z-2)}{1.2.3}(2\sqrt{2}-3)$$
$$+ \frac{z(z-1)(z-2)(z-3)}{1.2.3.4}(6-4\sqrt{2}),$$

$$v = -1 + z\left(1-\frac{\sqrt{2}}{2}\right) + \frac{z(z-1)}{1.2}(\sqrt{2}-1) + \frac{z(z-1)(z-2)}{1.2.3}(1-\sqrt{2}).$$

---

127. *La pression de la vapeur d'eau en mm. de mercure aux environs de 100° est donnée par le tableau suivant :*

t	99	99,5	100	100,5	101
p	733,24	746,52	760	773,69	787,58 ;

appliquer les diverses formules d'interpolation au calcul de la pression pour une température comprise entre 99,5 et 100,5.

En employant les notations du n° 212, nous formons le tableau des différences

t	p	δ^1	δ^2	δ^3	δ^4
99	733,24				
		$\delta^1_{\frac{3}{2}} = 13,28$			
99,5	746,52		$\delta^2_{-1} = 0,20$		
		$\delta^1_{-\frac{1}{2}} = 13,48$		$\delta^3_{-\frac{1}{2}} = 0,01$	
100	760	$\sigma^1_0 = 13,585$	$\delta^2_0 = 0,21$	$\sigma^3_0 = 0$	$\delta^4_0 = -0,02$
		$\delta^1_{\frac{1}{2}} = 13,69$		$\delta^3_{\frac{1}{2}} = -0,01$	
100,5	773,69		$\delta^2_1 = 0,20$		
		$\delta^1_{\frac{3}{2}} = 13,89$			
101	787,58				

Nous n'insistons pas sur l'emploi de la formule de Newton, et nous utilisons les formules de Gauss en posant $z = \dfrac{x - 100}{0,5}$; après avoir calculé C^2_z, C^2_{z+1}, C^3_{z+1}, C^4_{z+1} et C^4_{z+2}, nous obtenons les résultats suivants :

1° Pour l'interpolation en avant de $x = 100$,

$$u = 760 + 13,69\,\frac{x - 100}{0,5} + 0,21\,\frac{(x - 100)(x - 100,5)}{1 \cdot 2 \cdot (0,5)^2}$$
$$- 0,01\,\frac{(x - 99,5)(x - 100)(x - 100,5)}{1 \cdot 2 \cdot 3 \cdot (0,5)^3}$$
$$- 0,02\,\frac{(x - 99,5)(x - 100)(x - 100,5)(x - 101)}{1 \cdot 2 \cdot 3 \cdot 4 \cdot (0,5)^4} ;$$

2° Pour l'interpolation en arrière de $x = 100$,

$$u = 760 + 13,48\,\frac{x - 100}{0,5} + 0,21\,\frac{(x - 99,5)(x - 100)}{1 \cdot 2 \cdot (0,5)^2}$$
$$+ 0,01\,\frac{(x - 99,5)(x - 100)(x - 100,5)}{1 \cdot 2 \cdot 3 \cdot (0,5)^3}$$
$$- 0,02\,\frac{(x - 99)(x - 99,5)(x - 100)(x - 100,5)}{1 \cdot 2 \cdot 3 \cdot 4 \cdot (0,5)^4} ;$$

3° Indifféremment, en avant et en arrière de $x = 100$,

$$u = 760 + 13,585\, \frac{x-100}{0,5} + 0,21\, \frac{(x-100)^2}{1 \cdot 2 \cdot (0,5)^2}$$
$$- 0,02\, \frac{(x-99,5)(x-100)^2(x-100,5)}{1 \cdot 2 \cdot 3 \cdot 4 \cdot (0,5)^4}.$$

Pour $x = 100,2$, la 1re et la 3e formule donnent le même résultat : $765,4509$.

---

128. *Appliquer la formule d'interpolation de Lagrange à la détermination d'une fonction u qui pour $x = 0$, 1 et 2 prend respectivement les valeurs $u_0 = 7,8$, $u_1 = 5,2$, $u_2 = 0$. Appliquer la méthode des moindres carrés à la détermination d'une fonction $v = a + bx^2$ qui s'approche le mieux de u ; comparer les fonctions u et v.*

La formule d'interpolation de Lagrange donne

$$u = 7,8\, \frac{(x-1)(x-2)}{2} + 5,2\,x(x-2) = -1,3x^2 - 1,3x + 7,8\,;$$

pour $x = -0,5$, la fonction passe par un maximum égal à $7,475$.

La méthode des moindres carrés appliquée à la recherche de v consiste à déterminer a et b de façon que la fonction

$$(a + bx_0^2 - u_0)^2 + (a + bx_1^2 - u_1)^2 + (a + bx_2^2 - u_2)^2$$
$$= (a - 7,8)^2 + (a + b - 5,2)^2 + (a + 4b)^2$$

soit minimum. En annulant ses dérivées par rapport à a et b, on a les deux équations

$$3a + 5b - 13 = 0, \qquad 5a + 17b - 5,2 = 0,$$

qui fournissent $a = 7,5$, $b = -1,9$, d'où la fonction

$$v = 7,5 - 1,9x^2\,;$$

v passe pour $x = 0$ par un maximum égal à $7,5$; lorsque $x = 1$, on a $v = 5,6$ et lorsque $x = 2$, on a $v = -0,1$.

---

129. *En se servant des développements en série des fonctions* *simples, déterminer le développement en série des fonctions suivantes.*

$$e^{-x^2}, \qquad \frac{2+x}{2-x}, \qquad \frac{-1+\sqrt{1+x^2}}{2x}, \qquad \log\frac{1+x}{1-x};$$

déduire du dernier développement, en posant $x = \dfrac{1}{2n+1}$, *la formule*

$$\log(n+1) - \log n = 2\left[\frac{1}{2n+1} + \frac{1}{3(2n+1)^3} + \cdots\right];$$

cette formule sert à calculer les logarithmes népériens des nombres entiers successifs.

$$1° \qquad e^{-x^2} = 1 - \frac{x^2}{1} + \frac{x^4}{1.2} - \frac{x^6}{1.2.3} + \cdots;$$

la série est convergente quel que soit x.

$$2° \quad \frac{2+x}{2-x} = 1 + \frac{x}{1-\frac{x}{2}} = 1 + x\left[1 + \frac{x}{2} + \left(\frac{x}{2}\right)^2 + \cdots\right]$$

$$= 1 + x + \frac{x^2}{2} + \frac{x^3}{2^2} + \frac{x^4}{2^3} + \cdots;$$

la série est convergente si x est inférieur à 2 en valeur absolue.

$3°$ Le développement en série de $\sqrt{1+x^2} = (1+x^2)^{\frac{1}{2}}$ est (n° 219)

$$1 + \frac{1}{2}x^2 + \frac{1}{2}\left(\frac{1}{2} - 1\right)\frac{x^4}{1.2} + \cdots$$

$$= 1 + \frac{x^2}{2} - \frac{1}{2}\cdot\frac{x^4}{4} + \frac{1.3}{2.4}\cdot\frac{x^6}{6} - \frac{1.3.5}{2.4.6}\cdot\frac{x^8}{8} + \cdots;$$

le développement cherché est

$$\frac{1}{2}\left[\frac{x}{2} - \frac{1}{2}\cdot\frac{x^3}{4} + \frac{1.3}{2.4}\cdot\frac{x^5}{6} - \frac{1.3.5}{2.4.6}\cdot\frac{x^7}{8} + \cdots\right];$$

il est convergent pour x inférieur à l'unité en valeur absolue.

$4°$ En retranchant l'un de l'autre le développement de $\log(1+x)$ (n° 220) et celui qui s'en déduit en changeant le signe de x, on a

$$\log\frac{1+x}{1-x} = 2\left[\frac{x}{1} + \frac{x^3}{3} + \frac{x^5}{5} + \cdots\right],$$

la série étant convergente pour x inférieur à 1 en valeur absolue.

130. *Sachant que la surface d'un ellipsoïde de révolution aplati dont le rayon de l'équateur est a et l'excentricité e est donnée par la formule*

$$s = 2\pi a^2 \left(1 + \frac{1 - e^2}{2e} \log \frac{1 + e}{1 - e} \right),$$

développer s en série ordonnée suivant les puissances croissantes de e.

En appliquant le résultat précédent on a pour toute valeur de e inférieure à l'unité

$$\frac{1 - e^2}{2e} \log \frac{1 + e}{1 - e} = (1 - e^2) \left(1 + \frac{e^2}{3} + \frac{e^4}{5} + \cdots \right),$$

de sorte que l'on obtient

$$s = 4\pi a^2 \left[1 - \frac{e^2}{1 \cdot 3} - \frac{e^4}{3 \cdot 5} - \frac{e^6}{5 \cdot 7} - \cdots \right].$$

131. *Développer en série les fonctions*

$$e^{x \cos \theta} \cos (x \sin \theta), \qquad e^{x \cos \theta} \sin (x \sin \theta), \qquad \operatorname{ch} x \cos x, \qquad \operatorname{sh} x \cos x.$$

La première fonction et ses dérivées successives ont pour valeurs

$$y = e^{x \cos \theta} \cos (x \sin \theta),$$

$$y' = e^{x \cos \theta} \left[\cos \theta \cos (x \sin \theta) - \sin \theta \sin (x \sin \theta) \right]$$
$$= e^{x \cos \theta} \cos (\theta + x \sin \theta),$$

$$y'' = e^{x \cos \theta} \left[\cos \theta \cos (\theta + x \sin \theta) - \sin \theta \sin (\theta + x \sin \theta) \right]$$
$$= e^{x \cos \theta} \cos (2\theta + x \sin \theta),$$

$$\cdots \cdots \cdots \cdots \cdots \cdots \cdots$$

$$y^{(n)} = e^{x \cos \theta} \cos (n\theta + x \sin \theta).$$

$$\cdots \cdots \cdots \cdots \cdots \cdots \cdots$$

Lorsqu'on y fait $x = 0$, ces quantités deviennent

$$y_0 = 1, \qquad y'_0 = \cos \theta, \qquad y''_0 = \cos 2\theta, \ldots, y_0^{(n)} = \cos n\theta, \ldots$$

En utilisant la série de Maclaurin (n° 217) et raisonnant comme au n° 218, on voit que y est représentée pour toute valeur de x par la série toujours convergente

$$y = 1 + \frac{x}{1} \cos \theta + \frac{x^2}{1 \cdot 2} \cos 2\theta + \cdots + \frac{x^n}{1 \cdot 2 \ldots n} \cos n\theta + \cdots$$

Un raisonnement analogue relatif à la fonction

$$z = e^{x \cos \theta} \sin (x \sin \theta)$$

montre que z est représenté pour toute valeur de x par la série toujours convergente

$$z = 0 + \frac{x}{1} \sin \theta + \frac{x^2}{1 \cdot 2} \sin 2\theta + \cdots + \frac{x^n}{1 \cdot 2 \ldots n} \sin n\theta + \cdots$$

Nous utiliserons la même méthode pour la fonction $u = \operatorname{ch} x \cos x$, en formant les dérivées successives de u, d'après les formules du n° 248 ; nous aurons

$$u = \operatorname{ch} x \cos x, \qquad u' = \operatorname{sh} x \cos x - \operatorname{ch} x \sin x, \qquad u'' = -2 \operatorname{sh} x \sin x,$$

$$u''' = -2 \operatorname{ch} x \sin x - 2 \operatorname{sh} x \cos x, \qquad u^{\mathrm{IV}} = -4 \operatorname{ch} x \cos x.$$

Nous voyons ainsi que $u^{\mathrm{IV}} = -4u$, dès lors les dérivées se reproduisent, multipliées par -4, lorsque l'ordre de dérivation augmente de quatre unités. Si l'on fait ensuite $x = 0$, on a

$$u_0 = 1, \qquad u_0' = u_0'' = u_0''' = 0, \qquad u_0^{\mathrm{IV}} = -4, \qquad \ldots;$$

la dérivée d'ordre $4p$ est égale à $(-4)^p$, et toutes les autres sont nulles. La série de Maclaurin est

$$u = 1 - 4\frac{x^4}{4!} + 4^2\frac{x^8}{8!} - \cdots + (-4)^p\frac{x^{4p}}{(4p)!} + \cdots;$$

cette série est toujours convergente, et le terme complémentaire tend vers zéro comme pour les fonctions du n° 248 ; la fonction $\operatorname{ch} x \cos x$ est donc toujours représentée par cette série.

Un calcul analogue est applicable à la fonction $v = \operatorname{sh} x \cos x$; cette fonction et ses dérivées successives sont

$$v = \operatorname{sh} x \cos x, \qquad v' = \operatorname{ch} x \cos x - \operatorname{sh} x \sin x, \qquad v'' = -2 \operatorname{ch} x \sin x,$$

$$v''' = -2 \operatorname{sh} x \sin x - 2 \operatorname{ch} x \cos x, \qquad v^{\mathrm{IV}} = -4 \operatorname{sh} x \cos x.$$

Nous voyons ainsi que $v^{\mathrm{IV}} = -4v$, dès lors les dérivées se reproduisent, multipliées par -4, lorsque l'ordre de dérivation augmente de quatre unités. Si l'on fait ensuite $x = 0$, on a $v_0 = 0$, $v_0' = 1$, $v_0'' = 0$, $v_0''' = -2$, $v_0^{\mathrm{IV}} = 0$, les dérivées d'ordre pair sont toutes nulles, celle d'ordre $4p + 1$ est égale à $(-4)^p$, celle d'ordre $4p + 3$ est égale à $-2(-4)^p$. La série de Maclaurin est

$$v = \frac{x}{1} - \frac{2x^3}{3!} - \frac{4x^5}{5!} + \cdots + (-4)^p \frac{x^{4p+1}}{(4p+1)!} - 2(-4)^p \frac{x^{4p+3}}{(4p+3)!} + \cdots$$

Cette série est toujours convergente, et le terme complémentaire tend vers zéro ; la fonction $\operatorname{sh} x \cos x$ est donc toujours représentée par cette série.

---

132. *Développer en série* arc sin x *en utilisant le développement en série de la dérivée de cette fonction.*

Le développement en série de la dérivée de $y = \operatorname{arc\,sin} x$ est

$$y' = \frac{1}{\sqrt{1-x^2}} = (1-x^2)^{-\frac{1}{2}} = 1 + \frac{1}{2}x^2 + \frac{1\cdot 3}{2\cdot 4}x^4 + \frac{1\cdot 3\cdot 5}{2\cdot 4\cdot 6}x^6 + \cdots ;$$

celui de l'arc y s'annulant avec x est

$$y = \operatorname{arc\,sin} x = \frac{x}{1} + \frac{1}{2}\cdot\frac{x^3}{3} + \frac{1\cdot 3}{2\cdot 4}\cdot\frac{x^5}{5} + \frac{1\cdot 3\cdot 5}{2\cdot 4\cdot 6}\cdot\frac{x^7}{7} + \cdots ;$$

ce développement étant valable pour x inférieur à l'unité en valeur absolue.

---

133. *Vérifier la formule*

$$\frac{\pi}{4} = 4 \operatorname{arc\,tg} \frac{1}{5} - \operatorname{arc\,tg} \frac{1}{239}$$

et en déduire la valeur de π.

En posant $\alpha = \operatorname{arc\,tg} \frac{1}{5}$, $\beta = \operatorname{arc\,tg} \frac{1}{239}$, il faut vérifier que $4\alpha = \beta + \frac{\pi}{4}$ ou $\operatorname{tg} 4\alpha = \frac{1 + \operatorname{tg}\beta}{1 - \operatorname{tg}\beta}$; il suffit de remplacer $\operatorname{tg} 4\alpha$ par

$\frac{4\operatorname{tg}\alpha - 4\operatorname{tg}^3\alpha}{1 - 6\operatorname{tg}^2\alpha + \operatorname{tg}^4\alpha}$, puis $\operatorname{tg}\alpha$ par $\frac{1}{5}$ et $\operatorname{tg}\beta$ par $\frac{1}{239}$. On en déduit

$$\frac{\pi}{4} = 4\left[\frac{1}{1}\cdot\frac{1}{5} - \frac{1}{3}\cdot\frac{1}{5^3} + \frac{1}{5}\cdot\frac{1}{5^5} - \cdots\right] - \left[\frac{1}{239} - \frac{1}{3}\cdot\frac{1}{239^3} + \cdots\right].$$

Les deux séries sont rapidement convergentes : en prenant trois termes dans la première et un seul terme dans la seconde, l'erreur (n° 45) est inférieure à la somme des premiers termes négligés ou à 0,00001, et l'on obtient 0,785405 ... comme valeur approchée de $\frac{\pi}{4}$.

---

134. *On donne un arc de cercle* AB *dont la corde est égale à* $2l$ *et dont la flèche est* f, *et l'on pose* $\dfrac{f}{l} = x$; *démontrer que la valeur de l'arc* AB *est donnée par la série*

$$\text{arc AB} = 2l\left(1 + \frac{2}{1.3}\,x^2 - \frac{2}{3.5}\,x^4 + \frac{2}{5.7}\,x^6 - \cdots \right) ;$$

montrer que si l'on prend comme valeur approchée de l'arc AB *l'expression* $2\sqrt{l^2 + f^2} + \dfrac{f^2}{3l}$, *et si on la développe en série suivant les puissances croissantes de* x, *la différence entre la valeur exacte et la valeur approchée de l'arc est divisible par* x^4.

Si α est la moitié de la mesure en radian de l'arc AB et r le rayon du cercle, on a $2l = \text{corde AB} = 2r\sin\alpha$, $f = r(1 - \cos\alpha)$, de sorte que l'on peut écrire

$$x = \frac{f}{l} = \frac{1 - \cos\alpha}{\sin\alpha} = \operatorname{tg}\frac{\alpha}{2}, \qquad \alpha = 2\arctan x = 2\left[\frac{x}{1} - \frac{x^3}{3} + \frac{x^5}{5} - \cdots \right],$$

la série étant convergente pour $|x| < 1$.

L'arc AB est égal à $2r\alpha = \dfrac{2l\alpha}{\sin\alpha} = 2l\alpha\dfrac{1 + x^2}{2x}\cdot$ En remplaçant α par sa valeur, on a

$$\text{arc AB} = 2l(1 + x^2)\left(1 - \frac{x^2}{3} + \frac{x^4}{5} - \cdots \right)$$
$$= 2l\left(1 + \frac{2}{1.3}\,x^2 - \frac{2}{3.5}\,x^4 + \frac{2}{5.7}\,x^6 - \cdots \right) ;$$

si l'on considère la valeur approchée

$$2\sqrt{l^2 + f^2} + \frac{f^2}{3l} = 2l\left[\sqrt{1 + x^2} + \frac{1}{6}\,x^2 \right]$$

et si l'on développe $\sqrt{1 + x^2}$ comme dans l'exercice 129, on obtient la série

$$2l\left[1 + \frac{2}{3}\,x^2 - \frac{1}{2}\cdot\frac{x^4}{4} + \frac{1.3}{2.4}\cdot\frac{x^6}{6} - \cdots \right] ;$$

la différence entre la valeur approchée et la valeur exacte est

$$2l\left[\frac{x^4}{120} + \frac{3x^6}{560} + \cdots \right].$$

135. *On dit que des nombres a_0, a_1, a_2, ... forment une suite récurrente du second ordre s'ils satisfont, pour toute valeur de n égale ou supérieure à 2, à une relation de la forme $a_n = \alpha a_{n-1} + \beta a_{n-2}$, où α et β sont des nombres donnés.*

On considère la série entière

$$y = a_0 + a_1 x + a_2 x^2 + \cdots,$$

dont les coefficients satisfont à la loi de récurrence précédente; montrer que l'on peut trouver un trinome $1 + Ax + Bx^2$ tel que le produit de y par ce trinome se réduise à un binome du premier degré.

Déduire de là, en supposant $A^2 - 4B > 0$, que y peut se mettre sous la forme d'une somme de deux fractions du premier degré de la forme $\dfrac{H}{1 - hx}$; en déduire l'intervalle de convergence de la série y et la valeur de a_n en fonction du rang n. Application au cas où $a_0 = 2$, $a_1 = 3$, $\alpha = 1$, $\beta = 2$.

En supposant convergente la série y, son produit par $1 + Ax + Bx^2$ est la série

$$a_0 + (a_1 + Aa_0)x + (a_2 + Aa_1 + Ba_0)x^2 + \cdots$$
$$+ (a_n + Aa_{n-1} + Ba_{n-2})x^n + \cdots;$$

il suffit de prendre $A = -\alpha$, $B = -\beta$ pour que tous les coefficients soient nuls à partir du troisième; il en résulte que la série y, lorsqu'elle est convergente, est égale à la fraction

$$y = \frac{a_0 + (a_1 - \alpha a_0)x}{1 - \alpha x - \beta x^2}.$$

Nous allons développer cette fraction en série dans le cas où les racines du dénominateur sont réelles et distinctes, ce qui a lieu quand $A^2 - 4B > 0$; nous décomposerons d'abord le dénominateur en un produit de facteurs du premier degré $(1 - hx)(1 - kx)$, h et k étant les racines de l'équation $h^2 - \alpha h - \beta = 0$; nous chercherons ensuite à mettre y sous la forme d'une somme de deux fractions :

$$\frac{H}{1 - hx} + \frac{K}{1 - kx}$$

en identifiant cette somme à la fraction y; il faut et il suffit que la somme $H(1 - kx) + K(1 - hx)$ soit identique au numérateur de y, ou que l'on ait

$$H + K = a_0, \qquad -(Hk + Kh) = a_1 - \alpha a_0 ;$$

ces deux relations déterminent H et K.

Chacune des fractions est développable en série sous la forme

$$\frac{H}{1 - hx} = H(1 + hx + h^2x^2 + \cdots + h^nx^n + \cdots),$$

$$\frac{K}{1 - kx} = K(1 + kx + k^2x^2 + \cdots + k^nx^n + \cdots),$$

ces séries étant respectivement convergentes lorsque $|hx|$ et $|kx|$ sont inférieurs à l'unité. Si $|x|$ est inférieur au plus petit des nombres $\left|\dfrac{1}{h}\right|$ et $\left|\dfrac{1}{k}\right|$, y est la somme de deux séries convergentes, et se met dès lors sous forme d'une série

$$(H + K) + (Hh + Kk)x + \cdots + (Hh^n + Kk^n)x^n + \cdots ;$$

comme la série proposée et celle-ci sont identiques, elles ont le même intervalle de convergence, limité par le plus petit des nombres $\left|\dfrac{1}{h}\right|$, $\left|\dfrac{1}{k}\right|$ et par son symétrique, et les coefficients des mêmes puissances de x sont égaux, de sorte que l'on a $a_n = Hh^n + Kk^n$.

Dans l'application numérique, on a

$$y = \frac{2 + x}{1 - x - 2x^2} ;$$

les racines du dénominateur étant $\dfrac{1}{2}$ et -1, y est décomposable en une somme de deux fractions de dénominateurs $1 - 2x$ et $1 + x$ et de numérateurs constants H et K ; l'identification de cette somme avec y donne $H = \dfrac{5}{3}$, $K = \dfrac{1}{3}$, de sorte que l'on a

$$y = \frac{5}{3} \frac{1}{1 - 2x} + \frac{1}{3} \frac{1}{1 + x}.$$

En développant en série les deux fractions, on a

$$y = \left(\frac{5}{3} + \frac{1}{3}\right) + \left(\frac{5}{3} \cdot 2 - \frac{1}{3}\right)x + \cdots + \left[\frac{5}{3} 2^n + \frac{1}{3}(-1)^n\right]x^n + \cdots ;$$

l'intervalle de convergence est $\left(-\dfrac{1}{2},\ +\dfrac{1}{2}\right)$ et le coefficient du terme général est

$$a_n = \frac{5}{3}\,2^n + \frac{1}{3}\,(-1)^n.$$

---

136. *Déterminer l'ordre infinitésimal et la partie principale des fonctions suivantes, où x est infiniment petit principal :*

$$1 - \cos x, \qquad \operatorname{tg} x - \sin x, \qquad 2\sin x - \sin 2x - x^3, \qquad \sqrt{x} - \sqrt{\sin x},$$

$$\frac{a+b}{2} - \sqrt{ab} \quad (a-b=x), \qquad e^x - \frac{2+x}{2-x}, \qquad \log(1+x) - \frac{2x}{x+2}.$$

1° $\Delta y = 1 - \cos x = \dfrac{x^2}{2} + \cdots,$

2° $\Delta y = \operatorname{tg} x - \sin x = \dfrac{\sin x(1 - \cos x)}{\cos x} = \dfrac{x^3}{2} + \cdots,$

3° $\Delta y = 2\sin x - \sin 2x - x^3 = -\dfrac{x^3}{4} + \cdots,$

4° $\Delta y = \sqrt{x} - \sqrt{\sin x} = \dfrac{x - \sin x}{\sqrt{x} + \sqrt{\sin x}} = \dfrac{\dfrac{x^3}{6} + \cdots}{2\sqrt{x} + \cdots} = \dfrac{x^{\frac{5}{2}}}{12} + \cdots,$

5° $\Delta y = \dfrac{a+b}{2} - \sqrt{ab} = \dfrac{\left(\dfrac{a+b}{2}\right)^2 - ab}{\dfrac{a+b}{2} + \sqrt{ab}}$

$$= \frac{\left(\dfrac{a-b}{2}\right)^2}{a + a + \cdots} = \frac{x^2}{8a} + \cdots,$$

6° $\Delta y = e^x - \dfrac{1 + \dfrac{x}{2}}{1 - \dfrac{x}{2}} = \left(1 + \dfrac{x}{1} + \dfrac{x^2}{1\,.\,2} + \dfrac{x^3}{1\,.\,2\,.\,3} + \cdots\right)$

$$- \left(1 + \frac{x}{2}\right)\left(1 + \frac{x}{2} + \frac{x^2}{4} + \frac{x^3}{8} + \cdots\right) = -\frac{x^3}{12} + \cdots,$$

7° $\Delta y = \log(1+x) - \dfrac{x}{1 + \dfrac{x}{2}} = \left(\dfrac{x}{1} - \dfrac{x^2}{2} + \dfrac{x^3}{3} - \cdots\right)$

$$- x\left(1 - \frac{x}{2} + \frac{x^2}{4} - \frac{x^3}{8} + \cdots\right) = \frac{x^3}{12} + \cdots$$

137. *Un cercle et une parabole étant représentés par les équa-tions*

$$x^2 + y^2 - 2Ry = 0, \qquad x^2 - 2py = 0,$$

on considère x comme infiniment petit principal; évaluer l'ordre infinitésimal et la partie principale de la différence entre les ordon-nées des deux courbes correspondant à la même valeur de x; com-ment doit-on choisir R pour que l'ordre infinitésimal soit maximum?

L'ordonnée d'un point du cercle s'annulant en même temps que l'abscisse est

$$y = R - \sqrt{R^2 - x^2} = R\left[1 - \left(1 - \frac{x^2}{R^2} \right)^{\frac{1}{2}} \right] = \frac{1}{2}\frac{x^2}{R} + \frac{1}{8}\frac{x^4}{R^3} + \cdots,$$

la différence entre les ordonnées des deux courbes est

$$\Delta = \frac{x^2}{2}\left(\frac{1}{R} - \frac{1}{p} \right) + \frac{1}{8}\frac{x^4}{R^3} + \cdots;$$

si $R \neq p$, cette différence est du second ordre; si $R = p$, elle est du quatrième ordre.

---

138. *On considère un cercle de centre O et de rayon R, la tangente en un point A de ce cercle, et un point B sur le diamètre passant par A. On joint ce point B à un point M pris sur le cer-cle, et l'on prend le point de rencontre T de BM avec la tangente en A; déterminer la longueur AB de telle sorte que la différence arc AM — AT soit d'ordre infinitésimal maximum, l'angle AOM étant l'infiniment petit principal.*

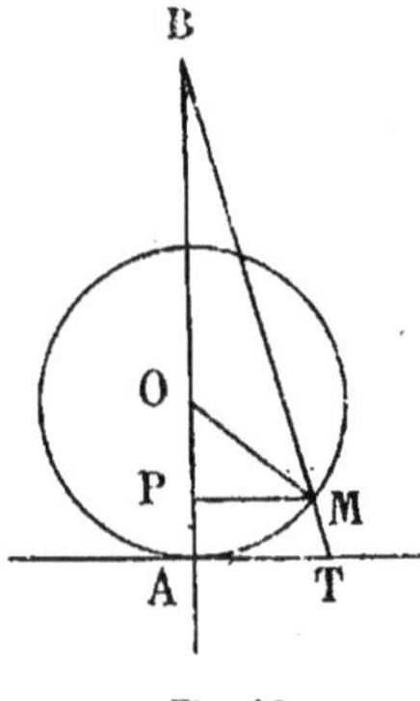

Fig. 42.

En abaissant de M une perpendiculaire MP sur AB *(fig.* 42), désignant par x l'angle AOM, par y la différence arc AM — AT, et par b la longueur AB, on a en valeur absolue

$$PM = R \sin x, \qquad OP = R \cos x,$$
$$BP = b - R + R \cos x.$$

Les triangles semblables ABT, PBM donnent

$$\frac{AT}{PM} = \frac{BA}{BP},$$

par suite

$$AT = \frac{PM \cdot BA}{BP} = \frac{Rb \sin x}{b - R + R \cos x},$$

$$y = Rx - \frac{Rb \sin x}{b - R + R \cos x}$$

$$= \frac{R}{b - R + R \cos x}\big[b(x - \sin x) - Rx(1 - \cos x)\big].$$

b n'étant pas nul, le dénominateur reste fini quand x tend vers zéro ; il suffit donc de rendre maximum l'ordre de la parenthèse, qu'on peut écrire

$$\left[b\left(\frac{x^3}{6} - \frac{x^5}{120} + \lambda x^7\right) - R\left(\frac{x^3}{2} - \frac{x^5}{24} + \mu x^7\right)\right];$$

on donnera à b la valeur $b = 3R$, qui annule le coefficient de x^3, et y sera d'ordre 5 ; la partie principale de la parenthèse est alors $\frac{Rx^5}{60}$, celle du dénominateur $2R + R \cos x$ est $3R$; il en résulte que la partie principale de y est $\frac{Rx^5}{180}$.

---

139. *Déterminer les coefficients qui entrent dans les fonctions*

$$a \sin x + b \operatorname{tg} x - x, \qquad a \sin x + b \cos x + ce^{-x} - 2,$$

dans lesquelles x est l'infiniment petit principal, pour que l'ordre infinitésimal de ces fonctions soit maximum ; quelle est la partie principale du résultat ?

En utilisant les développements en série obtenus aux n°s 218 et 221, on a

$$a \sin x + b \operatorname{tg} x - x = a\left(x - \frac{x^3}{6} + \frac{x^5}{120} + \lambda x^7\right)$$
$$+ b\left(x + \frac{x^3}{3} + \frac{2x^5}{15} + \mu x^7\right) - x ;$$

en choisissant a et b de façon que les coefficients de x et de x^3 soient nuls, ce qui donne

$$a + b - 1 = 0, \qquad \frac{-a}{6} + \frac{b}{3} = 0, \qquad a = \frac{2}{3}, \qquad b = \frac{1}{3},$$

l'ordre infinitésimal est égal à 5, et la partie principale est $\frac{x^5}{20}$.

On a de même pour développement de la seconde expression

$$a\left(x - \frac{x^3}{6} + \lambda x^5\right) + b\left(1 - \frac{x^2}{2} + \mu x^4\right) + c\left(1 - \frac{x}{1} + \frac{x^2}{2} - \frac{x^3}{6} + \nu x^4\right) - 2.$$

En annulant le terme constant et les coefficients de x et de x^2, on a

$$b + c - 2 = 0, \qquad a - c = 0, \qquad -b + c = 0,$$

ce qui donne $a = b = c = 1$; on en conclut que la fonction d'ordre infinitésimal maximum est

$$\sin x + \cos x + e^{-x} - 2,$$

et que sa partie principale est $\quad -\dfrac{x^3}{3}.$

---

140. *Déterminer les dérivées et les différentielles des fonctions implicites étudiées dans l'exercice* 106, *ainsi que des fonctions* y *et* z *définies par les équations*

$$x^2 + y^2 + z^2 + yz + zx + xy = a^2,$$
$$x + y + z = b.$$

En égalant entre elles les différentielles totales des deux membres des équations considérées, on a

$$1° \quad (2x - 4y)dx + (-4x + 2y)dy = 0, \qquad dy = \frac{x - 2y}{2x - y}\,dx;$$

$$2° \quad (3x^2 - 3ay)dx + (3y^2 - 3ax)dy = 0, \qquad dy = \frac{x^2 - ay}{ax - y^2}\,dx;$$

$$3° \quad \cos y\,dy = n\cos x\,dx, \qquad dy = \frac{n\cos x}{\cos y}\,dx;$$

$$4° \quad \frac{x\,dx + y\,dy}{x^2 + y^2} = \frac{x\,dy - y\,dx}{x^2 + y^2}, \qquad dy = \frac{x + y}{x - y}\,dx;$$

$$5° \quad (2x + y + z)dx + (x + 2y + z)dy + (x + y + 2z)dz = 0,$$
$$dx + dy + dz = 0;$$

on en tire

$$\frac{dx}{y - z} = \frac{dy}{z - x} = \frac{dz}{x - y}; \qquad \frac{dy}{dx} = \frac{z - x}{y - z}, \qquad \frac{dz}{dx} = \frac{x - y}{y - z}.$$

141. *Étant données les deux fonctions*

$$X = f(x, y), \qquad Y = \varphi(x, y),$$

on suppose que l'on exprime x et y au moyen de deux nouvelles variables x_1 et y_1; démontrer que l'on a

$$\begin{vmatrix} \dfrac{\partial X}{\partial x_1} & \dfrac{\partial X}{\partial y_1} \\[2mm] \dfrac{\partial Y}{\partial x_1} & \dfrac{\partial Y}{\partial y_1} \end{vmatrix} = \begin{vmatrix} \dfrac{\partial X}{\partial x} & \dfrac{\partial X}{\partial y} \\[2mm] \dfrac{\partial Y}{\partial x} & \dfrac{\partial Y}{\partial y} \end{vmatrix} \times \begin{vmatrix} \dfrac{\partial x}{\partial x_1} & \dfrac{\partial x}{\partial y_1} \\[2mm] \dfrac{\partial y}{\partial x_1} & \dfrac{\partial y}{\partial y_1} \end{vmatrix}.$$

Chacun des déterminants qui entrent dans cette formule s'appelle déterminant fonctionnel ou jacobien des deux fonctions qu'il renferme par rapport aux variables dont elles dépendent.

En prenant les différentielles totales, on a

$$dX = \frac{\partial X}{\partial x}\, dx + \frac{\partial X}{\partial y}\, dy, \qquad dY = \frac{\partial Y}{\partial x}\, dx + \frac{\partial Y}{\partial y}\, dy,$$

$$dx = \frac{\partial x}{\partial x_1}\, dx_1 + \frac{\partial x}{\partial y_1}\, dy_1, \qquad dy = \frac{\partial y}{\partial x_1}\, dx_1 + \frac{\partial y}{\partial y_1}\, dy_1,$$

d'où

$$dX = \left(\frac{\partial X}{\partial x}\frac{\partial x}{\partial x_1} + \frac{\partial X}{\partial y}\frac{\partial y}{\partial x_1}\right)dx_1 + \left(\frac{\partial X}{\partial x}\frac{\partial x}{\partial y_1} + \frac{\partial X}{\partial y}\frac{\partial y}{\partial y_1}\right)dy_1,$$

$$dY = \left(\frac{\partial Y}{\partial x}\frac{\partial x}{\partial x_1} + \frac{\partial Y}{\partial y}\frac{\partial y}{\partial x_1}\right)dx_1 + \left(\frac{\partial Y}{\partial x}\frac{\partial x}{\partial y_1} + \frac{\partial Y}{\partial y}\frac{\partial y}{\partial y_1}\right)dy_1.$$

Les coefficients de dx_1 et dy_1 dans les seconds membres sont les dérivées partielles de X et de Y par rapport à x_1 et y_1; le déterminant fonctionnel formé au moyen de ces dérivées est

$$\begin{vmatrix} \dfrac{\partial X}{\partial x}\dfrac{\partial x}{\partial x_1} + \dfrac{\partial X}{\partial y}\dfrac{\partial y}{\partial x_1} & \dfrac{\partial X}{\partial x}\dfrac{\partial x}{\partial y_1} + \dfrac{\partial X}{\partial y}\dfrac{\partial y}{\partial y_1} \\[4mm] \dfrac{\partial Y}{\partial x}\dfrac{\partial x}{\partial x_1} + \dfrac{\partial Y}{\partial y}\dfrac{\partial y}{\partial x_1} & \dfrac{\partial Y}{\partial x}\dfrac{\partial x}{\partial y_1} + \dfrac{\partial Y}{\partial y}\dfrac{\partial y}{\partial y_1} \end{vmatrix};$$

on vérifie bien, en le développant, qu'il est égal au déterminant fonctionnel de X et Y par rapport à x et y, multiplié par le déterminant fonctionnel de x et y par rapport à x_1 et y_1.

142. *Calculer les dérivées partielles du second ordre de l'expression* $r = \sqrt{(x-a)^2 + (y-b)^2 + (z-c)^2}$, *ainsi que de* $\dfrac{1}{r}$; *montrer que la fonction* $u = \dfrac{1}{r}$ *satisfait à la relation*

$$\frac{\partial^2 u}{\partial x^2} + \frac{\partial^2 u}{\partial y^2} + \frac{\partial^2 u}{\partial z^2} = 0.$$

En prenant la différentielle totale de r, on a

$$dr = \frac{x-a}{r}\, dx + \frac{y-b}{r}\, dy + \frac{z-c}{r}\, dz,$$

et l'on en déduit les dérivées partielles

$$\frac{\partial r}{\partial x} = \frac{x-a}{r}, \qquad \frac{\partial r}{\partial y} = \frac{y-b}{r}, \qquad \frac{\partial r}{\partial z} = \frac{z-c}{r} ;$$

en prenant de même les différentielles totales de ces dérivées, on a

$$d\frac{\partial r}{\partial x} = \frac{dx}{r} - \frac{(x-a)dr}{r^2}$$

$$= \left[\frac{1}{r} - \frac{(x-a)^2}{r^3} \right] dx - \frac{(x-a)(y-b)}{r^3}\, dy - \frac{(x-a)(z-c)}{r^3}\, dz$$

et des formules analogues pour les autres dérivées ; on en déduit les dérivées partielles du second ordre

$$\frac{\partial^2 r}{\partial x^2} = \frac{1}{r} - \frac{(x-a)^2}{r^3}, \qquad \frac{\partial^2 r}{\partial x \partial y} = -\frac{(x-a)(y-b)}{r^3}, \ldots\ldots$$

On peut vérifier que l'on a identiquement

$$\frac{\partial^2 r}{\partial x^2} + \frac{\partial^2 r}{\partial y^2} + \frac{\partial^2 r}{\partial z^2} = \frac{2}{r}.$$

Pour la fonction $u = \dfrac{1}{r}$, on a de même $du = -\dfrac{dr}{r^2}$; on en déduit

$$\frac{\partial u}{\partial x} = -\frac{1}{r^2}\frac{\partial r}{\partial x} = -\frac{x-a}{r^3}, \qquad \frac{\partial u}{\partial y} = -\frac{y-b}{r^3}, \qquad \frac{\partial u}{\partial z} = -\frac{z-c}{r^3} ;$$

$$d\frac{\partial u}{\partial x} = -\frac{dx}{r^3} + \frac{3(x-a)dr}{r^4} = \left[-\frac{1}{r^3} + \frac{3(x-a)^2}{r^5} \right] dx$$

$$+ \frac{3(x-a)(y-b)}{r^5}\, dy + \frac{3(x-a)(z-c)}{r^5}\, dz ;$$

on en déduit les dérivées partielles du second ordre

$$\frac{\partial^2 u}{\partial x^2} = -\frac{1}{r^3} + \frac{3(x-a)^2}{r^5}, \quad \frac{\partial^2 u}{\partial x \partial y} = \frac{3(x-a)(y-b)}{r^5}, \dots;$$

on vérifie que l'on a identiquement

$$\frac{\partial^2 u}{\partial x^2} + \frac{\partial^2 u}{\partial y^2} + \frac{\partial^2 u}{\partial z^2} = 0.$$

---

143. *La pression* p *d'un gaz parfait est liée à son volume* v *et à la température absolue* T *par la formule* $pv = \mathrm{R}T$, *où* R *est une constante. Montrer que la différentielle totale de* p *est donnée par la formule*

$$\frac{dp}{p} = \frac{d\mathrm{T}}{\mathrm{T}} - \frac{dv}{v}.$$

En égalant les différentielles totales des deux membres de l'équation donnée, on a

$$pdv + vdp = \mathrm{R}d\mathrm{T}.$$

et, en divisant les deux membres par pv ou RT, on a la relation

$$\frac{dp}{p} + \frac{dv}{v} = \frac{d\mathrm{T}}{\mathrm{T}}.$$

En prenant les différentielles logarithmiques des deux membres de l'équation donnée, on arriverait au même résultat.

---

144. *Former a priori les différentielles totales des fonctions étudiées dans l'exercice 83, et en déduire les dérivées partielles de ces fonctions.*

$$1° \qquad d\left(\frac{x+y}{xy}\right) = d\frac{1}{x} + d\frac{1}{y} = -\frac{dx}{x^2} - \frac{dy}{y^2}.$$

$$2° \quad d \arctan \frac{x+y}{1-xy} = \frac{(dx+dy)(1-xy) + (x+y)(xdy+ydx)}{(1-xy)^2 + (x+y)^2}$$

$$= \frac{dx(1+y^2) + dy(1+x^2)}{(1+x^2)(1+y^2)} = \frac{dx}{1+x^2} + \frac{dy}{1+y^2}.$$

$$3° \quad d\frac{xy}{\sqrt{1+x^2+y^2}} = \frac{(xdy+ydx)(1+x^2+y^2)-xy(xdx+ydy)}{(1+x^2+y^2)^{\frac{3}{2}}}$$

$$= \frac{y(1+y^2)dx+x(1+x^2)dy}{(1+x^2+y^2)^{\frac{3}{2}}}.$$

$$4° \qquad\qquad de^{xyz} = e^{xyz}(yzdx+zxdy+xydz).$$

Les dérivées partielles sont les coefficients de dx, dy, dz dans les seconds membres.

---

145. *Transformer les expressions*

$$\frac{xdy-ydx}{x^2+y^2}, \qquad x\frac{\partial u}{\partial x}+y\frac{\partial u}{\partial y}, \qquad x\frac{\partial u}{\partial y}-y\frac{\partial u}{\partial x}, \qquad \frac{\partial^2 u}{\partial x^2}+\frac{\partial^2 u}{\partial y^2}$$

lorsqu'on passe des coordonnées cartésiennes aux coordonnées polaires, u étant une fonction de x et y.

1° D'après les formules de transformation (n° 231), on a

$$\frac{xdy-ydx}{x^2+y^2} = \frac{1}{\rho^2}\left[\rho\cos\theta(d\rho\sin\theta+\rho\cos\theta d\theta)\right.$$
$$\left. -\rho\sin\theta(d\rho\cos\theta-\rho\sin\theta d\theta)\right] = d\theta\,;$$

cela résulte encore de la relation $\theta = \operatorname{arc\,tg}\dfrac{y}{x}$ et de la différentiation de cette relation.

2° Des formules (7) du n° 238, on déduit

$$\frac{\partial u}{\partial x} = \frac{\partial u}{\partial\rho}\cos\theta - \frac{1}{\rho}\frac{\partial u}{\partial\theta}\sin\theta, \qquad \frac{\partial u}{\partial y} = \frac{\partial u}{\partial\rho}\sin\theta + \frac{1}{\rho}\frac{\partial u}{\partial\theta}\cos\theta$$

et l'on en tire

$$x\frac{\partial u}{\partial x}+y\frac{\partial u}{\partial y} = \rho\frac{\partial u}{\partial\rho}\,; \qquad x\frac{\partial u}{\partial y}-y\frac{\partial u}{\partial x} = \frac{\partial u}{\partial\theta}.$$

3° En dérivant, par rapport à ρ et θ, les deux membres des équations donnant $\dfrac{\partial u}{\partial x}$ et $\dfrac{\partial u}{\partial y}$, considérés comme fonctions composées de ρ et θ, on a

$$\frac{\partial^2 u}{\partial x^2}\cos\theta + \frac{\partial^2 u}{\partial x\partial y}\sin\theta = \frac{\partial^2 u}{\partial\rho^2}\cos\theta - \frac{1}{\rho}\frac{\partial^2 u}{\partial\rho\partial\theta}\sin\theta + \frac{1}{\rho^2}\frac{\partial u}{\partial\theta}\sin\theta,$$

$$\frac{\partial^2 u}{\partial x\partial y}\cos\theta + \frac{\partial^2 u}{\partial y^2}\sin\theta = \frac{\partial^2 u}{\partial\rho^2}\sin\theta + \frac{1}{\rho}\frac{\partial^2 u}{\partial\rho\partial\theta}\cos\theta - \frac{1}{\rho^2}\frac{\partial u}{\partial\theta}\cos\theta,$$

$$\frac{\partial^2 u}{\partial x^2}(-\rho\sin\theta) + \frac{\partial^2 u}{\partial x\partial y}\rho\cos\theta$$

$$= \frac{\partial^2 u}{\partial\rho\partial\theta}\cos\theta - \frac{1}{\rho}\frac{\partial^2 u}{\partial\theta^2}\sin\theta - \frac{\partial u}{\partial\rho}\sin\theta - \frac{1}{\rho}\frac{\partial u}{\partial\theta}\cos\theta,$$

$$\frac{\partial^2 u}{\partial x\partial y}(-\rho\sin\theta) + \frac{\partial^2 u}{\partial y^2}\rho\cos\theta$$

$$= \frac{\partial^2 u}{\partial\rho\partial\theta}\sin\theta + \frac{1}{\rho}\frac{\partial^2 u}{\partial\theta^2}\cos\theta + \frac{\partial u}{\partial\rho}\cos\theta - \frac{1}{\rho}\frac{\partial u}{\partial\theta}\sin\theta.$$

On peut en tirer les dérivées $\dfrac{\partial^2 u}{\partial x^2}$, $\dfrac{\partial^2 u}{\partial y^2}$, $\dfrac{\partial^2 u}{\partial x\partial y}$ et former la somme des deux premières, mais on voit encore qu'en multipliant les équations respectivement par $\cos\theta$, $\sin\theta$, $-\dfrac{\sin\theta}{\rho}$, et $-\dfrac{\cos\theta}{\rho}$ et les ajoutant, on trouve

$$\frac{\partial^2 u}{\partial x^2} + \frac{\partial^2 u}{\partial y^2} = \frac{\partial^2 u}{\partial\rho^2} + \frac{1}{\rho^2}\frac{\partial^2 u}{\partial\theta^2} + \frac{1}{\rho}\frac{\partial u}{\partial\rho}.$$

---

146. *Transformer les expressions*

$$dx^2 + dy^2 + dz^2, \qquad \left(\frac{\partial u}{\partial x}\right)^2 + \left(\frac{\partial u}{\partial y}\right)^2 + \left(\frac{\partial u}{\partial z}\right)^2, \qquad \frac{\partial^2 u}{\partial x^2} + \frac{\partial^2 u}{\partial y^2} + \frac{\partial^2 u}{\partial z^2},$$

lorsqu'on passe des coordonnées cartésiennes aux coordonnées polaires dans l'espace.

1° Les formules de transformation (n° 129)

$$x = \rho\sin\theta\cos\psi, \qquad y = \rho\sin\theta\sin\psi, \qquad z = \rho\cos\theta$$

donnent

$$dx = d\rho\sin\theta\cos\psi + \rho\cos\theta\cos\psi\, d\theta - \rho\sin\theta\sin\psi\, d\psi,$$
$$dy = d\rho\sin\theta\sin\psi + \rho\cos\theta\sin\psi\, d\theta + \rho\sin\theta\cos\psi\, d\psi,$$
$$dz = d\rho\cos\theta \qquad\ - \rho\sin\theta\, d\theta,$$

Les dérivées partielles de x, y, z par rapport à ρ, θ, ψ sont les coefficients de $d\rho$, $d\theta$, $d\psi$ dans les seconds membres ; on voit de plus, en formant la somme des carrés des équations précédentes, que l'on a

$$dx^2 + dy^2 + dz^2 = d\rho^2 + \rho^2 d\theta^2 + \rho^2\sin^2\theta\, d\psi^2.$$

2° Par un raisonnement analogue à celui du n° 238, nous avons

$$\frac{\partial u}{\partial \rho} = \frac{\partial u}{\partial x} \sin \theta \cos \psi + \frac{\partial u}{\partial y} \sin \theta \sin \psi + \frac{\partial u}{\partial z} \cos \theta,$$

$$\frac{1}{\rho} \frac{\partial u}{\partial \theta} = \frac{\partial u}{\partial x} \cos \theta \cos \psi + \frac{\partial u}{\partial y} \cos \theta \sin \psi - \frac{\partial u}{\partial z} \sin \theta,$$

$$\frac{1}{\rho} \frac{\partial u}{\partial \psi} = - \frac{\partial u}{\partial x} \sin \theta \sin \psi + \frac{\partial u}{\partial y} \sin \theta \cos \psi \, ;$$

comme dans l'exercice précédent, nous en tirerons les dérivées

$$\frac{\partial u}{\partial x} = \frac{\partial u}{\partial \rho} \sin \theta \cos \psi + \frac{1}{\rho} \frac{\partial u}{\partial \theta} \cos \theta \cos \psi - \frac{\sin \psi}{\rho \sin \theta} \frac{\partial u}{\partial \psi},$$

$$\frac{\partial u}{\partial y} = \frac{\partial u}{\partial \rho} \sin \theta \sin \psi + \frac{1}{\rho} \frac{\partial u}{\partial \theta} \cos \theta \sin \psi + \frac{\cos \psi}{\rho \sin \theta} \frac{\partial u}{\partial \psi},$$

$$\frac{\partial u}{\partial z} = \frac{\partial u}{\partial \rho} \cos \theta \qquad - \frac{1}{\rho} \frac{\partial u}{\partial \theta} \sin \theta,$$

et nous trouverons

$$\left(\frac{\partial u}{\partial x} \right)^2 + \left(\frac{\partial u}{\partial y} \right)^2 + \left(\frac{\partial u}{\partial z} \right)^2 = \left(\frac{\partial u}{\partial \rho} \right)^2 + \frac{1}{\rho^2} \left(\frac{\partial u}{\partial \theta} \right)^2 + \frac{1}{\rho^2 \sin^2 \theta} \left(\frac{\partial u}{\partial \psi} \right)^2.$$

3° Comme dans l'exercice précédent, on considère les dérivées $\frac{\partial u}{\partial x}, \frac{\partial u}{\partial y}, \frac{\partial u}{\partial z}$ comme des fonctions composées de ρ, θ, ψ et l'on prend les dérivées partielles des deux membres des équations précédentes par rapport à ρ, θ et ψ ; on obtient ainsi neuf équations, dont les premiers membres sont de la forme

$$\frac{\partial^2 u}{\partial x^2} \alpha_i + \frac{\partial^2 u}{\partial x \partial y} \beta_i + \frac{\partial^2 u}{\partial x \partial z} \gamma_i,$$

$$\frac{\partial^2 u}{\partial x \partial y} \alpha_i + \frac{\partial^2 u}{\partial y^2} \beta_i + \frac{\partial^2 u}{\partial y \partial z} \gamma_i, \qquad (i = 1, 2, 3)$$

$$\frac{\partial^2 u}{\partial x \partial z} \alpha_i + \frac{\partial^2 u}{\partial y \partial z} \beta_i + \frac{\partial^2 u}{\partial z^2} \gamma_i,$$

avec

$$\alpha_1 = \sin \theta \cos \psi, \qquad \beta_1 = \sin \theta \sin \psi, \qquad \gamma_1 = \cos \theta,$$
$$\alpha_2 = \rho \cos \theta \cos \psi, \qquad \beta_2 = \rho \cos \theta \sin \psi, \qquad \gamma_2 = - \rho \sin \theta,$$
$$\alpha_3 = - \rho \sin \theta \sin \psi, \qquad \beta_3 = \rho \sin \theta \cos \psi, \qquad \gamma_3 = 0,$$

et dont les seconds membres, qu'il est facile de former et que nous n'écrivons pas, renferment les dérivées premières et secondes de u par rapport à ρ, θ et ψ. En multipliant les deux membres de ces neuf équations respectivement par α_1, β_1, γ_1, $\dfrac{\alpha_2}{\rho^2}$, $\dfrac{\beta_2}{\rho^2}$, $\dfrac{\gamma_2}{\rho^2}$, $\dfrac{\alpha_3}{\rho^2 \sin^2 \theta}$, $\dfrac{\beta_3}{\rho^2 \sin^2 \theta}$, 0, et ajoutant membre à membre, on obtient la relation

$$\frac{\partial^2 u}{\partial x^2} + \frac{\partial^2 u}{\partial y^2} + \frac{\partial^2 u}{\partial z^2} = \frac{\partial^2 u}{\partial \rho^2} + \frac{1}{\rho^2} \frac{\partial^2 u}{\partial \theta^2} + \frac{1}{\rho^2 \sin^2 \theta} \frac{\partial^2 u}{\partial \psi^2} + \frac{2}{\rho} \frac{\partial u}{\partial \rho} + \frac{\cos \theta}{\rho^2 \sin \theta} \frac{\partial u}{\partial \theta}.$$

IV. — EXERCICES SUR LA THÉORIE DES ÉQUATIONS

147. *Pour trouver les sommes des deux séries*

$$S_1 = 1 + \rho \cos \alpha + \rho^2 \cos 2\alpha + \cdots + \rho^n \cos n\alpha + \cdots,$$
$$S_2 = \phantom{1 + {}} \rho \sin \alpha + \rho^2 \sin 2\alpha + \cdots + \rho^n \sin n\alpha + \cdots,$$

on forme une nouvelle série en ajoutant aux termes de la première les produits par i *des termes correspondants de la seconde ; montrer que cette nouvelle série peut se mettre sous la forme d'une progression géométrique ; évaluer sa somme et la mettre sous la forme* $A + Bi$, A *et* B *étant réels ; en déduire les valeurs de* S_1 *et de* S_2.

Les deux séries sont convergentes lorsque ρ est inférieur à l'unité en valeur absolue ; la série

$$S_1 + iS_2 = 1 + \rho(\cos \alpha + i \sin \alpha) + \rho^2(\cos 2\alpha + i \sin 2\alpha) + \cdots$$
$$= 1 + \rho e^{i\alpha} + \rho^2 e^{2i\alpha} + \cdots$$

est une progression géométrique de raison $q = \rho e^{i\alpha}$; sa somme est

$$S = \frac{1}{1-q} = \frac{1}{1 - \rho \cos \alpha - i\rho \sin \alpha} = \frac{(1 - \rho \cos \alpha) + i\rho \sin \alpha}{(1 - \rho \cos \alpha)^2 + \rho^2 \sin^2 \alpha} ;$$

on en déduit, en égalant séparément les termes réels et les coefficients de i,

$$S_1 = \frac{1 - \rho \cos \alpha}{1 - 2\rho \cos \alpha + \rho^2}, \qquad S_2 = \frac{\rho \sin \alpha}{1 - 2\rho \cos \alpha + \rho^2}.$$

---

148. *Étudier les transformations de figure définies par les fonctions*

$$Z = z^2, \qquad Z = \frac{1}{z}, \qquad Z = (z - a)(z + a), \qquad Z = \frac{z - a}{z + a} \ (a \ réel).$$

Quelles sont pour les deux premières les lignes correspondant à

$X = c^{te}$ *et* $Y = c^{te}$, *pour les deux autres les lignes correspondant à module* $Z = c^{te}$ *et argument* $Z = c^{te}$?

La transformation $Z = z^2$, étudiée au n° 145, donne lieu aux formules

$$X = x^2 - y^2, \qquad Y = 2xy \; ;$$

aux lignes $X = c^{te}$, $Y = c^{te}$ correspondent des hyperboles équilatères.

La transformation $Z = \dfrac{1}{z}$ donne les formules

$$X + Yi = \frac{1}{x + yi} = \frac{x - yi}{x^2 + y^2},$$

$$X = \frac{x}{x^2 + y^2}, \qquad Y = \frac{-y}{x^2 + y^2}.$$

Cette transformation résulte d'une inversion (n° 91) et d'une symétrie par rapport à Ox. Aux lignes $X = c^{te}$, $Y = c^{te}$ correspondent des cercles passant par l'origine et respectivement tangents à Oy et Ox ; les premiers sont orthogonaux aux seconds. Comme la transformation conserve les angles et que la symétrie les conserve aussi, on voit que l'inversion possède la propriété que l'angle de deux courbes qui se coupent en un point et l'angle des courbes inverses au point homologue sont égaux.

La transformation $Z = (z - a)(z + a)$ donne les formules

$$X + Yi = x^2 - y^2 - a^2 + 2xyi, \qquad X = x^2 - y^2 - a^2, \qquad Y = 2xy.$$

Si F et F' sont les points de Ox d'abscisses $+a$ et $-a$, M le point de coordonnées (x, y), le module et l'argument de Z sont respectivement égaux au produit des modules et à la somme des arguments de $z - a$ et $z + a$, c'est-à-dire au produit $FM \times F'M$ et à la somme des angles xFM, $xF'M$. Aux lignes mod. $Z = c^{te}$, arg. $Z = c^{te}$ qui sont des cercles de centre O et des droites issues de O correspondent des ovales lieux des points dont le produit des distances à F et F' est constant, et des courbes telles que la somme des angles xFM, $xF'M$ soit constante. Si V est cette somme, on doit avoir

$$\operatorname{tg} V = \frac{\dfrac{y}{x - a} + \dfrac{y}{x + a}}{1 - \dfrac{y^2}{x^2 - a^2}} = \frac{2xy}{x^2 - y^2 - a^2} \; ;$$

les courbes sont donc des hyperboles équilatères de centre O passant par F et F' ; ces hyperboles sont orthogonales aux ovales.

La transformation $Z = \dfrac{z-a}{z+a}$ donne les formules

$$X + Yi = \frac{x-a+yi}{x+a+yi} = \frac{(x-a+yi)(x+a-yi)}{(x+a)^2+y^2},$$

$$X = \frac{x^2+y^2-a^2}{(x+a)^2+y^2}, \qquad Y = \frac{2ay}{(x+a)^2+y^2}.$$

Le module et l'argument de Z sont respectivement égaux au quotient des modules de $z-a$ et $z+a$, c'est-à-dire au quotient $\dfrac{FM}{F'M}$ et à la différence des arguments de $z-a$ et $z+a$, c'est-à-dire à la différence des angles xFM, xF'M ; aux lignes mod. $Z = c^{te}$ et arg. $Z = c^{te}$ correspondent d'une part les cercles lieux des points dont le rapport des distances à F et F' est constant, d'autre part les cercles lieux des points d'où l'on voit FF' sous un angle constant ; les deuxièmes cercles coupent orthogonalement les premiers (comparer à l'exercice 58).

---

149. *Exprimer rationnellement* sh u, ch u, th u *au moyen de* th $\dfrac{u}{2} = t$.

Si l'on pose $t = \text{th}\,\dfrac{u}{2} = \text{tg}\,\dfrac{\theta}{2}$, *exprimer* sh u *et* th u *au moyen des fonctions trigonométriques de* θ.

Au point M *de coordonnées* $x = $ ch u, $y = $ sh u, *on fait correspondre le point* M' *de coordonnées* $x' = \cos\theta$, $y' = \sin\theta$; *quels sont les lieux de ces points ? Montrer que la droite* MM' *passe par un point fixe, que les tangentes aux lieux précédents en* M *et* M' *se coupent sur une droite fixe en un point d'ordonnée* t, *que les droites* OM *et* OM' *coupent cette droite en des points dont les ordonnées sont respectivement celles de* M' *et* M.

Les formules

$$\text{sh}\,u = 2\,\text{sh}\,\frac{u}{2}\,\text{ch}\,\frac{u}{2}, \qquad \text{ch}\,u = \text{ch}^2\,\frac{u}{2} + \text{sh}^2\,\frac{u}{2}, \qquad 1 = \text{ch}^2\,\frac{u}{2} - \text{sh}^2\,\frac{u}{2}$$

donnent, en les divisant deux à deux membre à membre, et divisant

les deux termes des fractions par $\mathrm{ch}^2 \dfrac{u}{2}$,

$$\mathrm{sh}\, u = \frac{2\,\mathrm{th}\,\dfrac{u}{2}}{1 - \mathrm{th}^2\,\dfrac{u}{2}} = \frac{2t}{1 - t^2},$$

$$\mathrm{ch}\, u = \frac{1 + \mathrm{th}^2\,\dfrac{u}{2}}{1 - \mathrm{th}^2\,\dfrac{u}{2}} = \frac{1 + t^2}{1 - t^2}, \qquad \mathrm{th}\, u = \frac{2\,\mathrm{th}\,\dfrac{u}{2}}{1 + \mathrm{th}^2\,\dfrac{u}{2}} = \frac{2t}{1 + t^2}.$$

Si l'on remplace t par $\mathrm{tg}\,\dfrac{\theta}{2}$, on obtient les relations

$$\mathrm{sh}\, u = \mathrm{tg}\,\theta, \qquad \mathrm{ch}\, u = \frac{1}{\cos \theta}, \qquad \mathrm{th}\, u = \sin \theta.$$

Le lieu du point $\mathrm{M}\,(x = \mathrm{ch}\, u,\ y = \mathrm{sh}\, u)$ est l'hyperbole équilatère d'équation $x^2 - y^2 - 1 = 0$ (*fig.* 43), celui du point

$$\mathrm{M}'\,(x' = \cos \theta,\ y' = \sin \theta)$$

est le cercle d'équation $x'^2 + y'^2 - 1 = 0$. La droite MM' passant par deux points correspondants a pour équation

$$\frac{\mathrm{X} - \cos \theta}{\mathrm{ch}\, u - \cos \theta} = \frac{\mathrm{Y} - \sin \theta}{\mathrm{sh}\, u - \sin \theta},$$

ou

$$\frac{\mathrm{X} - \cos \theta}{\dfrac{1}{\cos \theta} - \cos \theta} = \frac{\mathrm{Y} - \sin \theta}{\mathrm{tg}\,\theta - \sin \theta};$$

on vérifie qu'elle passe par le point $\mathrm{A}'(-1,\, 0)$.

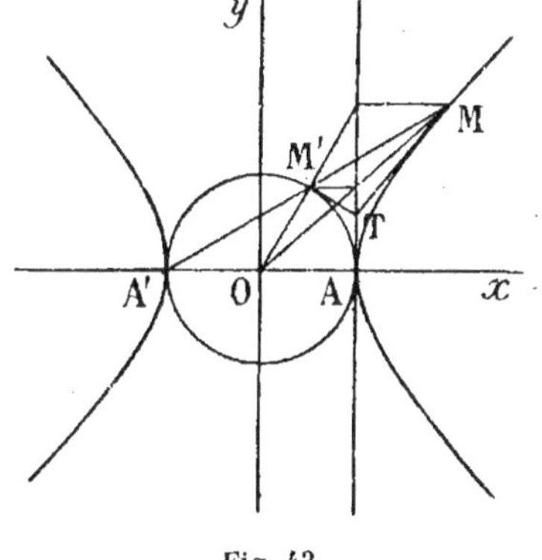

Fig. 43.

Les tangentes aux deux courbes en M et M' ont pour équations (n° 290)

$$\mathrm{X}x - \mathrm{Y}y - 1 = 0, \qquad \mathrm{X}x' + \mathrm{Y}y' - 1 = 0\,;$$

on voit qu'elles coupent la tangente en A, d'équation $\mathrm{X} = 1$, aux points d'ordonnées

$$Y = \frac{x-1}{y} = \frac{\operatorname{ch} u - 1}{\operatorname{sh} u} = \operatorname{th} \frac{u}{2}, \qquad Y = \frac{1-x'}{y'} = \frac{1-\cos\theta}{\sin\theta} = \operatorname{tg} \frac{\theta}{2},$$

et ces ordonnées sont égales à l, de sorte que les points sont confondus.

La droite OM d'équation $Y = X \operatorname{th} u$ coupe la droite $X = 1$ en un point dont l'ordonnée $\operatorname{th} u = \sin\theta$ est la même que celle de M' ; de même la droite OM' d'équation $Y = X \operatorname{tg}\theta$ coupe la même droite $X = 1$ en un point dont l'ordonnée $\operatorname{tg}\theta = \operatorname{sh} u$ est la même que celle de M.

---

150. *Déterminer par la trigonométrie les racines réelles, puis les racines imaginaires des équations*

$$x^5 - 1 = 0, \qquad x^6 - 1 = 0, \qquad x^8 - 1 = 0 ;$$

les calculer ensuite algébriquement en utilisant la méthode de résolution des équations réciproques.

Les racines de $x^m - 1 = 0$ sont $\cos\dfrac{2k\pi}{m} + i\sin\dfrac{2k\pi}{m}$.

1° Pour $m = 5$, les racines sont : une réelle égale à 1 et

$$\cos\frac{2\pi}{5} \pm i\sin\frac{2\pi}{5} = \frac{\sqrt{5}-1}{4} \pm i\frac{\sqrt{10+2\sqrt{5}}}{4},$$

$$\cos\frac{4\pi}{5} \pm i\sin\frac{4\pi}{5} = \frac{-\sqrt{5}-1}{4} \pm i\frac{\sqrt{10-2\sqrt{5}}}{4}.$$

2° Pour $m = 6$, les racines sont : deux réelles égales à ± 1 et

$$\cos\frac{2\pi}{6} \pm i\sin\frac{2\pi}{6} = \frac{1}{2} \pm i\frac{\sqrt{3}}{2}, \qquad \cos\frac{4\pi}{6} \pm i\sin\frac{4\pi}{6} = \frac{-1}{2} \pm i\frac{\sqrt{3}}{2}.$$

3° Pour $m = 8$, les racines sont : deux réelles égales à ± 1, deux imaginaires pures égales à $\pm i$, et

$$\cos\frac{2\pi}{8} \pm i\sin\frac{2\pi}{8} = \frac{\sqrt{2}}{2} \pm i\frac{\sqrt{2}}{2}, \qquad \cos\frac{6\pi}{8} \pm i\sin\frac{6\pi}{8} = \frac{-\sqrt{2}}{2} \pm i\frac{\sqrt{2}}{2}.$$

Pour résoudre algébriquement ces équations, on divise d'abord le premier membre par les facteurs $x \pm 1$ qu'il peut posséder ; en égalant à zéro le quotient, on a une équation réciproque que l'on résout en divisant d'abord son premier membre par une puissance de x dont l'exposant est la moitié du degré, et posant ensuite $x + \dfrac{1}{x} = z$. A chaque racine de l'équation en z obtenue correspondent deux valeurs de x tirées de l'équation $x^2 - xz + 1 = 0$ et égales à $\dfrac{z}{2} \pm i\dfrac{\sqrt{4 - z^2}}{2}$.

1° $x^5 - 1 = (x - 1)(x^4 + x^3 + x^2 + x + 1)$
$$= (x - 1)x^2\left(x^2 + \frac{1}{x^2} + x + \frac{1}{x} + 1\right).$$

Par la transformation $x + \dfrac{1}{x} = z$, le dernier facteur égalé à zéro conduit à l'équation

$$z^2 + z - 1 = 0, \qquad \text{d'où} \qquad z = \frac{-1 \pm \sqrt{5}}{2},$$

et on en déduit les valeurs de x déjà calculées.

2° $x^6 - 1 = (x^2 - 1)(x^4 + x^2 + 1) = (x^2 - 1)x^2\left(x^2 + \dfrac{1}{x^2} + 1\right).$;

le dernier facteur égalé à zéro conduit à l'équation

$$z^2 - 1 = 0, \qquad \text{d'où} \qquad z = \pm 1, \qquad x = \pm\frac{1}{2} \pm i\frac{\sqrt{3}}{2}.$$

3° $x^8 - 1 = (x^2 - 1)(x^2 + 1)(x^4 + 1)$
$$= (x^2 - 1)(x^2 + 1)x^2\left(x^2 + \frac{1}{x^2}\right).;$$

le dernier facteur égalé à zéro conduit à l'équation

$$z^2 - 2 = 0, \qquad \text{d'où} \qquad z = \pm\sqrt{2}, \qquad x = \pm\frac{\sqrt{2}}{2} \pm i\frac{\sqrt{2}}{2}.$$

---

151. *Résoudre les équations*

$$z^2 = 3 - 4i, \qquad z^3 = i, \qquad z^3 = 1 - i, \qquad (z + i)^m - (z - i)^m = 0.$$

Nous résoudrons la première par la méthode algébrique, en posant $z = x + yi$; nous aurons à résoudre le système d'équations

$$x^2 - y^2 = 3, \qquad 2xy = -4 ;$$

la deuxième donne $y = -\dfrac{2}{x}$, et en portant cette valeur dans la première, nous aurons pour déterminer x l'équation $x^4 - 3x^2 - 4 = 0$, qui a deux racines réelles $x = \pm 2$; il leur correspond $y = \mp 1$, et les solutions de l'équation proposée sont $z = \pm(2 - i)$.

Pour résoudre les deux équations suivantes, nous introduirons le module et l'argument du second membre ; dans le premier cas

$$i = 1\left(\cos\frac{\pi}{2} + i\sin\frac{\pi}{2}\right) ;$$

on a dès lors

$$z = \sqrt[3]{1}\left[\cos\left(\frac{\pi}{6} + \frac{2k\pi}{3}\right) + i\sin\left(\frac{\pi}{6} + \frac{2k\pi}{3}\right)\right], \qquad (k = 0, 1, 2) ;$$

les racines de l'équation proposée sont dès lors

$$z_1 = \cos\frac{\pi}{6} + i\sin\frac{\pi}{6} = \frac{\sqrt{3}+i}{2}, \qquad z_2 = \cos\frac{5\pi}{6} + i\sin\frac{5\pi}{6} = \frac{-\sqrt{3}+i}{2},$$

$$z_3 = \cos\frac{3\pi}{2} + i\sin\frac{3\pi}{2} = -i.$$

Dans l'autre cas, $\quad 1 - i = \sqrt{2}\left(\cos\frac{-\pi}{4} + i\sin\frac{-\pi}{4}\right)$; on a dès lors

$$z = \sqrt[6]{2}\left[\cos\left(\frac{-\pi}{12} + \frac{2k\pi}{3}\right) + i\sin\left(\frac{-\pi}{12} + \frac{2k\pi}{3}\right)\right], \qquad (k = 0, 1, 2) ;$$

les racines de l'équation proposée sont

$$z_1 = \sqrt[6]{2}\left(\cos\frac{-\pi}{12} + i\sin\frac{-\pi}{12}\right) = \frac{\sqrt[3]{4}}{4}\left[(\sqrt{3}+1) - i(\sqrt{3}-1)\right],$$

$$z_2 = \sqrt[6]{2}\left(\cos\frac{7\pi}{12} + i\sin\frac{7\pi}{12}\right) = \frac{\sqrt[3]{4}}{4}\left[-(\sqrt{3}-1) + i(\sqrt{3}+1)\right],$$

$$z_3 = \sqrt[6]{2}\left(\cos\frac{15\pi}{12} + i\sin\frac{15\pi}{12}\right) = \frac{\sqrt[3]{4}}{2}(-1-i).$$

Pour résoudre la dernière équation, nous poserons $\dfrac{z+i}{z-i} = u$, et nous aurons

$$u^m - 1 = 0, \qquad u = \cos\frac{2k\pi}{m} + i\sin\frac{2k\pi}{m} ;$$

nous en déduirons

$$z = -i\frac{1+u}{1-u} = -i\frac{1 + \cos\dfrac{2k\pi}{m} + i\sin\dfrac{2k\pi}{m}}{1 - \cos\dfrac{2k\pi}{m} - i\sin\dfrac{2k\pi}{m}} = \cot\frac{k\pi}{m},$$

k prenant les valeurs 0, 1, 2, ... $m-1$; les racines sont toutes réelles.

———

152. *Étant données les quantités* $x=\cos 2\theta$, $y=\cos 3\theta$, *former l'équation qui donne les valeurs de* x *connaissant* y ; *si l'on connaît une racine* x_1 *de cette équation, quelles sont les valeurs des autres racines exprimées au moyen de* x_1?

Si l'on exprime x et y au moyen de $\cos\theta = t$ par les formules

$$x = 2t^2 - 1, \qquad y = 4t^3 - 3t,$$

et si l'on élimine t entre ces deux relations, on obtient l'équation cherchée

$$4x^3 - 3x = 2y^2 - 1.$$

On l'obtient encore en écrivant que $\cos 6\theta$ est égal à $\cos 3\,(2\theta)$ et à $\cos 2\,(3\theta)$, que l'on exprime au moyen de x et y.

Lorsque l'on connaît une racine x_1 de l'équation, les autres sont les racines de l'équation obtenue en divisant le premier membre de la première par $x - x_1$; elle est

$$4x^2 + 4x_1 x + 4x_1^2 - 3 = 0$$

et ses racines sont

$$\frac{-x_1 \pm \sqrt{3(1 - x_1^2)}}{2}.$$

———

153. *Former les équations qui donnent* $\operatorname{tg}\dfrac{a}{3}$, $\operatorname{tg}\dfrac{a}{4}$ *et* $\operatorname{tg}\dfrac{a}{5}$ *connaissant* $\operatorname{tg} a$; *application au cas où l'on a* $a = \dfrac{\pi}{2}$ *ou* $a = \pi$.

En utilisant la formule (4) du n° 250, on a à résoudre les équations

$$\operatorname{tg}^3\frac{a}{3} - 3\operatorname{tg}\frac{a}{3} - \operatorname{tg} a\left(3\operatorname{tg}^2\frac{a}{3} - 1\right) = 0,$$

$$\operatorname{tg} a\left(\operatorname{tg}^4\frac{a}{4} - 6\operatorname{tg}^2\frac{a}{4} + 1\right) + \left(4\operatorname{tg}^3\frac{a}{4} - 4\operatorname{tg}\frac{a}{4}\right) = 0,$$

$$\operatorname{tg}^5\frac{a}{5} - 10\operatorname{tg}^3\frac{a}{5} + 5\operatorname{tg}\frac{a}{5} - \operatorname{tg} a\left(5\operatorname{tg}^4\frac{a}{5} - 10\operatorname{tg}^2\frac{a}{5} + 1\right) = 0.$$

Pour $a = \dfrac{\pi}{2}$, la première se réduit au second degré ; elle a une racine infinie et les racines de $3\,\mathrm{tg}^2\,\dfrac{a}{3} - 1 = 0$; ses racines sont

$$\mathrm{tg}\,\frac{\pi}{6} = +\sqrt{\frac{1}{3}}, \qquad \mathrm{tg}\left(\frac{\pi}{6} + \frac{\pi}{3}\right) = \infty, \qquad \mathrm{tg}\left(\frac{\pi}{6} + \frac{2\pi}{3}\right) = -\sqrt{\frac{1}{3}}.$$

La deuxième se réduit à $\mathrm{tg}^4\,\dfrac{a}{4} - 6\,\mathrm{tg}^2\,\dfrac{a}{4} + 1 = 0$ et a pour racines

$$\mathrm{tg}\,\frac{\pi}{8} = \sqrt{3 - \sqrt{8}}, \qquad \mathrm{tg}\left(\frac{\pi}{8} + \frac{\pi}{4}\right) = \sqrt{3 + \sqrt{8}},$$

$$\mathrm{tg}\left(\frac{\pi}{8} + \frac{2\pi}{4}\right) = -\sqrt{3 + \sqrt{8}}, \qquad \mathrm{tg}\left(\frac{\pi}{8} + \frac{3\pi}{4}\right) = -\sqrt{3 - \sqrt{8}}.$$

La troisième se réduit au quatrième degré ; elle a une racine infinie et les racines de $5\,\mathrm{tg}^4\,\dfrac{a}{5} - 10\,\mathrm{tg}^2\,\dfrac{a}{5} + 1 = 0$; ses racines sont

$$\mathrm{tg}\,\frac{\pi}{10} = \sqrt{1 - \frac{2\sqrt{5}}{5}}, \qquad \mathrm{tg}\left(\frac{\pi}{10} + \frac{\pi}{5}\right) = \sqrt{1 + \frac{2\sqrt{5}}{5}},$$

$$\mathrm{tg}\left(\frac{\pi}{10} + \frac{2\pi}{5}\right) = \infty, \qquad \mathrm{tg}\left(\frac{\pi}{10} + \frac{3\pi}{5}\right) = -\sqrt{1 + \frac{2\sqrt{5}}{5}},$$

$$\mathrm{tg}\left(\frac{\pi}{10} + \frac{4\pi}{5}\right) = -\sqrt{1 - \frac{2\sqrt{5}}{5}}.$$

Pour $a = 0$ ou π, la première se réduit à $\mathrm{tg}^3\,\dfrac{a}{3} - 3\,\mathrm{tg}\,\dfrac{a}{3} = 0$ et ses racines sont

$$\mathrm{tg}\,0 = 0, \qquad \mathrm{tg}\,\frac{\pi}{3} = \sqrt{3}, \qquad \mathrm{tg}\,\frac{2\pi}{3} = -\sqrt{3}.$$

La deuxième se réduit au troisième degré, elle a une racine infinie et les racines de $4\,\mathrm{tg}^3\,\dfrac{a}{4} - 4\,\mathrm{tg}\,\dfrac{a}{4} = 0$; ses racines sont

$$\mathrm{tg}\,0 = 0, \qquad \mathrm{tg}\,\frac{\pi}{4} = 1, \qquad \mathrm{tg}\,\frac{2\pi}{4} = \infty, \qquad \mathrm{tg}\,\frac{3\pi}{4} = -1.$$

La troisième se réduit à

$$\mathrm{tg}^5\,\frac{a}{5} - 10\,\mathrm{tg}^3\,\frac{a}{5} + 5\,\mathrm{tg}\,\frac{a}{5} = 0$$

et a pour racines

$$\operatorname{tg} 0 = 0, \qquad \operatorname{tg} \frac{\pi}{5} = \sqrt{5 - 2\sqrt{5}}, \qquad \operatorname{tg} \frac{2\pi}{5} = \sqrt{5 + 2\sqrt{5}},$$

$$\operatorname{tg} \frac{3\pi}{5} = -\sqrt{5 + 2\sqrt{5}}, \qquad \operatorname{tg} \frac{4\pi}{5} = -\sqrt{5 - 2\sqrt{5}}.$$

154. *Évaluer* $\cos^4 a$ *et* $\sin^4 a$ *en fonction linéaire des sinus et des cosinus de* a *et de ses multiples.*

$$\cos^4 a = \left(\frac{1 + \cos 2a}{2} \right)^2 = \frac{1}{4} + \frac{\cos 2a}{2} + \frac{1}{4}\left(\frac{1 + \cos 4a}{2} \right)$$

$$= \frac{3}{8} + \frac{\cos 2a}{2} + \frac{\cos 4a}{8} \, ;$$

$$\sin^4 a = \left(\frac{1 - \cos 2a}{2} \right)^2 = \frac{1}{4} - \frac{\cos 2a}{2} + \frac{1}{4}\left(\frac{1 + \cos 4a}{2} \right)$$

$$= \frac{3}{8} - \frac{\cos 2a}{2} + \frac{\cos 4a}{8} \, ;$$

les formules du n° 255 conduisent au même résultat.

155. *Montrer que le trinome bicarré à coefficients réels*

$$x^4 + px^2 + q$$

peut être décomposé de trois façons en un produit de deux trinomes du second degré, et que pour l'une au moins des décompositions les trinomes ont leurs coefficients réels ; appliquer à $x^4 + x^2 + 1$.

Soient x_1, x_2, $-x_1$, $-x_2$ les racines de l'équation ; on a

$$x^4 + px^2 + q = (x - x_1)(x - x_2)(x + x_1)(x + x_2) \, ;$$

on peut réunir les facteurs du second membre en deux groupes de deux, P_i, Q_i, de trois manières différentes :

$$P_1 = (x - x_1)(x + x_1), \qquad Q_1 = (x - x_2)(x + x_2),$$
$$P_2 = (x - x_1)(x - x_2), \qquad Q_2 = (x + x_1)(x + x_2),$$
$$P_3 = (x - x_1)(x + x_2), \qquad Q_3 = (x + x_1)(x - x_2).$$

Si les quatre racines sont réelles, les trois décompositions sont réelles. Si deux racines x_1, $-x_1$ sont réelles, et les deux autres x_2, $-x_2$ imaginaires, la décomposition P_1, Q_1 est seule réelle. Si les racines sont toutes imaginaires, x_2 étant conjugué de x_1 la décomposition P_2, Q_2 est seule réelle.

Dans les deux premiers cas, la décomposition du trinome $z^2 + pz + q$ en facteurs linéaires conduit à une décomposition du trinome bicarré en facteurs du second degré à coefficients réels

$$x^4 + px^2 + q = \left(x^2 + \frac{p}{2} - \sqrt{\frac{p^2}{4} - q}\right)\left(x^2 + \frac{p}{2} + \sqrt{\frac{p^2}{4} - q}\right);$$

dans le dernier cas, q et $4q - p^2$ sont positifs ; on peut considérer x^4 et q comme le premier et le dernier terme d'un carré, et écrire

$$x^4 + px^2 + q = (x^2 + \sqrt{q})^2 - (2\sqrt{q} - p)x^2$$
$$= \left[x^2 + \sqrt{2\sqrt{q} - p}\,x + \sqrt{q}\right]\left[x^2 - \sqrt{2\sqrt{q} - p}\,x + \sqrt{q}\right].$$

Exemple :

$$x^4 + x^2 + 1 = (x^2 + 1)^2 - x^2 = (x^2 + x + 1)(x^2 - x + 1).$$

---

156. *Étant donnée une équation algébrique, exprimer en fonction de ses coefficients la somme des carrés de ses racines, ainsi que celle de leurs cubes, de leurs inverses, des carrés de leurs inverses. Former l'équation qui a pour racines les carrés des racines, ou les inverses des racines de l'équation donnée ; appliquer à l'équation du troisième degré.*

Soit une équation

$$A_0 x^m + A_1 x^{m-1} + \cdots + A_{m-1} x + A_m = 0 ;$$

des formules du n° 257 résultent les relations

$$\Sigma x_1^2 = (\Sigma x_1)^2 - 2\Sigma x_1 x_2 = \frac{A_1^2 - 2A_0 A_2}{A_0^2},$$

$$\Sigma x_1^3 = (\Sigma x_1)^3 - 3(\Sigma x_1)(\Sigma x_1 x_2) + 3\Sigma x_1 x_2 x_3 = \frac{-A_1^3 + 3A_0 A_1 A_2 - 3A_0^2 A_3}{A_0^3},$$

$$\Sigma \frac{1}{x_1} = \frac{\Sigma x_2 x_3 \cdots x_m}{x_1 x_2 \cdots x_m} = -\frac{A_{m-1}}{A_m};$$

$$\Sigma \frac{1}{x_1^2} = \left(\Sigma \frac{1}{x_1}\right)^2 - 2\Sigma \frac{1}{x_1 x_2} = \left(\Sigma \frac{1}{x_1}\right)^2 - 2\frac{\Sigma x_3 x_4 \cdots x_m}{x_1 x_2 \cdots x_m}$$
$$= \frac{A_{m-1}^2 - 2A_m A_{m-2}}{A_m^2}.$$

Si y est le carré d'une racine x de l'équation donnée, on a $y = x^2$, $x = \sqrt{y}$; on pourrait remplacer x par $\sqrt{y}$ dans l'équation donnée, mais il y aurait un radical à faire disparaître ; il est préférable de diriger le calcul rationnellement, en séparant les termes de l'équation en termes de degrés pairs et termes de degrés impairs et écrire

$$A_m + A_{m-2}x^2 + \cdots = - x(A_{m-1} + A_{m-3}x^2 + \cdots) ;$$

en élevant les deux membres au carré et remplaçant x^2 par y, on obtient

$$(A_m + A_{m-2}y + \cdots)^2 = y (A_{m-1} + A_{m-3}y + \cdots)^2 ;$$

l'équation est du même degré que l'équation donnée.

Si y est l'inverse d'une racine x de l'équation, on a $y = \dfrac{1}{x}$, d'où $x = \dfrac{1}{y}$; en remplaçant x par $\dfrac{1}{y}$ et chassant le dénominateur, on obtient l'équation cherchée

$$A_m y^m + A_{m-1} y^{m-1} + \cdots + A_1 y + A_0 = 0.$$

On peut retrouver la somme des inverses des racines x_1, x_2, ... et celle des carrés de ces inverses, en formant la somme des racines de l'équation précédente et celle des carrés de ces racines.

Si l'équation est du troisième degré de la forme $x^3 + px + q = 0$, on a

$$\Sigma x_1^2 = - 2p, \qquad \Sigma x_1^3 = - 3q, \qquad \Sigma \frac{1}{x_1} = \frac{-p}{q}, \qquad \Sigma \frac{1}{x_1^2} = \frac{p^2 - 2pq}{q^2} ;$$

l'équation aux carrés des racines, obtenue en écrivant l'équation sous la forme $x(x^2 + p) = - q$ et élevant les deux membres au carré est

$$y(y + p)^2 = q^2,$$

et l'équation aux inverses des racines est

$$qy^3 + py^2 + 1 = 0.$$

---

157. *Étant donnée une équation algébrique de degré m, former l'équation qui admet pour racines les racines de cette équation augmentées d'un nombre h ; peut-on choisir h pour que le coefficient* *du terme de degré $m - 1$ dans la nouvelle équation soit nul ? Appliquer à l'équation du quatrième degré.*

Si x est une racine de l'équation donnée, et y la racine correspondante de l'équation cherchée, on a $y = x + h$, d'où $x = y - h$, il suffit donc de remplacer x par $y - h$, ce qui donne

$$A_0 y^m + (A_1 - mhA_0)y^{m-1}$$
$$+ \left[A_2 - (m-1)hA_1 + \frac{m(m-1)}{1 \cdot 2} h^2 A_0 \right] y^{m-2} + \cdots = 0 ;$$

suffit de prendre $h = \dfrac{A_1}{mA_0}$ pour faire disparaître le deuxième terme.

Si l'équation donnée est du quatrième degré, on a $h = \dfrac{A_1}{4A_0}$ et la nouvelle équation a la forme $A_0 y^4 + A'_2 y^2 + A'_3 y + A'_4 = 0$.

---

158. *Pour quelles valeurs de a l'équation*

$$x^4 - 4x^2 + 4ax - 1 = 0$$

a-t-elle une racine double? Déterminer pour ces valeurs de a les quatre racines de l'équation.

L'équation dérivée est $x^3 - 2x + a = 0$; cherchons la condition pour qu'elle ait une racine commune avec l'équation proposée. En opérant par la méthode de recherche du plus grand commun diviseur (n° 260) on écrit

$$x^4 - 4x^2 + 4ax - 1 = x(x^3 - 2x + a) - 2x^2 + 3ax - 1,$$
$$x^3 - 2x + a = (-2x^2 + 3ax - 1)\left(-\frac{x}{2} - \frac{3}{4}a\right)$$
$$+ \left(\frac{9a^2 - 10}{4}\right)x + \frac{a}{4} ;$$

s'il existe une racine double, elle doit avoir pour valeur $x = \dfrac{-a}{9a^2 - 10}$ et doit annuler le diviseur $-2x^2 + 3ax - 1$ de la dernière division, de sorte que l'on doit avoir, en substituant à x la valeur précédente et réduisant,

$$27a^4 - 52a^2 + 25 = 0.$$

Les racines de cette équation sont $a = \pm 1$ et $\pm \dfrac{5\sqrt{3}}{9}$, et à chaque valeur de a correspond une racine double $x = \dfrac{-a}{9a^2 - 10}$.

Pour $a = 1$, l'équation $x^4 - 4x^2 + 4x - 1 = 0$ a pour racine double 1 ; les autres racines étant celles de $x^2 + 2x - 1 = 0$.

Pour $a = -1$, l'équation $x^4 - 4x^2 - 4x - 1 = 0$ a pour racine double $x = -1$, les autres étant celles de l'équation $x^2 - 2x - 1 = 0$.

Pour $a = \pm \dfrac{5\sqrt{3}}{9}$, l'équation $x^4 - 4x^2 \pm \dfrac{20\sqrt{3}}{9} x - 1 = 0$ a une racine double, $x = \dfrac{3a}{5} = \pm \dfrac{\sqrt{3}}{3}$, et les autres racines sont celles de l'équation $x^2 \pm \dfrac{2\sqrt{3}}{3} x - 3 = 0$.

---

159. *Quelles valeurs doit-on donner à p pour que l'équation*

$$x^4 + px + 3 = 0$$

ait une racine double? Déterminer alors les racines de l'équation.

En effectuant la division du premier membre de l'équation par sa dérivée, on a

$$x^4 + px + 3 = (4x^3 + p)\frac{x}{4} + \frac{3px}{4} + 3\,;$$

si l'équation et sa dérivée ont une racine commune, cette racine doit annuler le reste de la division et être égale à $-\dfrac{4}{p}$. En écrivant que cette valeur annule la dérivée, on obtient la relation $4^4 - p^4 = 0$, qui est satisfaite par $p = \pm 4$ et par $p = \pm 4i$.

Pour $p = 4$, $\qquad x^4 + 4x + 3 = (x + 1)^2 (x^2 - 2x + 3)\,;$

racine double $x = -1$, $\qquad$ autres racines $1 \pm i\sqrt{2}$.

Pour $p = -4$, $\qquad x^4 - 4x + 3 = (x - 1)^2 (x^2 + 2x + 3)\,;$

racine double $x = 1$, $\qquad$ autres racines $-1 \pm i\sqrt{2}$.

Pour $p = 4i$, $x^4 + 4ix + 3 = (x - i)^2(x^2 + 2ix - 3)$;

racine double $x = i$, autres racines $-i \pm \sqrt{2}$.

Pour $p = -4i$, $x^4 - 4ix + 3 = (x + i)^2(x^2 - 2ix - 3)$;

racine double $x = -i$, autres racines $i \pm \sqrt{2}$.

---

160. *Étant donnée la courbe représentée par l'équation $y^2 = x^3$, trouver la relation qui doit exister entre h et m pour que la droite représentée par $y = mx + h$ soit tangente à la courbe; on écrira que deux des points de rencontre de la droite et de la courbe sont confondus.*

Les abscisses des points de rencontre de la courbe $y^2 = x^3$ et de la droite $y = mx + h$ sont les racines de l'équation $x^3 = (mx + h)^2$; pour que cette équation ait une racine double, il faut qu'elle ait une racine commune avec sa dérivée

$$3x^2 = 2m(mx + h).$$

En divisant membre à membre les deux équations et supposant x différent de 0, on a $\dfrac{x}{3} = \dfrac{mx + h}{2m}$, $x = -\dfrac{3h}{m}$; en écrivant que cette valeur de x satisfait à l'équation dérivée, on trouve la condition

$$h(4m^3 + 27h) = 0.$$

La solution $h = 0$ fournit les droites qui coupent la courbe en deux points confondus à l'origine; l'autre solution conduit aux droites d'équation $y = mx - \dfrac{4m^3}{27}$, qui sont tangentes à la courbe chacune au point de coordonnées $x = \dfrac{4m^2}{9}$ et $y = \dfrac{8m^3}{27}$.

---

161. *Résoudre un triangle connaissant le périmètre, le rayon du cercle inscrit et le rayon du cercle circonscrit.*

Soient $2p$ le périmètre, r le rayon du cercle inscrit, R celui du cercle circonscrit; les formules

$$S = pr = \sqrt{p(p - a)(p - b)(p - c)} = \frac{abc}{4R}$$

permettent d'évaluer les fonctions symétriques de a, b, c; on a

$$a + b + c = 2p, \qquad abc = 4p\mathrm{R}r, \qquad (p-a)(p-b)(p-c) = pr^2,$$
$$ab + ac + bc = p^2 + r^2 + 4\mathrm{R}r;$$

a, b, c sont les racines de l'équation

$$f(x) = x^3 - 2px^2 + (p^2 + r^2 + 4\mathrm{R}r)x - 4p\mathrm{R}r = 0.$$

Pour que le problème soit possible, il faut que les trois racines soient réelles et positives; il faut de plus que chacune d'elles soit inférieure à p; ces conditions sont suffisantes.

On étudie la réalité des racines en ramenant l'équation à la forme $x'^3 + p'x' + q' = 0$, par la transformation $x = \dfrac{2p}{3} + x'$, qui donne

$$x'^3 + \left(-\frac{p^2}{3} + r^2 + 4\mathrm{R}r\right)x' + \frac{2}{27}p^3 + \frac{2}{3}pr^2 - \frac{4}{3}p\mathrm{R}r = 0;$$

pour que les trois racines soient réelles, il faut que la quantité

$$4p'^3 + 27q'^2 = 4r^2\left[p^4 + 2(r^2 - 10\mathrm{R}r - 2\mathrm{R}^2)p^2 + r(r + 4\mathrm{R})^3\right]$$

soit négative; il faut d'abord que les racines du trinome en p^2 dans la parenthèse soient réelles, ce qui exige $4\mathrm{R}(\mathrm{R} - 2r)^3 > 0$, ou $\mathrm{R} > 2r$; il faut ensuite que p^2 soit compris entre les racines du trinome, qui sont dans ce cas positives et égales à

$$10\mathrm{R}r + 2\mathrm{R}^2 - r^2 \pm \sqrt{4\mathrm{R}(\mathrm{R} - 2r)^3}.$$

Lorsque ces conditions sont remplies, l'équation $f(x) = 0$ a ses trois racines réelles; nous allons voir qu'elles sont toutes positives et inférieures à p; en changeant dans $f(x)$ x en $-x''$, l'équation obtenue

$$f_1(x'') = x''^3 + 2px''^2 + (p^2 + r^2 + 4\mathrm{R}r)x'' + 4p\mathrm{R}r = 0$$

a son premier membre toujours positif lorsque x'' est positif; elle n'a donc aucune racine positive, et l'équation $f(x) = 0$ n'a aucune racine négative.

De la même manière, en changeant, dans $f(x)$, $p - x$ en x''' ou x en $p - x'''$, l'équation obtenue

$$f_2(x''') = x'''^3 - px'''^2 + (r^2 + 4\mathrm{R}r)x''' - pr^2 = 0$$

a, pour une raison analogue, ses trois racines positives; par suite, les trois racines x de $f(x)$ sont inférieures à p. Les conditions imposées à R et p énoncées précédemment sont donc nécessaires et suffisantes pour que le problème soit possible.

———

162. *Résoudre un triangle: 1° connaissant les distances du centre du cercle inscrit aux trois sommets ; 2° connaissant les distances du centre du cercle circonscrit aux trois côtés.*

1° Si r est le rayon du cercle inscrit, a_1, b_1, c_1 les distances de son centre aux trois sommets A, B, C, on a

$$r = a_1 \sin \frac{A}{2} = b_1 \sin \frac{B}{2} = c_1 \sin \frac{C}{2}.$$

Entre les moitiés des angles d'un triangle existe la relation

$$\sin \frac{A}{2} = \cos \frac{B+C}{2},$$

qui conduit à l'équation suivante

$$1 - \sin^2 \frac{A}{2} - \sin^2 \frac{B}{2} - \sin^2 \frac{C}{2} - 2 \sin \frac{A}{2} \sin \frac{B}{2} \sin \frac{C}{2} = 0;$$

en y remplaçant $\sin \frac{A}{2}$, $\sin \frac{B}{2}$, $\sin \frac{C}{2}$ par leurs valeurs en fonction de r, on arrive à l'équation

$$\frac{1}{r^3} - \left(\frac{1}{a_1^2} + \frac{1}{b_1^2} + \frac{1}{c_1^2} \right) \frac{1}{r} - \frac{2}{a_1 b_1 c_1} = 0.$$

A chaque racine de cette équation correspondent des valeurs de $\sin \frac{A}{2}$, $\sin \frac{B}{2}$, $\sin \frac{C}{2}$ qui permettent d'achever la détermination du triangle.

Pour que le problème soit possible, il faut que r ait une valeur positive inférieure à a_1, b_1 et c_1 et ces conditions sont suffisantes, car si elles sont remplies on trouve pour $\frac{A}{2}$, $\frac{B}{2}$, $\frac{C}{2}$ des valeurs positives inférieures à $\frac{\pi}{2}$, et ces valeurs sont celles des angles d'un triangle, comme le montre la relation à laquelle satisfont leurs sinus. Par un raisonnement analogue à celui qui a été fait à l'exercice 116, on voit que l'équation en $\dfrac{1}{r}$ a ses trois racines réelles ; comme leur somme est nulle et leur produit positif, une seule des racines est positive ; cette racine est supérieure à $\dfrac{1}{a_1}$, $\dfrac{1}{b_1}$ et $\dfrac{1}{c_1}$, car le résultat de la substitution de $\dfrac{1}{a_1}$ par exemple dans le premier membre est $-\dfrac{1}{a_1}\left(\dfrac{1}{b_1}+\dfrac{1}{c_1}\right)^2$ et est négatif, par suite $\dfrac{1}{a_1}$ est inférieur à la racine positive de l'équation. On voit que le problème a toujours une solution et une seule.

2° Si R est le rayon du cercle circonscrit, a_2, b_2, c_2 les distances de son centre aux trois côtés, on a

$$a_2 = \mathrm{R}\,|\cos \mathrm{A}|, \qquad b_2 = \mathrm{R}\,|\cos \mathrm{B}|, \qquad c_2 = \mathrm{R}\,|\cos \mathrm{C}|.$$

Lorsque les trois angles sont aigus, leurs cosinus sont positifs ; si l'un des angles, A par exemple, est obtus, son cosinus est négatif ; nous sommes amenés à envisager pour a_2, b_2, c_2 des valeurs algébriques positives ou négatives, à écrire dans tous les cas

$$a_2 = \mathrm{R}\cos \mathrm{A}, \qquad b_2 = \mathrm{R}\cos \mathrm{B}, \qquad c_2 = \mathrm{R}\cos \mathrm{C},$$

et à supposer ou bien que a_2, b_2, c_2 sont trois nombres positifs, ou bien que l'un au plus, a_2 par exemple, est négatif.

En utilisant la relation qui existe entre $\cos \mathrm{A}$, $\cos \mathrm{B}$, $\cos \mathrm{C}$ (exercice 34)

$$1 - \cos^2 \mathrm{A} - \cos^2 \mathrm{B} - \cos^2 \mathrm{C} - 2\cos \mathrm{A}\cos \mathrm{B}\cos \mathrm{C} = 0$$

et en y remplaçant $\cos \mathrm{A}$, $\cos \mathrm{B}$, $\cos \mathrm{C}$ par leurs valeurs en fonction de R, on arrive à l'équation

$$\mathrm{R}^3 - (a_2^2 + b_2^2 + c_2^2)\mathrm{R} - 2a_2 b_2 c_2 = 0.$$

Cette équation, d'après un raisonnement analogue au précédent, a ses trois racines réelles ; si a_2, b_2, c_2 sont positifs, une seule des racines est positive et elle est supérieure à a_2, b_2 et c_2, car le résultat de la substitution de l'un de ces nombres à R dans le premier membre est négatif ; on obtient donc pour $\cos \mathrm{A}$, $\cos \mathrm{B}$ et $\cos \mathrm{C}$ des valeurs positives et inférieures à l'unité, et elles fournissent les angles d'un triangle ; les formules telles que $a = 2\mathrm{R}\sin \mathrm{A}$ achèvent de déterminer le triangle ; le problème a ainsi une solution et une seule.

Si a_2 est négatif, b_2 et c_2 positifs, l'équation en R a encore ses trois racines réelles, deux positives et la troisième négative ; une seule de ces racines est supérieure à $|a_2|$, b_2 et c_2, car les résultats de la substitution de ces nombres à R dans le premier membre sont négatifs. Il faut toutefois que $\pi - A$ soit supérieur à B et à C, ou que $-\cos A$ soit inférieur à $\cos B$ et à $\cos C$, c'est-à-dire que $|a_2|$ soit inférieur à b_2 et c_2 ; lorsque ces conditions sont remplies, le problème a encore une solution et une seule.

---

163. *Déterminer le diamètre x d'un demi-cercle connaissant les longueurs a, b, c de trois cordes formant avec le diamètre un quadrilatère inscrit dans le demi-cercle.*

Nous supposerons que le quadrilatère est convexe et que ses côtés se suivent dans l'ordre a, b, c, x. En remarquant que ses diagonales sont égales à $\sqrt{x^2 - a^2}$ et $\sqrt{x^2 - c^2}$, la relation fondamentale entre les côtés et les diagonales d'un quadrilatère inscriptible fournit l'équation

$$bx + ac = \sqrt{(x^2 - a^2)(x^2 - c^2)},$$

qui, rendue entière, donne $x = 0$, solution inacceptable et

$$x^3 - (a^2 + b^2 + c^2)x - 2abc = 0.$$

Cette équation est analogue à la première de l'exercice précédent ; elle a ses racines réelles ; une seule est positive et supérieure à a, b, c ; le problème a toujours une solution et une seule.

---

164. *Déterminer les dimensions d'un cône de révolution dont on donne le volume et l'apothème ; discuter.*

Soient x la hauteur, y le rayon de la base, a l'apothème et $\dfrac{\pi m^3}{3}$ le volume du cône ; x et y sont déterminés par les équations

$$xy^2 = m^3, \qquad x^2 + y^2 = a^2 ;$$

en éliminant y, on obtient l'équation

$$x^3 - a^2x + m^3 = 0.$$

Nous pouvons supposer $m > 0$, du reste le changement de m en $-m$ aurait simplement pour effet de changer le signe des racines.

L'équation dérivée $3x^2 - a^2 = 0$ a pour racines $x = \pm \dfrac{a}{\sqrt{3}}$; les résultats de substitution des racines de l'équation dérivée et des nombres $-\infty, 0, a, +\infty$ dans le premier membre de l'équation ont les signes donnés par le tableau suivant:

$-\infty$	$-\dfrac{a\sqrt{3}}{3}$	0	$\dfrac{a\sqrt{3}}{3}$	a	$+\infty$
$-$	$+$	$+$	$m^3 - \dfrac{2a^3\sqrt{3}}{9}$	$+$	$+$

Si $m^3 < \dfrac{2a^3\sqrt{3}}{9}$, l'équation a trois racines réelles, une négative et les deux autres positives et inférieures à a; le problème a alors deux solutions. Si $m^3 = \dfrac{2a^3\sqrt{3}}{9}$, l'équation a deux racines positives et égales à $\dfrac{a\sqrt{3}}{9}$ et une racine négative; le problème a une solution; enfin si $m^3 > \dfrac{2a^3\sqrt{3}}{9}$, l'équation n'a plus qu'une seule racine réelle négative et le problème n'a plus de solution. On peut comparer cet exercice à celui du n° 98.

---

165. *Déterminer les dimensions d'une chaudière formée d'un cylindre de révolution terminé par deux demi-sphères de même rayon que le cylindre, connaissant le volume et la surface totale; discuter.*

Soient $4\pi a^2$ la surface totale et $\dfrac{4}{3}\pi b^3$ le volume de la chaudière, a et b étant supposés positifs; soient x le rayon des bases et y la hauteur du cylindre, on a les équations

$$S = 2\pi xy + 4\pi x^2 = 4\pi a^2, \qquad V = \pi x^2 y + \frac{4}{3}\pi x^3 = \frac{4}{3}\pi b^3;$$

x et y sont donnés par le système

$$f(x) = x^3 - 3a^2 x + 2b^3 = 0, \qquad y = \frac{2(a^2 - x^2)}{x}.$$

La dérivée $f'(x)$ est égale à $3(x^2 - a^2)$ et s'annule pour $x = \pm a$; en raisonnant comme dans le problème précédent, on obtient les résultats suivants :

1° $a < b$; l'équation $f(x) = 0$ a une seule racine réelle x_1 négative et inférieure à $-a$; pour cette valeur, y est positif. La valeur absolue de la racine x_1 ne convient pas au problème proposé, mais à celui où $4\pi a^2$ est égal à la surface de la sphère diminuée de celle du cylindre, et où $\frac{4}{3}\pi b^3$ est égal au volume du cylindre diminué de celui de la sphère.

2° $a > b$; l'équation a trois racines réelles, l'une x_1 négative et inférieure à $-a$, que l'on interpréterait comme précédemment ; la deuxième x_2 comprise entre 0 et a, rendant y positive et convenant au problème proposé, et la troisième x_3 supérieure à a ; celle-ci donne pour y une valeur négative et elle convient au problème où $4\pi a^2$ est égal à la surface de la sphère diminuée de celle du cylindre et où $\frac{4}{3}\pi b^3$ est égal au volume de la sphère diminué de celui du cylindre.

---

166. *Couper le volume d'un hémisphère en deux parties équivalentes par un plan parallèle à la base ; résoudre numériquement l'équation dont dépend le rapport entre la hauteur de l'une de ces parties et le rayon de l'hémisphère.*

Soit x la hauteur d'un segment sphérique à deux bases dont l'une est un plan diamétral ; en écrivant que le volume de ce segment est égal au quart du volume de la sphère de rayon R, on obtient l'équation

$$\frac{1}{3}\pi x(3R^2 - x^2) = \frac{1}{3}\pi R^3$$

ou

$$f(x) = x^3 - 3R^2 x + R^3 = 0.$$

Ses racines sont réelles ; on les calcule numériquement (n° 269) en posant $x = 2R\cos\frac{\theta}{3}$, ce qui conduit à l'équation

$$\cos^3\frac{\theta}{3} - \frac{3}{4}\cos\frac{\theta}{3} + \frac{1}{8} = 0.$$

En la comparant à l'équation (3) du n° 269 on voit que l'on a

$$\cos \theta = -\frac{1}{2}, \quad \text{d'où} \quad \theta = \frac{2\pi}{3}; \quad \text{les trois racines sont donc}$$

$$x_1 = 2\mathrm{R}\cos\frac{2\pi}{9} = 1{,}552\mathrm{R} ; \qquad x_2 = 2\mathrm{R}\cos\frac{8\pi}{9} = -1{,}879\mathrm{R} ;$$

$$x_3 = 2\mathrm{R}\cos\frac{14\pi}{9} = 0{,}3473\mathrm{R} ;$$

la dernière seule convient au problème.

---

167. *Une sphère homogène de rayon* R *et de densité* d *flotte sur un liquide de densité* d' *; déterminer la hauteur de la calotte plongée dans le liquide.*

La hauteur x de la calotte satisfait à l'équation

$$\frac{1}{3}\pi x^2(3\mathrm{R} - x)d' = \frac{4}{3}\pi\mathrm{R}^3 d ;$$

pour obtenir une équation du troisième degré ayant la forme classique, nous formerons l'équation aux inverses, en posant $x = \dfrac{2\mathrm{R}}{y}$, ce qui donne l'équation

$$f(y) = y^3 - 3\frac{d'}{d}y + 2\frac{d'}{d} = 0.$$

La quantité $4p^3 + 27q^2$ est égale à $4 \cdot 27\left(\dfrac{d'}{d}\right)^2\left(1 - \dfrac{d'}{d}\right)$; de plus, les résultats de substitution de 1 et de $+\infty$ dans $f(y)$ ont les signes de $1 - \dfrac{d'}{d}$ et de $+\infty$. Si d' est inférieur à d, l'équation a une seule racine réelle négative et le problème n'a aucune solution ; si d' est supérieur à d, l'équation a trois racines réelles dont une seule est supérieure à l'unité, et à cette racine correspond une solution unique du problème.

---

168. *Résoudre numériquement les équations*

$$x^3 + x - 1 = 0, \qquad x^5 - 5x^2 - 60x + 108 = 0.$$

1° L'équation $x^3 + x - 1 = 0$ a une seule racine réelle qui est comprise entre 0,6 et 0,7, comme le montrent les résultats de substitution. On peut calculer une valeur plus approchée de cette racine en substituant dans le premier membre des nombres compris entre 0,6 et 0,7 ou par d'autres méthodes ; en particulier la formule de Cardan (n° 270) donne

$$x = \sqrt[3]{\frac{1}{2} + \frac{\sqrt{91}}{18}} + \sqrt[3]{\frac{1}{2} - \frac{\sqrt{91}}{18}} = 1,0099 - 0,3106 = 0,6993,$$

les calculs étant faits à l'aide des logarithmes.

2° Les racines rationnelles que peut avoir l'équation

$$x^5 - 5x^2 - 60x + 108 = 0$$

sont comprises parmi les diviseurs de ± 108 ; on vérifie que l'équation a une racine double égale à 2 et une racine simple égale à 3 ; en divisant le premier membre successivement par $(x-2)$, $(x-2)$, $(x+3)$, on a comme quotient $x^2 + x + 9$ qui, égalé à zéro, fournit les deux autres racines $\dfrac{-1 \pm i\sqrt{35}}{2}$.

---

169. *Démontrer que l'équation*

$$\frac{A}{x-a} + \frac{B}{x-b} + \frac{C}{x-c} + \cdots + \frac{L}{x-l} = 0,$$

où A, B, C, ... L *sont des nombres de même signe, a toutes ses racines réelles et séparées par les nombres* $a, b, c, \ldots l$.

On peut supposer les nombres A, B, C, ... positifs ; les signes des résultats de substitution dans le premier membre des nombres $a + \varepsilon$, $b - \varepsilon$, $b + \varepsilon$, ..., où ε est très petit, sont donnés par le tableau

$a+\varepsilon$	$b-\varepsilon$	$b+\varepsilon$	$c-\varepsilon$	$c+\varepsilon$	$\cdots$	$l-\varepsilon$
$+$	$-$	$+$	$-$	$+$		$-$

le degré de l'équation est égal au nombre des intervalles précédents et chacun d'eux comprend une racine (n° 234) ; les racines sont donc toutes réelles et séparées par $a, b, \ldots, l$.

---

170. *Étant donnée une équation algébrique $f(x) = 0$, de degré n, dont le premier coefficient est positif, on forme les dérivées successives $f'(x)$, $f''(x)$, ... $f^{(n-1)}(x)$, la dernière étant un polynome du premier degré; on calcule le plus petit nombre entier x_1 qui rend $f^{(n-1)}(x)$ positive, puis on substitue dans $f^{(n-2)}(x)$ les nombres entiers à partir de x_1, jusqu'à ce qu'on trouve un nombre x_2 égal ou supérieur à x_1 rendant $f^{(n-2)}(x)$ positive; on substitue de même dans $f^{(n-3)}(x)$ les nombres entiers à partir de x_2 jusqu'à ce que le résultat soit positif, et ainsi de suite jusqu'à la fonction $f(x)$ elle-même; montrer que pour toute valeur de x égale ou supérieure au dernier nombre obtenu x_n, $f(x)$ est positive et non nulle, de sorte que x_n est une limite supérieure des racines réelles et positives de l'équation; cette limite a été donnée par Newton.*

Pour tout nombre égal ou supérieur à x_1, la dérivée $f^{(n-1)}(x)$ est nulle ou positive, par suite la fonction $f^{(n-2)}(x)$ est croissante; dès lors elle est sûrement nulle ou positive pour tout nombre égal ou supérieur à x_2. De la même manière, pour ces valeurs, la fonction $f^{(n-3)}(x)$ est croissante, et l'on peut continuer le raisonnement jusqu'au polynome $f(x)$ lui-même; donc pour toute valeur égale ou supérieure à x_{n-1}, la fonction $f(x)$ est croissante, et elle est positive pour tout nombre égal ou supérieur à x_n. Elle n'a donc aucune racine supérieure à ce dernier nombre, et celui-ci se trouve être une limite supérieure des racines réelles et positives de l'équation.

———

171. *Séparer et calculer numériquement les racines réelles des équations*

1° $\quad x^4 - 4x^2 - 16x + 20 = 0,$ $\qquad$ 2° $\quad x^4 - 8x - 1 = 0,$

3° $\quad e^x - 4x = 0,$ $\qquad\qquad$ 4° $\quad \dfrac{e^x + e^{-x}}{e^x - e^{-x}} = x,$

5° $\quad x = 1,8(1 + \log x),$ $\qquad$ 6° $\quad (1,0077)^x - 9,12x = 12\,000,$

7° $\quad x - \cos x = 0,$ $\qquad\qquad$ 8° $\quad x + \sin x - \dfrac{\pi}{3} = 0,$

9° $\quad x - 2\sin x = 0,$ $\qquad\qquad$ 10° $\quad \operatorname{arc\,tg} x = \dfrac{2}{x};$

on a à résoudre la quatrième lorsque l'on cherche le point de contact d'une chaînette et d'une tangente à cette courbe issue de l'origine ; la cinquième et la sixième se présentent lorsque l'on cherche, avec des données numériques particulières, le degré de détente d'une machine à vapeur ou la température du foyer d'une chaudière, la septième se présente lorsqu'on demande de couper la surface d'un demi-cercle en deux parties équivalentes par une parallèle au diamètre, et la huitième quand on demande de couper la surface d'un cercle en trois parties équivalentes par des cordes issues d'un même point de la circonférence.

1° L'équation dérivée $x^3 - 2x - 4 = 0$ n'a qu'une racine réelle, $x = 2$, donnant un résultat de substitution négatif dans le premier membre de l'équation donnée ; celle-ci a donc deux racines réelles, l'une inférieure et l'autre supérieure à 2.

On peut calculer les limites de ces racines (n° 273) ; elles sont $+ 6$, $- 2$; mais on voit immédiatement par les signes des résultats de substitution des nombres voisins de 2 dans le premier membre que l'une des racines x_1 est comprise entre 1 et 2 et l'autre x_2 entre 2 et 3.

La substitution de nombres décimaux montre que l'on a

$$f(1) = + 1, \qquad f(1,1) = - 0,9756,$$
$$f(2,6) = - 2,9425, \qquad f(2,7) = + 0,7841.$$

La méthode des parties proportionnelles (n° 275) donne pour valeurs approchées

$$x_1' = 1 + \frac{0,1}{1 + 0,9756} = 1,050617\ldots,$$
$$x_2' = 2,6 + \frac{0,29425}{2,9425 + 0,7841} = 2,678959\ldots$$

Pour appliquer la méthode de Newton (n° 276), commençons par prendre la dérivée seconde $f''(x) = 4(3x^2 - 2)$; elle est positive dans les intervalles considérés ; on est donc amené à appliquer la méthode aux nombres 1 et 2,7 et elle donne

$$x_1'' = 1 - \frac{f(1)}{f'(1)} = 1 + \frac{1}{20} = 1,05 ;$$
$$x_2'' = 2,7 - \frac{f(2,7)}{f'(2,7)} = 2,7 - \frac{0,7841}{41,132} = 2,680937\ldots$$

Pour calculer l'erreur dont est affectée une valeur de x fournie par la méthode de Newton, il faut trouver le maximum de $\dfrac{h^2}{2} \cdot \dfrac{f''(a+\theta h)}{f'(a)}$; pour x_1'' déduit de la valeur $a = 1$, on a

$$h < 0,051, \qquad f'' < 6,6, \qquad f'(a) = 20,$$

on en conclut que l'erreur dont est affectée la valeur $1,05$ est inférieure à $0,0005$ et que la racine est comprise entre $1,05$ et $1,0505$.

Pour x_2'' déduit de la valeur $a = 2,7$, on a

$$|h| < 0,022, \qquad f'' < 80, \qquad f' > 40,$$

on en conclut que l'erreur dont est affectée x_2'' est également inférieure

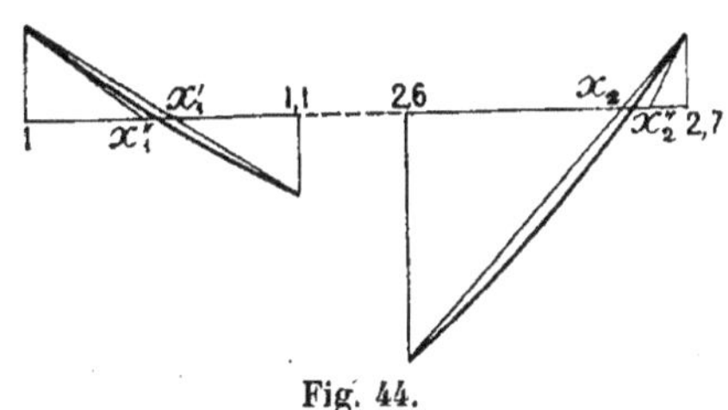

Fig. 44.

à $0,0005$ et que la racine est comprise entre $2,68094$ et $2,6804$. Les figures 44 donnent la représentation géométrique de la fonction et des valeurs approchées des racines ; l'échelle des abscisses a été amplifiée pour la facilité du dessin.

2° L'équation dérivée $f'(x) = 4x^3 - 8 = 0$ a une seule racine réelle $x_0 = \sqrt[3]{2}$; les résultats de substitution dans $f(x)$ de $-\infty$, x_0 et $+\infty$ étant alternativement de signes contraires, on voit que l'équation a deux racines réelles. La substitution de nombres entiers, puis de nombres croissant de dixième en dixième, donne les résultats

$$f(-0,2) = 0,6016, \qquad f(-0,1) = -0,1999,$$
$$f(2) = -1, \qquad f(2,1) = 1,6481 ;$$

une racine est comprise entre $-0,2$ et $-0,1$, l'autre entre 2 et $2,1$. La méthode des parties proportionnelles donne les valeurs approchées

$$x_1' = -0,2 + \frac{0,1 \times 0,6016}{0,1999 + 0,6016} = -0,12494,$$

$$x_2' = 2 + \frac{0,1 \times 1}{1 + 1,6481} = 2,03776,$$

à une unité près du dernier ordre décimal. Pour appliquer la méthode de Newton, nous remarquons que la dérivée seconde $f''(x) = 12x^2$

est toujours positive, on est donc amené à appliquer la méthode à
— 0,2 et 2,1, ce qui donne, avec cinq chiffres décimaux,

$$x_1'' = -0,2 - \frac{f(-0,2)}{f'(-0,2)} = -0,2 + \frac{0,6016}{8,032} = -0,12509,$$

$$x_2'' = 2,1 - \frac{f(2,1)}{f'(2,1)} = 2,1 - \frac{1,6481}{29,044} = 2,04325 ;$$

on peut remarquer dans cet exemple que les nombres — 0,1 et 2 sont
plus approchés des racines que les deux autres ; si on leur applique le
calcul de la méthode de Newton, on obtient

$$x_1''' = -0,1 - \frac{f(-0,1)}{f'(-0,1)} = -0,1 - \frac{0,1999}{8,004} = -0,12497,$$

$$x_2''' = 2 - \frac{f(2)}{f'(2)} = 2 + \frac{1}{24} = 2,04166,$$

à une unité près du dernier ordre décimal et ces valeurs sont plus
approchées que les précédentes ; il peut donc être plus avantageux,
dans certains cas, d'appliquer la méthode de Newton à la valeur
approchée de la racine différente de celle qu'indiquent les théories.

En adoptant pour valeurs approchées les moyennes arithmétiques
$\frac{x_1' + x_1'''}{2}$, $\frac{x_2' + x_2'''}{2}$, on a des valeurs différant des racines de moins de
la moitié des différences $x_1''' - x_1'$, $x_2''' - x_2'$; on peut affirmer que
— 0,12496 est une valeur approchée de la première racine à 2 dix-
millièmes près et que 2,040 est une valeur approchée de la seconde à
2 millièmes près.

Si l'on désire une valeur plus approchée de la deuxième racine, on
appliquera les mêmes méthodes aux deux nombres x_2', x_2''' ou plutôt à
des nombres plus simples compris entre ces deux-là ; on constate que
$f(2,039)$ est négatif, que $f(2,040)$ est aussi négatif et égal à
— 0,00108544, que $f(2,041)$ est égal à 0,024898..... ; en appliquant
la méthode des parties proportionnelles à 2,040 et 2,041 et celle de
Newton à 2,040, on obtient les valeurs

$$2,04004177....., \quad 2,04004181.....,$$

qui comprennent entre elles la racine ; on peut adopter la valeur
2,0400418 approchée à $\frac{3}{10^8}$ près.

3° L'équation dérivée $f'(x) = e^x - 4 = 0$ a pour racine

$$x = \log 4 = 1,3863\ldots,$$

dont le résultat de substitution dans $f(x)$ est négatif; les résultats de substitution de 0 et de $+\infty$ étant positifs, l'équation a une racine positive inférieure à $1,38$ et une supérieure à ce nombre.

A l'aide d'une table de multiples du module $M = 0,43429\ldots$ ou de logarithmes népériens, on trouve

$$f(0,35) = 0,01907\ldots, \qquad f(0,36) = -0,0668\ldots;$$

en appliquant la méthode des parties proportionnelles, on a comme valeur approchée de la première racine

$$x'_1 = 0,35 + 0,01 \frac{0,01907\ldots}{0,02575\ldots} = 0,357405\ldots$$

La méthode de Newton appliquée au même nombre, $0,35$, donne

$$x''_1 = 0,35 + \frac{0,01907\ldots}{2,56668\ldots} = 0,357429\ldots;$$

la racine est comprise entre les deux nombres précédents et on peut la prendre égale à $0,35742$ à $0,00001$ près.

Pour l'autre racine, on trouve

$$f(2,15) = -0,01608\ldots, \qquad f(2,16) = +0,03112\ldots;$$

la méthode des parties proportionnelles, et celle de Newton appliquée au nombre $2,16$, donnent comme valeurs approchées de la deuxième racine :

$$x'_2 = 2,153407\ldots \qquad \text{et} \qquad x''_2 = 2,15338\ldots,$$

et l'on peut prendre comme valeur approchée de cette racine $2,15337$ à $0,00005$ près.

On pourrait résoudre graphiquement l'équation en cherchant les abscisses des points d'intersection de la ligne $y = e^x$ et de la droite $y = 4x$.

4° L'équation peut s'écrire

$$f(x) = \frac{e^x + e^{-x}}{e^x - e^{-x}} - x = \coth x - x = 0;$$

son premier membre est discontinu pour $x = 0$, mais il change simplement de signe quand on change x en $-x$, de sorte que les racines, si elles existent, sont deux à deux égales et opposées, et il suffit de supposer x positif. La dérivée,

$$f'(x) = \frac{-4}{(e^x - e^{-x})^2} - 1 = -\left(\frac{1}{\operatorname{sh}^2 x} + 1\right),$$

est toujours négative, la fonction décroît constamment et s'annule une seule fois entre 0 et $+\infty$.

On calcule les valeurs de $f(x)$ soit au moyen des tables de fonctions hyperboliques soit au moyen de $f(x) = \dfrac{e^{2x} + 1}{e^{2x} - 1} - x$; on trouve

$$f(1,19) = +0,01397\ldots, \qquad f(1,20) = -0,00046\ldots$$

En partant du nombre $1,20$, qui est le plus rapproché de la racine, la méthode des parties proportionnelles donne $x'_1 = 1,19968\ldots$ et celle de Newton donne $1,19895\ldots$; on prendra comme valeur approchée la demi-somme $1,1993$, l'erreur étant inférieure à $0,0004$.

5° La pression moyenne p_m fournie par un diagramme de machine à vapeur est, dans des conditions simples, liée à la pression d'admission p_a, à la pression d'échappement p_e et au degré de détente d par l'équation

$$p_m = p_a \frac{1 + \log d}{d} - p_e.$$

En supposant $p_a = 1,8(p_m + p_e)$ et prenant d comme inconnue x, on arrive à l'équation

$$f(x) = x - 1,8(1 + \log x) = 0.$$

La dérivée $f'(x)$ s'annule pour $x = 1,8$ et cette valeur rend la fonction négative ; l'équation a donc une racine inférieure à $1,8$ et une racine supérieure à ce nombre. En substituant des nombres successifs et se servant des tables de logarithmes népériens, on trouve

$$f(0,48) = +0,0012\ldots, \qquad f(0,49) = -0,0262\ldots,$$
$$f(4,5) = -0,0073\ldots, \qquad f(4,6) = +0,0511\ldots ;$$

l'équation a donc une racine comprise entre $0,48$ et $0,49$ et une autre comprise entre $4,5$ et $4,6$; la dernière convient seule au problème proposé.

6° Pour résoudre l'équation

$$f(x) = (1,0077)^x - 9,12x - 12000 = 0,$$

nous calculerons le premier terme au moyen de son logarithme $0,0033313x$; les résultats de substitution des nombres 1310 et 1320 dans le premier membre de l'équation sont égaux à -825 et $+826$ à 5 unités près; on peut donc prendre $x = 1315$ à une unité près.

7° La surface d'un segment compris dans un cercle de rayon R entre un arc égal à θ et sa corde a pour valeur

$$\frac{R^2\theta}{2} - R^2 \sin\frac{\theta}{2}\cos\frac{\theta}{2};$$

en écrivant qu'elle est égale au quart du cercle et posant $\theta = x + \dfrac{\pi}{2}$, on a l'équation $f(x) = x - \cos x = 0$.

La dérivée $f'(x)$ a un signe constant et l'équation n'a qu'une racine réelle; en utilisant les tables donnant les valeurs des arcs dans le cercle de rayon 1 et celles des lignes trigonométriques, on trouve $x = 42°20'48''$ à une demi-seconde près par excès.

8° Soit AB un diamètre d'un cercle de centre O, AM et AN deux cordes symétriques par rapport à AB et partageant la surface du cercle en trois parties équivalentes; nous écrirons que la portion BAM est égale au sixième du cercle.

Si nous désignons par x l'angle BOM, le secteur BOM a pour mesure $\dfrac{R^2 x}{2}$, le triangle AOM a pour mesure $R^2 \sin\dfrac{x}{2}\cos\dfrac{x}{2}$, et en écrivant que leur somme est égale à $\dfrac{\pi R^2}{6}$, nous avons l'équation

$$x + \sin x - \frac{\pi}{3} = 0.$$

La dérivée du premier membre est toujours positive; quand x croît de 0 à $\dfrac{\pi}{3}$, ce premier membre croît de $-\dfrac{\pi}{3}$ à $\dfrac{\sqrt{3}}{2}$, et s'annule pour une seule valeur de x. En utilisant les tables, on trouve $30°43'34''$ à une demi-seconde près.

9° En construisant les lignes d'équations $y = \dfrac{x}{2}$ et $y = \sin x$, on constate qu'elles ne se coupent qu'en deux points, symétriques par rapport à l'origine; l'équation $f(x) = \dfrac{x}{2} - \sin x = 0$ n'a que deux racines réelles égales et de signes contraires, et la racine positive est comprise entre $\dfrac{\pi}{2}$ et $\dfrac{2\pi}{3}$. En utilisant les tables trigonométriques, on trouve $x = 108°36'14''$ à une demi-seconde près.

10° La fonction $f(x) = \operatorname{arc\,tg} x - \dfrac{2}{x}$ est toujours croissante; si nous ne considérons que les valeurs de l'arc comprises entre $-\dfrac{\pi}{2}$ et $+\dfrac{\pi}{2}$, l'équation $f(x) = 0$ a une seule racine positive et une racine négative égale à la précédente en valeur absolue. Pour utiliser les tables, il est préférable de chercher l'arc α dont la tangente est x; il satisfait à l'équation $\alpha - 2\cot g\,\alpha = 0$; les tables donnent $\alpha = 61°42'1''$ à une demi-seconde près, sa valeur en radian étant $1,07687\ldots$; on en déduit $x = \operatorname{tg}\alpha = 1,85639$ à une demi-unité près de l'ordre du dernier chiffre.

———

172. *Étant donnée l'équation d'une chaînette*

$$y = \frac{a}{2}\left(e^{\frac{x}{a}} + e^{-\frac{x}{a}}\right),$$

déterminer la valeur de a de façon que cette courbe passe par un point donné de coordonnées x_0 et y_0, et discuter l'équation obtenue; calculer numériquement la valeur limite que peut prendre le rapport $\dfrac{y_0}{x_0}$ pour que le problème soit possible.

En exprimant que la chaînette passe par un point de coordonnées (x_0, y_0), on voit que le rapport $\dfrac{x_0}{a} = z$ doit satisfaire à l'équation

$$\frac{y_0}{x_0}z = \frac{e^{z} + e^{-z}}{2} = \operatorname{ch} z\,;$$

nous désignerons par m le rapport $\dfrac{y_0}{x_0}$, et nous pourrons supposer m positif.

La fonction $f(z) = \operatorname{ch} z - mz$ a pour dérivée

$$f'(z) = \frac{e^{z} - e^{-z}}{2} - m = \operatorname{sh} z - m\,;$$

cette dérivée s'annule lorsque l'on a $e^{z} = m + \sqrt{m^2 + 1}$; si nous posons $z_1 = \log\left(m + \sqrt{m^2 + 1}\right)$, la fonction $f(z)$ est décroissante pour z variant de 0 à z_1 et croissante de z_1 à $+\infty$. L'équation $f(z) = 0$ a par suite deux racines positives ou une racine double, ou aucune racine, suivant que $f(z_1)$ est négatif, nul ou positif. On a

$$f(z_1) = \operatorname{ch} z_1 - mz_1 = \sqrt{1 + \operatorname{sh}^2 z_1} - mz_1$$

$$= m\left[\frac{\sqrt{1 + m^2}}{m} - \log\left(m + \sqrt{1 + m^2}\right)\right];$$

le deuxième facteur dans le dernier membre, considéré comme fonction de m, a une dérivée négative et décroît constamment ; il s'annule pour une valeur que nous désignerons par m_1 ; dès lors, si $m < m_1$, $f(z_1)$ est positif, l'équation $f(z) = 0$ n'a pas de racine et le problème proposé n'a pas de solution ; si $m = m_1$, l'équation $f(z) = 0$ a une racine double ; enfin si $m > m_1$, cette équation a deux racines distinctes et le problème proposé a deux solutions.

La recherche de m_1 peut se faire directement, mais il est à remarquer qu'elle se ramène à la résolution de la troisième des équations du n° précédent ; en effet pour $m = m_1$, l'équation $f(z) = 0$ a une racine double, par suite les équations

$$\operatorname{ch} z - m_1 z = 0, \qquad \operatorname{sh} z - m_1 = 0$$

ont une racine commune, et cette racine satisfait dès lors à l'équation

$$\operatorname{ch} z - z\operatorname{sh} z = 0 \qquad \text{ou} \qquad \frac{e^z + e^{-z}}{e^z - e^{-z}} - z = 0.$$

Nous avons trouvé dans ce cas $z = 1{,}1993$ à $0{,}0004$ près ; il en résulte que l'on a

$$m_1 = \operatorname{sh} z = \frac{e^z - e^{-z}}{2} = 1{,}50819$$

à une unité près de l'ordre du dernier chiffre.

---

173. *Appliquer une méthode graphique à la résolution de l'équation*

$$2^x(x - 1) - 1 = 0.$$

En construisant les lignes d'équations

$$y = x - 1, \qquad y_1 = \frac{1}{2^x} = 2^{-x},$$

on constate que la première coupe la seconde en un point dont l'abscisse est comprise entre 1 et 2 ; l'équation a donc une seule racine réelle comprise entre ces deux nombres. On peut en déterminer par le calcul une valeur approchée en remplaçant entre les abscisses 1 et 2 la courbe $y_1 = 2^{-x}$ par la droite passant par les deux points de cette courbe ayant ces nombres pour abscisses ; cette droite a pour équation $y_2 = \frac{3}{4} - \frac{x}{4}$. La première droite $y = x - 1$ la coupe au point d'abscisse $x = \frac{7}{5} = 1,4$; on pourra appliquer à cette valeur la méthode de Newton pour obtenir une valeur plus approchée de la racine.

V. — EXERCICES SUR LES APPLICATIONS GÉOMÉTRIQUES

174. *Déterminer l'équation d'une tangente à une ellipse rapportée à ses axes, connaissant le coefficient angulaire m de cette tangente ; montrer qu'elle est de la forme*

$$y = mx \pm \sqrt{a^2 m^2 + b^2} \, ;$$

déduire de là les coefficients angulaires des tangentes à l'ellipse passant par un point donné de coordonnées x_0, y_0, et trouver le lieu des points d'où l'on peut mener à la courbe deux tangentes rectangulaires. Même question pour l'hyperbole et pour la parabole.

Si l'on utilise le paramètre φ, l'équation de la tangente à l'ellipse est

$$\frac{X \cos \varphi}{a} + \frac{Y \sin \varphi}{b} - 1 = 0 \, ;$$

en écrivant qu'elle a pour coefficient angulaire m, on a

$$m = -\frac{b}{a} \cotg \varphi, \qquad \text{d'où} \qquad \frac{\cos \varphi}{am} = \frac{\sin \varphi}{-b} = \frac{1}{\pm \sqrt{a^2 m^2 + b^2}} \, ;$$

il suffit de remplacer $\sin \varphi$ et $\cos \varphi$ par leurs valeurs pour trouver l'équation de la tangente.

Si l'on avait utilisé l'équation $\dfrac{Xx}{a^2} + \dfrac{Yy}{b^2} - 1 = 0$ renfermant les coordonnées x, y du point de contact, on aurait eu de même

$$m = -\frac{b^2 x}{a^2 y}, \qquad \text{d'où} \qquad \frac{\dfrac{x}{a}}{am} = \frac{\dfrac{y}{b}}{-b} = \frac{1}{\pm \sqrt{a^2 m^2 + b^2}} \, ;$$

en remplaçant x, y par leurs valeurs dans l'équation de la tangente, on trouverait l'équation

$$Y = mX \pm \sqrt{a^2 m^2 + b^2}$$

Vogt. — Solut.   12

qui ne diffère de celle de l'énoncé que par le changement de x, y en X, Y.

En écrivant que la tangente passe par un point de coordonnées x_0, y_0, on obtient la relation $y_0 - mx_0 = \pm \sqrt{a^2 m^2 + b^2}$ qui, mise sous forme entière, s'écrit

$$(x_0^2 - a^2) m^2 - 2x_0 y_0 m + (y_0^2 - b^2) = 0.$$

Cette équation du second degré donne les coefficients angulaires des tangentes issues du point x_0, y_0 ; on peut vérifier qu'elles sont réelles si $\dfrac{x_0^2}{a^2} + \dfrac{y_0^2}{b^2} - 1 \geqslant 0$, c'est-à-dire si le point est extérieur à l'ellipse ou situé sur cette courbe.

Pour que les deux tangentes soient rectangulaires, il faut et il suffit que le produit des racines m soit égal à -1, ou que l'on ait

$$x_0^2 + y_0^2 = a^2 + b^2 \ ;$$

cette équation est satisfaite par les coordonnées des points d'un cercle concentrique à l'ellipse, et ayant pour rayon $\sqrt{a^2 + b^2}$; ce cercle est circonscrit au rectangle circonscrit à l'ellipse, il est le lieu des sommets des angles droits dont les côtés sont tangents à l'ellipse, et il s'appelle le *cercle orthoptique* ou *cercle de Monge*.

On trouve des résultats analogues dans le cas de l'hyperbole ; il suffit de changer b^2 en $-b^2$ dans le calcul précédent. Le cercle orthoptique a pour rayon $\sqrt{a^2 - b^2}$, il n'est réel que si $a > b$, c'est-à-dire si l'angle des asymptotes qui renferme la courbe est aigu ; dans le cas de l'hyperbole équilatère, le cercle orthoptique se réduit au centre de la courbe.

Si l'on considère une parabole d'équation $y^2 - 2px = 0$ et si l'on utilise l'équation de la tangente

$$Yy - p(X + x) = 0$$

renfermant les coordonnées du point de contact, on écrit

$$m = \frac{p}{y}, \qquad \text{d'où} \qquad y = \frac{p}{m} \qquad \text{et} \qquad x = \frac{y^2}{2p} = \frac{p}{2m^2};$$

on a ainsi les coordonnées du point de contact en fonction de m et en les portant dans l'équation de la tangente, elle devient

$$Y = mX + \frac{p}{2m} \cdot$$

Pour que cette tangente passe par un point (x_0, y_0), il faut que m satisfasse à l'équation

$$y_0 = mx_0 + \frac{p}{2m}, \qquad \text{d'où} \qquad 2m^2 x_0 - 2my_0 + p = 0.$$

Les racines de cette équation sont les coefficients angulaires des deux tangentes à la parabole issues du point considéré. Pour qu'elles soient rectangulaires, il faut et il suffit que l'on ait

$$\frac{p}{2x_0} = -1, \qquad \text{d'où} \qquad x_0 = -\frac{p}{2};$$

le point doit se trouver sur la directrice ; cette droite est donc le lieu des sommets des angles droits circonscrits à la parabole.

---

175. *En employant les mêmes notations que dans le problème précédent, montrer que l'équation*

$$\left(\frac{x^2}{a^2} + \frac{y^2}{b^2} - 1\right)\left(\frac{x_0^2}{a^2} + \frac{y_0^2}{b^2} - 1\right) - \left(\frac{xx_0}{a^2} + \frac{yy_0}{b^2} - 1\right)^2 = 0$$

représente l'ensemble des deux tangentes à l'ellipse issues du point (x_0, y_0) ; *plus généralement, l'ensemble des tangentes issues de ce point à la courbe du second ordre dont l'équation est* $f(x, y) = 0$ *est représenté par*

$$f(x, y)f(x_0, y_0) - \frac{1}{4}(x_0 f'_x + y_0 f'_y + f'_t)^2 = 0.$$

Soient X, Y les coordonnées d'un point quelconque d'une tangente à l'ellipse passant par le point (x_0, y_0) ; les coordonnées d'un autre point de la même tangente peuvent s'exprimer (n° 93) sous la forme

$$x = \frac{X + \lambda x_0}{1 + \lambda}, \qquad y = \frac{Y + \lambda y_0}{1 + \lambda}.$$

Écrivons que le point (x, y) est le point de contact de la tangente avec l'ellipse ; il est situé à l'intersection de la courbe et de la polaire du point (x_0, y_0), de sorte que l'on a

$$\frac{x^2}{a^2} + \frac{y^2}{b^2} - 1 = 0, \qquad \frac{xx_0}{a^2} + \frac{yy_0}{b^2} - 1 = 0.$$

En remplaçant x, y par leurs valeurs, on obtient les relations

$$\frac{X^2}{a^2} + \frac{Y^2}{b^2} - 1 + 2\lambda\left(\frac{Xx_0}{a^2} + \frac{Yy_0}{b^2} - 1\right) + \lambda^2\left(\frac{x_0^2}{a^2} + \frac{y_0^2}{b^2} - 1\right) = 0,$$

$$\frac{Xx_0}{a^2} + \frac{Yy_0}{b^2} - 1 + \lambda\left(\frac{x_0^2}{a^2} + \frac{y_0^2}{b^2} - 1\right) = 0.$$

Lorsque le point (X, Y) varie sur l'une des tangentes, λ varie de $-\infty$ à $+\infty$, ét réciproquement ; on aura donc le lieu du point, c'est-à-dire l'équation de l'ensemble des tangentes, en éliminant λ entre les équations précédentes, ce qui donne

$$\left(\frac{X^2}{a^2} + \frac{Y^2}{b^2} - 1\right)\left(\frac{x_0^2}{a^2} + \frac{y_0^2}{b^2} - 1\right) - \left(\frac{Xx_0}{a^2} + \frac{Yy_0}{b^2} - 1\right)^2 = 0.$$

Le même raisonnement peut être employé dans le cas général d'une conique représentée par l'équation $f(x, y) = 0$; il suffit d'exprimer que x et y satisfont aux équations de la courbe et de la polaire

$$f(x, y) = 0 \qquad \text{et} \qquad x_0 f'_x + y_0 f'_y + f'_z = 0,$$

ce qui donne

$$f(X, Y) + \lambda(x_0 f'_X + y_0 f'_Y + f'_Z) + \lambda^2 f(x_0, y_0) = 0,$$
$$x_0 f'_X + y_0 f'_Y + f'_Z + 2\lambda f(x_0, y_0) = 0.$$

En éliminant λ, on arrive à l'équation

$$4f(X, Y)f(x_0, y_0) - (x_0 f'_X + y_0 f'_Y + f'_Z)^2 = 0 ;$$

il faut remplacer Z par 1 dans le calcul effectué. Les équations obtenues ne diffèrent de celles de l'énoncé que par le changement de x, y, z en X, Y, Z.

---

176. *Former la condition pour que deux courbes passant par un point de coordonnées x, y soient en ce point orthogonales, c'est-à-dire aient leurs tangentes rectangulaires.*

Si les équations des courbes sont résolues par rapport à y sous la forme $y = f(x)$, $y = \varphi(x)$, la condition cherchée est

$$f'_x \varphi'_x + 1 = 0.$$

Si les équations des courbes sont données au contraire sous la forme

$f(x, y) = 0,$ $\varphi(x, y) = 0,$ la condition d'orthogonalité est

$$f'_x \varphi'_x + f'_y \varphi'_y = 0.$$

---

177. *Montrer que la courbe représentée par l'équation*

$$x^4 - 2ay^3 - 3a^2y^2 - 2a^2x^2 + a^4 = 0$$

a trois points doubles, deux sur Ox *et un sur* Oy ; *déterminer les tangentes en ces points.*

Le premier membre $f(x, y)$ de l'équation et ses dérivées partielles

$$f'_x = 4(x^3 - a^2x), \qquad f'_y = -6a(y^2 + ay)$$

s'annulent simultanément pour les trois systèmes de valeurs

(A) $y = 0, x = a,$ (B) $y = 0, x = -a,$ (C) $x = 0, y = -a,$

qui sont les coordonnées de trois points singuliers A, B, C.

En formant les dérivées secondes,

$$f''_{x^2} = 4(3x^2 - a^2), \qquad f''_{xy} = 0, \qquad f''_{y^2} = -6a(2y + a),$$

et en y remplaçant x et y par les coordonnées des points singuliers (n° 291), on trouve que les coefficients angulaires des tangentes aux points A et B sont donnés par

$$8a^2 - 6a^2\left(\frac{dy}{dx}\right)^2 = 0, \qquad \frac{dy}{dx} = \pm\sqrt{\frac{4}{3}},$$

et au point C ils sont donnés par

$$-4a^2 + 6a^2\left(\frac{dy}{dx}\right)^2 = 0,$$

$$\frac{dy}{dx} = \pm\sqrt{\frac{2}{3}}.$$

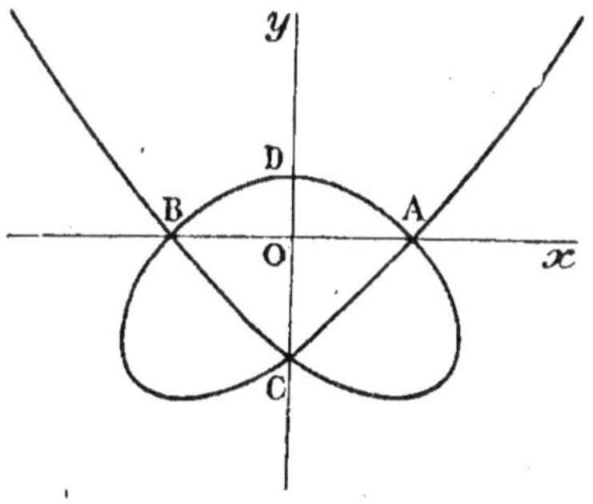

Il est facile de construire la courbe en résolvant l'équation par rapport à x^2 :

$$x^2 = a^2 \pm y\sqrt{2ay + 3a^2} ;$$

Fig. 45.

elle a la forme de la figure 45 et elle coupe l'axe Oy, en dehors du point C, en un point D d'ordonnée $\dfrac{a}{2}$; les points de contact des tangentes parallèles aux axes ont des coordonnées annulant f'_x et f'_y, et on les obtient sans difficulté.

---

178. *L'équation*

$$\frac{x^2}{a^2 - \lambda} + \frac{y^2}{b^2 - \lambda} - 1 = 0$$

représente, lorsque λ varie, une famille de coniques ayant mêmes directions d'axes et mêmes foyers ; on dit qu'elles sont homofocales ; par un point (x_0, y_0) du plan passent deux de ces coniques, et les valeurs correspondantes de λ sont les racines de l'équation obtenue en remplaçant x et y par x_0 et y_0 ; démontrer que cette équation a ses racines réelles, que les coniques correspondantes sont l'une une ellipse et l'autre une hyperbole, et que ces courbes se coupent orthogonalement.

Les valeurs de λ correspondant aux coniques qui passent par un point (x_0, y_0) sont les racines de l'équation

$$F(\lambda) = \frac{x_0^2}{a^2 - \lambda} + \frac{y_0^2}{b^2 - \lambda} - 1 = 0.$$

En supposant $a^2 > b^2$ et substituant à λ dans le premier membre des nombres successifs, on obtient des résultats dont le signe est donné par le tableau suivant :

$-\infty$	$b^2 - \varepsilon$	$b^2 + \varepsilon$	$a^2 - \varepsilon$	$a^2 + \varepsilon$	$+\infty$
$-$	$+$	$-$	$+$	$-$	$-$

il existe donc une racine λ' inférieure à b^2, à laquelle correspond une ellipse, et une racine λ'' comprise entre b^2 et a^2, à laquelle correspond une hyperbole.

La condition d'orthogonalité au point (x_0, y_0) commun aux deux courbes obtenues en donnant à λ les valeurs λ' et λ'', telle qu'elle résulte de l'exercice 176, est

$$\Phi = \frac{x_0^2}{(a^2 - \lambda')(a^2 - \lambda'')} + \frac{y_0^2}{(b^2 - \lambda')(b^2 - \lambda'')} = 0.$$

Elle est satisfaite, car on a identiquement

$$F(\lambda') - F(\lambda'') = (\lambda' - \lambda'')\Phi \, ;$$

comme le premier membre est nul et que $\lambda' - \lambda''$ ne l'est pas, on a bien $\Phi = 0$.

Si l'on remarque que le produit $F(\lambda)(a^2 - \lambda)(b^2 - \lambda)$ est un trinome dont les racines sont λ' et λ'', et peut être écrit sous la forme $-(\lambda - \lambda')(\lambda - \lambda'')$, on a l'identité

$$F(\lambda)(a^2 - \lambda) = x_0^2 + \left(\frac{y_0^2}{b^2 - \lambda} - 1\right)(a^2 - \lambda) = -\frac{(\lambda - \lambda')(\lambda - \lambda'')}{b^2 - \lambda} \, ;$$

en y faisant $\lambda = a^2$, on trouve la valeur de x_0^2; on trouverait de même y_0^2 et l'on a de cette façon

$$x_0^2 = +\frac{(a^2 - \lambda')(a^2 - \lambda'')}{a^2 - b^2}, \qquad y_0^2 = -\frac{(b^2 - \lambda')(b^2 - \lambda'')}{a^2 - b^2} \, ;$$

on voit ainsi que x_0^2 et y_0^2 s'expriment d'une manière rationnelle entière au moyen de λ' et λ''; les deux nombres λ' et λ'' sont appelés les coordonnées elliptiques du point (x_0, y_0) et plus généralement des points $(\pm x_0, \pm y_0)$.

———

179. *Même question en considérant l'équation*

$$\frac{y^2}{p - \lambda} - 2x + \lambda = 0,$$

qui représente des paraboles homofocales.

Déterminer et construire le lieu des points de contact des tangentes à ces paraboles issues d'un point (x_0, y_0).

En substituant dans le premier membre de l'équation

$$F(\lambda) = \frac{y_0^2}{p - \lambda} - 2x_0 + \lambda = 0$$

les nombres $-\infty, \, p - \varepsilon, \, p + \varepsilon, \, +\infty$, on voit qu'elle a une racine λ' inférieure à p et une racine λ'' supérieure à p; il leur correspond deux paraboles ayant pour axe Ox, pour foyer le point d'abscisse $\frac{p}{2}$, et tournées en sens inverse l'une de l'autre.

La condition d'orthogonalité est

$$\Phi = 1 + \frac{y_0^2}{(p - \lambda')(p - \lambda'')} = 0,$$

et l'on vérifie qu'elle est satisfaite en utilisant l'identité

$$F(\lambda') - F(\lambda'') = (\lambda' - \lambda'')\Phi.$$

Les expressions des coordonnées x_0, y_0 du point en fonction de λ' et λ'' résultent des formules

$$y_0^2 = -(p - \lambda')(p - \lambda''), \qquad 2x_0 = \lambda' + \lambda'' - p.$$

Les points de contact des tangentes à l'une des paraboles précédentes issues d'un point $M_0(x_0, y_0)$ sont les points communs à la courbe et à la polaire qui a pour équation

$$\frac{y y_0}{p - \lambda} - (x + x_0) + \lambda = 0 \; ;$$

pour trouver le lieu de ces points, on doit éliminer λ entre les deux équations ; en les retranchant membre à membre, on a d'abord

$$\frac{y(y - y_0)}{p - \lambda} - (x - x_0) = 0, \qquad p - \lambda = \frac{y(y - y_0)}{x - x_0},$$

et, en remplaçant dans l'équation donnée λ et $p - \lambda$ par leurs valeurs, on obtient l'équation du lieu ; rendue entière, elle s'écrit

$$(x + x_0 - p)(x - x_0)(y - y_0) + y(y - y_0)^2 - y_0(x - x_0)^2 = 0 \; ;$$

cette équation représente une courbe du troisième ordre ; ses directions asymptotiques, données par l'équation $y(x^2 + y^2) = 0$, sont l'une celle de Ox et les autres imaginaires ; l'asymptote parallèle à Ox a pour équation $y = 2y_0$.

La courbe passe par le point $M_0(x_0, y_0)$, qui est un point double ; en y transportant les axes parallèlement à eux-mêmes, et utilisant les formules de transformation $x = x_0 + x'$, $y = y_0 + y'$, on obtient l'équation

$$(x' + 2x_0 - p)x'y' + (y' + y_0)y'^2 - y_0x'^2 = 0,$$

dont les termes de plus bas degré, égalés à zéro, fournissent les tangentes à la courbe à la nouvelle origine ; on voit qu'elles sont rectangulaires.

On peut construire la courbe en résolvant son équation par rapport à x ; elle coupe Ox (*fig*. 46) au point d'abscisse x_0 et au point d'abscisse $\dfrac{p}{2}$, qui est le foyer F commun aux paraboles ; en transportant l'origine en ce point, et posant

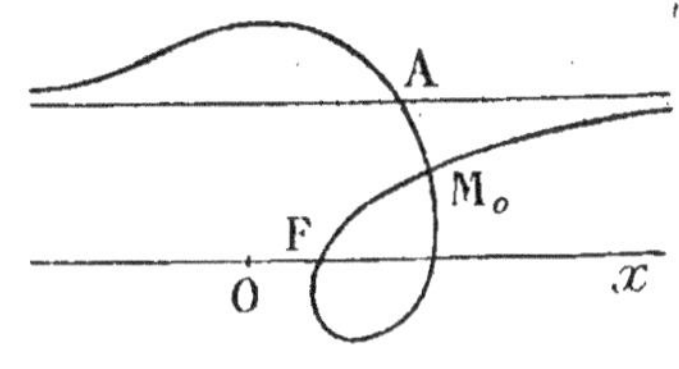

Fig. 46.

$$x = \frac{p}{2} + x'', \ x_0 = \frac{p}{2} + x_0'',$$

l'équation de la courbe prend une forme simple sur laquelle il est facile de vérifier différentes propriétés ; par exemple la tangente en F va passer par le point A où la courbe coupe son asymptote.

La figure indique la forme de la courbe en supposant

$$x_0 - \frac{p}{2} > y_0 > 0 \ ;$$

elle est appelée strophoïde oblique ; lorsque $x_0 = \dfrac{p}{2}$, la courbe devient la strophoïde droite (Exercice 45).

---

180. *Former l'équation de la normale en un point de la parabole* $y^2 - 2px = 0$; *former l'équation de cette normale connaissant son coefficient angulaire ; on obtient ainsi*

$$Y = m(X - p) - \frac{pm^3}{2} \ ;$$

déduire de là les coefficients angulaires des normales issues d'un point (x_0, y_0) *à la parabole ; discuter la réalité de ces normales.*

La normale à la parabole est représentée par l'équation (n° 290)

$$\frac{Y - y}{y} = \frac{X - x}{-p}.$$

En écrivant que son coefficient angulaire est égal à m, on a

$$-\frac{y}{p} = m, \qquad y = -pm, \qquad x = \frac{y^2}{2p} = \frac{pm^2}{2}$$

et en transportant dans l'équation de la normale, elle devient

$$Y = m(X - p) - \frac{pm^3}{2}.$$

Les coefficients angulaires des normales passant par un point (x_0, y_0) sont les racines de l'équation du troisième degré

$$F(m) = m^3 - \frac{2(x_0 - p)}{p}\,m + \frac{2y_0}{p} = 0.$$

La réalité des racines de cette équation dépend du signe de la quantité analogue à $4p^3 + 27q^2$, qui est ici

$$\Phi = \frac{108}{p^2}\left[\, y_0^2 - \frac{8}{27}(x_0 - p)^3 \right].$$

Nous retrouverons plus loin (exercice 209) la courbe représentée par l'équation $\Phi = 0$; c'est la développée de la parabole. Si le point (x_0, y_0) est sur cette courbe, l'équation a une racine double et on peut mener à la parabole trois normales réelles dont deux confondues ; si le point (x_0, y_0) est par rapport à la courbe dans la région du plan qui comprend l'origine, Φ est positif et l'on ne peut mener qu'une normale à la parabole ; si le point est dans l'autre région du plan, Φ est négatif et l'on peut mener à la courbe trois normales réelles distinctes.

---

181. *Démontrer que les pieds des normales issues d'un point donné (x_0, y_0) à l'ellipse $\dfrac{x^2}{a^2} + \dfrac{y^2}{b^2} - 1 = 0$ sont les points communs à cette courbe et à l'hyperbole*

$$(a^2 - b^2)xy + b^2 y_0 x - a^2 x_0 y = 0,$$

que l'on appelle hyperbole d'Apollonius ; construire cette courbe.

Former les équations des hyperboles analogues lorsqu'on remplace l'ellipse donnée par une hyperbole ou une parabole, et construire ces hyperboles.

Nous avons vu (n° 290) que l'équation de la normale en un point (x, y) d'une ellipse est

$$\frac{X - x}{\dfrac{x}{a^2}} = \frac{Y - y}{\dfrac{y}{b^2}} ;$$

en écrivant qu'elle passe par un point (x_0, y_0), nous obtenons entre

x, y une relation qui s'écrit

$$a^2y(x_0 - x) - b^2x(y_0 - y) = 0 \qquad \text{ou} \qquad c^2xy + b^2y_0x - a^2x_0y = 0.$$

En considérant x et y comme coordonnées courantes, elle repré-

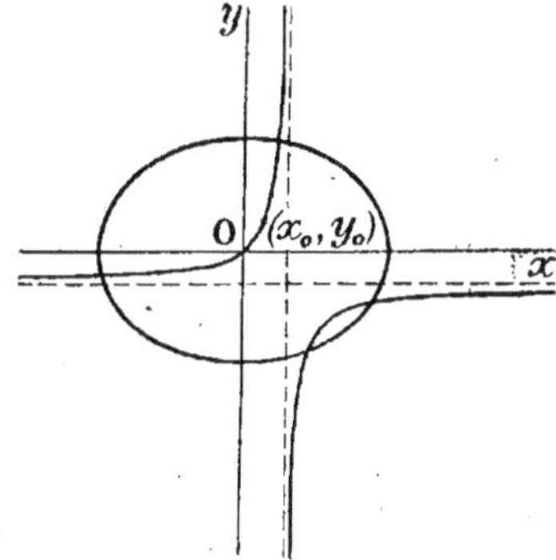

Fig. 47.

sente une hyperbole équilatère (*fig.* 47), qui passe par l'origine et par le point $(x_0,\ y_0)$; elle a pour asymptotes des parallèles aux axes, d'équations $x = \dfrac{a^2x_0}{c^2}$, $y = -\dfrac{b^2y_0}{c^2}$.

Les points de rencontre de cette hyperbole avec l'ellipse sont les pieds des normales à cette courbe issues du point $(x_0,\ y_0)$; il y a quatre normales dont deux sont toujours réelles, les deux autres pouvant être réelles et distinctes, ou confondues, ou imaginaires suivant que la branche d'hyperbole qui ne passe pas par l'origine coupe l'ellipse, ou lui est tangente, ou ne la coupe pas.

Si l'on change b^2 en $-b^2$, on obtient l'équation de l'hyperbole d'Apollonius relative à une hyperbole,

$$c^2xy - b^2y_0x - a^2x_0y = 0 \ ;$$

elle passe encore par l'origine et par le point $(x_0,\ y_0)$ et a pour asymptotes les droites d'équations

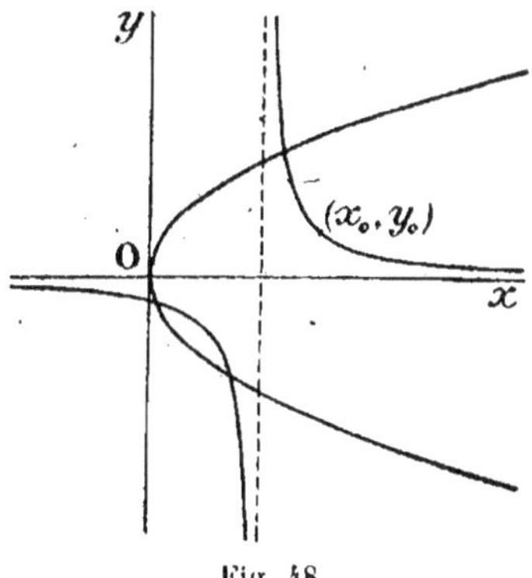

Fig. 48.

$$x = \frac{a^2x_0}{c^2}, \qquad y = \frac{b^2y_0}{c^2}.$$

Sa construction est analogue à celle de l'hyperbole d'Apollonius relative à l'ellipse.

Dans le cas de la parabole, l'équation de l'hyperbole d'Apollonius est

$$y(x_0 - x) + p(y_0 - y) = 0$$

ou

$$xy - (x_0 - p)y - py_0 = 0 \ ;$$

elle passe par le point $(x_0,\ y_0)$ et a pour asymptotes l'axe des x et la droite d'équation $x = x_0 - p$; cette hyperbole (*fig*. 48) rencontre la parabole en trois points dont l'un est toujours réel.

On peut calculer les coordonnées des pieds des normales issues du point $(x_0,\ y_0)$ à la parabole, en résolvant le système des équations de cette courbe et de l'hyperbole d'Apollonius ; en remplaçant dans la dernière x par $\dfrac{y^2}{2p}$, on obtient ainsi l'équation du troisième degré

$$\frac{y^3}{2p} - (x_0 - p)y - py_0 = 0$$

fournissant les ordonnées des pieds des trois normales ; la discussion de la réalité des racines de cette équation est identique à celle des racines de l'équation en m de l'exercice précédent ; on passerait du reste de l'une à l'autre en posant $y = -pm$.

---

182. *Écrire l'équation de la tangente en un point M de la courbe représentée par* $y^2 = x^3$; *cette tangente rencontre la courbe en un point N autre que le point de contact ; déterminer les coordonnées du point N en fonction de celles du premier, M.*

Mener à cette courbe une tangente de coefficient angulaire m. Comme application, combien peut-on mener de tangentes à la courbe par un point M_0 ; quel est le lieu de ce point lorsque deux de ces tangentes sont rectangulaires ?

Si l'on résout l'équation par rapport à y, on a

$$y = x^{\frac{3}{2}}, \qquad y' = \frac{3}{2}x^{\frac{1}{2}},$$

et l'équation de la tangente (n° 287) est

$$Y - y = \frac{3}{2}x^{\frac{1}{2}}(X - x), \qquad Y = \frac{3}{2}x^{\frac{1}{2}}X - \frac{1}{2}x^{\frac{3}{2}}.$$

Les abscisses des points communs à cette droite et à la courbe sont fournies par l'équation

$$X^{\frac{3}{2}} = \frac{3}{2}x^{\frac{1}{2}}X - \frac{1}{2}x^{\frac{3}{2}} ;$$

cette équation, rendue entière par élévation au carré, a une racine double égale à x et une autre égale à $\dfrac{x}{4}$; les coordonnées du point N sont par suite

$$x_1 = \frac{x}{4}, \qquad y_1 = \frac{y}{8}.$$

On peut aussi conserver l'équation sous la forme

$$f(x, y) = y^2 - x^3 = 0, \qquad \text{d'où} \qquad f(x, y, z) = y^2 z - x^3$$

et appliquer les considérations du n° 288 ; l'équation de la tangente est

$$-(X - x)3x^2 + (Y - y)2y = 0 ;$$

les solutions communes à cette équation et à $Y^2 - X^3 = 0$, autres que x, y, ont les valeurs x_1, y_1 déjà déterminées.

Pour qu'une tangente en un point (x, y) de la courbe ait comme coefficient angulaire m, il faut que

$$y' = \frac{3}{2}\,x^{\frac{1}{2}} = m, \qquad x = \frac{4}{9}\,m^2, \qquad y = \frac{8m^3}{27} ;$$

l'équation de la tangente est

$$Y - y = m(X - x), \qquad Y = mX - \frac{4m^3}{27}.$$

Pour qu'une tangente passe par un point $M_0(x_0, y_0)$, il faut que m soit racine de l'équation

$$y_0 = mx_0 - \frac{4m^3}{27}, \qquad m^3 - \frac{27x_0}{4}\,m + \frac{27y_0}{4} = 0 ;$$

on peut donc mener trois tangentes par le point M, chacune correspondant à l'une des racines m_1, m_2, m_3 de l'équation.

Pour que deux d'entre elles soient rectangulaires, il faut que le produit de leurs coefficients angulaires soit égal à -1 ; en écrivant les relations entre les coefficients et les racines, on a à satisfaire aux conditions

$$m_1 m_2 = -1, \qquad m_1 + m_2 + m_3 = 0,$$

$$m_1 m_2 + m_1 m_3 + m_2 m_3 = -\frac{27x_0}{4}, \qquad m_1 m_2 m_3 = -\frac{27y_0}{4}.$$

L'élimination de m_1, m_2 et m_3 entre ces relations donne l'équation

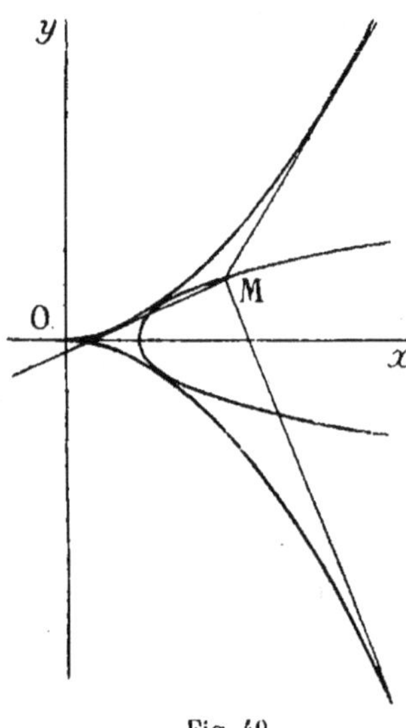

Fig. 49.

$$y_0^2 = \frac{4}{27}\left(x_0 - \frac{4}{27}\right);$$

elle représente (*fig.* 49) une parabole symétrique par rapport à Ox, et rencontrant la courbe donnée aux points dont les abscisses sont racines de l'équation

$$x^3 - \frac{4}{27}\,x + \frac{4^2}{27^2} = 0.$$

Cette équation a une racine négative, qui ne donne aucun point réel, et une racine double positive égale à $\frac{2}{9}$; il lui correspond deux points où les courbes sont tangentes.

***

183. *Mener par l'origine des coordonnées une tangente et une normale à la courbe d'équation* $y = \log x$.

En écrivant que la tangente et la normale en un point de la courbe, dont les équations sont

$$Y - \log x = \frac{1}{x}\,(X - x), \qquad Y - \log x = -\,x(X - x),$$

passent par l'origine, on obtient les équations

$$\log x = 1, \qquad \log x = -\,x^2\;;$$

la première a pour racine $x = e$; la seconde a une seule racine réelle, égale à $0,6528$ à deux dix-millièmes près.

***

184. *Construire les courbes représentées par les équations suivantes et déterminer leurs points d'inflexion :*

$$1° \quad y = x^3, \qquad 2° \quad y = x^2 - x^4, \qquad 3° \quad y^2 = x^3 + 1,$$

$$4° \quad y^2 = x^3 - x^4, \qquad 5° \quad y^3 = x^3 - x, \qquad 6° \quad y^2 = \frac{x}{(x-1)^2}.$$

1° La courbe d'équation $y = x^3$ a un point d'inflexion à l'origine, car $y'' = 6x$ s'annule pour $x = 0$ en changeant de signe (*fig.* 50).

2° Pour la courbe d'équation $y = x^2 - x^4$, on a

$$y' = 2x - 4x^3, \qquad y'' = 2 - 12x^2 ;$$

y passe par un minimum égal à zéro pour $x = 0$ et par un maximum égal à $\dfrac{1}{4}$ pour $x = \pm\sqrt{\dfrac{1}{2}}$; il y a deux points d'inflexion de coordonnées $x = \pm\sqrt{\dfrac{1}{6}}$, $y = \dfrac{5}{36}$ (*fig.* 51).

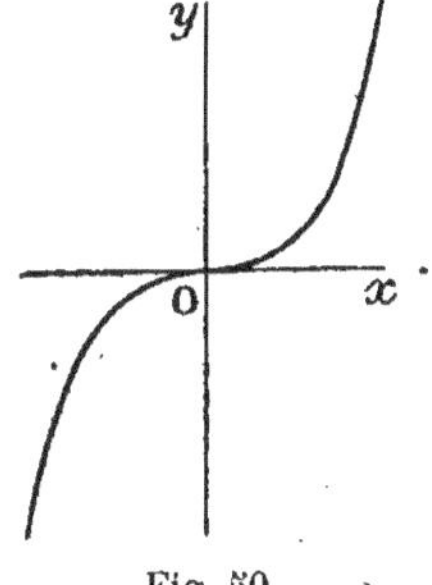

Fig. 50.

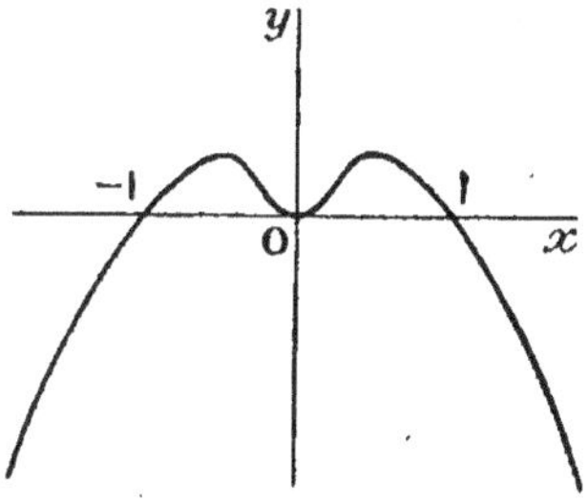

Fig. 51.

3° En résolvant l'équation par rapport à y, on a

$$y = (x^3 + 1)^{\frac{1}{2}}, \quad y' = \frac{3}{2} x^2 (x^3 + 1)^{-\frac{1}{2}}, \quad y'' = \frac{3}{4}(x^4 + 4x)(x^3 + 1)^{-\frac{3}{2}} ;$$

la fonction y n'est réelle que si $x > -1$; elle croît en valeur absolue quand x augmente ; y'' ne s'annule dans l'intervalle de réalité que pour $x = 0$, en passant du négatif au positif ; il y a donc des points d'inflexion de coordonnées $x = 0$, $y = \pm 1$, où la tangente est parallèle à Ox (*fig.* 52).

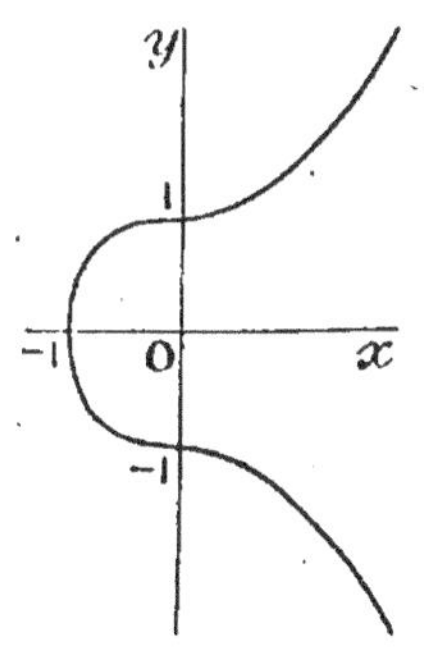

Fig. 52.

4° On peut résoudre par rapport à y, ou bien encore utiliser l'équation donnée, qui donne

$$y^2 = x^3 - x^4, \qquad 2yy' = 3x^2 - 4x^3,$$
$$2yy'' + 2y'^2 = 6x - 12x^2,$$
$$yy'' = 3x - 6x^2 - y'^2 = \frac{x(8x^2 - 12x + 3)}{4(1 - x)}.$$

La courbe est symétrique par rapport à Ox et l'on peut se limiter à l'étude des valeurs positives de y ; elles ne sont réelles que si x est compris entre 0 et 1 ; dans cet intervalle, la dérivée seconde ne s'annule que pour une seule valeur $x = \dfrac{3 - \sqrt{3}}{4}$ en passant du positif au négatif ; à cette valeur correspondent deux points d'inflexion. La courbe a l'aspect de la figure 53 ; l'origine est un point de rebroussement avec une tangente dirigée suivant Ox ; la valeur absolue de l'ordonnée a un maximum pour $x = \dfrac{3}{4}$ et cette valeur est $\dfrac{3\sqrt{3}}{16}$.

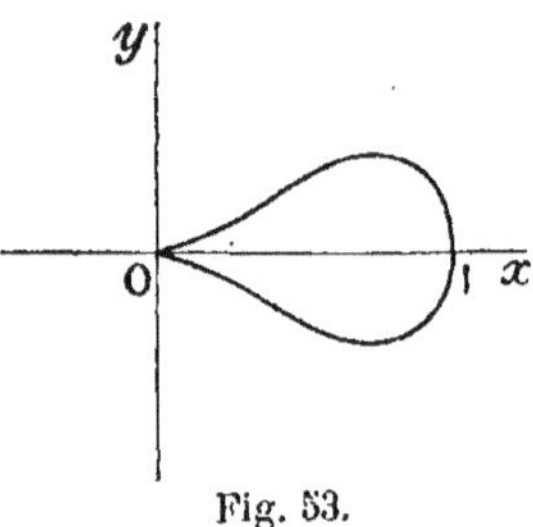

Fig. 53.

5° En opérant de même, on a

$$y^3 = x^3 - x, \qquad 3y^2 y' = 3x^2 - 1, \qquad 6yy'^2 + 3y^2 y'' = 6x,$$

$$y^2 y'' = 2x - 2yy'^2 = -\frac{6x^2 + 2}{9(x^3 - x)}.$$

La dérivée seconde change de signe pour les valeurs $x = 0$ et $x = \pm 1$ qui annulent y et rendent y' infini ; à ces valeurs correspondent des points d'inflexion. L'ordonnée passe par un maximum ou un minimum pour $x = \pm \dfrac{\sqrt{3}}{3}$ et est égale à $\mp \dfrac{\sqrt{3}\sqrt[3]{2}}{3}$. La courbe a la forme de la figure 54 ; elle est symétrique par rapport à l'origine, car l'équation ne change pas quand on remplace x et y par $-x$ et $-y$; elle a pour asymptote la bissectrice de l'angle xOy, car la différence

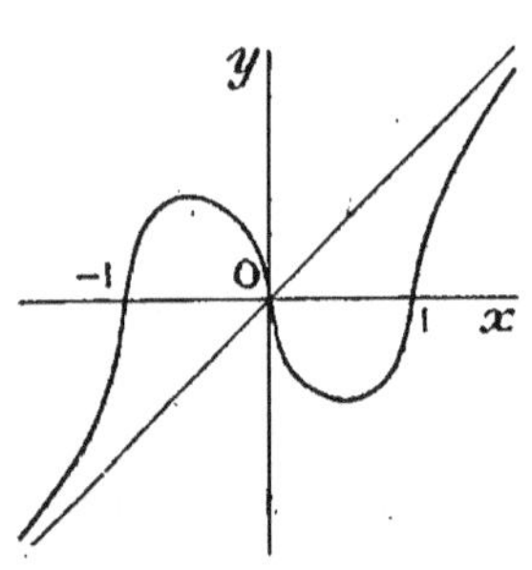

Fig. 54.

$$y - x = \frac{y^3 - x^3}{y^2 + xy + x^2} = \frac{-x}{y^2 + xy + x^2}$$

a pour limite 0 pour x infini.

6° La même méthode donne

$$y^2 = x(x-1)^{-2}, \qquad 2yy' = -(x+1)(x-1)^{-3},$$

$$2y'^2 + 2yy'' = (2x+4)(x-1)^{-4},$$

$$yy'' = (x+2)(x-1)^{-4} - y'^2 = \frac{3x^2 + 6x - 1}{4x(x-1)^4}.$$

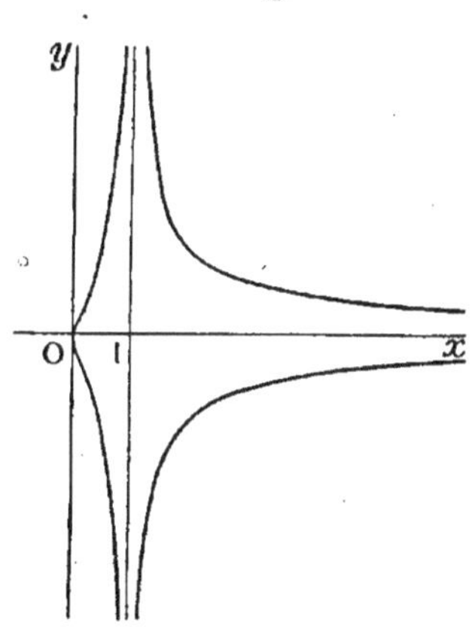

Fig. 55.

L'ordonnée y n'est réelle que si x est positif ; elle devient infinie pour $x = 1$. La dérivée y' change de signe pour $x = 1$; la dérivée y'' s'annule pour une seule racine positive

$$x = \frac{-3 + 2\sqrt{3}}{3},$$

en passant du négatif au positif si y est positif ; à cette valeur correspond un point d'inflexion. La courbe passe à l'origine où la tangente est l'axe Oy ; elle a pour asymptotes l'axe Ox et la droite $x = 1$ (*fig.* 55).

---

185. *Construire les courbes représentées par les équations suivantes et déterminer leurs asymptotes :*

$$1° \quad y = \frac{x^3 + x}{x^2 - 1}, \qquad 2° \quad y = x\sqrt{\frac{x-1}{x-2}}, \qquad 3° \quad \frac{a^2}{x^2} + \frac{b^2}{y^2} - 1 = 0,$$

$$4° \quad y^4 - x^4 + 2ax^2y = 0, \qquad 5° \quad 2x^3 - y^3 + (y-x)^2 = 0,$$

$$6° \quad xy + y^2 + x - 4 = 0, \qquad 7° \quad x^2 - 2xy + y^2 - 2x - 2y + 1 = 0,$$

$$8° \quad xy(x+y) - (x-y)^2 = 0, \qquad 9° \quad y^3 - x^3 + x^2 = 0,$$

$$10° \quad x^3 + y^3 - 3axy = 0,$$

$$11° \begin{cases} x = \dfrac{t(t+2)}{t^2 - 1}, \\ y = \dfrac{t}{t+1}, \end{cases} \quad 12° \begin{cases} x = \dfrac{a(1-t^2)}{1+t^2}, \\ y = \dfrac{at(1-t^2)}{1+t^2}, \end{cases} \quad 13° \begin{cases} x = \dfrac{t^3}{1-t^2}, \\ y = \dfrac{1+t^2}{1-t^2}, \end{cases}$$

$$14° \quad x = a(1 + \cos^2 t)\sin t, \qquad y = a\sin^2 t \cos t.$$

Vogt. — Solut.   13

$$15° \quad x^{\frac{2}{3}} + y^{\frac{2}{3}} = a^{\frac{2}{3}}, \qquad 16° \quad y = a\cos 2\pi\left(\frac{x}{\mathrm{T}} + \lambda\right),$$

$$17° \quad y = ae^{-x}\sin mx,$$

$$18° \quad y = \frac{\sin x}{x}, \qquad 19° \quad y = x\log x, \qquad 20° \quad y = e^{\frac{1}{x}},$$

$$21° \quad \rho = \cos\frac{\theta}{2}, \qquad 22° \quad \rho = \sin\theta + \cos\theta, \qquad 23° \quad \rho = \operatorname{tg}\frac{\theta}{2},$$

$$24° \quad \rho = \frac{\cos\theta - \sin\theta}{\sin\theta\cos\theta}, \qquad 25° \quad \rho = \frac{1}{2 + \sin\theta + \sqrt{3}\cos\theta}.$$

1° La fonction $y = \dfrac{x^3 + x}{x^2 - 1}$ est toujours réelle ; elle est discon-

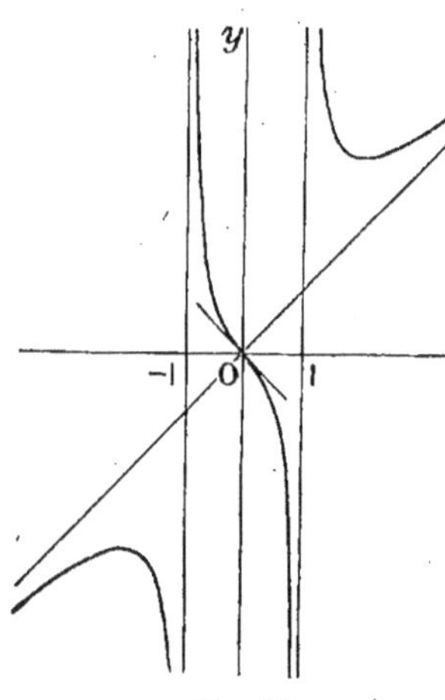

Fig. 56.

tinue pour les valeurs $x = \pm 1$ auxquelles correspondent des asymptotes parallèles à Oy. En divisant le numérateur par le dénominateur, on a $y = x + \dfrac{2x}{x^2 - 1}$, de sorte que la droite $y = x$ est asymptote. La courbe est symétrique par rapport à l'origine ; elle passe en ce point et y a pour tangente la droite $y = -x$, comme on le voit en rendant l'équation entière et annulant les termes de plus bas degré.

La dérivée, $y' = \dfrac{x^4 - 4x^2 - 1}{(x^2 - 1)^2}$, s'annule pour les valeurs de x et de y,

$$x = \pm\sqrt{2 + \sqrt{5}}, \quad y = \pm\frac{1 + \sqrt{5}}{2}\sqrt{2 + \sqrt{5}};$$ la dérivée seconde ne change de signe que pour $x = 0$, de sorte que l'origine est un point d'inflexion (*fig.* 56).

2° L'ordonnée de la courbe $y = x\sqrt{\dfrac{x - 1}{x - 2}}$ n'est réelle que si x est extérieur à l'intervalle $(1, 2)$; elle est nulle pour $x = 0$, et la tangente à l'origine a pour coefficient angulaire la limite de $\dfrac{y}{x}$, c'est-à-dire $\sqrt{\dfrac{1}{2}}$; elle est nulle pour $x = 1$, et elle est infinie pour $x = 2$; la droite $x = 2$ est asymptote à la courbe.

Il existe une autre asymptote ; son coefficient angulaire est la limite de $\dfrac{y}{x}$ quand x est infini, et est égal à l'unité ; son ordonnée à l'origine est la limite de

$$y - x = x\left(\sqrt{\dfrac{x-1}{x-2}} - 1\right) = x\,\dfrac{\dfrac{x-1}{x-2} - 1}{\sqrt{\dfrac{x-1}{x-2}} + 1} \, ;$$

la limite est égale à $\dfrac{1}{2}$, de sorte que l'équation de l'asymptote est

$$y = x + \dfrac{1}{2}.$$

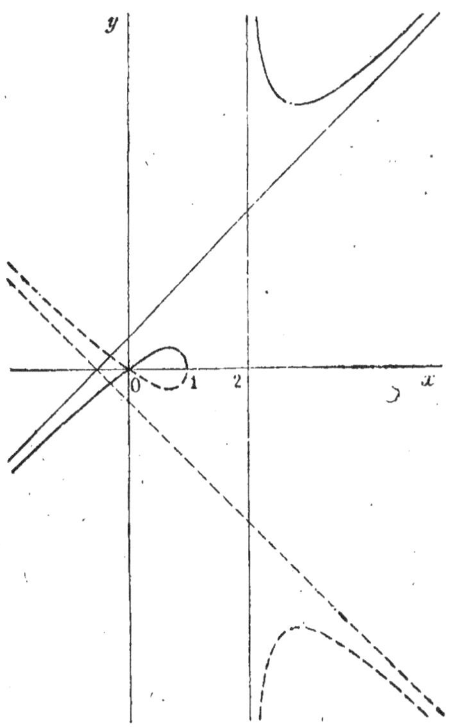

Fig. 57.

On aura les maxima et minima de y en annulant la dérivée de y^2, on trouve ainsi que y est maximum pour $x = \dfrac{7 - \sqrt{17}}{4}$ et minimum pour $x = \dfrac{7 + \sqrt{17}}{4}$.

La courbe est représentée en traits pleins dans la figure 57 ; la partie en pointillé, symétrique de la première par rapport à Ox, représente la fonction déduite de y par le changement de signe du radical.

On peut retrouver ces résultats en rendant entière l'équation de la courbe sous la forme

$$x(y^2 - x^2) + x^2 - 2y^2 = 0 \, ;$$

on obtient de cette façon d'abord les tangentes à l'origine, d'équations $y = \pm \dfrac{x\sqrt{2}}{2}$, puis les directions asymptotiques données par $x(y^2 - x^2) = 0$; à $x = 0$ correspond la direction Oy et l'asymptote $x = 2$; à $y = x$ correspond la direction $c = +1$ et à $y = -x$ la direction $c = -1$; la formule (6) du n° 303 donne les ordonnées à l'origine

$$d = -\frac{\varphi_{m-1}(1, c)}{\varphi_m'(1, c)} = -\frac{1 - 2c^2}{2c} \; ;$$

pour $c = 1$, on a $\quad d = \dfrac{1}{2}\quad$ et pour $c = -1$, on a $\quad d = -\dfrac{1}{2}$.

La courbe est unicursale, et, en posant $y = tx$, on trouve les expressions de x et y en fonction de t :

$$x = \frac{2t^2 - 1}{t^2 - 1}, \qquad y = \frac{t(2t^2 - 1)}{t^2 - 1}.$$

Les procédés du n° 305 permettraient de retrouver tous les résultats précédemment obtenus.

3° L'équation rendue entière s'écrit

$$x^2 y^2 - b^2 x^2 - a^2 y^2 = 0 \; ;$$

l'origine est un point double isolé ; les asymptotes sont parallèles aux axes et ont pour équations $x = \pm a$, $y = \pm b$; en résolvant l'équation par rapport à y^2, on a

$$y^2 = \frac{b^2 x^2}{x^2 - a^2} = b^2 + \frac{a^2 b^2}{x^2 - a^2} \; ;$$

on voit qu'en valeur absolue x doit être supérieur à a et y supérieur à b. La courbe a la forme de la figure 58 ; elle est le lieu des sommets des rectangles $OTMT'$ dont la diagonale TT' est tangente à l'ellipse de demi-axes a et b.

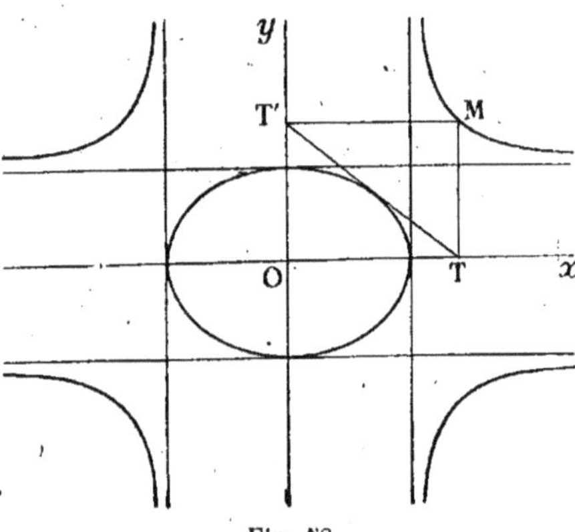

Fig. 58.

4° La courbe d'équation $y^4 - x^4 + 2ax^2 y = 0$ a à l'origine un point triple dont les tangentes sont deux confondues avec Oy et la troisième dirigée suivant Ox. Les directions asymptotiques sont données par $y^4 - x^4 = 0$; deux sont réelles et ont pour coefficients angulaires $c = 1$ et $c = -1$; la formule (6) du n° 303 donne

$$d = -\frac{a}{2c^2} = -\frac{a}{2}.$$

La courbe, qui est du quatrième ordre, est coupée par chacune de ses asymptotes en quatre points dont deux sont à l'infini et deux à distance finie ; l'asymptote $y = x - \frac{a}{2}$ coupe la courbe en des points dont les abscisses sont les racines de l'équation

$$\left(x - \frac{a}{2}\right)^4 - x^4 + 2ax^2\left(x - \frac{a}{2}\right) = 0,$$

qui a deux racines infinies et deux racines finies $x = \frac{a(2 \pm \sqrt{2})}{4}$.

La courbe est symétrique par rapport à Oy et l'on peut achever sa construction en résolvant l'équation par rapport à x^2 sous la forme

$$x^2 = ay + \sqrt{y^2(a^2 + y^2)} ;$$

pour y positif, on a $x^2 = y(a + \sqrt{a^2 + y^2})$ et le rapport $\frac{y}{x}$ tend vers zéro avec y ; pour y négatif, il faut au contraire prendre

$$x^2 = -y(\sqrt{a^2 + y^2} - a) ;$$

cette fois, c'est le rapport

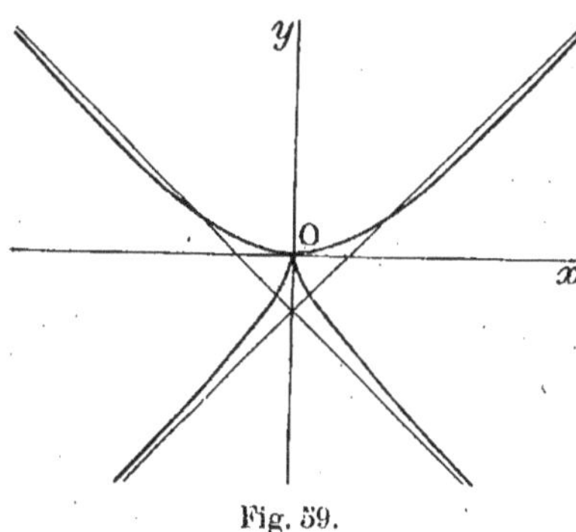

Fig. 59.

$$\frac{x^2}{y^2} = \frac{\sqrt{a^2 + y^2} - a}{-y}$$

$$= \frac{-y}{\sqrt{a^2 + y^2} + a}$$

qui tend vers zéro avec y, de sorte que les branches de la courbe tournées du côté des y négatifs sont tangentes à l'origine à l'axe Oy.

La courbe a la forme de la figure 59 ; elle est unicursale et, en posant $y = tx$, on a

$$x = \frac{2at}{1 - t^4}, \qquad y = \frac{2at^2}{1 - t^4}.$$

5° La courbe d'équation

$$2x^3 - y^3 + (y - x)^2 = 0$$

a à l'origine un point de rebroussement dont la tangente est la bissectrice de l'angle xOy. Elle a une asymptote dont le coefficient angulaire est $c = \sqrt[3]{2}$ et dont l'ordonnée à l'origine est

$$d = \frac{(c-1)^2}{3c^2} = \frac{1}{3}\left(1 - \frac{1}{\sqrt[3]{2}}\right)^2 ;$$

elle coupe les axes en dehors du point O aux points $x = 0$, $y = 1$ et

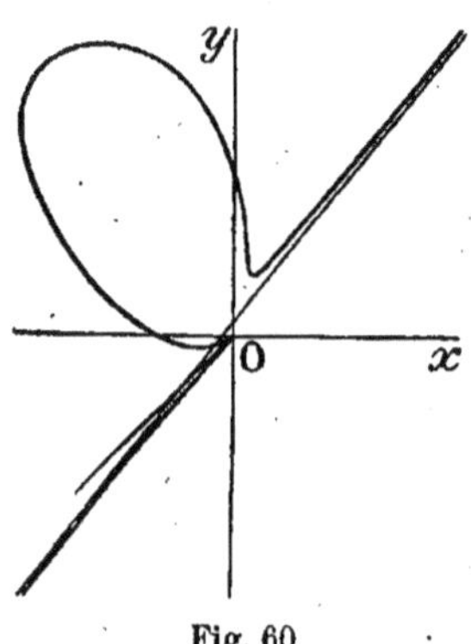

Fig. 60.

$y = 0$, $x = -\dfrac{1}{2}$; elle a la forme de la figure 60.

Si l'on veut trouver les points de la courbe où la tangente est parallèle à l'axe Ox, il faut joindre à l'équation donnée l'équation

$$f'_x = 6x^2 - 2(y - x) = 0 ;$$

les points de contact sont donc à l'intersection de la courbe avec la parabole d'équation $y = x + 3x^2$ et les abscisses de ces points sont les racines de l'équation

$x^3 + x^2 = \dfrac{1}{27}$, qui a trois racines réelles, dont l'une est positive et très petite, et les deux autres négatives.

De la même manière, si l'on veut trouver les points de la courbe où la tangente est parallèle à l'axe Oy, il faut joindre à l'équation donnée l'équation

$$f'_y = -3y^2 + 2(y - x) = 0.$$

Les points de contact sont à l'intersection de la courbe avec la parabole d'équation $x = -\dfrac{3}{2}y^2 + y$; leurs ordonnées sont les racines

de l'équation $y(y-1)^2 = \dfrac{4}{27}$. Cette équation a une racine simple $y = \dfrac{4}{3}$ à laquelle correspond l'abscisse $x = -\dfrac{4}{3}$; elle a une autre racine double $y = \dfrac{1}{3}$, à laquelle correspond l'abscisse $x = \dfrac{1}{6}$, et le point correspondant est un point d'inflexion.

6° La courbe d'équation

$$xy + y^2 + x - 4 = 0$$

est une hyperbole dont les asymptotes ont pour directions les droites

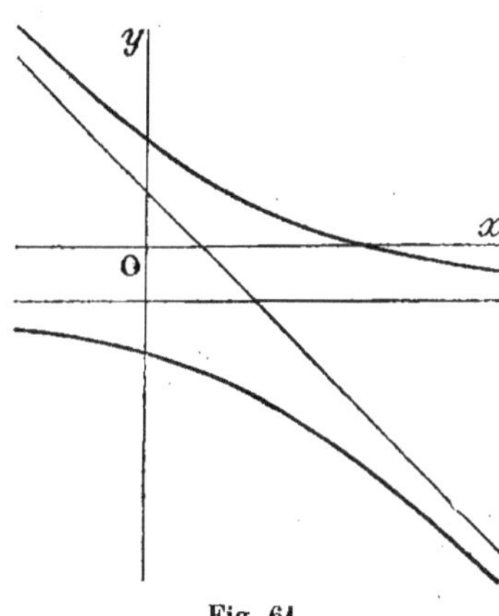

Fig. 61.

$y = 0$, axe des x et $y + x = 0$, bissectrice de l'angle $x'Oy$; le centre C est déterminé par les équations

$$f'_x = y + 1 = 0$$

et

$$f'_y = x + 2y = 0,$$

et il a pour coordonnées

$$y = -1, \quad x = 2 ;$$

on obtient les asymptotes en traçant par ce point C des parallèles aux directions trouvées.

On peut résoudre l'équation par rapport à x, mais il suffit de déterminer les points de rencontre de la courbe avec les axes : $y = 0$, $x = 4$ et $x = 0$, $y = \pm 2$ pour achever la construction (*fig.* 61).

7° La courbe est construite au n° 309.

8° La courbe d'équation

$$xy(x + y) - (x - y)^2 = 0$$

est symétrique par rapport à la bissectrice de l'angle xOy, car l'équation ne change pas quand on change x en y et y en x ; l'origine est un point de rebroussement, avec la tangente dirigée suivant la bissectrice $y = x$. Les directions asymptotiques sont $x = 0$, $y = 0$ et $x + y = 0$; les asymptotes parallèles aux axes ont pour équations (n° 301) $y = 1$ et $x = 1$; la troisième asymptote est déterminée d'après la méthode du n° 302 ; on peut aussi pour cette dernière chercher quelle valeur il faut donner à h pour que la droite d'équation $y + x = h$ coupe la courbe en deux points à l'infini ; l'équation aux abscisses des points de rencontre

$$x(-x + h)h - (h - 2x)^2 = 0$$

doit alors se réduire à un degré inférieur au second, et en annulant le coefficient du terme du second degré, on trouve ainsi $h = -4$; mais alors l'équation a toutes ses racines infinies et l'on voit que la troisième asymptote ne coupe plus la courbe. Les premières la coupent aux points

$$x = 1, \qquad y = \frac{1}{3}$$

et

$$x = \frac{1}{3}, \qquad y = 1.$$

On peut encore trouver les maxima et minima de x ou y en discutant la réalité des racines de l'équation résolue par rapport à x ou à y ; la courbe a la forme de la figure 62.

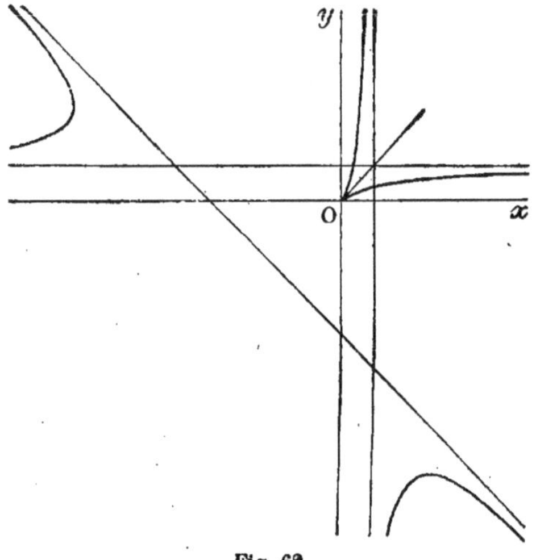

Fig. 62.

9° La courbe d'équation $y^3 - x^3 + x^2 = 0$ a à l'origine un point de rebroussement avec tangente dirigée suivant Oy ; elle a une asymptote de coefficient angulaire $c = 1$ et dont l'ordonnée à l'origine a pour valeur $d = -\dfrac{1}{3c^2} = -\dfrac{1}{3}$; la courbe est coupée par l'axe Ox à l'origine et au point d'abscisse 1 ; elle est coupée par l'asymptote $y = x - \dfrac{1}{3}$ au point d'abscisse $\dfrac{1}{9}$.

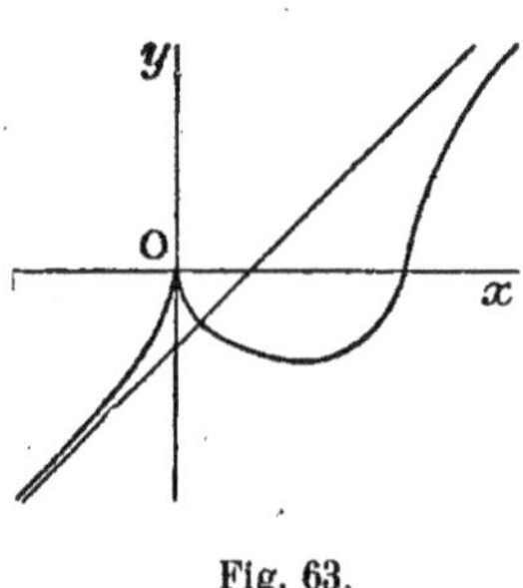

Fig. 63.

On peut étudier les dérivées de y comme à l'exercice 184 ; on a

$$y^3 = x^3 - x^2 ; \qquad 3y^2 y' = 3x^2 - 2x, \qquad 6yy'^2 + 3y^2 y'' = 6x - 2,$$

$$y^2 y'' = 2x - \frac{2}{3} - 2yy'^2 = \frac{-2}{9(x-1)}.$$

y' s'annule, en dehors de l'origine qui est un point singulier, pour $x = \dfrac{2}{3}$, $y = \dfrac{-\sqrt[3]{4}}{3}$; la dérivée seconde change de signe en devenant ınfinie pour $x = 1$, de sorte que le point de rencontre avec Ox, d'abscisse $x = 1$, est un point d'inflexion (*fig.* 63).

10° La courbe d'équation

$$x^3 + y^3 - 3axy = 0$$

est unicursale, et, en posant $y = tx$, on obtient pour expressions des coordonnées

$$x = \frac{3at}{1 + t^3},$$
$$y = \frac{3at^2}{1 + t^3}.$$

On peut utiliser ces formules, ou étudier la courbe sur l'équation donnée. Elle passe à l'origine, les tangentes en ce point étant représentées par l'équation $xy = 0$ et étant les axes de coordonnées.

Les coefficients angulaires des asymptotes sont donnés par l'équation $c^3 + 1 = 0$, qui a une seule racine réelle $c = -1$; l'ordonnée à l'origine correspondante est donnée par l'équation

$$d = -\frac{\varphi_{m-1}(1, c)}{\varphi'_m(1, c)} = \frac{3ac}{3c^2} = \frac{a}{c} = -a.$$

L'équation, écrite sous la forme $y^3 - 3axy + x^3 = 0$, est du troisième degré en y ; ici la quantité $4p^3 + 27q^2$ est égale à

$$27x^3(x^3 - 4a^3) ;$$

si x est négatif, l'équation a une seule racine réelle positive ; si x est compris entre 0 et $a\sqrt[3]{4}$, l'équation a trois racines réelles, deux positives et une négative ; si x est supérieur à $a\sqrt[3]{4}$, l'équation a une seule racine réelle négative.

Les maxima et minima de y, obtenus en joignant à l'équation donnée sa dérivée par rapport à x, sont donnés par

$$x = 0, \qquad y = 0,$$

qui donne le point singulier de la courbe, et par $x = a\sqrt[3]{2}$, $y = a\sqrt[3]{4}$, qui donne un maximum de y. La courbe a la forme de la figure 64 et est appelée *folium de Descartes.*

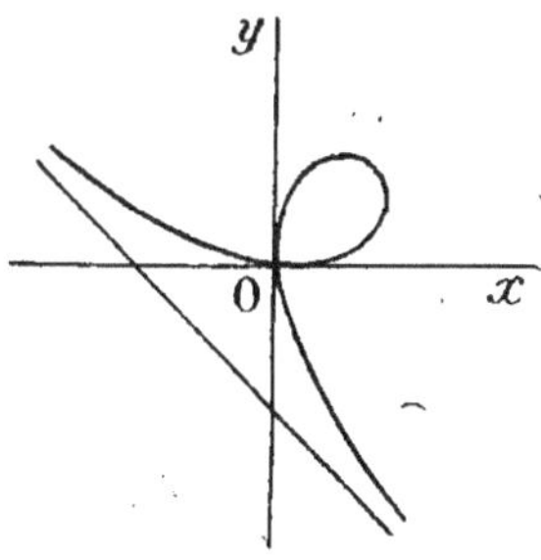

Fig. 64.

$11°$ La courbe représentée par les équations

$$x = \frac{t(t+2)}{t^2-1}, \qquad y = \frac{t}{t+1}$$

est du second ordre, car les points où elle rencontre une droite d'équation $Ax + By + C = 0$ sont déterminés par une équation qui, rendue entière, est du second degré. Les coordonnées deviennent infinies :

$1°$ pour $t = 1$, on a dans ce cas $x = \infty$, $y = \frac{1}{2}$; la courbe a alors une asymptote parallèle à Ox, d'ordonnée $\frac{1}{2}$; $2°$ pour $t = -1$, x et y deviennent alors infinis; le coefficient angulaire de l'asymptote est $c = \lim \frac{y}{x} = \lim \frac{t-1}{t+2} = -2$; son ordonnée à l'origine est

$$d = \lim (y - cx) = \lim (y + 2x) = \lim \frac{3t}{t-1} = \frac{3}{2}.$$

La courbe est donc une hyperbole dont les asymptotes sont les droites

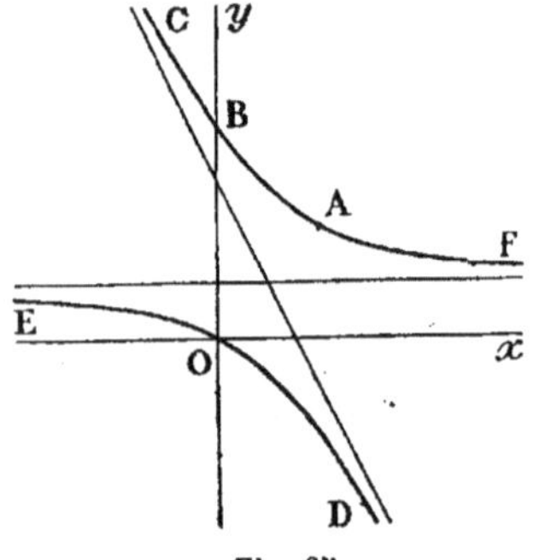

Fig. 65.

d'équations $y = \frac{1}{2}$ et $y = -2x + \frac{3}{2}$; le centre, point de rencontre des asymptotes, a pour coordonnées

$$x = y = \frac{1}{2}.$$

Pour $t = 0$, on a $x = y = 0$; la courbe passe donc à l'origine, ce qui permet d'achever sa construction, mais on peut étudier complètement la variation simultanée de x et y en fonction de t; la dérivée x'_t est constamment négative et y'_t constamment positive; les variations du point de la courbe sont indiquées dans le tableau suivant, auquel correspond la figure 65.

t	$-\infty$	-2	$-1-\varepsilon$	$-1+\varepsilon$	0	$1-\varepsilon$	$1+\varepsilon$	$+\infty$
x	1	0	$-\infty$	$+\infty$	0	$-\infty$	$+\infty$	1
y	1	2	$+\infty$	$-\infty$	0	$\frac{1}{2}$	$\frac{1}{2}$	1
Point	A	B	C	D	O	E	F	A

12° La courbe d'équations

$$x = a\frac{1 - t^2}{1 + t^2}, \qquad y = \frac{at(1 - t^2)}{1 + t^2}$$

est du troisième ordre ; t représente le coefficient angulaire $\frac{y}{x}$ de la droite joignant l'origine à un point de la courbe.

L'origine est un point double, car x et y s'annulent pour $t = \pm 1$; les coefficients angulaires des tangentes sont les limites de $\frac{y}{x} = t$ et les tangentes sont les bissectrices des angles des axes. x n'est jamais infini tandis que y devient infini pour t infini ; x a alors pour limite $-a$ et la courbe a pour asymptote la droite $x = -a$.

En donnant à t des valeurs égales et opposées, x ne change pas, tandis que y change de signe; la courbe est donc symétrique par rapport à Ox et il suffirait de faire varier t de 0 à $+\infty$. Les dérivées de x et de y sont

$$x'_t = \frac{-4at}{(1 + t^2)^2}, \qquad y'_t = \frac{a(1 - 4t^2 - t^4)}{(1 + t^2)^2};$$

la première s'annule pour $t = 0$ et la seconde pour $t = \pm\sqrt{\sqrt{5} - 2}$. Pour $t = 0$, on a le point A d'abscisse a ; lorsque l'on fait varier t de 0 à 1, on obtient les points de l'arc ABO (*fig.* 66); ensuite pour t variant de 1 à $+\infty$, ceux de l'arc OC asymptote à la droite $x = -a$; en faisant varier t de 0 à $-\infty$, on obtient un arc de courbe symétrique du premier par rapport à Ox. La courbe entière est la strophoïde (exercice 45) ; son équation s'obtient en remplaçant t par $\frac{y}{x}$ dans l'une des équations données, ce qui donne

$$x(x^2 + y^2) - a(x^2 - y^2) = 0.$$

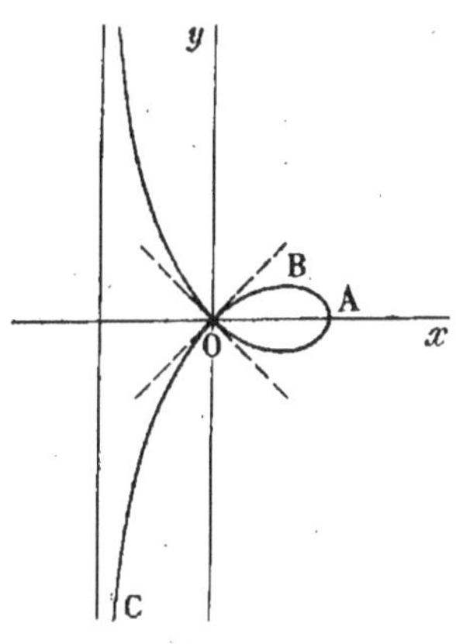
Fig. 66.

13° La courbe représentée par les équations

$$x = \frac{t^3}{1 - t^2}, \qquad y = \frac{1 + t^2}{1 - t^3}$$

est du troisième ordre, et est symétrique par rapport à Oy, car y ne change pas et x change de signe quand on change t en $-t$. Pour $t = \infty$, x devient infini et y est égal à -1, de sorte que la courbe a une asymptote parallèle à Ox d'ordonnée $y = -1$. Pour $t = +1$, x et y deviennent infinis, on a une asymptote dont le coefficient angulaire est $c = \lim \dfrac{y}{x} = 2$, et dont l'ordonnée à l'origine est

$$d = \lim (y - cx) = \lim \frac{1 + t^2 - 2t^3}{1 - t^2} = \lim \frac{1 + t + 2t^2}{1 + t} = 2 \; ;$$

son équation est $y = 2x + 2$. A la valeur $t = -1$ correspond l'asymptote symétrique $y = -2x + 2$. Les dérivées de x et de y sont

$$x'_t = \frac{3t^2 - t^4}{(1 - t^2)^2}, \qquad y'_t = \frac{4t}{(1 - t^2)^2} \; ;$$

la première s'annule pour $t = 0$ sans changer de signe, et pour $t = \pm\sqrt{3}$ en changeant de signe; la deuxième pour $t = 0$; on obtient ainsi les résultats suivants lorsque t varie de 0 à $+\infty$:

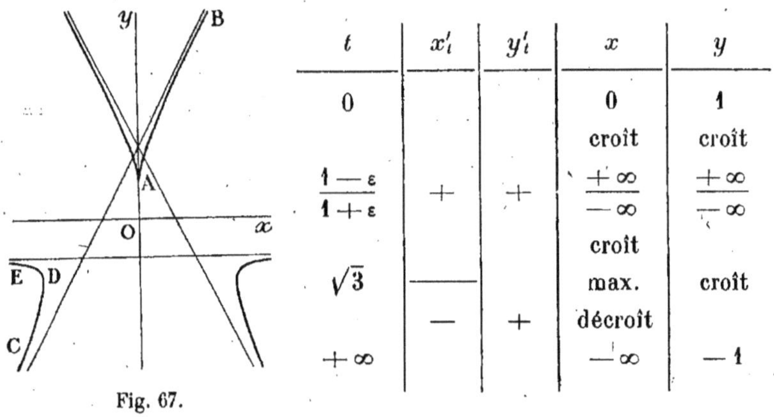

t	x'_t	y'_t	x	y
0			0	1
			croît	croît
$\dfrac{1-\varepsilon}{1+\varepsilon}$	$+$	$+$	$\begin{array}{c}+\infty\\-\infty\end{array}$	$\begin{array}{c}+\infty\\-\infty\end{array}$
			croît	
$\sqrt{3}$	$-$		max.	croît
	$-$	$+$	décroît	
$+\infty$			$-\infty$	-1

Fig. 67.

Le coefficient angulaire de la tangente à la courbe est

$$y'_x = \frac{y'_t}{x'_t} = \frac{4}{3t - t^3}$$

et il est infini pour $t = 0$; pour t croissant de 0 à 1, on a un arc de courbe AB tangent en A à l'axe Oy (*fig.* 67); lorsque t croît de 1 à

$+\infty$, on a un arc CDE ; il suffit de tracer les arcs symétriques des précédents par rapport à Oy pour compléter la courbe.

14° La courbe représentée par les équations

$$x = a(1 + \cos^2 t)\sin t, \qquad y = a\sin^2 t\cos t$$

est unicursale, car on peut exprimer $\sin t$ et $\cos t$ rationnellement au moyen du paramètre $t_1 = \operatorname{tg}\dfrac{t}{2}$. Il suffit de considérer la portion de courbe relative aux valeurs de t comprises entre 0 et $\dfrac{\pi}{2}$, puis de prendre les symétriques de cette portion par rapport aux axes et à l'origine.

Les dérivées de x et de y

$$x'_t = a\cos t\,(3\cos^2 t - 1), \qquad y'_t = a\sin t\,(3\cos^2 t - 1)$$

s'annulent la première pour $t = \dfrac{\pi}{2}$, la seconde pour $t = 0$, et les deux pour $\cos t = \dfrac{\sqrt{3}}{3}$; à cette valeur correspond un point de rebroussement, dont les coordonnées sont

$$x = \frac{4}{3}a\sqrt{\frac{2}{3}}, \quad y = \frac{2}{3}a\sqrt{\frac{1}{3}}.$$

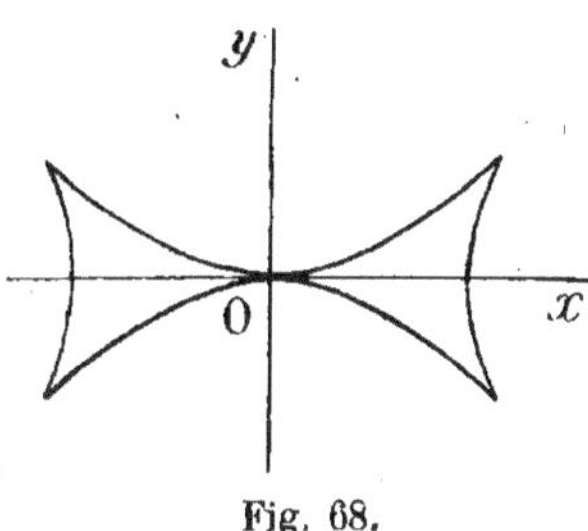

Fig. 68.

La tangente en un point quelconque a pour coefficient angulaire $\operatorname{tg} t$; au point de rebroussement, ce coefficient est égal à $\sqrt{2}$; la courbe passe à l'origine, où elle est tangente à Ox, et par le point $x = a$, $y = 0$, où la tangente est parallèle à Oy ; elle a la forme de la figure 68.

15° Pour que des valeurs réelles de x et de y satisfassent à l'équation $x^{\frac{2}{3}} + y^{\frac{2}{3}} = a^{\frac{2}{3}}$, il faut qu'elles soient inférieures à a en valeur absolue ; la courbe rencontre les axes aux points $x = \pm a$, $y = 0$, et $x = 0$, $y = \pm a$; en ces points, la tangente est confondue avec l'axe, comme le montre l'étude de la dérivée de y (*fig.* 69).

La courbe s'appelle *hypocycloïde à quatre rebroussements* ; elle est engendrée par un point d'un cercle de rayon $\dfrac{a}{4}$ roulant à l'intérieur d'un cercle de rayon a ; en effet, soit C_0 la position initiale du centre du cercle mobile pour laquelle le point mobile A occupe la position A_0 sur le cercle fixe ; soit C une autre position du centre

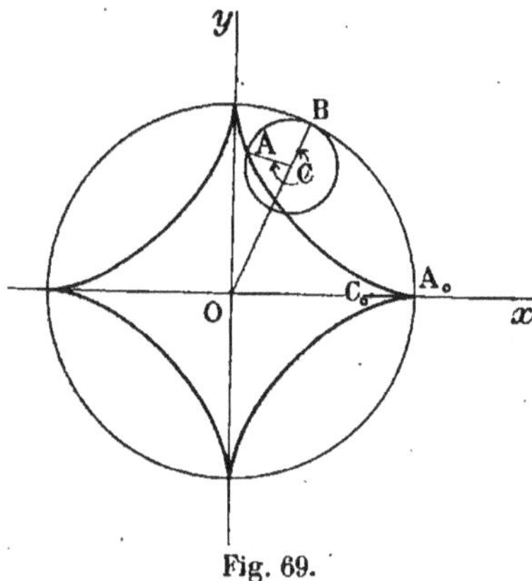

Fig. 69.

telle que l'angle C_0OC soit égal à t, et soit B le point de contact des deux cercles ; le point A est tel que les arcs BA_0 et BA soient égaux à at ; par suite l'angle BCA est égal à $4t$. En projetant sur les axes le contour OCA, on a pour valeurs des coordonnées de A

$$x = \frac{3}{4} a \cos t + \frac{a}{4} \cos 3t = a \cos^3 t,$$

$$y = \frac{3}{4} a \sin t - \frac{a}{4} \sin 3t = a \sin^3 t ;$$

l'élimination de t entre les deux équations conduit bien à la relation $x^{\frac{2}{3}} + y^{\frac{2}{3}} = a^{\frac{2}{3}}$. On pourrait encore utiliser les formules donnant x et y en fonction de t pour construire la courbe ; il est facile de démontrer que la normale au point A à l'hypocycloïde va passer par le point

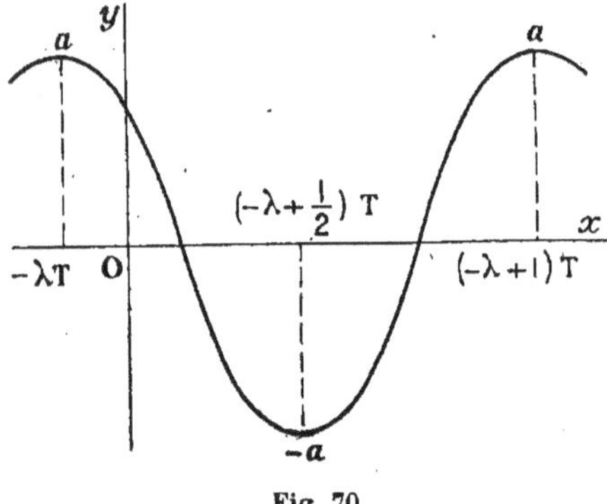

Fig. 70.

de contact B des deux cercles.

16° L'équation

$$y = a \cos 2\pi \left(\frac{x}{T} + \lambda \right)$$

représente un mouvement vibratoire, x étant le temps ; la courbe a ses ordonnées proportionnelles à celles d'une sinusoïde ; lorsque x augmente d'un multiple entier de T, y reprend la même valeur ; il suffit donc de faire varier x de $-\lambda$T à $(-\lambda + 1)$T pour avoir une portion de courbe que l'on transportera ensuite parallèlement à l'axe des x en lui donnant une translation égale à un multiple quelconque de T (*fig.* 70).

17° L'équation $y = ae^{-x} \sin mx$ représente un mouvement vibratoire amorti ; la courbe (*fig.* 71) est formée d'une suite d'arcs coupant l'axe Ox aux points A_k d'abscisses

$$x_k = \frac{k\pi}{m},$$

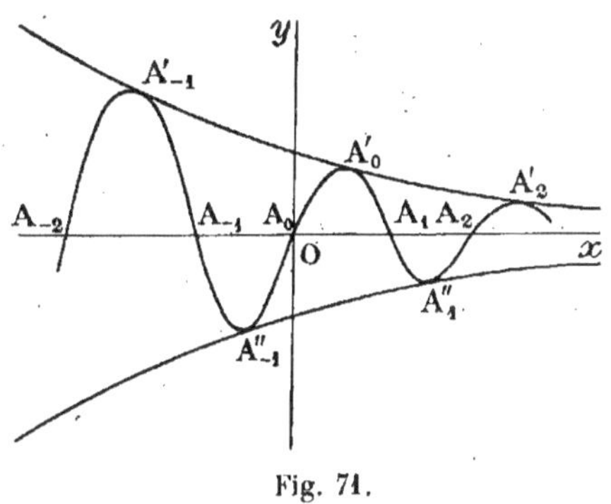

Fig. 71.

k étant un nombre entier positif, nul ou négatif; les ordonnées correspondant à des valeurs de l'abscisse différant de l'une d'elles d'un multiple de $\frac{\pi}{m}$ décroissent en progression géométrique.

La courbe est tout entière comprise entre les deux courbes d'équations $y_1 = ae^{-x}$ et $y_2 = -ae^{-x}$; elle touche la première en des points A'_{2k} d'abscisses $x'_{2k} = \left(2k + \frac{1}{2}\right)\frac{\pi}{m}$, et la deuxième en des points A''_{2k+1} d'abscisses $x''_{2k+1} = \left(2k + \frac{3}{2}\right)\frac{\pi}{m}$; on vérifie en effet que y et sa dérivée ont respectivement la même valeur que y_1 et sa dérivée pour les premiers points et que y_2 et sa dérivée pour les autres. Comparer à l'exercice 97.

18° La courbe

$$y = \frac{\sin x}{x}$$

est symétrique par rapport à l'axe Oy qu'elle coupe au point d'ordonnée 1 ; elle coupe l'axe Ox aux points d'abscisses

$$k\pi \ (k \neq 0).$$

Fig. 72.

Quand $|x|$ augmente, $|y|$ tend vers zéro, et la courbe a pour asymptote Ox.

La courbe (*fig.* 72) est comprise entre les branches de deux hyperboles équilatères symétriques, d'équations $y_1 = \dfrac{1}{x}$ et $y_2 = \dfrac{-1}{x}$, et l'on peut voir qu'elle touche ces branches alternativement aux points d'abscisses $(2k+1)\dfrac{\pi}{2}$. On peut énoncer une propriété analogue pour la courbe d'équation $y = f(x)\sin x$ comparée aux courbes d'équations

$$y = \pm f(x).$$

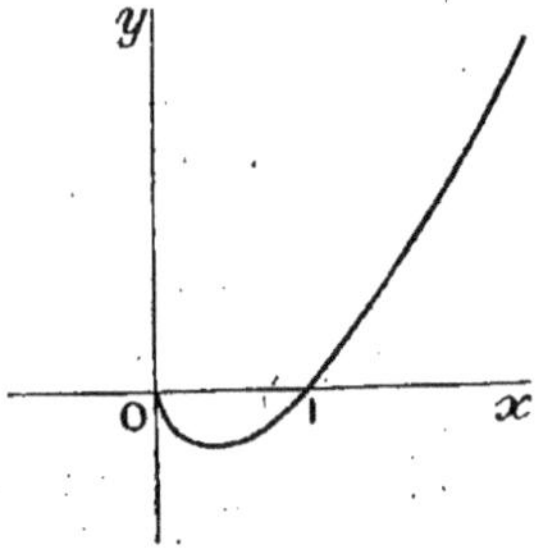

19° La fonction $y = x \log x$ n'est réelle que si x est positif; lorsque x tend vers zéro, $\log x$ tend vers $-\infty$ mais y tend vers zéro (n° 185). La dérivée $y' = \log x + 1$ est égale à $-\infty$ pour $x = 0$; elle s'annule pour $\log x = -1$, $x = \dfrac{1}{e}$, en passant du négatif au positif;

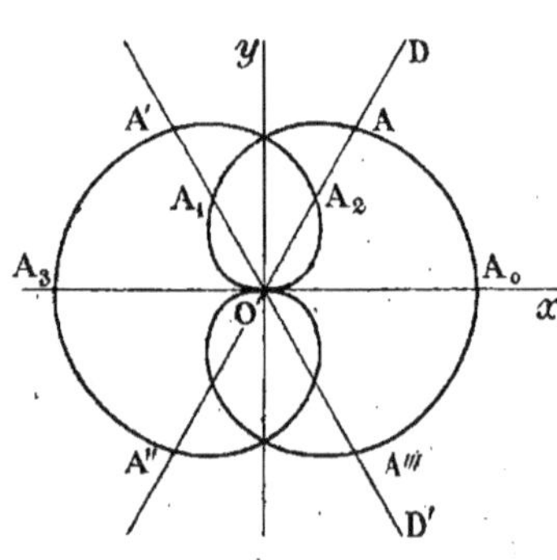

Fig. 73.

la fonction passe alors par un minimum égal à $-\dfrac{1}{e}$; elle s'annule pour $x = 1$ et croît indéfiniment avec x sans que la courbe ait d'asymptote (*fig.* 73).

20° La courbe d'équation $y = e^{\frac{1}{x}}$ a été construite à l'exercice 97.

21° La fonction $\rho = \cos\dfrac{\theta}{2}$ reprend la même valeur quand $\dfrac{\theta}{2}$ augmente de 2π ou θ de 4π; il suffit donc de faire varier θ entre 0 et 4π; on remarque de plus que l'on obtient toutes les valeurs de ρ en valeur absolue en faisant varier θ de 0 à π. Dans cet intervalle, ρ diminue de 1 à 0 et l'on a un premier arc de courbe A_0AA_1O (*fig.* 74). Supposons que θ varie de π à 2π; à deux valeurs $\theta < \pi$ et $\theta' = 2\pi - \theta$ correspondent deux directions D et D' et deux valeurs de ρ égales et de signes contraires donnant deux points A et A' symétriques par

Fig. 74.

de signes contraires donnant deux points A et A' symétriques par rapport à Oy ; on obtient ainsi un arc $OA_2A'A_3$. Supposons enfin que θ varie de 2π à 4π ; à deux valeurs $\theta < 2\pi$ et $\theta'' = 2\pi + \theta$ correspond la même direction D, mais les valeurs de ρ sont égales et de signes contraires, il leur correspond par conséquent deux points A et A'' symétriques par rapport au pôle O ; on obtient ainsi les arcs $A_3A''O$ et $OA'''A_0$, symétriques des premiers par rapport au point O.

22° La fonction $\rho = \sin\theta + \cos\theta$ reprend la même valeur quand θ augmente de 2π ; il suffit donc de faire varier θ de 0 à 2π ; si l'on considère deux valeurs $\theta < \pi$ et $\theta' = \pi + \theta$, ρ prend des valeurs égales et de signes contraires ; on obtient ainsi deux directions opposées, mais un même point sur ces directions ; il suffit donc de faire varier θ de 0 à π. Dans cet intervalle, ρ augmente de 1 à $\sqrt{2}$ quand θ varie de 0 à $\frac{\pi}{4}$, puis diminue de $\sqrt{2}$ à 0

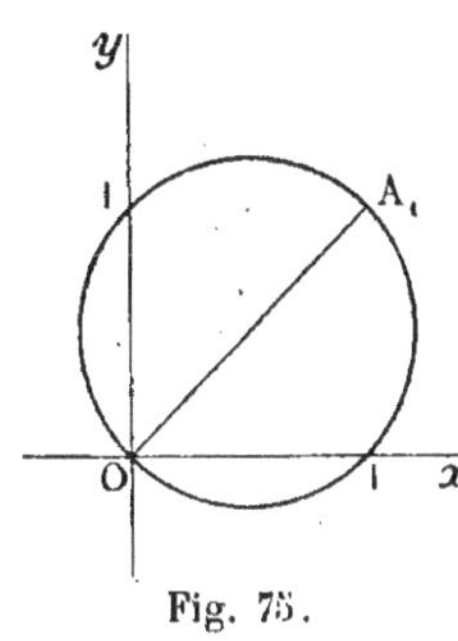

Fig. 75.

quand θ varie de $\frac{\pi}{4}$ à $\frac{3\pi}{4}$ et de 0 à -1 quand θ varie de $\frac{3\pi}{4}$ à π. On obtient ainsi une courbe qui n'est autre qu'une circonférence, dont le diamètre OA_1 est égal à $\sqrt{2}$, sur la bissectrice de l'angle xOy (*fig.* 75) ; on a en effet $\rho = \sqrt{2}\cos\left(\frac{\pi}{4} - \theta\right)$, ce qui est bien la projection de OA_1 sur la direction θ.

23° La fonction $\rho = \operatorname{tg}\frac{\theta}{2}$ reprend les mêmes valeurs quand $\frac{\theta}{2}$ augmente de π ou θ de 2π ; on obtient toute la courbe en faisant varier θ de 0 à 2π. A deux valeurs

$$\theta < \pi \quad \text{et} \quad \theta' = 2\pi - \theta$$

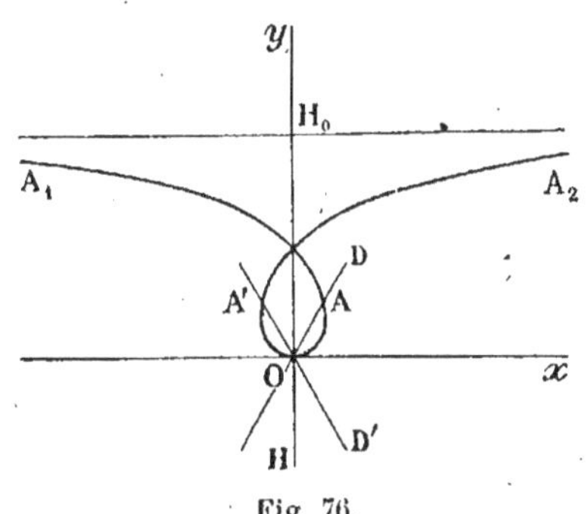

Fig. 76.

correspondent deux directions D et D' symétriques par rapport à Ox et deux valeurs ρ et ρ' égales et opposées, donc deux points A et A' symétriques par rapport à Oy ; il suffit donc de faire varier θ de 0 à π

et de prendre ensuite la symétrique par rapport à Oy de la courbe ainsi obtenue.

Dans l'intervalle de 0 à π pour θ ou de 0 à $\dfrac{\pi}{2}$ pour $\dfrac{\theta}{2}$, ρ augmente de 0 à $+\infty$; on obtient ainsi (*fig.* 76) un arc OAA_1 s'éloignant à l'infini dans la direction asymptotique $\theta_0 = \pi$. D'après le n° 308, on obtient l'asymptote en portant dans la direction OH d'angle polaire $\theta_0 + \dfrac{\pi}{2} = \dfrac{3\pi}{2}$ un segment égal à

$$\lim \left[\rho \sin(\theta - \theta_0)\right] = \lim \left(- \operatorname{tg} \frac{\theta}{2} \sin \theta\right) = \lim \left(- 2 \sin^2 \frac{\theta}{2}\right) = -2 \ ;$$

l'asymptote sera donc la parallèle à Ox menée par le point H_0, extrémité d'un segment égal à -2 porté par OH, ou égal à 2 porté par Oy. L'arc $OA'A_2$, symétrique du premier par rapport à Oy, complète la courbe déjà tracée.

24° La fonction $\rho = \dfrac{\cos\theta - \sin\theta}{\cos\theta \sin\theta}$, comme celle de l'exercice anté-précédent, reprend les mêmes valeurs quand θ augmente de 2π, et prend des valeurs égales et de signes contraires quand θ augmente de π ; on obtient donc tous les points de la courbe en faisant varier θ de 0 à π. Dans cet intervalle, ρ devient infini pour $\theta_0 = 0$ et $\theta_1 = \dfrac{\pi}{2}$; à ces directions asymptotiques correspondent les asymptotes obtenues en portant sur les directions $\dfrac{\pi}{2}$ et π un segment égal à 1,

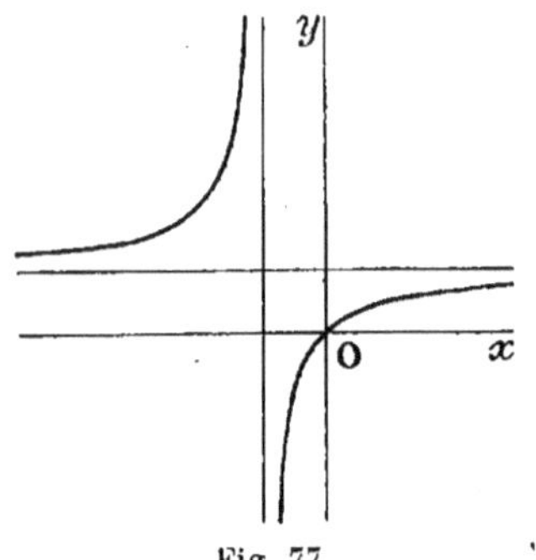

Fig. 77.

d'après la règle du n° 308 ; de plus ρ s'annule pour $\theta = \dfrac{\pi}{4}$; on obtient ainsi la courbe de la figure 77 ; elle est une hyperbole, car en transformant l'équation en coordonnées cartésiennes, on obtient $xy = x - y$.

Plus généralement, toute équation de la forme

$$\rho = \frac{a \cos\theta + b \sin\theta}{A \cos^2\theta + 2B \sin\theta \cos\theta + C \sin^2\theta}$$

représente une conique passant par l'origine, car l'équation transformée en coordonnées cartésiennes est

$$A x^2 + 2 B x y + C y^2 = a x + b y.$$

25° La fonction $\rho = \dfrac{1}{2 + \sin \theta + \sqrt{3} \cos \theta}$ reprend les mêmes valeurs quand θ augmente de 2π; on obtient tous les points de la courbe en faisant varier θ de 0 à 2π. En remplaçant $\sqrt{3}$ par $\operatorname{cotg} \dfrac{\pi}{6}$, on peut mettre l'équation sous la forme

$$\rho = \frac{\sin \dfrac{\pi}{6}}{2 \sin \dfrac{\pi}{6} + \cos\left(\theta - \dfrac{\pi}{6}\right)} = \frac{\dfrac{1}{2}}{1 + \cos\left(\theta - \dfrac{\pi}{6}\right)};$$

, on reconnaît l'équation d'une parabole de paramètre $\dfrac{1}{2}$ ayant pour foyer l'origine et pour axe la droite de direction $\dfrac{\pi}{6}$, comme l'indique la figure 78.

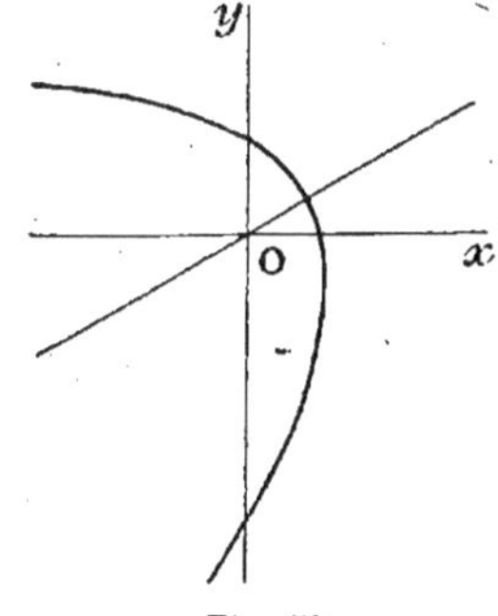

Fig. 78.

Toute équation de la forme

$$\rho = \frac{a}{b + c \cos \theta + d \sin \theta}$$

représente une conique ayant pour foyer l'origine, car on peut toujours la ramener à la forme $\rho = \dfrac{p}{1 + e \cos (\theta - \theta_0)}$.

---

186. *Démontrer que l'équation* $PQ = k$, *où* P *et* Q *sont des fonctions linéaires de* x *et* y, *et* k *une constante, représente une hyperbole dont les asymptotes sont* $P = 0$ *et* $Q = 0$.

Supposons que les droites $P = 0$ et $Q = 0$ ne soient pas parallèles entre elles ni aux axes de coordonnées; nous pouvons ramener l'équation à la forme

$$(y - c x - d)(y - c'x - d') = k.$$

Les directions asymptotiques sont obtenues en égalant à zéro l'ensemble des termes de plus haut degré $(y - cx)(y - c'x)$ et ont pour coefficients angulaires c et c'. Sur la branche de direction asymptotique c, la quantité $y - c'x$ devient infinie avec x et en écrivant l'équation de la courbe sous la forme

$$y = cx + d + \frac{k}{y - c'x - d'},$$

on voit que le dernier terme du second membre tend vers zéro ; par suite la droite d'équation $y = cx + d$ est asymptote à la branche de courbe. De même, sur la branche de direction asymptotique c', on a

$$y = c'x + d' + \frac{k}{y - cx - d}$$

et le dernier terme tend vers zéro, de sorte que la droite d'équation $y = c'x + d'$ est l'autre asymptote.

On peut faire des raisonnements analogues dans le cas où l'une ou l'autre des droites $P = 0$, $Q = 0$ est parallèle à l'un des axes de coordonnées. Dans le cas où ces deux droites sont parallèles, on a $Q = P + h$, h étant une constante, et l'équation $P(P + h) = k$ représente deux droites parallèles aux droites données.

----

187. *Construire la courbe définie par les équations*

$$x = a \sin \frac{2\pi t}{T}, \qquad y = b \sin 2\pi \frac{t - t_0}{T},$$

où t est un paramètre variable, et former l'équation de cette courbe ; déterminer les directions et les longueurs de ses axes en cherchant le maximum ou le minimum de $x^2 + y^2$.

Les coordonnées x et y sont des fonctions périodiques de t, la période étant égale à T ; il suffit de faire varier t dans un intervalle $(t_0, t_0 + T)$ égal à la période, ou dans un intervalle moitié moindre, en prenant ensuite la symétrique par rapport à l'origine de la portion de courbe obtenue.

Les valeurs remarquables de t sont $\frac{kT}{4}$ pour x et $t_0 + \frac{kT}{4}$ pour y,

k étant un nombre entier quelconque, positif, nul ou négatif: on peut supposer t_0 compris lui-même entre 0 et T; suivant les valeurs qu'il possède, on a différentes formes de courbes, toutes inscrites dans le rectangle des droites parallèles aux axes d'équations $x = \pm a$, $y = \pm b$.

Nous désignons par A_k un point correspondant à $t = \dfrac{kT}{4}$ et par B_k un point correspondant à $t = t_0 + \dfrac{kT}{4}$; lorsque t croît, les points

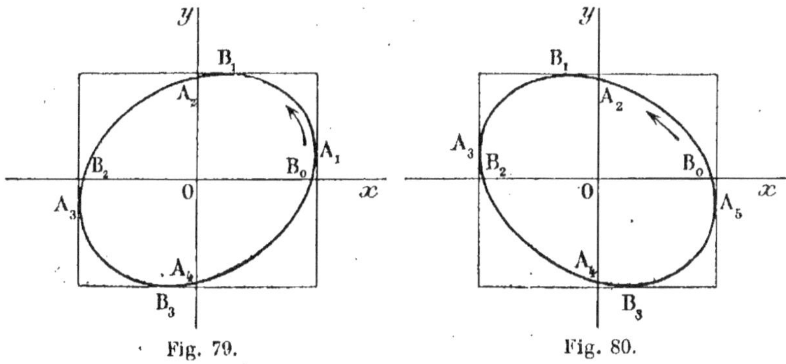

Fig. 79.   Fig. 80.

se succèdent à partir de B_0 dans le sens de la flèche. La figure 79 correspond au cas où $0 < t_0 < \dfrac{T}{4}$, la figure 80 au cas où $\dfrac{T}{4} < t_0 < \dfrac{T}{2}$,

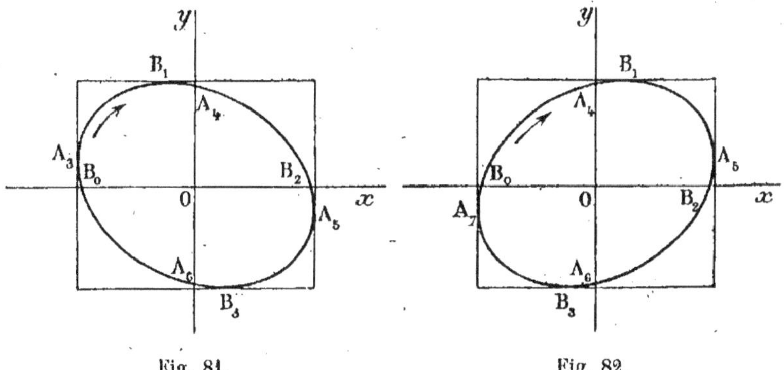

Fig. 81.   Fig. 82.

la figure 81 au cas où $\dfrac{T}{2} < t_0 < \dfrac{3T}{4}$, et la figure 82 au cas où $\dfrac{3T}{4} < t_0 < T$. Les cas particuliers sont ceux où $t_0 = 0$; la courbe se confond avec la portion de la droite $\dfrac{x}{a} = \dfrac{y}{b}$ comprise entre les abscisses $-a$ et $+a$; puis le cas $t_0 = \dfrac{T}{2}$ où la courbe se confond alors avec la portion analogue de la droite $\dfrac{x}{a} = -\dfrac{y}{b}$; enfin les cas $t_0 = \dfrac{T}{4}$ et $t_0 = \dfrac{3T}{4}$ où la courbe a pour axes de symétrie les axes de coordonnées.

On obtient l'équation de la courbe en tirant $\sin\dfrac{2\pi t}{T}$ et $\cos\dfrac{2\pi t}{T}$ des équations donnant x et y, et en écrivant que la somme des carrés est égale à l'unité ; on obtient ainsi l'équation

$$\frac{x^2}{a^2} - \frac{2xy}{ab}\cos\frac{2\pi t_0}{T} + \frac{y^2}{b^2} - \sin^2\frac{2\pi t_0}{T} = 0$$

qui représente une ellipse, sauf si $t_0 = \dfrac{kT}{2}$, auquel cas elle représente une droite double passant par l'origine.

On peut trouver les longueurs des axes de cette ellipse en la rapportant à ses axes de symétrie (n° 313) ou bien en cherchant le maximum ou le minimum de

$$\rho^2 = x^2 + y^2 = a^2\sin^2\frac{2\pi t}{T} + b^2\sin^2\frac{2\pi(t - t_0)}{T_0}.$$

En annulant la dérivée de cette expression prise par rapport à t, on obtient l'équation

$$a^2\sin\frac{4\pi t}{T} + b^2\sin\frac{4\pi(t - t_0)}{T} = 0, \quad\text{d'où}\quad \operatorname{tg}\frac{4\pi t}{T} = \frac{b^2\sin\dfrac{4\pi t_0}{T}}{a^2 + b^2\cos\dfrac{4\pi t_0}{T}} ;$$

les valeurs ainsi obtenues pour t fournissent les sommets de la courbe, et l'on en déduit les valeurs de ρ^2 correspondantes. La méthode de l'exercice 109 aurait donné comme équation fournissant les demi-axes

$$\frac{1}{\rho^4}\sin^2\frac{2\pi t_0}{T} - \frac{1}{\rho^2}\left(\frac{1}{a^2} + \frac{1}{b^2}\right) + \frac{1}{a^2 b^2} = 0,$$

ou

$$\rho^4 - \rho^2(a^2 + b^2) + a^2 b^2\sin^2\frac{2\pi t_0}{T} = 0 ;$$

la somme des carrés des demi-axes est égale à $a^2 + b^2$ quelle que soit la valeur de t_0.

188. *Une droite de longueur constante se déplace de façon que ses extrémités restent sur* Ox *et sur* Oy ; *démontrer que le lieu d'un point particulier de cette droite est une ellipse.*

Soit M (*fig*. 83) un point quelconque fixé sur une droite dont deux points A et B se déplacent l'un sur Oy et l'autre sur Ox ; désignons par a et b les valeurs algébriques des segments AM et MB comptés positivement dans la direction AB. Les coordonnées du point M sont

$$x = (\text{OB})\frac{\text{AM}}{\text{AB}} = (\text{OB})\frac{a}{a+b}, \qquad y = (\text{OA})\frac{\text{MB}}{\text{AB}} = (\text{OA})\frac{b}{a+b} ;$$

en écrivant que $\overline{\text{OA}}^2 + \overline{\text{OB}}^2 = (a+b)^2$, on obtient l'équation du lieu

$$\frac{x^2}{a^2} + \frac{y^2}{b^2} - 1 = 0 ;$$

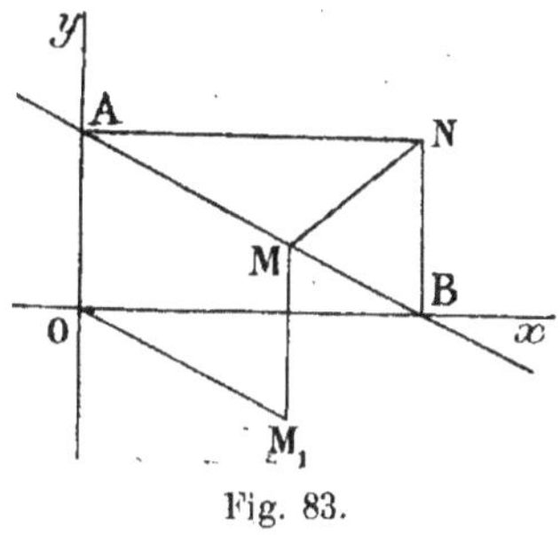

Fig. 83.

le lieu est une ellipse ayant pour demi-axes les valeurs absolues de a et b. On peut démontrer géométriquement la proposition précédente en traçant un segment OM_1 égal et parallèle à AM ; le point M_1 a pour lieu un cercle de rayon a et les points M et M_1 sont sur une même parallèle à Oy ; le rapport de leurs ordonnées est en valeur absolue égal à $\dfrac{b}{a}$; le point M décrit donc une ellipse de demi-axes a et b (n° 109).

Remarque. — La normale à l'ellipse au point M passe par le dernier sommet N du rectangle de côtés OA et OB ; cette proposition, qui découle facilement des principes de la cinématique, résulte aussi de l'équation de la normale

$$\frac{a^2(\text{X} - x)}{x} = \frac{b^2(\text{Y} - y)}{y} ;$$

en y remplaçant x et y par les valeurs trouvées précédemment, on vérifie que l'équation est satisfaite par les coordonnées du point N.

---

189. *On appelle podaire d'une courbe par rapport à un point le lieu des pieds des perpendiculaires abaissées de ce point sur les* *tangentes à la courbe ; déterminer la podaire d'une conique par rapport à un de ses foyers, celle d'une ellipse par rapport à son centre, celle d'une hyperbole équilatère par rapport à son centre, celle d'une circonférence par rapport à un de ses points, celle d'une parabole par rapport à son sommet ; transformer en coordonnées polaires les équations des courbes obtenues, et les construire.*

Soient x_0 et y_0 les coordonnées d'un point fixe A d'où l'on abaisse des perpendiculaires sur les tangentes à la courbe d'équation $f(x, y) = 0$; la tangente en un point (x, y) et la perpendiculaire abaissée du point A sur cette droite ont pour équations

$$(X - x)f'_x + (Y - y)f'_y = 0, \qquad \frac{X - x_0}{f'_x} = \frac{Y - y_0}{f'_y} ;$$

en éliminant x et y entre ces équations et celle de la courbe, on obtient l'équation de la podaire.

1° Supposons que la courbe soit une ellipse d'équation

$$\frac{x^2}{a^2} + \frac{y^2}{b^2} - 1 = 0 ;$$

en joignant à cette relation les deux équations

$$\frac{Xx}{a^2} + \frac{Yy}{b^2} - 1 = 0, \qquad \frac{X - x_0}{\dfrac{x}{a^2}} = \frac{Y - y_0}{\dfrac{y}{b^2}},$$

et éliminant x et y, on obtient l'équation cherchée :

$$(X^2 + Y^2 - x_0 X - y_0 Y)^2 = a^2(X - x_0)^2 + b^2(Y - y_0)^2 ;$$

elle représente une courbe du quatrième ordre sans asymptote et ayant un point double au point donné (x_0, y_0).

Nous remplacerons dans ce qui suit X, Y par x, y, ce qui ne modifie pas les résultats ; nous supposerons de plus $a > b$.

Si le point (x_0, y_0) est un foyer, on a $x_0 = c = \sqrt{a^2 - b^2}$, $y_0 = 0$; le premier membre se décompose en un produit de deux facteurs

$$(x^2 + y^2 - a^2)(x^2 + y^2 - 2cx + c^2) = 0 ;$$

le deuxième, égalé à zéro, représente un cercle de rayon nul ayant pour centre le foyer considéré ; le premier, égalé à zéro, représente le cercle principal de l'ellipse, qui est le lieu fourni par les raisonnements géométriques habituels. Le même calcul sert aussi pour une hyperbole.

Si le point donné est le centre, x_0 et y_0 sont nuls et l'équation de la podaire se réduit à

$$(x^2 + y^2)^2 - (a^2 x^2 + b^2 y^2) = 0 \,;$$

elle représente une courbe symétrique par rapport aux axes de coordonnées, ayant à l'origine un point double isolé, et n'ayant pas de point à l'infini.

On peut discuter l'équation en la considérant comme bicarrée en x ou en y ; nous parviendrons plus rapidement aux résultats de la discussion en cherchant les points où la tangente à la courbe est parallèle à l'axe des x ; ils satisfont à l'équation

$$f'_x = 2x\big[2(x^2 + y^2) - a^2\big] = 0 \,;$$

ils sont donc à l'intersection de la courbe, d'une part avec l'axe des y,

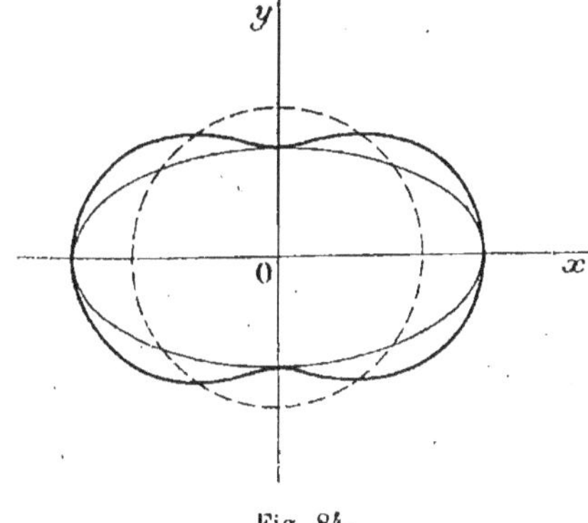

Fig. 84.

et d'autre part avec le cercle concentrique à l'ellipse et de rayon $\dfrac{a}{\sqrt{2}}$. Si ce rayon est inférieur à b, c'est-à-dire si $b > \dfrac{a}{\sqrt{2}}$, la podaire enveloppe l'ellipse et a une forme analogue à celle de cette courbe sans présenter aucun point d'inflexion ; mais si $b < \dfrac{a}{\sqrt{2}}$, la podaire présente des points d'inflexion comme l'indique la figure 84. Nous y avons tracé le cercle de rayon $\dfrac{a}{\sqrt{2}}$ passant par les points où y est maximum en valeur absolue.

L'équation de la courbe en coordonnées polaires est

$$\rho^2 = a^2 \cos^2 \theta + b^2 \sin^2 \theta = \frac{a^2 + b^2}{2} + \frac{a^2 - b^2}{2} \cos 2\theta.$$

2° Supposons que l'on cherche la podaire d'une hyperbole par rapport à son centre ; il suffit de changer dans le calcul précédent b^2 en $-b^2$, l'équation du lieu est

$$(x^2 + y^2)^2 - (a^2x^2 - b^2y^2) = 0.$$

La courbe a un point double à l'origine, mais cette fois à tangentes réelles d'équations

$$ax = \pm by ;$$

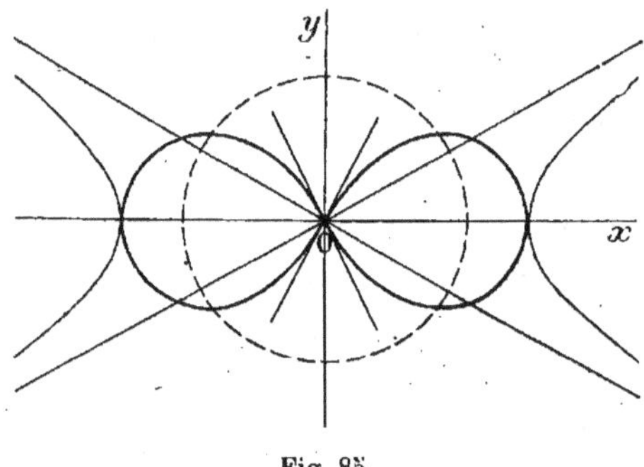

Fig. 85.

ces droites sont les perpendiculaires aux asymptotes de l'hyperbole. Les points où la tangente est parallèle à Ox sont encore les points de rencontre de la courbe avec le cercle de rayon $\dfrac{a}{\sqrt{2}}$ (*fig.* 85).

Dans le cas où l'hyperbole est équilatère, b est égal à a, et l'équation du lieu devient

$$(x^2 + y^2)^2 - a^2(x^2 - y^2) = 0, \qquad \rho^2 = a^2 \cos 2\theta ;$$

c'est celle d'une lemniscate (n° 89).

3° Supposons que la courbe soit une parabole d'équation $y^2 - 2px = 0$; les équations d'une tangente en un point (x, y) et de la perpendiculaire abaissée sur cette tangente d'un point (x_0, y_0) sont

$$Yy - p(X + x) = 0, \qquad \frac{X - x_0}{-p} = \frac{Y - y_0}{y} ;$$

l'élimination de x et y entre ces équations et celle de la parabole donne la relation

$$2(X - x_0)\left[X^2 + Y^2 - x_0 X - y_0 Y\right] + p(Y - y_0)^2 = 0.$$

La courbe représentée par cette équation est du troisième ordre ; elle a une asymptote parallèle à l'axe Oy, dont l'équation, obtenue en annulant le coefficient de Y^2, est $X = x_0 - \dfrac{p}{2}$; la courbe présente un point double au point donné (x_0, y_0).

Si ce point est le foyer, on a $x_0 = \dfrac{p}{2}$, $y_0 = 0$; l'équation s'écrit, en remplaçant comme précédemment X, Y par x, y,

$$2x\left[\left(x - \frac{p}{2}\right)^2 + y^2\right] = 0.$$

Le second facteur égalé à zéro représente un cercle dé rayon nul ayant pour centre le foyer ; l'autre facteur égalé à zéro représente l'axe des y, c'est-à-dire la tangente au sommet de la parabole. Ce résultat est conforme à celui qui est fourni par les raisonnements géométriques.

Si le point donné est le sommet de la courbe, c'est-à-dire l'origine, x_0 et y_0 sont nuls, l'équation de la podaire est

$$2x(x^2 + y^2) + py^2 = 0 ;$$

elle représente une cissoïde (n° 90) ayant pour asymptote la directrice de la parabole $x = -\dfrac{p}{2}$ et pour point de rebroussement l'origine ; elle est tournée en sens contraire de celle du n° 90 ; l'équation transformée en coordonnées polaires est $\rho = -\dfrac{p\sin^2\theta}{2\cos\theta}$.

4° Si la courbe donnée est une circonférence rapportée à son centre, on peut utiliser le calcul fait pour l'ellipse et y remplacer a et b par le rayon r du cercle ; on peut toujours supposer y_0 nul, de sorte que l'équation de la podaire est

$$(X^2 + Y^2 - x_0 X)^2 = r^2\left[(X - x_0)^2 + Y^2\right].$$

Si l'on transporte l'origine au point x_0 en remplaçant X par $x_0 + X'$ et Y par Y', et si l'on écrit encore x et y à la place de X' et Y', on obtient l'équation

$$(x^2 + y^2 + x_0 x)^2 - r^2(x^2 + y^2) = 0 ;$$

elle représente une courbe du quatrième ordre sans asymptote ; l'origine est un point double et l'on y trouve facilement les tangentes.

En transformant l'équation en coordonnées polaires, on obtient

$$\rho = \pm r - x_0 \cos\theta.$$

Cette équation représente, quel que soit le signe adopté pour $\pm r$, un limaçon de Pascal (n° 307). La podaire d'une circonférence par rapport à un point de son plan est donc un limaçon de Pascal.

Il est facile de le démontrer géométriquement : si P (*fig.* 86)

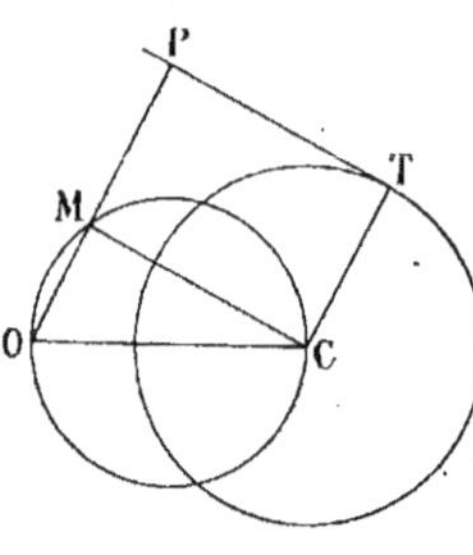

Fig. 86.

est le pied de la perpendiculaire abaissée d'un point O sur la tangente au point T à une circonférence de centre C et si l'on mène par C la parallèle CM à la tangente, le lieu de M est une circonférence de diamètre OC et le point P est tel que le segment MP porté sur chaque rayon vecteur OM est égal au rayon du cercle C ; le lieu de P est donc un limaçon. Il a un point double à tangentes réelles en O si ce point est extérieur au cercle, à tangentes imaginaires s'il lui est intérieur et à tangentes confondues s'il est sur le cercle ; dans ce dernier cas, la podaire est une cardioïde.

---

190. *Former l'équation du lieu des points d'un plan dont le produit des distances à deux points fixes de ce plan est constant ; construire la courbe obtenue.*

Soient P et P′ les deux points fixes donnés ; prenons comme axe des x la droite joignant ces deux points et comme origine le milieu du segment qu'ils déterminent ; désignons par $+a$ et $-a$ leurs abscisses, et par x, y les coordonnées d'un point M du lieu. La relation donnée, que nous écrirons sous la forme $\overline{MP}^2 \cdot \overline{MP'}^2 = k^4$, est traduite par l'équation

$$[(x-a)^2+y^2][(x+a)^2+y^2] = k^4,$$

ou $\qquad (x^2+y^2)^2 - 2a^2(x^2-y^2) + a^4 - k^4 = 0.$

Cette équation représente une courbe du quatrième ordre n'ayant pas d'asymptote ; nous la résoudrons par rapport à y après l'avoir écrite sous la forme

$$y^4 + 2(x^2+a^2)y^2 + (x^2-a^2)^2 - k^4 = 0 ;$$

elle n'a de racines réelles que si le dernier terme est négatif, c'est-à-dire si l'on a

$$(x^2-a^2-k^2)(x^2-a^2+k^2) < 0,$$

et dans ces conditions, elle n'a que deux racines réelles et de signes contraires.

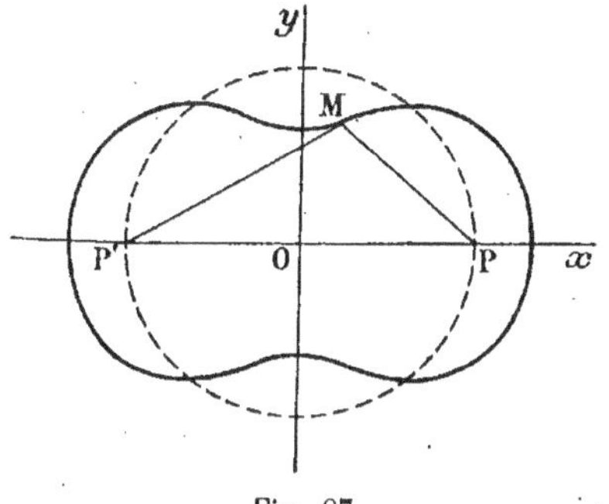

Fig. 87.

Si $k^2 > a^2$, le deuxième facteur du premier membre de l'inégalité précédente est positif, il faut et il suffit que x soit compris entre $-\sqrt{a^2 + k^2}$ et $+\sqrt{a^2 + k^2}$; la courbe a une seule branche fermée, comme l'indique la figure 87.

Si $k^2 < a^2$, x doit être en valeur absolue compris entre $\sqrt{a^2 - k^2}$ et $\sqrt{a^2 + k^2}$, et la courbe comprend deux parties distinctes, comme l'indique la figure 88.

Si $k^2 = a^2$, la courbe passe à l'origine et est une lemniscate (n° 89).

Les points où la tangente est parallèle à Ox sont fournis, comme dans le cas de la podaire de l'exercice précédent, par l'intersection de la courbe avec la ligne représentée par

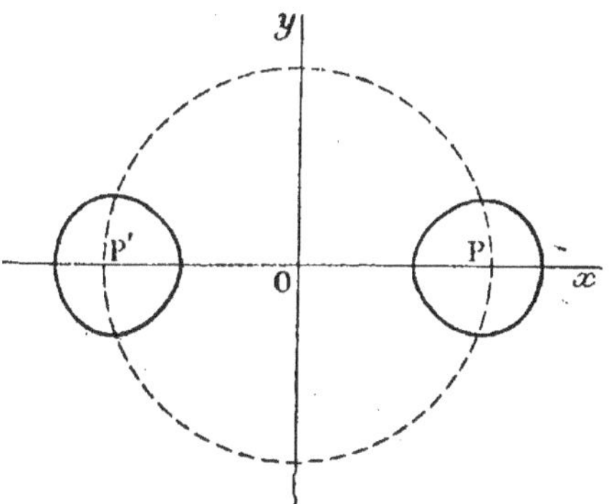

Fig. 88.

$$4x(x^2 + y^2 - a^2) = 0,$$

qui comprend l'axe des y et le cercle de rayon a décrit sur PP′ comme diamètre ; en calculant les coordonnées des points communs à ce cercle et la courbe, on constate qu'ils ne sont réels que si $k^2 < 2a^2$.

Les courbes précédentes sont appelées ovales de Cassini.

----

191. *L'origine étant pôle d'inversion, trouver la figure inverse d'une droite, d'une circonférence, d'une conique dont un foyer est à l'origine, d'une hyperbole équilatère ayant l'origine pour centre.*

En appliquant la remarque du n° 91, il est avantageux de former l'équation en coordonnées polaires de la ligne dont on veut trouver l'inverse ; nous appellerons k la puissance d'inversion.

Si l'on donne une droite parallèle à Oy, d'abscisse a, son équation est $\rho = \dfrac{a}{\cos\theta}$ et l'équation de l'inverse est $\rho' = \dfrac{k}{a}\cos\theta$; elle représente une circonférence passant par le pôle.

Si l'on donne une circonférence ayant son centre sur Ox et ne passant pas par O, son équation est de la forme

$$x^2 + y^2 - 2ax + b = 0, \qquad \rho^2 - 2a\rho\cos\theta + b = 0,$$

l'équation de l'inverse est

$$\frac{k^2}{\rho'^2} - 2a\frac{k}{\rho'}\cos\theta + b = 0, \qquad \rho'^2 - 2\frac{ak}{b}\rho'\cos\theta + \frac{k^2}{b} = 0 ;$$

elle représente une autre circonférence.

Si l'on donne une conique ayant pour foyer l'origine et pour axe Ox, son équation est $\rho = \dfrac{p}{1 + e\cos\theta}$ et celle de l'inverse est

$$\rho' = \frac{k}{p} + \frac{ke}{p}\cos\theta ;$$

celle-ci représente un limaçon de Pascal ; les tangentes au pôle sont réelles si $e > 1$, c'est-à-dire si la conique est une hyperbole ; elles sont imaginaires si $e < 1$, c'est-à-dire si la conique est une ellipse, enfin elles sont confondues et la courbe est une cardioïde si la conique est une parabole.

Si l'on donne une hyperbole équilatère ayant pour centre l'origine et pour axe transverse Ox, son équation est de la forme

$$x^2 - y^2 = a^2, \qquad \rho^2\cos 2\theta = a^2 ;$$

celle de son inverse est $\rho'^2 = \dfrac{k^2}{a^2}\cos 2\theta$, elle représente une lemniscate.

---

192. *Trouver le lieu des milieux des cordes d'une conique passant par un point donné.*

Le milieu d'une corde d'une conique est l'intersection de cette corde avec le diamètre correspondant (n° 312). Si x_0, y_0 sont les coordonnées du point donné, les équations de la corde et du diamètre sont de la forme

$$y - y_0 = m(x - x_0), \qquad f'_x + mf'_y = 0;$$

et il suffit, pour avoir l'équation du lieu, d'éliminer m entre les deux équations, ce qui donne la relation

$$f'_x(x - x_0) + f'_y(y - y_0) = 0.$$

Le lieu est une conique passant par le point (x_0, y_0) et par le centre de la conique donnée ; les deux courbes sont homothétiques, car les termes du second degré sont les mêmes dans les deux équations (n° 320) ; avec la notation habituelle l'équation du lieu peut encore être écrite

$$f(x, y) - \frac{1}{2}\left(xf'_{x_0} + yf'_{y_0} + f'_{z_0}\right) = 0 ;$$

on voit que ce lieu coupe la conique donnée aux points communs à cette courbe et à la polaire du point (x_0, y_0).

Il peut arriver qu'une partie du lieu corresponde à des cordes coupant la conique donnée en deux points imaginaires, mais le milieu du segment limité à ces deux points est quand même réel.

---

193. *Trouver le lieu des points de contact des tangentes menées parallèlement à une direction donnée à des coniques homofocales.*

Des ellipses et des hyperboles homofocales sont représentées par l'équation de l'exercice 178,

$$\frac{x^2}{a^2 - \lambda} + \frac{y^2}{b^2 - \lambda} - 1 = 0.$$

Les points de contact des tangentes à l'une de ces courbes parallèles à une direction de coefficient angulaire m sont à l'intersection de la courbe avec le diamètre d'équation $\dfrac{x}{a^2 - \lambda} + m\dfrac{y}{b^2 - \lambda} = 0$; on aura l'équation du lieu en éliminant m entre les deux relations. Si l'on déduit de la dernière les égalités

$$\frac{a^2 - \lambda}{x} = \frac{b^2 - \lambda}{-my} = \frac{c^2}{x + my},$$

et si l'on transporte dans l'équation des coniques les valeurs de $a^2 - \lambda$ et $b^2 - \lambda$ ainsi déterminées, on obtient une équation qui se décompose en plusieurs autres, d'abord $xy = 0$ représentant les axes, puis

$$(x + my)(y - mx) + mc^2 = 0$$

représentant une hyperbole équilatère dont les asymptotes sont les droites $y = mx$ et $y = -\dfrac{1}{m}x$; cette hyperbole passe par les foyers.

Si la conique est une parabole, on aura, avec les notations de l'exercice 179, à éliminer λ entre les équations

$$\frac{y^2}{p - \lambda} - 2x + \lambda = 0, \qquad -1 + \frac{my}{p - \lambda} = 0;$$

le lieu se compose de l'axe des x et de la droite d'équation

$$2mx + (m^2 - 1)y - mp = 0$$

passant par le foyer.

———

194. *Démontrer que la polaire d'un point de la directrice d'une conique quelconque passe par le foyer correspondant et est perpendiculaire à la droite joignant le point à ce foyer.*

Si la conique est une ellipse rapportée à ses axes, un point de la directrice a pour coordonnées $x_0 = \dfrac{a^2}{c}$ et y_0; la polaire de ce point a pour équation $\dfrac{x}{c} + \dfrac{yy_0}{b^2} - 1 = 0$. On vérifie qu'elle passe par le foyer $x = c$, $y = 0$ et est perpendiculaire à la droite joignant ce foyer au point $(x_0,\ y_0)$.

Une vérification analogue se fait dans le cas d'une hyperbole ou d'une parabole.

———

195. *Démontrer que si l'on joint un point d'une ellipse aux extrémités d'un diamètre quelconque, on forme deux droites parallèles à deux diamètres conjugués. Étudier la variation de l'angle de deux diamètres conjugués d'une ellipse.*

Soit φ le paramètre d'un point de l'ellipse que l'on joint à deux points diamétralement opposés dont les paramètres sont φ_0 et $\varphi_0 + \pi$; les coefficients angulaires des cordes sont

$$\frac{b(\sin \varphi - \sin \varphi_0)}{a(\cos \varphi - \cos \varphi_0)}, \qquad \frac{b(\sin \varphi + \sin \varphi_0)}{a(\cos \varphi + \cos \varphi_0)};$$

on vérifie bien que leur produit est égal à $-\dfrac{b^2}{a^2}$ (n° 314); elles sont donc parallèles à deux diamètres conjugués.

L'angle des deux diamètres conjugués correspondant aux paramètres φ et $\varphi' = \varphi + \dfrac{\pi}{2}$ est donné par l'équation

$$\operatorname{tg} V = \frac{m' - m}{1 + mm'} = \frac{-ab}{c^2}(\operatorname{cotg} \varphi + \operatorname{tg} \varphi);$$

son maximum ou son minimum ont lieu pour $\varphi = \dfrac{\pi}{4}$ et $\varphi = \dfrac{3\pi}{4}$; les diamètres conjugués correspondants sont les diagonales du rectangle dont les côtés sont les tangentes aux extrémités des axes; ces diamètres sont égaux et l'on a alors $\operatorname{tg} V = \pm \dfrac{2ab}{c^2}$.

---

196. *Rapporter à ses axes la conique représentée par l'équation*

$$x^2 + 2\lambda xy + y^2 + a^2(\lambda^2 - 1) = 0;$$

discuter suivant la valeur de λ; montrer que la somme des carrés des axes a une valeur constante quel que soit λ.

L'équation étant symétrique par rapport à x et y, les axes de la courbe sont les bissectrices des angles des axes de coordonnées et il suffit de faire tourner ceux-ci d'un angle égal à $\dfrac{\pi}{4}$; les formules de transformation sont

$$x = (x' - y')\frac{\sqrt{2}}{2}, \qquad y = (x' + y')\frac{\sqrt{2}}{2},$$

et la nouvelle équation est

$$x'^2(1 + \lambda) + y'^2(1 - \lambda) + a^2(\lambda^2 - 1) = 0.$$

Vogt. — Solut. 15

Si $\lambda^2 - 1$ n'est pas nul, l'équation se ramène à

$$\frac{x'^2}{a^2(1-\lambda)} + \frac{y'^2}{a^2(1+\lambda)} - 1 = 0;$$

elle représente une ellipse lorsque λ est compris entre -1 et $+1$, une hyperbole d'axe transverse Ox' lorsque $\lambda < -1$, et une hyperbole d'axe transverse Oy' lorsque $\lambda > 1$.

Dans tous les cas, la somme des valeurs algébriques des carrés des demi-axes est égale à $2a^2$; de plus, toutes les courbes sont tangentes aux quatre côtés du carré formé par les droites d'équations $x = \pm a$, $y = \pm a$.

Lorsque $\lambda = -1$, l'équation représente une droite double confondue avec Ox', et lorsque $\lambda = +1$, elle représente une droite double confondue avec Oy'.

---

197. *Démontrer que si deux coniques ont leurs axes parallèles, leurs quatre points d'intersection sont sur une même circonférence et, réciproquement, toutes les coniques passant par quatre points d'une circonférence ont leurs axes parallèles. Parmi ces coniques combien y a-t-il de paraboles?*

Les équations de deux coniques ayant leurs axes parallèles aux axes de coordonnées sont de la forme

$$f(x, y) = Ax^2 + Cy^2 + 2Dx + 2Ey + F = 0,$$
$$\varphi(x, y) = A_1x^2 + C_1y^2 + 2D_1x + 2E_1y + F_1 = 0;$$

toutes les coniques passant par les points communs à ces deux courbes sont représentées par l'équation (n° 319) $f(x, y) + \lambda\varphi(x, y) = 0$ et elles ont leurs axes parallèles à ceux des coniques données; parmi ces dernières se trouve un cercle obtenu en choisissant λ de façon que $A + \lambda A_1 = C + \lambda C_1$.

Réciproquement, si l'on considère un cercle d'équation $\varphi = 0 (A_1 = C_1)$ et une conique passant par quatre points de ce cercle, on peut choisir les axes de coordonnées de façon qu'elle soit représentée par une équation $f = 0$ de la forme précédente; alors toutes les autres coniques passant par les mêmes points ont leurs axes parallèles à ceux de la première.

Parmi ces coniques se trouvent deux paraboles, obtenues en faisant $A + \lambda A_1 = 0$ ou $C + \lambda C_1 = 0$; il se trouve aussi trois couples de droites, ce sont les couples de côtés opposés et les diagonales du quadrilatère ayant pour sommets les quatre points; les bissectrices des angles formés par ces couples de droites ont les mêmes directions que les axes des coniques.

---

198. *On considère une ellipse de grand axe* $AA' = 4$ *et de petit axe* $BB' = 2$, *puis la parabole ayant pour sommet le point* B *et passant par les foyers* F *et* F' *de l'ellipse. Déterminer les points communs à ces deux courbes et leurs sécantes communes.*

Former l'équation générale des coniques ayant avec l'ellipse les mêmes points communs que la parabole; déterminer le lieu des centres de ces coniques, distinguer sur ce lieu les centres des ellipses, des hyperboles, du cercle, de l'hyperbole équilatère; déterminer le lieu des sommets de ces coniques.

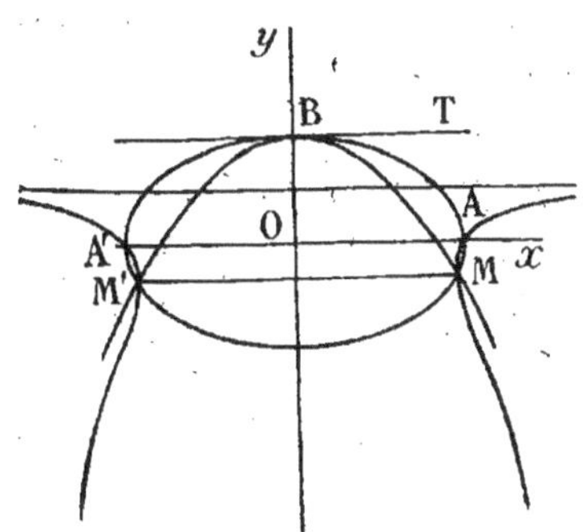

Fig. 89.

Les équations des deux courbes (*fig.* 89) sont

$$\frac{x^2}{4} + y^2 - 1 = 0,$$

$$\frac{x^2}{3} + y - 1 = 0 \, ;$$

leurs points communs ont des coordonnées solutions de ces équations; l'élimination de x donne

$$4y^2 - 3y + 1 = 0,$$

et l'on obtient les solutions

$$y = 1, \qquad x = 0 \ \text{double (point B)},$$

$$y = -\frac{1}{4}, \qquad x = \pm\frac{\sqrt{15}}{2} \ \text{(points M et M')}.$$

Le faisceau des coniques ayant les mêmes points communs que les précédentes est représenté par l'équation

$$\frac{x^2}{4} + y^2 - 1 + \lambda\left(\frac{x^2}{3} + y - 1\right) = 0.$$

Pour qu'une de ces coniques se réduise à deux droites, il faut que λ soit racine de l'équation

$$\Delta(\lambda) = \begin{vmatrix} \frac{1}{4} + \frac{\lambda}{3} & 0 & 0 \\ 0 & 1 & \frac{\lambda}{2} \\ 0 & \frac{\lambda}{2} & -1 - \lambda \end{vmatrix} = -\left(\frac{1}{4} + \frac{\lambda}{3}\right)\left(\frac{\lambda}{2} + 1\right)^2 = 0.$$

Aux racines de cette équation correspondent les couples de sécantes communes ; on a d'abord

$$\lambda = -\frac{3}{4}, \qquad y^2 - \frac{3}{4}y - \frac{1}{4} = 0 ;$$

on obtient les droites $y = 1$, tangente BT en B aux coniques, et $y = -\frac{1}{4}$, droite MM′ ; on a ensuite la solution double

$$\lambda = -2, \qquad \frac{-5x^2}{12} + (y - 1)^2 = 0, \quad y - 1 = \pm\sqrt{\frac{5}{12}}\,x ;$$

on obtient ainsi les droites BM, BM′.

Le centre d'une conique est donné par les équations

$$f'_x = 2x\left(\frac{1}{4} + \frac{\lambda}{3}\right) = 0, \qquad f'_y = 2y + \lambda = 0 ;$$

il est situé sur Oy, sauf dans le cas où $\lambda = -\frac{3}{4}$, où il est indéterminé sur la droite $y = \frac{3}{8}$; la conique se décomposant alors dans les deux droites BT, MM′ parallèles à Ox.

Le genre de la conique dépend de $B^2 - AC = -\left(\frac{1}{4} + \frac{\lambda}{3}\right)$; elle est un cercle lorsque $A = C$, $\lambda = \frac{9}{4}$, une hyperbole équilatère lorsque $A + C = 0$, $\lambda = -\frac{15}{4}$; lorsque l'on fait varier λ, on a le tableau suivant :

λ	Conique	Centre, $y = -\dfrac{\lambda}{2}$
$-\infty$	Parabole	∞
$-\dfrac{15}{4}$	Hyperbole Hyperbole équilatère Hyperbole	$\dfrac{15}{8}$
$-\dfrac{3}{4}$	Deux droites Ellipse	Droite $y = \dfrac{3}{8}$
0	Ellipse donnée	0
$\dfrac{9}{4}$	Ellipse Cercle Ellipse	$-\dfrac{9}{8}$
$+\infty$	Parabole	$-\infty$

Les sommets d'une conique sont ses points de rencontre avec l'axe des y et avec la droite $y = -\dfrac{\lambda}{2}$; le lieu des sommets se compose de l'axe Oy et d'une courbe dont on obtient l'équation en éliminant λ entre l'équation $y = -\dfrac{\lambda}{2}$ et celle du faisceau ; on obtient ainsi la relation

$$\frac{x^2}{4} + y^2 - 1 - 2y\left(\frac{x^2}{3} + y - 1\right) = 0,$$

que l'on peut résoudre par rapport à x^2, sous la forme

$$x^2 = \frac{(y-1)^2}{\dfrac{1}{4} - \dfrac{2y}{3}} ;$$

on obtient une courbe passant par A, A', M, M' et ayant pour asymptote la droite $y = \dfrac{3}{8}$.

---

199. *Le sommet d'un angle droit se déplace sur une droite ou sur une circonférence données ; l'un de ses côtés passe par un point fixe ; démontrer que l'enveloppe de l'autre côté est une conique ayant pour foyer le point fixe.*

Supposons qu'un angle droit ait son sommet M variable sur l'axe Oy et qu'un de ses côtés passe par un point M_0 d'abscisse x_0 situé sur Ox ; si b est l'ordonnée du point M, le coefficient angulaire de M_0M est $-\dfrac{b}{x_0}$; l'équation du second côté de l'angle droit est

$$y - b = \frac{x_0 x}{b} \qquad \text{ou} \qquad xx_0 - by + b^2 = 0.$$

L'enveloppe de cette droite a pour équation $y^2 - 4xx_0 = 0$; elle est une parabole ayant pour foyer M_0 et pour tangente au sommet Oy.

De la même manière, si le point M décrit un cercle de rayon r ayant pour centre l'origine, et si φ est son paramètre angulaire, ses coordonnées sont $r\cos\varphi$ et $r\sin\varphi$; le coefficient angulaire de M_0M est $\dfrac{r\sin\varphi}{r\cos\varphi - x_0}$, et l'équation du deuxième côté de l'angle droit est

$$y - r\sin\varphi = \frac{x_0 - r\cos\varphi}{r\sin\varphi}(x - r\cos\varphi),$$

ou

$$(x + x_0)r\cos\varphi + yr\sin\varphi - xx_0 - r^2 = 0.$$

L'équation dérivée par rapport à φ,

$$-(x + x_0)\sin\varphi + y\cos\varphi = 0,$$

est celle d'une droite contenant le point caractéristique et il est facile de la construire ; l'élimination de φ entre les deux équations fournit l'équation de l'enveloppe

$$r^2(x + x_0)^2 + r^2 y^2 = (xx_0 + r^2)^2.$$

Si x_0 n'est pas égal à $\pm r$, on peut mettre cette équation sous la forme

$$\frac{x^2}{r^2} + \frac{y^2}{r^2 - x_0^2} - 1 = 0 \, ;$$

elle représente une conique ayant pour cercle principal le cercle donné et pour foyers le point M_0 ainsi que son symétrique par rapport au centre ; la conique est une ellipse ou une hyperbole suivant que M_0 est à l'intérieur ou à l'extérieur du cercle donné.

Si x_0 est égal à $\pm r$, l'équation devient $y^2 = 0$; mais l'enveloppe est formée de M_0 et du point du cercle diamétralement opposé à M_0.

200. *Trouver l'enveloppe d'une droite de longueur constante dont les extrémités s'appuyent sur deux droites rectangulaires.*

Si l est la longueur de la droite, a et b les segments qu'elle détermine sur les axes, son équation est

$$f(x, y, a, b) = \frac{x}{a} + \frac{y}{b} - 1 = 0,$$

avec la condition $\qquad \varphi(a, b) = a^2 + b^2 - l^2 = 0.$

D'après la méthode du n° 325, on doit éliminer a et b entre ces équations et la relation

$$\frac{-\dfrac{x}{a^2}}{2a} = \frac{-\dfrac{y}{b^2}}{2b}, \qquad \text{d'où} \qquad \frac{a}{x^{\frac{1}{3}}} = \frac{b}{y^{\frac{1}{3}}} ;$$

en égalant à t les derniers rapports, portant a et b dans les deux premières équations et éliminant ensuite t, on obtient le résultat de l'élimination sous la forme $x^{\frac{2}{3}} + y^{\frac{2}{3}} = l^{\frac{2}{3}}$; la courbe a été construite dans l'exercice 185.

---

201. *Montrer que l'enveloppe d'une droite telle que le produit des distances de deux points fixes à cette droite a une valeur donnée, est une conique ayant pour foyers les deux points fixes.*

Soient F et F' les deux points fixes supposés sur Ox et d'abscisses $\pm c$; l'équation d'une droite étant écrite sous la forme

$$ux + vy + 1 = 0,$$

les distances des points F et F' à cette droite ont pour valeurs

$$d = \frac{uc + 1}{\pm \sqrt{u^2 + v^2}}, \qquad d' = \frac{-uc + 1}{\pm \sqrt{u^2 + v^2}}.$$

Si l'on égale le produit $|dd'|$ à b^2, il y a deux cas à distinguer suivant que les radicaux sont pris avec le même signe ou avec des signes différents ; dans le premier cas, la relation entre u et v s'écrit

$$\frac{1 - u^2 c^2}{u^2 + v^2} = b^2, \qquad u^2(c^2 + b^2) + v^2 b^2 - 1 = 0,$$

et dans le deuxième cas, elle s'écrit

$$\frac{-1 + u^2c^2}{u^2 + v^2} = b^2, \qquad u^2(c^2 - b^2) - v^2b^2 - 1 = 0 \ ;$$

elle ne peut alors exister pour u et v, réels que si $c^2 > b^2$.

Dans le premier cas, en posant $c^2 + b^2 = a^2$, on trouve l'enveloppe en éliminant les deux paramètres u et v entre les équations

$$ux + vy + 1 = 0, \qquad a^2u^2 + b^2v^2 - 1 = 0, \qquad \frac{x}{a^2u} = \frac{y}{b^2v} \ ;$$

en opérant comme dans le problème précédent, le résultat de l'élimination est l'équation $\dfrac{x^2}{a^2} + \dfrac{y^2}{b^2} - 1 = 0$, qui représente une ellipse ayant pour foyers les deux points F et F' et pour demi-axes a et b.

Dans le second cas, on posera $c^2 - b^2 = a^2$; il suffit de changer dans ce qui précède b^2 en $-b^2$, l'enveloppe est alors une hyperbole.

---

202. *Déterminer la polaire réciproque d'une circonférence par rapport à un cercle.*

Supposons que la conique directrice soit un cercle ayant pour centre l'origine et d'équation $x^2 + y^2 - R^2 = 0$; la polaire d'un point (x_0, y_0) a pour équation $xx_0 + yy_0 - R^2 = 0$. Si l'on considère une circonférence C de rayon r ayant son centre en un point d'abscisse a de l'axe Ox et si son équation est

$$\varphi(x, y) = x^2 + y^2 - 2ax + a^2 - r^2 = 0,$$

on obtient sa polaire réciproque, comme au n° 326, en éliminant x_0, y_0 entre les équations

$$xx_0 + yy_0 - R^2 = 0, \quad x_0^2 + y_0^2 - 2ax_0 + a^2 - r^2 = 0, \quad \frac{x}{x_0 - a} = \frac{y}{y_0}.$$

Le résultat de l'élimination s'écrit sous la forme

$$x^2 + y^2 = \frac{a^2}{r^2}\left(x - \frac{R^2}{a}\right)^2 \ ;$$

cette équation représente une conique ; si M est un point du lieu,

MO sa distance à l'origine et MH sa distance à la droite Δ d'équation $x - \dfrac{R^2}{a} = 0$, l'équation précédente indique que l'on a $MO = \dfrac{a}{r} MH$; par suite le lieu est une conique ayant pour foyer l'origine et pour directrice correspondante la droite Δ.

L'excentricité est égale à $\dfrac{a}{r}$, de sorte que la courbe est une ellipse si $a < r$, c'est-à-dire si le centre O du cercle directeur est à l'intérieur du cercle C ; elle est une hyperbole si $a > r$, c'est-à-dire si O est extérieur au cercle C ; enfin elle est une parabole si $a = r$, c'est-à-dire si O est sur la circonférence du cercle donné ; on peut ajouter que la directrice est la polaire du centre du cercle C par rapport au cercle directeur D.

---

203. *Déterminer l'enveloppe d'une droite représentée par l'équation*

$$x \sin \varphi - y \cos \varphi = \cos 2\varphi,$$

où φ est un paramètre variable.

L'équation donnée et sa dérivée par rapport à φ sont

$$x \sin \varphi - y \cos \varphi = \cos 2\varphi, \qquad x \cos \varphi + y \sin \varphi = -2 \sin 2\varphi ;$$

avant d'éliminer φ, nous résolvons ces équations par rapport à x et y, ce qui donne

$$x = \cos 2\varphi \sin \varphi - 2 \sin 2\varphi \cos \varphi = -3 \sin \varphi + 2 \sin^3 \varphi,$$
$$y = -\cos 2\varphi \cos \varphi - 2 \sin 2\varphi \sin \varphi = -3 \cos \varphi + 2 \cos^3 \varphi.$$

On peut étudier l'enveloppe en partant de ces équations ; il suffit de faire varier φ de 0 à $\dfrac{\pi}{2}$ et de prendre les symétriques de l'arc obtenu par rapport aux axes et par rapport au centre des coordonnées. Les dérivées de x et y sont

$$x'_\varphi = 6 \cos \varphi \left(-\frac{1}{2} + \sin^2 \varphi \right), \qquad y'_\varphi = 6 \sin \varphi \left(\frac{1}{2} - \cos^2 \varphi \right) ;$$

lorsque φ varie de 0 à $\dfrac{\pi}{2}$, le point M décrit l'arc ABC (*fig. 90*) présentant un point de rebroussement sur la bissectrice de l'angle des axes ; la courbe complète ABCDEFGHA présente quatre rebroussements

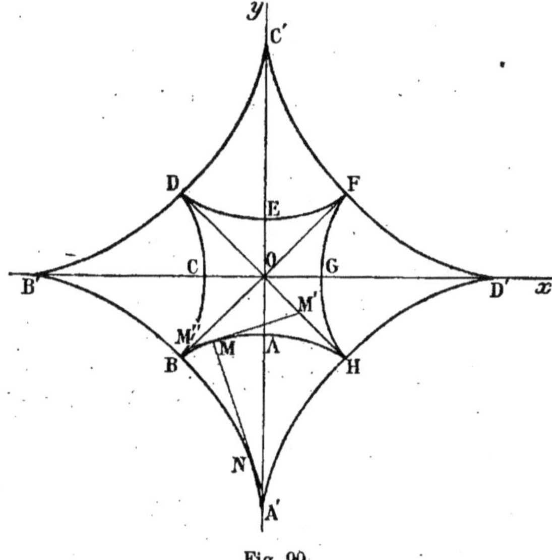

Fig. 90.

et est une hypocycloïde comme celle de l'exercice 185 ; on peut montrer que le segment M'M″ de la droite donnée compris entre les bissectrices des axes de coordonnées a une longueur constante.

---

204. *Déterminer l'enveloppe d'une droite représentée par l'équation*

$$x \cos \varphi + y \sin \varphi = p(\varphi);$$

montrer que la dérivée de cette équation représente la normale à l'enveloppe au point où elle est touchée par la droite ; calculer les coordonnées d'un point de l'enveloppe, le rayon de courbure et les coordonnées du centre de courbure en ce point en fonction du paramètre φ.

L'équation donnée et sa dérivée par rapport à φ,

$$x \cos \varphi + y \sin \varphi = p(\varphi), \qquad - x \sin \varphi + y \cos \varphi = p'(\varphi),$$

représentent *(fig.* 91) la première une droite D perpendiculaire en P

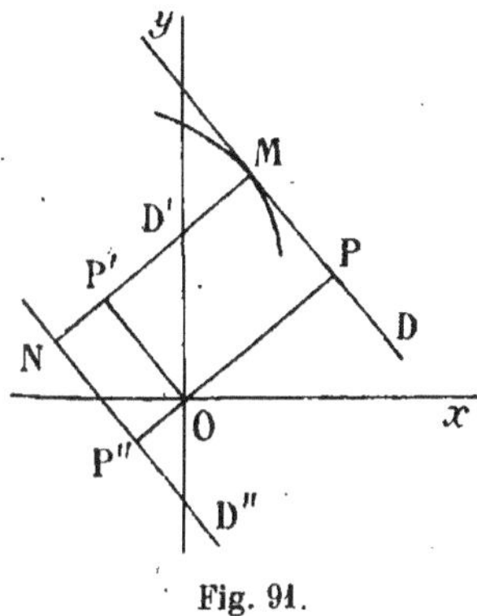

Fig. 91.

au segment $OP = p(\varphi)$ faisant avec Ox l'angle φ, la seconde une droite D' perpendiculaire à la première, perpendiculaire en P' au segment $OP' = p'(\varphi)$ faisant avec Ox l'angle $\varphi + \dfrac{\pi}{2}$. Elles se coupent au point caractéristique ; la première est la tangente et la seconde la normale à l'enveloppe de D. Les coordonnées du point caractéristique, intersection de ces deux droites, sont

$$x = p \cos \varphi - p' \sin \varphi, \qquad y = p \sin \varphi + p' \cos \varphi ;$$

on peut remarquer que ce sont bien les coordonnées de l'extrémité de la somme géométrique des vecteurs OP et OP'.

Le centre de courbure N de l'enveloppe de D est le point de contact de la normale D' avec son enveloppe ; il est déterminé par l'équation de D' et par sa dérivée

$$- x \cos \varphi - y \sin \varphi = p''(\varphi) ;$$

celle-ci représente une droite D'' perpendiculaire en P'' au segment $OP'' = p''(\varphi)$ faisant avec Ox l'angle $\varphi + \pi$. On peut calculer les coordonnées de N soit au moyen des formules du n° 327, soit en résolvant les équations de D' et D'' ; on obtient ainsi

$$X = - p' \sin \varphi - p'' \cos \varphi,$$
$$Y = p' \cos \varphi - p'' \sin \varphi ;$$

quant au rayon de courbure de l'enveloppe, on peut le calculer directement ou en remarquant qu'il est égal au vecteur $MN = OP'' - OP$; sa valeur algébrique, comptée sur la direction faisant avec Ox l'angle φ, est égale à $-(p + p'')$.

Les mêmes considérations s'appliquent aux droites envisagées dans l'exercice précédent ; la développée de l'enveloppe obtenue est l'enveloppe de la droite MN perpendiculaire en M à M'M'' ; on peut démontrer que la portion de cette droite comprise entre les axes de coordonnées a une longueur constante, son enveloppe A′B′C′D′ est encore une hypocycloïde à quatre rebroussements.

---

205. *Quelle est la caustique par réflexion d'une parabole pour les rayons parallèles à l'axe? pour les rayons perpendiculaires à l'axe?*

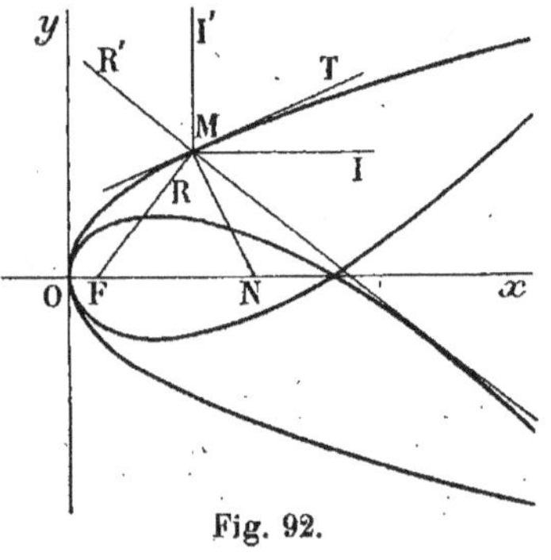

Fig. 92.

Si la tangente en un point M de la parabole (*fig.* 92) fait avec l'axe Ox un angle α, la droite MR symétrique par rapport à la normale MN d'un rayon MI parallèle à l'axe fait avec Ox l'angle $\pi + 2\alpha$; comme on a $\operatorname{tg} \alpha = y' = \dfrac{p}{y}$, l'équation de MR est

$$Y - y = \operatorname{tg} 2\alpha (X - x) = \frac{2py}{y^2 - p^2}\left(X - \frac{y^2}{2p}\right);$$

en l'écrivant

$$Y = \frac{2py}{y^2 - p^2}\left(X - \frac{p}{2}\right),$$

on voit que cette droite passe constamment par le foyer F, qui est l'enveloppe des rayons réfléchis.

Si l'on considère un rayon incident MI′ normal à l'axe, le rayon réfléchi MR′ fait avec Ox un angle égal à $\dfrac{\pi}{2} + 2\alpha$ et a pour équation

$$Y - y = -\cotg 2\alpha (X - x), \quad \text{d'où} \quad Y = -\frac{y^2 - p^2}{2py} X + \frac{y^3 + 3p^2 y}{4p^2}.$$

Cette équation et sa dérivée par rapport à y peuvent être résolues par rapport à X et Y et donnent $X = \dfrac{3y^2}{2p}$, $Y = \dfrac{3y}{2} - \dfrac{y^3}{2p^2}$.

On peut construire l'enveloppe en partant de ces expressions ou bien éliminer y, ce qui donne l'équation

$$Y^2 = \frac{2X}{27p}\left(X - \frac{9p}{2}\right)^2;$$

la courbe a la forme de la figure 92 ; elle présente un point double au point d'abscisse $\dfrac{9p}{2}$.

---

206. *Étant donnée une courbe* C *et un point lumineux* L, *on considère le rayon réfléchi ayant pour point d'incidence un point* M *de la courbe ; soit* Q *le symétrique du point* L *par rapport à la tangente en* M *à la courbe* C *et soit* C' *le lieu du point* Q *lorsque* M *varie ; montrer que le rayon réfléchi en* M *est normal au point* Q *à la courbe* C'. *Pour simplifier le raisonnement, on pourra supposer le point* L *à l'origine et la courbe* C *définie comme l'enveloppe d'une droite représentée par l'équation de l'exercice* 204 ; *il résulte de là que la caustique par réflexion de la courbe* C *pour les rayons issus de* L *est la développée de la courbe* C'.

Représentons les tangentes à la courbe C (*fig.* 93) par l'équation

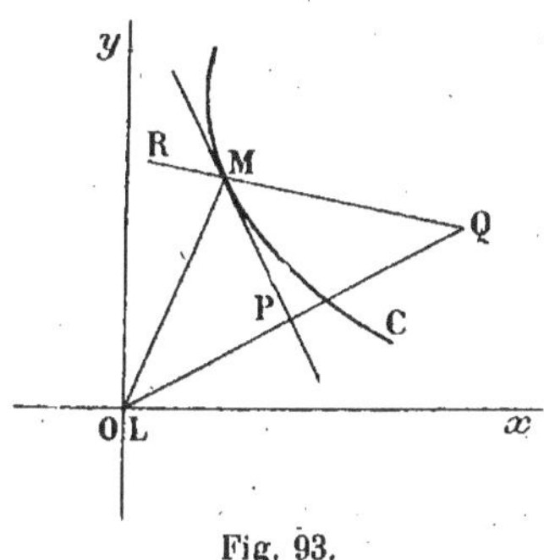

Fig. 93.

$$x \cos \varphi + y \sin \varphi = p(\varphi),$$

où φ est un paramètre variable ; les coordonnées du point M de contact sont, d'après la solution de l'exercice 204,

$$x_1 = p \cos \varphi - p' \sin \varphi,$$
$$y_1 = p \sin \varphi + p' \cos \varphi ;$$

celles du pied P de la perpendiculaire abaissée de L sur la tangente sont

$$x_2 = p \cos \varphi, \quad y_2 = p \sin \varphi, \quad \text{et celles}$$

du symétrique Q de L par rapport à la tangente sont

$$X = 2p \cos \varphi, \qquad Y = 2p \sin \varphi.$$

Le coefficient angulaire de la normale au point Q, à la courbe lieu de ce point, a pour valeur

$$-\frac{dX}{dY} = -\frac{X'}{Y'} = \frac{p \sin \varphi - p' \cos \varphi}{p \cos \varphi + p' \sin \varphi},$$

il est bien égal à celui de la droite QM, c'est-à-dire à $\dfrac{Y - y_1}{X - x_1}$.

On voit donc que la caustique enveloppe du rayon réfléchi MR est la développée de la courbe lieu de Q; cette dernière courbe est l'homothétique par rapport au point L, avec le rapport 2, de la podaire de la courbe C par rapport à ce point L.

---

207. *Déterminer l'enveloppe des axes des paraboles passant par l'origine* O, *tangentes en ce point à l'axe* Ox, *et passant par un point d'ordonnée* $2b$ *de l'axe* Oy.

En désignant par m le coefficient angulaire de l'axe, l'équation d'une parabole peut se mettre sous la forme

$$(y - mx)^2 + 2Dx + 2Ey + F = 0 ;$$

pour exprimer que la courbe passe par l'origine et y est tangente à Ox, il faut annuler F et D; enfin la condition que la courbe passe par le point $(0, 2b)$ s'exprime par $E = -b$; l'équation des paraboles est donc

$$(y - mx)^2 - 2by = 0.$$

L'axe d'une de ces paraboles est le diamètre des cordes de direc-tion $-\dfrac{1}{m}$; son équation est $mf'_x - f'_y = 0$, c'est-à-dire

$$y = mx + \frac{b}{1 + m^2}.$$

L'enveloppe de cette droite est déterminée par cette équation et par sa dérivée par rapport à m; en les résolvant, on tire x et y, on obtient

$$x = \frac{2bm}{(1 + m^2)^2}, \qquad y = \frac{b(1 + 3m^2)}{(1 + m^2)^2};$$

l'élimination de m entre les équations fournirait l'équation de l'enveloppe; nous utiliserons plutôt la représentation précédente. Les fonctions x et y de m restent finies et continues; leurs dérivées,

$$x' = \frac{2b(1 - 3m^2)}{(1 + m^2)^3}, \qquad y' = \frac{2bm(1 - 3m^2)}{(1 + m^2)^3},$$

s'annulent simultanément pour $m = \pm\dfrac{\sqrt{3}}{3}$; à ces valeurs correspondent des points de rebroussement, où la tangente, qui a pour coefficient angulaire m, fait avec Ox un angle égal à $\dfrac{\pi}{3}$ ou $-\dfrac{\pi}{3}$. Pour

$m = \infty$, x et y sont nuls, et la courbe possède à l'origine un point de rebroussement avec Oy comme tangente, comme le montre le tableau suivant :

m	x'	y'	x	y	POINTS
$-\infty$			0	0	O
	$-$	$+$	décroît	croît	
$-\dfrac{\sqrt{3}}{3}$			min. $\dfrac{-9b}{8\sqrt{3}}$	max. $\dfrac{9}{8}b$	A
		$-$	croît	décroît	
0	$+$		0	min. b	B
		$+$	croît	croît	
$\dfrac{\sqrt{3}}{3}$			max. $\dfrac{9b}{8\sqrt{3}}$	max. $\dfrac{9}{8}b$	C
	$-$	$-$	décroît	décroît	
$+\infty$			0	0	O

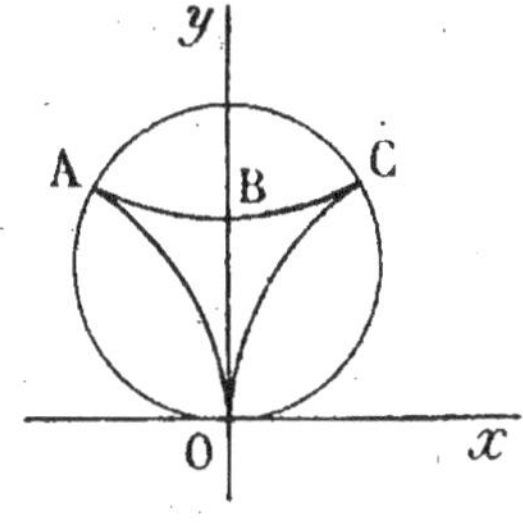

Fig. 94.

La courbe (*fig. 94*) est inscrite dans un cercle passant par O, dont le centre a pour coordonnées $\left(0, \dfrac{3}{4}b\right)$, et les points O, A, C sont les sommets d'un triangle équilatéral ; on démontre que la courbe est une hypocycloïde à trois rebroussements.

---

208. *Déterminer les coordonnées du centre de courbure et le rayon de courbure en un point d'une ellipse en fonction des coordonnées de ce point ou en fonction du paramètre angulaire φ.*

Supposons que l'on considère y comme une fonction de x fournie par l'équation de l'ellipse écrite sous la forme habituelle ; les dérivées de la fonction seront données par les relations

$$\frac{x}{a^2} + \frac{yy'}{b^2} = 0, \qquad \frac{1}{a^2} + \frac{y'^2}{b^2} + \frac{yy''}{b^2} = 0 ;$$

on en déduit

$$y' = \frac{-\,b^2 x}{a^2 y}, \qquad y'' = \frac{-\,b^4}{a^2 y^3}.$$

Les formules (9) du n° 327 donnent, tous calculs faits,

$$X - x = \frac{-\,x(b^4 x^2 + a^4 y^2)}{a^4 b^2}, \qquad Y - y = \frac{-\,y(b^4 x^2 + a^4 y^2)}{a^2 b^4},$$

$$R = \frac{(b^4 x^2 + a^4 y^2)^{\frac{3}{2}}}{a^4 b^4}.$$

Nous avons déterminé au n° 329 le centre et le rayon de courbure en fonction du paramètre φ et nous avons construit la développée.

---

209. *Déterminer le centre et le rayon de courbure en un point d'une parabole ; montrer que le rayon de courbure est égal à* $\dfrac{N^3}{p^2}$, N *désignant la longueur de la normale au point considéré comptée jusqu'à l'axe et* p *le paramètre de la courbe ; déterminer la développée de la parabole.*

Si l'on veut considérer y comme fonction de x, il y a avantage à placer l'axe de la parabole suivant Oy et à prendre son équation sous la forme $y = \dfrac{x^2}{2p}$.

Si l'on veut conserver l'équation de la courbe sous la forme $y^2 - 2px = 0$, il vaut mieux alors considérer x comme fonction de y égale à $\dfrac{y^2}{2p}$, et employer les formules

$$X - x = \frac{1 + x'^2}{x''}, \qquad Y - y = \frac{-\,x'(1 + x'^2)}{x''}, \qquad R = \pm\,\frac{(1 + x'^2)^{\frac{3}{2}}}{x''},$$

on trouve ainsi

$$X = p + \frac{3y^2}{2p}, \qquad Y = \frac{-\,y^3}{p^2}, \qquad R = \frac{(y^2 + p^2)^{\frac{3}{2}}}{p^2}.$$

Comme la longueur de la portion MN de la normale (*fig.* 95) est $N = \sqrt{y^2 + p^2}$, on voit bien que l'on a

$$R = \frac{N^3}{p^2}.$$

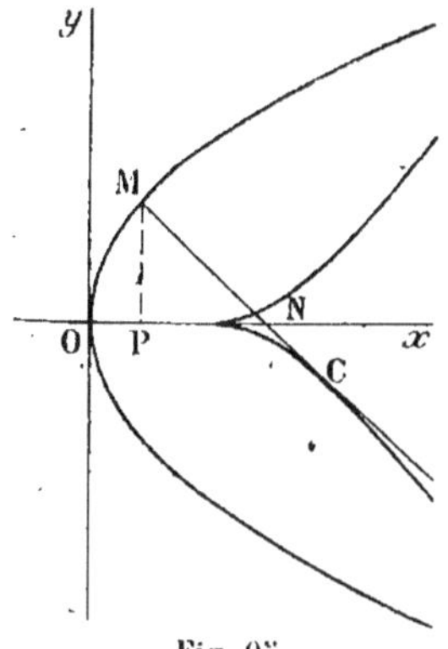

Fig. 95.

On peut construire la développée en considérant X et Y comme dépendant du paramètre y, ou bien en éliminant y entre les deux équations fournissant X et Y ; on trouve ainsi $Y^2 = \dfrac{8}{27p}(X - p)^3$; la courbe a la forme indiquée dans la figure, elle a un point de rebroussement d'abscisse p. On peut rapprocher ces résultats de ceux de l'exercice 180.

---

210. *Déterminer la développée de la chaînette, de la courbe d'équation* $y = e^x$, *de la courbe d'équation* $y = x^3$.

L'équation de la chaînette est

$$y = \frac{a}{2}\left(e^{\frac{x}{a}} + e^{-\frac{x}{a}} \right) = a\,\mathrm{ch}\,\frac{x}{a} \, ;$$

en remarquant que $y' = \mathrm{sh}\,\dfrac{x}{a}$, $y'' = \dfrac{1}{a}\,\mathrm{ch}\,\dfrac{x}{a}$, et appliquant les formules du n° 327, on a les coordonnées X, Y du centre de courbure par les équations

$$X - x = - a\,\mathrm{sh}\,\frac{x}{a}\,\mathrm{ch}\,\frac{x}{a}, \qquad X = x - a\,\mathrm{sh}\,\frac{x}{a}\,\mathrm{ch}\,\frac{x}{a},$$

$$Y - y = a\,\mathrm{ch}\,\frac{x}{a}, \qquad\qquad Y = 2y,$$

$$R = a\,\mathrm{ch}^2\,\frac{x}{a} = \frac{y^2}{a}.$$

La relation $Y = 2y$ montre que le centre de courbure en un point de la courbe est symétrique, par rapport à ce point, du point où la normale rencontre l'axe Ox. La développée de la chaînette présente un point de rebroussement de coordonnées $(0,2a)$, avec tangente dirigée suivant Oy et a l'aspect d'une développée de parabole.

Les mêmes formules, appliquées à la courbe d'équation $y = e^x$, donnent

$$X = x - 1 - e^{2x}, \qquad Y = e^{-x} + 2e^x, \qquad R = \frac{(1 + e^{2x})^{\frac{3}{2}}}{e^x}.$$

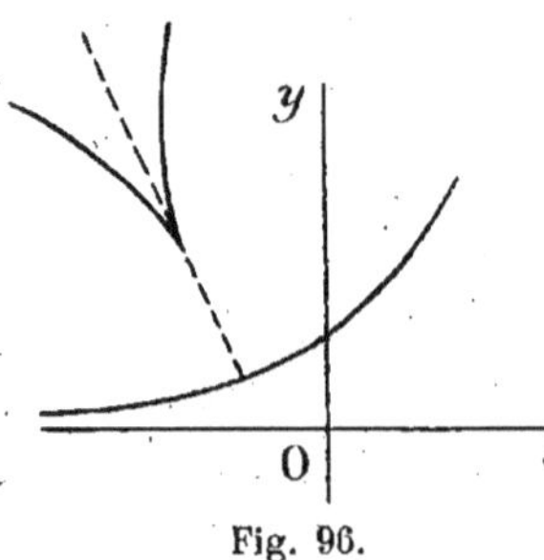

Fig. 96.

On construit la développée en considérant X et Y comme fonctions de x ; leurs dérivées

$$X' = 1 - 2e^{2x}, \qquad Y' = -e^{-x} + 2e^x$$

s'annulent simultanément pour la valeur de x égale à $-\frac{1}{2}\log 2$; la courbe (*fig.* 96) présente alors un point de rebroussement dont les coordonnées sont

$$\left(-\frac{1}{2}\log 2 - \frac{3}{2},\ 2\sqrt{2}\right).$$

En appliquant les mêmes formules à la courbe d'équation $y = x^3$, on a

$$X = \frac{x(1 - 9x^4)}{2}, \qquad Y = \frac{1 + 15x^4}{6x} ;$$

on construit encore la développée en considérant X et Y comme fonctions de x ; leurs dérivées

$$X' = \frac{1 - 45x^4}{2}, \qquad Y' = \frac{45x^4 - 1}{6x^2}$$

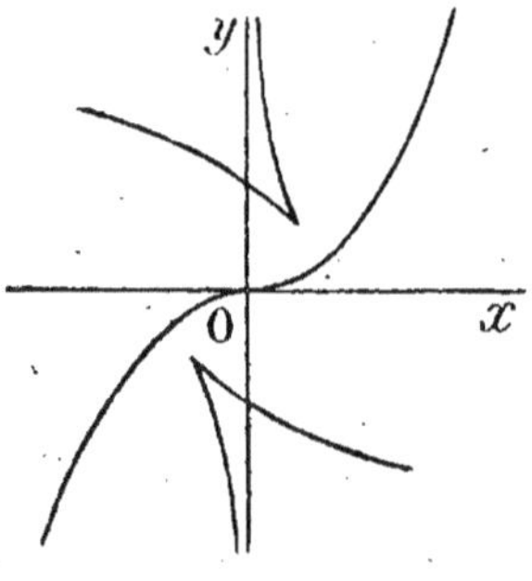

Fig. 97.

s'annulent simultanément pour

$$x = \pm\sqrt[4]{\frac{1}{45}} ;$$

la courbe présente alors des points de rebroussement (*fig.* 97), l'un de coordonnées

$$\left(\frac{2}{5\sqrt[4]{45}},\ \frac{2\sqrt[4]{45}}{9}\right),$$

l'autre symétrique du premier ; la courbe

a comme asymptote l'axe Oy, et coupe cet axe en des points d'ordonnée $\pm \dfrac{4\sqrt{3}}{9}$.

---

211. *Déterminer la tangente et la normale en un point d'une cycloïde ; montrer que la normale passe par le point de contact du cercle générateur avec la base de la courbe ; déterminer le centre et le rayon de courbure en un point de la cycloïde, ainsi que la développée de cette courbe ; montrer que cette développée est une cycloïde égale à la première.*

En un point de la cycloïde représentée par les équations

$$x = a(t - \sin t), \qquad y = a(1 - \cos t),$$

le coefficient angulaire de la tangente est égal à

$$\frac{dy}{dx} = \frac{y'_t}{x'_t} = \frac{\sin t}{1 - \cos t} = \operatorname{cotg} \frac{t}{2} ;$$

la tangente fait donc avec l'axe des x un angle α égal à $\dfrac{\pi}{2} - \dfrac{t}{2}$ à un

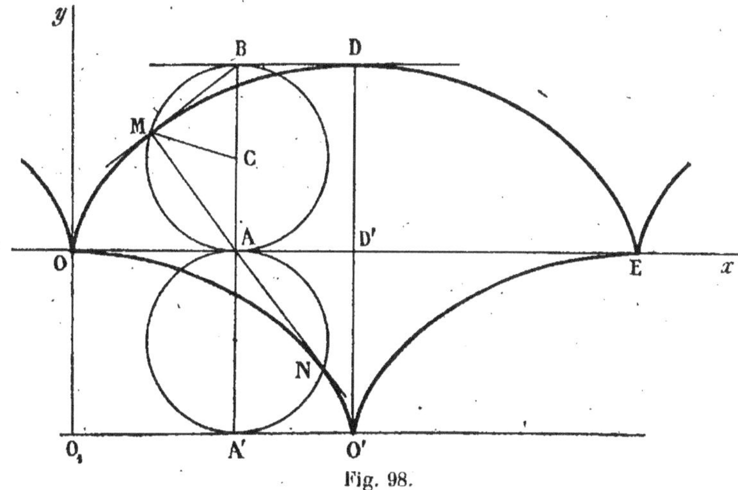

Fig. 98.

multiple près de π. Si l'on remarque que le même angle est fait avec Ox par la corde joignant le point M au point B du cercle générateur diamétralement opposé au point de contact A (*fig.* 98), on voit que la tangente à la cycloïde est identique à MB ; la normale est donc MA.

On peut calculer les coordonnées du centre de courbure et le rayon d'après les formules (7) et (8) ou bien (9) et (10) du n° 327 ; on trouverait en particulier $Y = -y$; on arrive plus facilement au résultat en remarquant que le rayon de courbure est $\rho = \dfrac{ds}{d\alpha}$; comme on a

$$ds^2 = dx^2 + dy^2 = 4a^2 \sin^2 \frac{t}{2} dt^2, \qquad ds = 2a \sin \frac{t}{2} dt,$$

et que $\alpha = \dfrac{\pi}{2} - \dfrac{t}{2}$, $d\alpha = \dfrac{-dt}{2}$, on voit que $\rho = -2a \sin \dfrac{t}{2}$, de sorte que le rayon de courbure est égal au double de MA et le centre de courbure est le point N symétrique de M par rapport à A.

La développée, lieu des points N, se compose d'arcs de cycloïde égaux à ceux de la cycloïde donnée. Pour le voir, considérons une droite O_1O', parallèle à Ox, d'ordonnée $-2a$; prenons $O_1O' = \pi a$, et faisons rouler sur la droite O_1O' un cercle de rayon a ; un point N_1, d'abord confondu avec O', décrira une cycloïde égale à la première et il suffit de démontrer que ce point N_1 vient se confondre avec le centre de courbure N au point M. Si l'on considère la position du nouveau cercle lorsqu'il est tangent à Ox au point A, le point N est sur ce nouveau cercle et il est tel que arc $AN = $ arc $AM = OA$, donc arc $A'N = \pi a - OA = A'O'$, et les points N et N_1 sont alors confondus, ce qui démontre la proposition. La développée de l'arc OE de la première cycloïde se compose de deux arcs ONO', $O'E$ de la seconde.

---

212. *Démontrer que la circonférence tangente en un point* M *d'une courbe à la tangente* MT *en ce point, et passant par un point voisin* M' *de la courbe, a pour limite le cercle de courbure au point* M *lorsque le point* M' *se rapproche indéfiniment du point* M ; *déduire de là que le rayon de courbure en* M *est la limite du rapport* $\dfrac{\overline{MM'}^2}{2M'P}$, M'P *étant la distance du point* M' *à la tangente* MT.

Si l'on prend comme origine le point M et comme axe des x la tangente MT en ce point (*fig.* 99), le coefficient angulaire de la tangente à l'origine est égal à 0, le rayon de courbure a alors pour valeur

$\dfrac{1}{y_0''}$. Si l'on développe la fonction y suivant la formule de Maclaurin (n° 193), on a

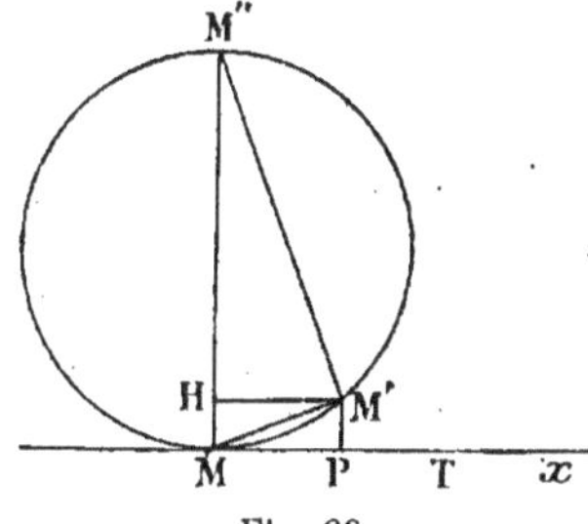

Fig. 99.

$$y = y_0'' \frac{x^2}{2} + y_0''' \frac{x^3}{6} + \cdots$$

Soit R le rayon d'un cercle passant par l'origine et tangent à l'axe Ox, son équation est

$$X^2 + Y^2 - 2RY = 0 ;$$

s'il est assujetti à passer par un point voisin $M'(x, y)$, R est déterminé par l'équation

$$R = \frac{x^2 + y^2}{2y} = \frac{x^2 + y_0''^2 \dfrac{x^4}{4} + \cdots}{y_0'' x^2 + y_0''' \dfrac{x^3}{3} + \cdots} = \frac{1}{y_0''} - \frac{y_0'''}{3y_0''^2} x + \cdots ;$$

lorsque le point M' tend vers M, x tend vers 0 et R vers $\dfrac{1}{y_0''}$, c'est-à-dire vers ρ ; la proposition est ainsi démontrée.

On voit géométriquement, en joignant le point M' du cercle au point M'' diamétralement opposé à M, que l'on a $\overline{MM'}^2 = 2R \times \overline{MH}$, par suite $\rho = \lim \dfrac{\overline{MM'}^2}{2M'P}$.

---

213. *Déterminer le rayon de courbure en un point de la spirale logarithmique.*

Soit $\rho = \rho_0 e^{m\theta}$ l'équation de la spirale logarithmique ; la tangente en un point M fait avec le rayon vecteur un angle constant V tel que $\operatorname{tg} V = \dfrac{1}{m}$ (n° 295), l'angle qu'elle fait avec Ox est $\alpha = \theta + V$.

On peut calculer le rayon de courbure R par la formule du n° 231, mais il est plus facile de remarquer qu'il est égal à $\dfrac{ds}{d\alpha}$; ici on a

$$ds = \sqrt{d\rho^2 + \rho^2 d\theta^2} = \rho \sqrt{1 + m^2} \, d\theta = \frac{\rho \, d\theta}{\sin V}, \qquad d\alpha = d\theta ;$$

on en déduit $R = \dfrac{\rho}{\sin V} = \rho \sqrt{1 + m^2}$.

Si l'on construit un triangle OMN rectangle en O, dont l'hypoténuse est dirigée suivant la normale, la longueur MN de cette hypoténuse est précisément égale à R (*fig.* 100).

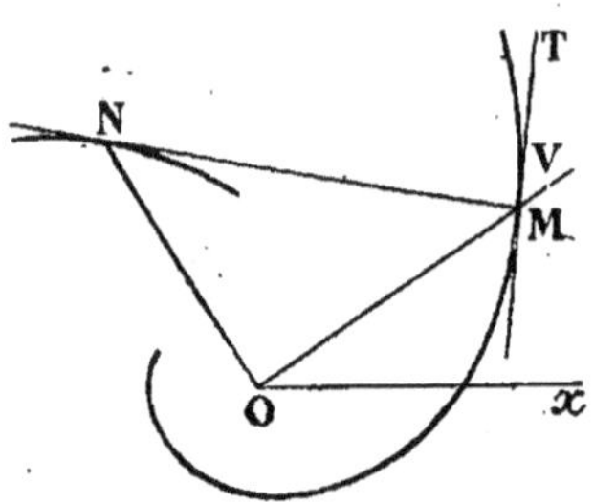

Fig. 100.

La développée est le lieu du point N extrémité de la sous-normale ; ce lieu est une spirale logarithmique, car on a $ON = \rho\,\mathrm{cotg}\,V = \rho m$, et entre les coordonnées ρ', θ' du point N existe la relation

$$\rho' = \rho_0 m e^{m\theta} = \left(\rho_0 m e^{-m\frac{\pi}{2}}\right) e^{m\theta'}.$$

La deuxième spirale, lieu du point N, est égale à la première qu'on aurait fait tourner d'un certain angle autour du pôle, car on peut écrire $\rho' = \rho_0 e^{m(\theta' - \theta_1)}$, θ_1 étant un angle convenablement choisi.

------

214. *Déterminer la tangente et le rayon de courbure en un point de la lemniscate représentée par l'équation*

$$\rho^2 = 2a^2 \sin 2\theta.$$

L'angle V de la tangente avec le rayon vecteur est donné par

$$\mathrm{tg}\,V = \frac{\rho}{\rho'} = \frac{\rho^2}{\rho\rho'} = \frac{2a^2 \sin 2\theta}{2a^2 \cos 2\theta} = \mathrm{tg}\,2\theta\ ;$$

il en résulte que $V = 2\theta + k\pi$, et l'angle de la tangente avec Ox a pour valeur $\alpha = 3\theta + k\pi$.

La différentielle de l'arc est donnée par

$$ds^2 = d\rho^2 + \rho^2 d\theta^2 = \frac{(\rho d\rho)^2}{\rho^2} + \rho^2 d\theta^2$$

$$= \left(\frac{2a^2 \cos^2 2\theta}{\sin 2\theta} + 2a^2 \sin 2\theta\right) d\theta^2 = \frac{2a^2}{\sin 2\theta} d\theta^2 = \frac{4a^4}{\rho^2} d\theta^2.$$

On a par suite, en supposant ρ positif,

$$ds = \frac{2a^2}{\rho} d\theta, \qquad R = \frac{ds}{d\alpha} = \frac{2a^2 d\theta}{3\rho d\theta} = \frac{2a^2}{3\rho}.$$

215. *Déterminer les développantes de la courbe d'équation*

$$9y^2 - 4x^3 = 0.$$

En un point M de la courbe, de coordonnées x, y, on a

$$y = \frac{2}{3}x^{\frac{3}{2}}, \quad y' = x^{\frac{1}{2}} = \operatorname{tg}\alpha, \quad \cos\alpha = \frac{1}{\sqrt{1+x}}, \quad \sin\alpha = \frac{\sqrt{x}}{\sqrt{1+x}}.$$

L'arc s compté à partir de l'origine a pour dérivée

$$\sqrt{1 + y'^2} = \sqrt{1 + x},$$

et a pour valeur

$$s = \frac{2}{3}(1 + x)^{\frac{3}{2}} - \frac{2}{3}.$$

Sur la tangente en M on prend un vecteur $\rho = C - s$; les coordonnées de l'extrémité de ce vecteur sont

$$X = x + \rho\cos\alpha = x + \left[C + \frac{2}{3} - \frac{2}{3}(1+x)^{\frac{3}{2}}\right](1+x)^{-\frac{1}{2}},$$

$$Y = y + \rho\sin\alpha = \frac{2}{3}x^{\frac{3}{2}} + \left[C + \frac{2}{3} - \frac{2}{3}(1+x)^{\frac{3}{2}}\right]x^{\frac{1}{2}}(1+x)^{-\frac{1}{2}}.$$

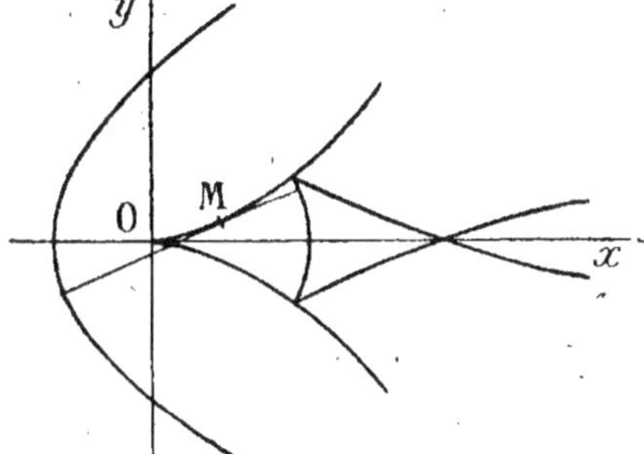

Fig. 101.

Ce sont les coordonnées des points d'une développante. Lorsqu'on donne à C la valeur particulière $-\frac{2}{3}$, on a

$$X = \frac{x}{3} - \frac{2}{3},$$

$$Y = -\frac{2}{3}x^{\frac{1}{2}} ;$$

dans ce cas, la développante est une parabole dont la courbe donnée est la développée ; pour les autres valeurs de C, la développante a, pour C négatif, l'aspect de la parabole et pour C positif l'aspect d'une courbe présentant deux points de rebroussement sur la courbe donnée (*fig.* 101).

216. *On considère un cercle de rayon* R *ayant pour centre l'origine et rapporté à deux axes* Ox, Oy ; *déterminer la parabole osculatrice à ce cercle en un point* M *tel que l'angle* (Ox, OM) *soit égal à* 60°, *l'axe de cette parabole étant parallèle à* Oy.

L'équation du cercle $x^2 + y^2 - R^2 = 0$ permet de déterminer la valeur de y et de ses dérivées pour le point M ; on a en effet

$$x + yy' = 0, \qquad 1 + y'^2 + yy'' = 0,$$

$$x = \frac{R}{2}, \qquad y = \frac{R\sqrt{3}}{2}, \qquad y' = -\frac{x}{y} = -\frac{1}{\sqrt{3}},$$

$$y'' = -\frac{1 + y'^2}{y} = -\frac{8}{3R\sqrt{3}}.$$

L'équation de la parabole est de la forme

$$y = ax^2 + bx + c \; ;$$

il faut déterminer a, b, c par les conditions que, pour le point M, y, y' et y'' aient les mêmes valeurs que pour le cercle ; on doit donc avoir

$$\frac{R\sqrt{3}}{2} = a\frac{R^2}{4} + b\frac{R}{2} + c, \qquad -\frac{1}{\sqrt{3}} = 2a\frac{R}{2} + b, \qquad \frac{-8}{3R\sqrt{3}} = 2a \;;$$

on en déduit les valeurs de a, b, c et l'équation de la parabole

$$y = \frac{\sqrt{3}}{9R}(- 4x^2 + Rx + 5R^2).$$

---

217. *Déterminer l'équation du plan tangent en un point de l'hélicoïde à plan directeur* (n° 137).

L'équation de l'hélicoïde est $\dfrac{y}{x} = \mathrm{tg}\,\dfrac{z}{k}$, ou

$$f(x, y, z) = z - k\,\mathrm{arc\,tg}\,\frac{y}{x} = 0.$$

D'après l'équation (6) du n° 236, son plan tangent est représenté par

$$\frac{k}{x^2 + y^2}(Xy - Yx) + Z - z = 0 \;;$$

on voit qu'il est coupé par le plan $Z = z$ suivant la génératrice contenue dans ce plan ; il est déterminé par cette génératrice et par la tangente à l'hélice passant par le point donné et située sur la surface.

---

218. *On considère la surface réglée définie par les équations*

$$x = (a + z) \cos t, \qquad y = (a - z) \sin t,$$

t étant un paramètre variable ; déterminer le lieu des points de cette surface où le plan tangent est parallèle à Oz.

D'après la formule (10) (n° 337), l'équation du plan tangent en un point de la surface est

$$\frac{X - (a + Z) \cos t}{-(a + z) \sin t} = \frac{Y - (a - Z) \sin t}{(a - z) \cos t}.$$

Pour qu'il soit parallèle à Oz, il faut et il suffit que cette équation soit indépendante de Z, ou que le coefficient de Z soit nul, ce qui donne la condition

$$(a - z) \cos^2 t = (a + z) \sin^2 t \, ;$$

on en déduit la valeur de z et, d'après les équations de la surface, celles de x et y :

$$x = 2a \cos^3 t, \qquad y = 2a \sin^3 t, \qquad z = a \cos 2t.$$

Il serait facile de construire les projections de la courbe sur les plans de coordonnées ; en particulier la projection sur le plan des xy a pour équation

$$x^{\frac{2}{3}} + y^{\frac{2}{3}} = (2a)^{\frac{2}{3}}$$

et est une hypocycloïde à quatre rebroussements ; elle est l'enveloppe des projections sur le plan des xy des génératrices de la surface, projections définies par

$$x \sin t + y \cos t = 2a \sin t \cos t.$$

---

219. *On considère la courbe représentée par les équations*

$$x = \frac{a^2 x_0}{a^2 + \lambda}, \qquad y = \frac{b^2 y_0}{b^2 + \lambda}, \qquad z = \frac{c^2 z_0}{c^2 + \lambda},$$

où λ est un paramètre variable ; déterminer et construire ses projections sur les trois plans de coordonnées ; montrer que cette courbe est du troisième ordre, ou, comme on dit, une cubique gauche, et qu'elle passe par les pieds des normales abaissées du point (x_0, y_0, z_0) sur l'ellipsoïde dont l'équation est $\dfrac{x^2}{a^2} + \dfrac{y^2}{b^2} + \dfrac{z^2}{c^2} - 1 = 0$.

Le nombre des points communs à la courbe et à un plan quelconque d'équation $Ax + By + Cz + D = 0$ est égal au nombre des racines de l'équation

$$\frac{Aa^2 x_0}{a^2 + \lambda} + \frac{Bb^2 y_0}{b^2 + \lambda} + \frac{Cc^2 z_0}{c^2 + \lambda} + D = 0,$$

où λ est l'inconnue, et cette équation, rendue entière, est toujours du troisième degré, par suite la courbe est du troisième ordre (n° 135).

Aux valeurs particulières $\lambda_1 = -a^2$, $\lambda_2 = -b^2$, $\lambda_3 = -c^2$, $\lambda_4 = 0$, $\lambda_5 = \infty$ correspondent les points :

$$1° \qquad x_1 = \infty, \qquad y_1 = \frac{b^2 y_0}{b^2 - a^2}, \qquad z_1 = \frac{c^2 z_0}{c^2 - a^2} ;$$

$$2° \qquad x_2 = \frac{a^2 x_0}{a^2 - b^2}, \qquad y_2 = \infty, \qquad z_2 = \frac{c^2 z_0}{c^2 - b^2} ;$$

$$3° \qquad x_3 = \frac{a^2 x_0}{a^2 - c^2}, \qquad y_3 = \frac{b^2 y_0}{b^2 - c^2}, \qquad z_3 = \infty ;$$

$$4° \qquad x_4 = x_0, \qquad y_4 = y_0, \qquad z_4 = z_0 ;$$

$$5° \qquad x_5 = 0, \qquad y_5 = 0, \qquad z_5 = 0 ;$$

on en conclut que la courbe passe par l'origine et par le point (x_0, y_0, z_0) et possède trois asymptotes parallèles aux axes de coordonnées.

La projection de la courbe sur le plan xOy est fournie par les équations qui donnent x et y ; l'élimination de λ entre ces deux équations conduit à l'équation de la projection

$$(a^2 - b^2)xy + b^2 y_0 x - a^2 x_0 y = 0 ;$$

elle représente une hyperbole équilatère passant par l'origine et ayant des asymptotes parallèles aux axes, elle est du reste l'hyperbole d'Apollonius (exercice 181) relative au point (x_0, y_0) pour l'ellipse de demi-axes a et b. Les projections de la cubique sur les autres plans de coordonnées sont analogues.

Si l'on veut déterminer les normales à l'ellipsoïde d'équation

$\dfrac{x^2}{a^2} + \dfrac{y^2}{b^2} + \dfrac{z^2}{c^2} - 1 = 0$ passant par un point (x_0, y_0, z_0), on calcule les coordonnées x, y, z du pied d'une normale (n° 338) au moyen des équations

$$\frac{x_0 - x}{\dfrac{x}{a^2}} = \frac{y_0 - y}{\dfrac{y}{b^2}} = \frac{z_0 - z}{\dfrac{z}{c^2}}$$

jointes à celles de la surface. Les premières, où l'on considère x, y, z comme coordonnées courantes, représentent une courbe C ; en égalant à λ la valeur commune des rapports, on trouve précisément

$$x = \frac{a^2 x_0}{a^2 + \lambda}, \qquad y = \frac{b^2 y_0}{b^2 + \lambda}, \qquad z = \frac{c^2 z_0}{c^2 + \lambda},$$

de sorte que la courbe C est identique à la cubique étudiée précédemment. Elle rencontre l'ellipsoïde en six points réels ou imaginaires correspondant aux six racines de l'équation en λ

$$\frac{a^2 x_0^2}{(a^2 + \lambda)^2} + \frac{b^2 y_0^2}{(b^2 + \lambda)^2} + \frac{c^2 z_0^2}{(c^2 + \lambda)^2} - 1 = 0,$$

de sorte que l'on peut mener d'un point six normales réelles ou imaginaires à un ellipsoïde.

---

220. *Montrer que l'équation*

$$\left(\frac{x^2}{a^2} + \frac{y^2}{b^2} + \frac{z^2}{c^2} - 1\right)\left(\frac{x_0^2}{a^2} + \frac{y_0^2}{b^2} + \frac{z_0^2}{c^2} - 1\right)$$
$$- \left(\frac{xx_0}{a^2} + \frac{yy_0}{b^2} + \frac{zz_0}{c^2} - 1\right)^2 = 0$$

représente le cône ayant pour sommet le point (x_0, y_0, z_0) *et circonscrit à l'ellipsoïde précédent.*

Il suffit de répéter le raisonnement de l'exercice 175. Si X, Y, Z sont les coordonnées d'un point quelconque d'une tangente à l'ellipsoïde issue de (x_0, y_0, z_0), x, y, z celles du point de contact, on a

$$x = \frac{X + \lambda x_0}{1 + \lambda}, \qquad y = \frac{Y + \lambda y_0}{1 + \lambda}, \qquad z = \frac{Z + \lambda z_0}{1 + \lambda}.$$

En écrivant que le point (x, y, z) est situé sur l'ellipsoïde et aussi sur le plan polaire de (x_0, y_0, z_0), on voit que x, y, z doivent satisfaire aux deux équations

$$\frac{x^2}{a^2} + \frac{y^2}{b^2} + \frac{z^2}{c^2} - 1 = 0, \qquad \frac{xx_0}{a^2} + \frac{yy_0}{b^2} + \frac{zz_0}{c^2} - 1 = 0 ;$$

en remplaçant x, y, z par leurs valeurs et en éliminant λ, on a l'équation du lieu des tangentes

$$\left(\frac{X^2}{a^2} + \frac{Y^2}{b^2} + \frac{Z^2}{c^2} - 1\right)\left(\frac{x_0^2}{a^2} + \frac{y_0^2}{b^2} + \frac{z_0^2}{c^2} - 1\right)$$
$$- \left(\frac{Xx_0}{a^2} + \frac{Yy_0}{b^2} + \frac{Zz_0}{c^2} - 1\right)^2 = 0.$$

C'est l'équation du cône circonscrit ; elle ne diffère de celle de l'énoncé que par le changement de X, Y, Z en x, y, z.

Si la surface du second ordre est représentée en général par $f(x, y, z) = 0$, l'équation du cône circonscrit de sommet (x_0, y_0, z_0) est

$$4f(X, Y, Z)f(x_0, y_0, z_0) - (x_0 f'_x + y_0 f'_y + z_0 f'_z + f'_T)^2 = 0.$$

---

221. *L'équation*

$$\frac{x^2}{a^2 - \lambda} + \frac{y^2}{b^2 - \lambda} + \frac{z^2}{c^2 - \lambda} - 1 = 0$$

représente, lorsque λ varie, une famille de surfaces du second ordre, que l'on appelle homofocales ; démontrer que par un point (x_0, y_0, z_0) passent trois de ces surfaces et qu'elles sont l'une un ellipsoïde, une autre un hyperboloïde à une nappe et la troisième un hyperboloïde à deux nappes ; démontrer que deux quelconques de ces trois surfaces se coupent orthogonalement en tous leurs points communs.

Il suffit de répéter les raisonnements de l'exercice 178. Les valeurs de λ correspondant aux surfaces passant par un point (x_0, y_0, z_0) sont les racines de l'équation

$$F(\lambda) = \frac{x_0^2}{a^2 - \lambda} + \frac{y_0^2}{b^2 - \lambda} + \frac{z_0^2}{c^2 - \lambda} - 1 = 0 ;$$

en supposant $a^2 > b^2 > c^2$, les signes des résultats de substitution dans le premier membre sont donnés par le tableau

λ	$-\infty$		$c^2 - \varepsilon$	$c^2 + \varepsilon$		$b^2 - \varepsilon$	$b^2 + \varepsilon$		$a^2 - \varepsilon$	$a^2 + \varepsilon$		$+\infty$
$F(\lambda)$	$-$		$+$	$-$		$+$	$-$		$+$	$-$		$-$

On en conclut que l'équation a ses racines réelles, l'une λ' inférieure à c^2, il lui correspond un ellipsoïde ; une autre λ'' comprise entre c^2 et b^2, il lui correspond un hyperboloïde à une nappe, et la troisième λ''' comprise entre b^2 et a^2, il lui correspond un hyperboloïde à deux nappes.

Le plan tangent en un point (x_0, y_0, z_0) à l'une de ces surfaces a pour équation

$$\frac{X x_0}{a^2 - \lambda} + \frac{Y y_0}{b^2 - \lambda} + \frac{Z z_0}{c^2 - \lambda} - 1 = 0 ;$$

si (x_0, y_0, z_0) est un point commun aux deux surfaces correspondant à λ' et λ'', la condition pour que les plans tangents à ces surfaces en ce point soient orthogonaux est

$$\frac{x_0^2}{(a^2 - \lambda')(a^2 - \lambda'')} + \frac{y_0^2}{(b^2 - \lambda')(b^2 - \lambda'')} + \frac{z_0^2}{(c^2 - \lambda')(c^2 - \lambda'')} = 0 ;$$

cette condition est satisfaite, car elle est identique à

$$\frac{F(\lambda') - F(\lambda'')}{\lambda' - \lambda''} = 0.$$

En écrivant que l'on a identiquement

$$F(\lambda)(a^2 - \lambda)(b^2 - \lambda)(c^2 - \lambda) = (\lambda - \lambda')(\lambda - \lambda'')(\lambda - \lambda''')$$

et divisant les deux membres de cette équation par $(b^2 - \lambda)(c^2 - \lambda)$, puis faisant $\lambda = a^2$, on trouve x_0^2, de même y_0^2 et z_0^2 sous la forme

$$x_0^2 = \frac{(a^2 - \lambda')(a^2 - \lambda'')(a^2 - \lambda''')}{(b^2 - a^2)(c^2 - a^2)}, \qquad y_0^2 = \frac{(b^2 - \lambda')(b^2 - \lambda'')(b^2 - \lambda''')}{(a^2 - b^2)(c^2 - b^2)},$$

$$z_0^2 = \frac{(c^2 - \lambda')(c^2 - \lambda'')(c^2 - \lambda''')}{(a^2 - c^2)(b^2 - c^2)}.$$

Les trois nombres $\lambda', \lambda'', \lambda'''$ sont appelés coordonnées elliptiques du point (x_0, y_0, z_0), ainsi que de ceux qui s'en déduisent par symétrie par rapport aux plans de coordonnées.

222. *Le lieu des perpendiculaires menées par le sommet d'un cône aux plans tangents à ce cône s'appelle cône supplémentaire du premier ; déterminer le cône supplémentaire du cône représenté par l'équation*

$$\frac{x^2}{a^2} + \frac{y^2}{b^2} - \frac{z^2}{c^2} = 0 \, ;$$

montrer que le cône supplémentaire du cône ainsi obtenu est identique au premier.

Les équations de la perpendiculaire menée par l'origine au plan tangent représenté par

$$\frac{Xx}{a^2} + \frac{Yy}{b^2} - \frac{Zz}{c^2} = 0$$

sont

$$\frac{X}{\dfrac{x}{a^2}} = \frac{Y}{\dfrac{y}{b^2}} = \frac{Z}{\dfrac{-z}{c^2}} \, ;$$

l'élimination de x, y, z conduit à l'équation

$$a^2 X^2 + b^2 Y^2 - c^2 Z^2 = 0,$$

qui représente le cône supplémentaire du premier ; le même calcul appliqué au second cône montre qu'il a pour supplémentaire précisément le premier cône.

———

223. *Démontrer qu'un hyperboloïde à une nappe est coupé par un plan tangent à son cône asymptote suivant deux droites parallèles à la génératrice de contact du plan avec le cône.*

Un hyperboloïde à une nappe et son cône asymptote sont représentés par les équations

$$H(x, y, z) = \frac{x^2}{a^2} + \frac{y^2}{b^2} - \frac{z^2}{c^2} - 1 = 0,$$

$$C(x, y, z) = \frac{x^2}{a^2} + \frac{y^2}{b^2} - \frac{z^2}{c^2} = 0.$$

En raisonnant comme au n° 147, on voit que le cône est le lieu des droites représentées par les équations

$$\frac{x}{a} = \frac{z}{c} \sin \varphi, \qquad \frac{y}{b} = -\frac{z}{c} \cos \varphi \, ;$$

le plan tangent au cône en un point (x, y, z) situé sur une de ces droites a pour équation

$$\frac{Xx}{a^2} + \frac{Yy}{b^2} - \frac{Zz}{c^2} = 0,$$

ou, en remplaçant x et y par leurs valeurs en fonction de z,

$$\frac{X}{a} \sin \varphi - \frac{Y}{b} \cos \varphi - \frac{Z}{c} = 0.$$

En joignant à cette équation celle de l'hyperboloïde écrite sous la forme

$$H(X, Y, Z) = \frac{X^2}{a^2} + \frac{Y^2}{b^2} - \frac{Z^2}{c^2} - 1 = 0,$$

on a deux équations représentant la section de l'hyperboloïde par le plan tangent au cône ; si l'on tire Y de l'une des équations pour le porter dans l'autre, on obtient comme résultat la relation

$$\left(\frac{X}{a} - \frac{Z}{c} \sin \varphi \right)^2 - \cos^2 \varphi = 0$$

décomposable en deux équations du premier degré ; à chacun des deux facteurs correspond une droite faisant partie de l'intersection ; celle-ci se compose de deux droites représentées par les équations

$$\mathrm{D} \begin{cases} \dfrac{X}{a} = \dfrac{Z}{c} \sin \varphi + \cos \varphi, \\[2mm] \dfrac{Y}{b} = -\dfrac{Z}{c} \cos \varphi + \sin \varphi \, ; \end{cases} \qquad \mathrm{D}' \begin{cases} \dfrac{X}{a} = \dfrac{Z}{c} \sin \varphi - \cos \varphi, \\[2mm] \dfrac{Y}{b} = -\dfrac{Z}{c} \cos \varphi - \sin \varphi \, ; \end{cases}$$

ces droites sont bien deux génératrices de l'hyperboloïde, parallèles à la génératrice considérée du cône asymptote.

---

224. *Trouver les propriétés des diamètres et des plans diamétraux d'un paraboloïde.*

En appliquant les équations (3) et (4) du n° 344 au cas où la quadrique est un paraboloïde représenté par l'équation

$$f(x, y, z) = \frac{x^2}{p} + \frac{y^2}{q} - 2z = 0,$$

nous aurons pour équation du plan diamétral de la direction (l, m, n):

$$\frac{lx}{p} + \frac{my}{q} - n = 0.$$

Ce plan est en général parallèle à l'axe du paraboloïde ; il n'y a d'exception que si l et m sont nuls, la direction est alors elle-même parallèle à l'axe de la surface ; l'équation du plan diamétral se réduit alors à $- n = 0$; elle n'est satisfaite par aucun système de valeurs de x, y, z, et il n'y a plus de plan diamétral.

Les équations du diamètre du plan de paramètres L, M, N sont

$$\frac{x}{p\mathrm{L}} = \frac{y}{q\mathrm{M}} = \frac{-1}{\mathrm{N}} \, ;$$

ce diamètre est en général parallèle à l'axe ; le seul cas d'exception est celui où N est nul, le plan donné est alors lui-même parallèle à l'axe de la surface ; les équations donnent pour y et z des valeurs infinies, il n'y a plus de diamètre.

———

225. *On considère trois diamètres conjugués quelconques d'un ellipsoïde et le parallélépipède construit sur ces trois diamètres, démontrer : 1° que la somme des carrés des arêtes de ce parallélépipède est constante ; 2° que la somme des carrés des surfaces de ses faces est constante ; 3° que son volume est constant. On démontrera d'abord cette proposition en supposant qu'un diamètre reste fixe et que les deux autres varient dans le plan diamétral conjugué ; on passera de là au cas général en comparant deux systèmes quelconques de trois diamètres à d'autres systèmes ayant entre eux ou avec ceux-là un diamètre commun.*

Considérons, comme au n° 345, un système de trois diamètres conjugués d'un ellipsoïde $\mathrm{MOM_1}$, $\mathrm{M'OM'_1}$, $\mathrm{M''OM''_1}$ (*fig.* 102) dont les longueurs sont $2a'$, $2b'$, $2c'$, et imaginons un deuxième système de trois diamètres, de longueurs $2a'$, $2b''$, $2c''$ ayant en commun avec le premier le diamètre $MOM_1 = 2a'$. Les diamètres $2b'$, $2c'$, $2b''$, $2c''$ sont alors contenus dans un même plan, le plan diamétral conjugué de MOM_1 et ils forment dans ce plan deux systèmes de diamètres conju-

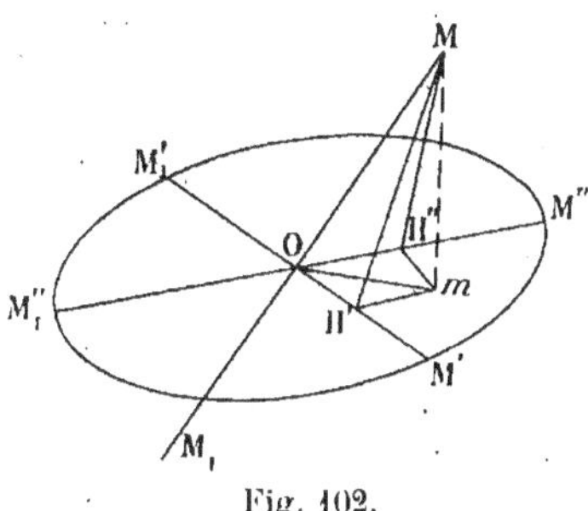

Fig. 102.

gués de l'ellipse, intersection de la surface par ce même plan. D'après les théorèmes d'Apollonius (n° 314), on a $4b'^2 + 4c'^2 = 4b''^2 + 4c''^2$, et la surface du parallélogramme construit sur $2b'$ et $2c'$ est égale à la surface du parallélogramme analogue construit sur $2b''$ et $2c''$; on en conclut que la somme des carrés des diamètres et le volume du parallélépipède construit sur ces diamètres est le même pour les deux systèmes considérés.

Je vais démontrer que la somme des carrés des faces du parallélépipède est aussi la même pour les deux systèmes ou bien que la somme des carrés des surfaces des parallélogrammes construits sur OM et OM', sur OM et OM'', sur OM' et OM'' garde la même valeur quand on passe d'un système à l'autre. Or l'aire du parallélogramme construit sur OM' et OM'' est constante; si l'on abaisse du point M une perpendiculaire Mm sur le plan diamétral conjugué et ensuite les perpendiculaires MH' et MH'' sur OM' et OM'', il suffit de démontrer que la somme

$$\overline{OM'}^2 \cdot \overline{MH'}^2 + \overline{OM''}^2 \cdot \overline{MH''}^2 = \left(\overline{OM'}^2 + \overline{OM''}^2\right)\overline{Mm}^2$$
$$+ \left(\overline{OM'}^2 \cdot \overline{mH'}^2 + \overline{OM''}^2 \cdot \overline{mH''}^2\right)$$

à la même valeur quand on passe d'un système à l'autre; mais $\overline{OM'}^2 + \overline{OM''}^2$ a une valeur constante; il suffit donc de démontrer que la somme des carrés des aires des parallélogrammes construits sur OM' et Om, sur OM'' et Om est aussi constante.

Imaginons pour cela l'ellipse, intersection de la surface par le plan $M'OM''$, rapportée à ses axes dont nous désignerons les longueurs par $2a_1$ et $2b_1$; désignons par φ et $\varphi + \dfrac{\pi}{2}$, comme au n° 314, les paramètres directeurs de M' et M'' et par (x, y) les coordonnées de m; l'aire du parallélogramme construit sur OM' et Om est égale à

$|xb_1 \sin \varphi - ya_1 \cos \varphi|$ et celle du parallélogramme construit sur OM'' et Om est égale à la valeur absolue de

$$xb_1 \sin\left(\varphi + \frac{\pi}{2}\right) - ya_1 \cos\left(\varphi + \frac{\pi}{2}\right) = xb_1 \cos \varphi + ya_1 \sin \varphi ;$$

la somme des carrés de ces aires est égale à $b_1^2 x^2 + a_1^2 y^2$ et elle est la même pour tous les systèmes de diamètres conjugués de l'ellipse ; la proposition se trouve ainsi démontrée.

Les trois propriétés que nous venons d'établir relativement à deux systèmes de diamètres conjugués ayant un diamètre commun se généralisent à deux systèmes quelconques : Soient MOM_1, $M'OM_1'$, $M''OM_1''$ un premier système ; NON_1, $N'ON_1'$, $N''ON_1''$ un deuxième système ; les plans $M'OM''$ et $N'ON''$ ont en commun un diamètre POP_1 ; on peut alors imaginer un troisième système constitué par MOM_1, POP_1 et un autre diamètre convenablement choisi dans le plan $M'OM''$, et de même un quatrième système constitué par NON_1, POP_1 et un autre diamètre convenablement choisi dans le plan $N'ON''$. On peut alors passer du premier système au deuxième par l'intermédiaire du troisième et du quatrième, chaque système et celui qui le suit ont en commun un diamètre et possèdent les propriétés énoncées ; on en conclut que ces propriétés sont vraies pour deux systèmes quelconques de diamètres conjugués.

Elles constituent les théorèmes d'Apollonius relatifs aux diamètres conjugués de l'ellipsoïde et s'expriment ainsi :

Si l'on forme un parallélépipède avec trois diamètres conjugués : 1° *la somme des carrés des arêtes ;* 2° *la somme des carrés des faces ;* 3° *le volume du parallélépipède sont constants.*

Si l'on appelle a, b, c les demi-axes de l'ellipsoïde, a', b', c' les longueurs de trois demi-diamètres conjugués, θ_1, θ_2, θ_3 les angles de ces demi-diamètres deux à deux et si l'on désigne par $\sqrt{\omega}$ ce que nous avons appelé dans l'exercice 92 le sinus du trièdre qu'ils forment, nous aurons les équations

$$a'^2 + b'^2 + c'^2 = a^2 + b^2 + c^2,$$

$$b'^2 c'^2 \sin^2 \theta_1 + c'^2 a'^2 \sin^2 \theta_2 + a'^2 b'^2 \sin^2 \theta_3 = b^2 c^2 + c^2 a^2 + a^2 b^2,$$

$$a'b'c'\sqrt{\omega} = abc.$$

226. *Effectuer la réduction de l'équation*

$$x^2 - 4yz - 2x + 8y = 0.$$

La surface représentée par cette équation a un centre déterminé par les équations

$$f'_x = 2x - 2 = 0, \qquad f'_y = -4z + 8 = 0, \qquad f'_z = -4y = 0;$$

ses coordonnées sont $x_0 = 1$, $y_0 = 0$, $z_0 = 2$. En y transportant les axes parallèlement à eux-mêmes et faisant la transformation

$$x = 1 + x', \qquad y = y', \qquad z = 2 + z',$$

l'équation de la surface devient

$$x'^2 - 4y'z' - 1 = 0.$$

Il suffit de faire tourner les axes Oy', Oz' dans leur plan d'un angle égal à $\dfrac{\pi}{4}$, et d'utiliser les formules

$$y' = y'' \cos \frac{\pi}{4} - z'' \sin \frac{\pi}{4} = \frac{\sqrt{2}}{2}(y'' - z''),$$

$$z' = y'' \sin \frac{\pi}{4} + z'' \cos \frac{\pi}{4} = \frac{\sqrt{2}}{2}(y'' + z'')$$

pour obtenir l'équation réduite de la surface

$$x''^2 - 2y''^2 + 2z''^2 - 1 = 0;$$

elle représente un hyperboloïde à une nappe.

On aurait pu effectuer la dernière réduction en utilisant l'équation en S

$$\begin{vmatrix} 1-S & 0 & 0 \\ 0 & -S & -2 \\ 0 & -2 & -S \end{vmatrix} = (1 - S)(S^2 - 4) = 0,$$

dont les racines sont $S_1 = 1$, $S_2 = -2$, $S_3 = +2$.

---

227. *Une quadrique est circonscrite à une sphère le long d'un plan* P ; *démontrer que toute section plane de cette quadrique par un plan tangent à la sphère est une conique ayant pour foyer le point de contact du plan et de la sphère, et pour directrice la droite*

*d'intersection du plan sécant et du plan P de contact de la sphère
et de la quadrique.*

*Dans le cas où la quadrique est un cône de révolution, on retrouve
le théorème de Dandelin sur les sections planes de ce cône.*

Prenons pour origine le point de contact du plan tangent à la sphère
et pour axe Oz le rayon correspondant; l'équation de la sphère sera

$$S = x^2 + y^2 + z^2 - 2Rz = 0.$$

Si une quadrique lui est circonscrite le long d'un cercle tracé dans
un plan P d'équation $P = Ax + By + Cz + D = 0$, nous pourrons
écrire l'équation de cette quadrique sous la forme

$$S'' = S - \lambda P^2 = x^2 + y^2 + z^2 - 2Rz - \lambda(Ax + By + Cz + D)^2 = 0;$$

sa section par le plan tangent à la sphère $z = 0$ est représentée par
l'équation $x^2 + y^2 - \lambda(Ax + By + D)^2 = 0$; en l'écrivant

$$x^2 + y^2 = \lambda(A^2 + B^2)\left[\frac{Ax + By + D}{\sqrt{A^2 + B^2}}\right]^2,$$

on voit qu'elle exprime la propriété suivante : le carré de la distance
d'un point de la courbe à l'origine est dans un rapport constant
$\lambda(A^2 + B^2)$ avec le carré de la distance du même point à la droite
d'équation $Ax + By + D = 0$; on en conclut que la courbe est une
conique ayant pour foyer l'origine et pour directrice la droite précédente, c'est-à-dire l'intersection du plan tangent avec le plan de contact de la sphère et de la quadrique.

---

228. *Un plan variable est défini par l'équation*

$$X \sin \theta - Y \cos \theta + mZ - R\theta = 0,$$

*où θ est un paramètre variable; déterminer la surface développable
enveloppe de ce plan et l'arête de rebroussement de cette surface;
montrer qu'elle est engendrée par les tangentes à une hélice; cette
surface s'appelle hélicoïde développable.*

D'après ce que nous avons dit au n° 354, l'enveloppe du plan est
une surface développable dont les génératrices sont définies par l'équation donnée et sa dérivée prise par rapport à θ,

$$x \sin \theta - y \cos \theta + mz - R\theta = 0, \qquad x \cos \theta + y \sin \theta - R = 0.$$

Ces génératrices sont tangentes à l'arête de rebroussement, et les coordonnées du point de contact satisfont aux équations précédentes et à la dérivée de la dernière : $-x \sin \theta + y \cos \theta = 0$.

Ces trois équations résolues par rapport à x, y, z donnent les coordonnées des points de l'arête de rebroussement ; leurs valeurs sont

$$x = \mathrm{R} \cos \theta, \qquad y = \mathrm{R} \sin \theta, \qquad z = \frac{\mathrm{R}}{m} \theta \, ;$$

ces expressions définissent une hélice (n° 333) ; il en résulte que l'enveloppe est la surface hélicoïde développable engendrée par les tangentes à cette hélice.

L'élimination de θ entre les équations des génératrices conduirait à l'équation de la surface hélicoïde, mais le résultat est une équation transcendante que nous ne formerons pas.

———

229. *Trouver l'enveloppe d'un plan qui détermine avec les plans de coordonnées un tétraèdre de volume constant.*

Soient a, b, c les segments découpés sur les axes de coordonnées par le plan variable déterminant un tétraèdre OABC de volume $V = \dfrac{abc}{6}$; l'équation du plan et la condition imposée aux paramètres sont

$$f(x, y, z, a, b, c) = \frac{x}{a} + \frac{y}{b} + \frac{z}{c} - 1 = 0, \quad \varphi(a, b, c) = abc - 6\mathrm{V} = 0.$$

D'après ce que nous avons dit (n° 352), nous devons ajouter à ces équations les suivantes :

$$\frac{f'_a}{\varphi'_a} = \frac{f'_b}{\varphi'_b} = \frac{f'_c}{\varphi'_c}$$

et éliminer a, b, c entre les quatre équations.

Dans le cas qui nous occupe, aux équations primitives, nous devons ajouter les équations

$$\frac{-\dfrac{x}{a^2}}{bc} = \frac{-\dfrac{y}{b^2}}{ca} = \frac{-\dfrac{z}{c^2}}{ab}, \qquad \text{ou} \qquad \frac{x}{a} = \frac{y}{b} = \frac{z}{c} \, ;$$

d'après $f = 0$, la valeur commune de ces rapports doit être égale à $\dfrac{1}{3}$, de sorte que l'on a $a = 3x$, $b = 3y$, $c = 3z$ et en portant ces valeurs dans la relation $\varphi = 0$, on obtient l'équation de l'enveloppe

$$27xyz - 6\mathrm{V} = 0 \qquad \text{ou} \qquad xyz = \frac{2\mathrm{V}}{9} \, ;$$

elle représente une surface du troisième ordre coupée par les plans parallèles au plan xOy suivant des hyperboles équilatères ; les plans de coordonnées sont des plans asymptotes.

---

230. *Déterminer l'enveloppe d'une sphère passant par l'origine des coordonnées et dont le centre décrit la parabole d'équations*

$$z = 0, \qquad y^2 - 2px - p^2 = 0.$$

Quel est le lieu du centre de la ligne caractéristique ? Quelle est la surface inverse de l'enveloppe par rapport à l'origine ? Déduire de la nature de cette inverse la propriété de la surface d'être l'enveloppe d'une deuxième famille de sphères. Déterminer le lieu des centres de ces sphères et le lieu des centres des lignes caractéristiques.

L'équation de la sphère est

$$x^2 + y^2 + z^2 - 2ax - 2by = 0,$$

a et b étant liés par l'équation $b^2 - 2ap - p^2 = 0$. En exprimant a au moyen de b, nous écrirons l'équation de la surface

$$x^2 + y^2 + z^2 - \frac{b^2 - p^2}{p}x - 2by = 0.$$

La ligne caractéristique est fournie par cette équation et sa dérivée par rapport à b,

$$bx + py = 0,$$

qui représente un plan passant par Oz ; la ligne caractéristique est donc un cercle ; son centre est l'intersection du plan précédent et du diamètre de ce plan par rapport à la sphère, représenté par les équations

$$\frac{f'_x}{b} = \frac{f'_y}{p} = \frac{f'_z}{0},$$

qui donnent

$$z = 0, \qquad 2px + p^2 = 2by - b^2.$$

En éliminant b entre l'équation de la sphère et sa dérivée, on trouve que le lieu de la ligne caractéristique a pour équation

$$x(x^2 + y^2 + z^2) + p(x^2 + y^2) = 0 \, ;$$

ce lieu est une surface du troisième ordre dont la section par le plan xOy se décompose en $x^2 + y^2 = 0$ représentant l'origine et $x + p = 0$ représentant la directrice de la parabole donnée. On obtient de même le lieu des centres des cercles caractéristiques ; il est donné par les équations

$$z = 0, \qquad (x^2 + y^2)\left(x + \frac{p}{2}\right) = 0,$$

qui représentent l'origine et la tangente au sommet de la parabole.

L'inverse de la surface par rapport à l'origine, avec k^2 comme puissance d'inversion, est, d'après les formules

$$x = \frac{k^2 x'}{x'^2 + y'^2 + z'^2}, \qquad y = \frac{k^2 y'}{x'^2 + y'^2 + z'^2}, \qquad z = \frac{k^2 z'}{x'^2 + y'^2 + z'^2},$$

représentée par

$$p(x'^2 + y'^2) + k^2 x' = 0 \, ;$$

elle est un cylindre de révolution parallèle à Oz ; les inverses des sphères inscrites dans ce cylindre constitueront une deuxième famille de sphères ayant pour enveloppe la surface déjà trouvée. On peut vérifier que ces sphères ont pour équation

$$(x - \alpha)^2 + y^2 + (z - \gamma)^2 = \alpha^2$$

avec la condition $\gamma^2 + 2p\alpha = 0$, car le calcul de leur enveloppe conduit à la même équation du troisième degré.

Le lieu des centres de ces sphères est la parabole d'équations $y = 0$, $z^2 + 2px = 0$; le centre du cercle caractéristique est défini par les équations

$$y = 0, \qquad 2px + 2\gamma z - \gamma^2 = 0, \qquad \gamma(x + p) - pz = 0$$

et le lieu de ce centre est la courbe d'équations

$$y = 0, \qquad z^2 = \frac{-2x(x + p)^2}{2x + p}.$$

---

231. *Déterminer l'enveloppe du plan* P *d'équation*

$$ax - y + bz - a^2b = 0,$$

1° *lorsque* a *est constant et* b *variable ;*
2° *lorsque* a *est variable et* b *constant ;*
3° *lorsque* a *et* b *sont variables ;*
4° *lorsque* ab^2 *a une valeur constante* k. *Déterminer dans ce cas l'arête de rebroussement de l'enveloppe et le lieu de cette arête lorsque l'on donne à* k *toutes les valeurs possibles.*

Dans le premier cas, le plan, dont l'équation s'écrit

$$(ax - y) + b(z - a^2) = 0,$$

passe constamment par la droite D d'équations

$$ax - y = 0, \qquad z - a^2 = 0,$$

et cette droite est son enveloppe.

Dans le second cas, l'élimination de a entre l'équation du plan et sa dérivée par rapport à a, qui est $x - 2ab = 0$, donne l'équation de l'enveloppe

$$x^2 - 4b(y - bz) = 0 ;$$

elle représente un cylindre parabolique C dont les génératrices sont parallèles à la droite d'équations $x = 0$, $y - bz = 0$.

Dans le troisième cas, l'élimination de a et b entre l'équation du plan et ses dérivées par rapport à a et b,

$$x - 2ab = 0, \qquad z - a^2 = 0,$$

donne l'équation de l'enveloppe

$$z = \left(\frac{y}{x}\right)^2 ;$$

elle représente une surface conoïde S dont les sections par les plans $z = h$ sont les droites d'équations $y = \pm x\sqrt{h}$ s'appuyant sur Oz. On peut remarquer que la surface S est le lieu des droites D quand a varie et l'enveloppe des cylindres C quand b varie.

Dans le quatrième cas, le plan, dont l'équation s'écrit sous la forme

$$kbx - b^3y + b^4z - k^2 = 0$$

a pour enveloppe une surface développable ; l'arête de rebroussement de cette surface est déterminée par l'équation du plan et ses deux premières dérivées par rapport à b

$$kx - 3b^2 y + 4b^3 z = 0, \qquad - 6by + 12b^2 z = 0 \,;$$

les coordonnées des points de cette arête s'expriment au moyen de b par les formules

$$x = \frac{2k}{b}, \qquad y = \frac{2k^2}{b^3}, \qquad z = \frac{k^2}{b^4} \,;$$

on en déduit les projections de la courbe sur les plans xOy et yOz

$$y = \frac{x^3}{4k}, \qquad z = \frac{x^4}{16k^2}, \qquad \text{d'où} \qquad xy = 4kz.$$

Le lieu de cette arête lorsque k varie est précisément la surface S d'équation $z = \left(\dfrac{y}{x} \right)^2$.

---

232. *Déterminer sur le paraboloïde d'équation* $az = xy$ *le lieu des points où la normale fait un angle constant donné avec* Oz. *Déterminer l'enveloppe de la trace sur le plan* xOy *du plan tangent à la surface en un de ces points; déterminer l'enveloppe de ce plan tangent et l'arête de rebroussement de cette enveloppe.*

Le plan tangent en un point de la surface a pour équation

$$Xy + Yx - aZ - xy = 0 \,;$$

les coefficients directeurs de la normale sont y, x, $-a$, et l'angle qu'elle fait avec Oz est donné par $\cos \gamma = \dfrac{-a}{\sqrt{x^2 + y^2 + a^2}}$; si γ est constant, x et y satisfont à l'équation

$$x^2 + y^2 = a^2 \operatorname{tg}^2 \gamma \,;$$

il en résulte que les points de la surface répondant à la question sont les points d'intersection du paraboloïde avec le cylindre d'axe Oz et de rayon $a \operatorname{tg} \gamma$.

On peut poser $x = a \operatorname{tg} \gamma \cos \varphi$, $y = a \operatorname{tg} \gamma \sin \varphi$, φ étant un angle variable; le plan a pour équation

$$X \sin \varphi + Y \cos \varphi - Z \operatorname{cotg} \gamma - a \operatorname{tg} \gamma \sin \varphi \cos \varphi = 0$$

et les deux premières dérivées de cette équation par rapport à φ sont

$$X \cos \varphi - Y \sin \varphi - a \operatorname{tg} \gamma (\cos^2 \varphi - \sin^2 \varphi) = 0,$$
$$X \sin \varphi + Y \cos \varphi - 4a \operatorname{tg} \gamma \sin \varphi \cos \varphi = 0.$$

L'enveloppe de la trace du plan tangent sur le plan xOy s'obtient en faisant $Z = 0$ dans l'équation du plan et y joignant la première dérivée ; on trouve ainsi pour coordonnées du point caractéristique

$$X = a \operatorname{tg} \gamma \cos^3\varphi, \qquad Y = a \operatorname{tg} \gamma \sin^3\varphi$$

et l'enveloppe est l'hypocycloïde à quatre rebroussements d'équation

$$X^{\frac{2}{3}} + Y^{\frac{2}{3}} = (a \operatorname{tg} \gamma)^{\frac{2}{3}}.$$

L'enveloppe du plan tangent est une surface développable ; un calcul analogue au précédent donne les équations de la droite caractéristique

$$X = Z \operatorname{cotg} \gamma \sin \varphi + a \operatorname{tg} \gamma \cos^3 \varphi,$$
$$Y = Z \operatorname{cotg} \gamma \cos \varphi + a \operatorname{tg} \gamma \sin^3 \varphi ;$$

cette droite passe par le point caractéristique de la trace du plan, est normale à cette trace, et fait avec Oz un angle constant complémentaire de γ. L'enveloppe de cette droite, c'est-à-dire l'arête de rebroussement de la surface développable, est déterminée par l'équation du plan et ses deux premières dérivées, ou bien par les dérivées des équations des génératrices, et l'on obtient ainsi

$$X = a \operatorname{tg} \gamma \cos \varphi (\cos^2 \varphi + 3 \sin^2 \varphi),$$
$$Y = a \operatorname{tg} \gamma \sin \varphi (\sin^2 \varphi + 3 \cos^2 \varphi),$$
$$Z = 3a \operatorname{tg}^2 \gamma \sin \varphi \cos \varphi ;$$

la projection de cette courbe sur le plan xOy est une hypocycloïde à quatre rebroussements (comparer à l'exercice 203), et la courbe est elle-même sur la surface d'équation

$$3 (X^2 + Y^2) \operatorname{tg}^2 \gamma - 4Z^2 - 3a^2 \operatorname{tg}^4 \gamma = 0.$$

---

233. *On considère la congruence des droites représentées par les équations*

$$x = tz + p, \qquad y = \frac{z}{p} + \frac{4}{t},$$

où t et p sont deux paramètres variables.

1° *Combien de ces droites passent par un point (x_0, y_0, z_0)? Où doit se trouver ce point pour que les droites qui y passent soient confondues?*

2° *Combien de ces droites sont situées dans un plan d'équation $ux + vy + wz + 1 = 0$? Comment doit être choisi ce plan et quelle est son enveloppe lorsque les droites qui s'y trouvent sont confondues?*

3° *Comment doit être choisi p en fonction de t pour que les droites forment une surface développable? On obtient ainsi deux familles de surfaces développables formées de droites de la congruence; déterminer pour chacune d'elles l'arête de rebroussement et le lieu des arêtes de rebroussement des surfaces de l'une et l'autre familles.*

1° En écrivant que la droite passe par le point (x_0, y_0, z_0), on obtient les relations

$$x_0 = tz_0 + p, \qquad y_0 = \frac{z_0}{p} + \frac{4}{t};$$

l'élimination de p conduit à l'équation

$$y_0 z_0 t^2 - (x_0 y_0 + 3z_0)\, t + 4x_0 = 0,$$

qui donne deux valeurs pour t; il y a donc deux droites répondant à la question; pour qu'elles soient réelles, il faut que l'on ait

$$(x_0 y_0 - z_0)(x_0 y_0 - 9z_0) > 0,$$

c'est-à-dire que z_0 soit extérieur à l'intervalle des valeurs qui annulent chacun des facteurs. Les deux droites sont confondues si le point est sur l'un ou l'autre des paraboloïdes hyperboliques d'équations

$$xy - z = 0, \qquad xy - 9z = 0.$$

2° Pour que la droite soit dans le plan $ux + vy + wz + 1 = 0$, il faut que l'équation aux z des points communs

$$u(tz + p) + v\left(\frac{z}{p} + \frac{4}{t}\right) + wz + 1 = 0$$

soit identiquement satisfaite, ou que l'on ait

$$ut + \frac{v}{p} + w = 0, \qquad up + \frac{4v}{t} + 1 = 0;$$

l'élimination de p entre ces équations conduit à la relation

$$ut^2 + (3uv + w)\, t + 4vw = 0,$$

qui donne deux valeurs pour t ; il y a donc deux droites répondant à la question ; pour qu'elles soient réelles, il faut que l'on ait

$$(w - uv)\,(w - 9uv) > 0,$$

c'est-à-dire que w soit extérieur à l'intervalle des valeurs qui annulent les deux facteurs. Les deux droites sont confondues si l'une des conditions suivantes est remplie :

$$w = uv, \qquad w = 9uv.$$

Si l'on cherche, comme au n° 352, l'enveloppe des plans satisfaisant à ces conditions, on trouve précisément les deux paraboloïdes hyperboliques obtenus dans la première partie.

3° Si p est fonction de t, la condition pour que les droites aient une enveloppe (n° 353) est exprimée par la relation

$$\frac{p'^2}{p^2} = \frac{4}{t^2}, \qquad \frac{p'}{p} = \pm \frac{2}{t}.$$

En prenant le signe $+$, on obtient la solution

$$\log p = 2 \log t + \log C, \qquad p = Ct^2,$$

C étant une constante arbitraire. En prenant le signe $-$, on a

$$\log p = - 2 \log t + \log C_1, \qquad p = C_1 t^{-2},$$

C_1 étant une autre constante arbitraire.

On obtient ainsi deux familles de surfaces développables formées de droites de la congruence. Pour une valeur donnée de C, l'arête de rebroussement de la première surface est donnée par les équations

$$z = - 2Ct, \qquad x = - Ct^2, \qquad y = \frac{2}{t}$$

qui représentent une cubique gauche ; le lieu de cette cubique quand C varie s'obtient en éliminant t et C entre les équations précédentes, ce qui donne

$$z = xy\,;$$

le lieu est le premier des paraboloïdes déjà obtenus.

Pour une valeur donnée de C_1, l'arête de rebroussement de la deuxième surface est donnée par les équations

$$z = \frac{2C_1}{t^3}, \qquad x = \frac{3C_1}{t^2}, \qquad y = \frac{6}{t},$$

qui représentent encore une cubique gauche ; le lieu de cette cubique quand C_1 varie s'obtient en éliminant t et C_1 entre les équations précédentes, ce qui donne

$$9z = xy ;$$

le lieu est le deuxième des paraboloïdes obtenus précédemment.

---

234. *On considère la cubique gauche représentée par les équations*

$$x = t, \qquad y = t^2, \qquad z = t^3 ;$$

construire les projections de cette courbe sur les trois plans de coordonnées ; trouver les équations de la tangente et du plan osculateur en un point ; montrer que par un point de l'espace passent trois plans osculateurs ; on dit alors que la courbe est de troisième classe ; déterminer la surface développable enveloppe du plan osculateur.

Les projections de la courbe sur les plans de coordonnées sont représentées par les équations

$$y = x^2, \qquad z = x^3, \qquad z^2 = y^3 ;$$

la construction des lignes représentées par ces équations n'offre aucune difficulté ; le calcul des dérivées des coordonnées fournit les valeurs

$$
\begin{aligned}
x' &= 1, & y' &= 2t, & z' &= 3t^2, \\
x'' &= 0, & y'' &= 2, & z'' &= 6t, \\
A &= 6t^2, & B &= -6t, & C &= 2 ;
\end{aligned}
$$

les équations de la tangente en un point sont

$$\frac{X - t}{1} = \frac{Y - t^2}{2t} = \frac{Y - t^3}{6t^2},$$

et l'équation du plan osculateur est

$$3t^2 X - 3tY + Z - t^3 = 0.$$

Si l'on veut que ce plan passe par un point (x_0, y_0, z_0), il faut choisir t de façon que l'équation

$$f(t) = 3t^2 x_0 - 3t y_0 + z_0 - t^3 = 0$$

soit satisfaite ; cette équation a trois racines, on peut donc mener à la courbe trois plans osculateurs passant par un point donné.

Si l'on cherche l'intersection du plan d'équation

$$3y x_0 - 3x y_0 + z_0 - z = 0$$

avec la courbe, on trouve précisément la même équation $f(t) = 0$; on en conclut que les trois points de contact des plans osculateurs sont dans le plan précédent, et si l'on remarque que l'équation de ce plan est satisfaite pour $x = x_0$, $y = y_0$, $z = z_0$, on voit que les trois points de contact et le point donné sont dans un même plan.

Pour obtenir l'enveloppe du plan osculateur, il faut éliminer t entre l'équation de ce plan et sa dérivée $6tX - 3Y - 3t^2 = 0$.

Si l'on remarque que l'on a identiquement

$$3t^2 X - 3tY + Z - t^3 = (6tX - 3Y - 3t^2)\frac{t}{3} + (t^2 X - 2tY + Z),$$

on voit qu'il suffit d'éliminer t entre les deux équations du second degré

$$t^2 - 2tX + Y = 0, \qquad t^2 X - 2tY + Z = 0 ;$$

en appliquant la formule (11) du n° 223, on obtient comme résultat

$$(XY - Z)^2 - 4(X^2 - Y)(Y^2 - XZ) = 0 ;$$

cette équation représente une surface du quatrième ordre, qui est en même temps le lieu des tangentes à la cubique.

---

235. *Déterminer le plan osculateur et le rayon de courbure en un point d'une hélice circulaire* C ; *déterminer le centre de courbure* M′ *de* C *en un point* M, *et le lieu* C′ *du point* M′ ; *montrer que les courbes* C *et* C′ *sont réciproques et que leurs tangentes en* M *et* M′ *sont rectangulaires.*

En appliquant à l'hélice (n° 333) les formules du n° 355, nous avons

$$x = \mathrm{R} \cos \theta, \qquad y = \mathrm{R} \sin \theta, \qquad z = k\mathrm{R}\theta,$$
$$x' = -\mathrm{R} \sin \theta, \qquad y' = \mathrm{R} \cos \theta, \qquad z' = k\mathrm{R},$$
$$x'' = -\mathrm{R} \cos \theta, \qquad y'' = -\mathrm{R} \sin \theta, \qquad z'' = 0,$$
$$\mathrm{A} = k\mathrm{R}^2 \sin \theta, \qquad \mathrm{B} = -k\mathrm{R}^2 \cos \theta, \qquad \mathrm{C} = \mathrm{R}^2 \, ;$$

l'équation du plan osculateur est, tous calculs faits,

$$\mathrm{X} \sin \theta - \mathrm{Y} \cos \theta + \frac{1}{k}(\mathrm{Z} - k\mathrm{R}\theta) = 0.$$

En rapprochant ce résultat de celui de l'exercice 228, on voit que l'enveloppe du plan osculateur à une hélice est une surface développable ayant cette hélice comme arête de rebroussement.

Le plan normal à l'hélice a pour équation (n° 334)

$$- \mathrm{X} \sin \theta + \mathrm{Y} \cos \theta + k(\mathrm{Z} - k\mathrm{R}\theta) = 0 \, ;$$

il coupe le plan osculateur suivant une droite parallèle au plan xOy et rencontrant Oz, d'équations $\mathrm{Z} = k\mathrm{R}\theta$, $\mathrm{Y} = \mathrm{X} \operatorname{tg} \theta$; c'est la normale principale.

Les coordonnées du centre de courbure M' sont

$$\mathrm{X} = -k^2 \mathrm{R} \cos \theta, \qquad \mathrm{Y} = -k^2 \mathrm{R} \sin \theta, \qquad \mathrm{Z} = k\mathrm{R}\theta \, ;$$

le lieu de ce point M' est une hélice tracée sur le cylindre de rayon $\mathrm{R}' = k^2\mathrm{R}$, et les équations de cette hélice peuvent être écrites sous la forme

$$\mathrm{X} = -\mathrm{R}' \cos \theta, \qquad \mathrm{Y} = -\mathrm{R}' \sin \theta, \qquad \mathrm{Z} = k'\mathrm{R}'\theta,$$

k' étant égal à $\dfrac{k\mathrm{R}}{\mathrm{R}'} = \dfrac{1}{k}$.

On voit qu'il y a réciprocité entre les deux hélices, car on a $k'^2\mathrm{R}' = \mathrm{R}$ et $\dfrac{1}{k'} = k$; de plus la tangente à la première hélice en M et la tangente à la seconde en M' sont dans des plans parallèles à Oz et parallèles l'un à l'autre ; elles font avec le plan xOy des angles dont les tangentes sont k et k' ; la relation $kk' = 1$ indique que ces droites sont rectangulaires. ►

---

236. *On considère la courbe gauche* C *définie par les équations*

$$x = e^{m\theta} \cos \theta, \qquad y = e^{m\theta} \sin \theta, \qquad z = e^{m\theta} \operatorname{cotg} \varphi,$$

où θ est un paramètre variable, φ un angle constant; déterminer la tangente à cette courbe en un point; montrer que la courbe est située sur un cône de révolution ayant pour sommet l'origine et pour axe Oz, et que la tangente en chaque point fait un angle constant avec la génératrice du cône passant par ce point.

Les coordonnées x, y, z sont liées par l'équation

$$x^2 + y^2 = z^2 \operatorname{tg}^2 \varphi ;$$

celle-ci montre que la courbe est située sur un cône de révolution ayant pour sommet l'origine, pour axe l'axe Oz, et pour demi-angle au sommet φ.

Les coefficients directeurs de la tangente en un point sont

$$dx = e^{m\theta}(m \cos\theta - \sin\theta)d\theta, \qquad dy = e^{m\theta}(m \sin\theta + \cos\theta)d\theta,$$

$$dz = e^{m\theta} m \cotg \varphi \, d\theta ;$$

ceux de la génératrice sont x, y, z. L'angle de la tangente avec la génératrice est donné par la formule

$$\cos V = \frac{xdx + ydy + zdz}{\sqrt{x^2 + y^2 + z^2}\sqrt{dx^2 + dy^2 + dz^2}} = \frac{m}{\sqrt{m^2 + \sin^2\varphi}},$$

qui montre que cet angle est constant.

On peut ajouter que l'angle de la tangente avec l'axe Oz est aussi constant, car il est donné par la formule

$$\cos \gamma = \frac{dz}{\sqrt{dx^2 + dy^2 + dz^2}} = \frac{m \cos\varphi}{\sqrt{m^2 + \sin^2\varphi}}.$$

La courbe est donc une hélice tracée sur le cylindre dont les génératrices sont parallèles à Oz et dont la base est la projection de la courbe sur le plan xOy.

Cette projection est représentée en coordonnées polaires par l'équation $\rho = e^{m\theta}$; elle est donc une spirale logarithmique.

———

237. *Déterminer les développantes de la courbe d'équations*

$$y = x^2, \qquad z = \frac{4}{3}x^{\frac{3}{2}}.$$

Nous prendrons x comme variable indépendante ; en un point M de la courbe, les coefficients directeurs de la tangente sont $x' = 1$, $y' = 2x$, $z' = 2x^{\frac{1}{2}}$, et les cosinus des angles de cette tangente avec les axes sont donnés par

$$\frac{\cos \alpha}{x'} = \frac{\cos \beta}{y'} = \frac{\cos \gamma}{z'} = \frac{1}{\sqrt{x'^2 + y'^2 + z'^2}} ;$$

de plus la dérivée de l'arc s de la courbe compté à partir de l'origine est égale à $\sqrt{x'^2 + y'^2 + z'^2}$. Ici on a $x'^2 + y'^2 + z'^2 = (1 + 2x)^2$; on obtient par suite $s' = 1 + 2x$, et

$$\cos \alpha = \frac{1}{1 + 2x}, \quad \cos \beta = \frac{2x}{1 + 2x}, \quad \cos \gamma = \frac{2x^{\frac{1}{2}}}{1 + 2x}, \quad s = x + x^2.$$

Sur la tangente au point M on prend un vecteur $\rho = C - s$, C étant une constante arbitraire ; les coordonnées de l'extrémité de ce vecteur sont

$$X = x + \rho \cos \alpha = x + \frac{C - x - x^2}{1 + 2x},$$

$$Y = y + \rho \cos \beta = x^2 + \frac{(C - x - x^2)2x}{1 + 2x},$$

$$Z = z + \rho \cos \gamma = \frac{4}{3} x^{\frac{3}{2}} + \frac{(C - x - x^2)2x^{\frac{1}{2}}}{1 + 2x}.$$

Toutes les développantes correspondant aux différentes valeurs de C sont des courbes planes, car on vérifie qu'on a $X + Y = C$.

---

238. *Déterminer les rayons de courbure principaux en un point d'une surface de révolution ; application à l'ellipsoïde de révolution, au paraboloïde de révolution, à la surface engendrée par une chaînette tournant autour de sa base.*

Les rayons de courbure principaux en un point d'une surface de révolution sont égaux l'un au rayon de courbure de la méridienne et l'autre au segment de la normale à la méridienne compté entre le pied de cette normale et l'axe de révolution. Si l'on prend en effet comme axe des z l'axe de la surface de révolution, et si la surface est représentée par une équation de la forme $z = F(\sqrt{x^2 + y^2})$ (n° 138), le calcul du n° 370 donne pour valeurs des rayons de courbure

$$\rho_1 = \frac{(1 + F'^2)^{\frac{3}{2}}}{F''}, \qquad \rho_2 = \frac{(1 + F'^2)^{\frac{1}{2}}}{F'}\sqrt{x^2 + y^2};$$

le premier est bien le rayon de courbure de la méridienne et le deuxième la longueur de la normale entre le pied de cette droite et l'axe.

Dans le cas d'un ellipsoïde de révolution autour de Oz représenté par $\dfrac{z^2}{c^2} + \dfrac{x^2 + y^2}{a^2} - 1 = 0$, on a

$$\rho_1 = \frac{[a^4 z^2 + c^4(x^2 + y^2)]^{\frac{3}{2}}}{a^4 c^4}, \qquad \rho_2 = \frac{a}{c^2}[z^2(a^2 - c^2) + c^4]^{\frac{1}{2}}.$$

Dans le cas d'un paraboloïde représenté par $z = \dfrac{x^2 + y^2}{2p}$, on a

$$\rho_1 = p\left(1 + \frac{2z}{p}\right)^{\frac{3}{2}}, \qquad \rho_2 = p\left(1 + \frac{2z}{p}\right)^{\frac{1}{2}}.$$

Dans le cas de la surface de révolution engendrée par une chaînette tournant autour de sa base et représentée par l'équation

$$\sqrt{x^2 + y^2} = \frac{a}{2}\left(e^{\frac{z}{a}} + e^{-\frac{z}{a}}\right),$$

on peut résoudre cette équation par rapport à $e^{\frac{z}{a}}$, en déduire z en fonction de $\sqrt{x^2 + y^2}$ et appliquer les formules précédentes ; on constate que les rayons de courbure principaux sont égaux en valeur absolue, mais de signes contraires, et leur valeur absolue est égale à $\dfrac{x^2 + y^2}{a}$; cela résulte de la propriété démontrée dans l'exercice 210.

---

239. *Démontrer que l'on peut déterminer un tore tangent à une surface donnée en un point donné, de façon que les sections de ce tore et de la surface par un plan quelconque passant par le point de contact aient même rayon de courbure en ce point.*

Considérons un tore engendré par un cercle de rayon r tournant autour d'un axe situé dans son plan et ne le coupant pas ; les extrémités du diamètre du cercle générateur perpendiculaire à l'axe décrivent, dans le plan de l'équateur, deux cercles de rayons R_1 et $R_2 < R_1$. En tous les points du premier, les sections principales de la surface sont deux cercles situés d'un même côté du plan tangent et de rayons R_1 et r ; en tous les points du second les sections principales sont deux cercles situés cette fois de part et d'autre du plan tangent et de rayons R_2 et r.

Cela posé, supposons qu'en un point d'une surface donnée les courbures soient de même sens, et que les rayons de courbure principaux soient R_1 et r ; on pourra construire un tore ayant les mêmes rayons principaux au point considéré ; les indicatrices seront les mêmes et par suite les sections de la surface donnée et du tore par un plan passant par le point auront le même rayon de courbure. On pourra opérer de même si les courbures sont de sens opposés, les rayons de courbure principaux étant égaux en valeur absolue à R_2 et r.

Dans le cas où le point considéré sur la surface donnée est un point parabolique, on peut trouver un cylindre de révolution ayant mêmes rayons de courbure principaux que la surface en ce point ; ce cylindre remplacera le tore précédent.

Le tore n'est pas la surface la plus simple jouissant de la propriété considérée ; un paraboloïde elliptique ou hyperbolique ayant pour sommet le point donné, pour axe la normale à la surface et pour paramètres $p = r$ et $q = R_1$ ou $- R_2$ pourra être utilisé de la même manière.

---

240. *Déterminer les lignes de courbure du paraboloïde d'équation $az = xy$.*

Dans le cas du paraboloïde considéré, on a $z = \dfrac{xy}{a}$, $p = \dfrac{y}{a}$, $q = \dfrac{x}{a}$, $r = 0$, $s = \dfrac{1}{a}$, $t = 0$; en appliquant la relation du n° 369, écrite sous la forme

$$\frac{(1 + p^2)\,dx + pq\,dy}{r\,dx + s\,dy} = \frac{pq\,dx + (1 + q^2)\,dy}{s\,dx + t\,dy},$$

on voit qu'on a à intégrer l'équation différentielle

$$\frac{(a^2 + y^2)\,dx + xy\,dy}{dy} = \frac{xy\,dx + (a^2 + x^2)\,dy}{dx},$$

qui, tous calculs faits, se décompose en deux autres de la forme

$$\frac{dx}{\sqrt{a^2+x^2}} = \frac{dy}{\sqrt{a^2+y^2}}, \qquad \frac{dx}{\sqrt{a^2+x^2}} = \frac{-dy}{\sqrt{a^2+y^2}}.$$

La solution de la première est, en désignant par C une constante arbitraire,

$$\log\left(x+\sqrt{a^2+x^2}\right) = \log C + \log\left(y+\sqrt{a^2+y^2}\right),$$
$$x+\sqrt{a^2+x^2} = C\left(y+\sqrt{a^2+y^2}\right);$$

cette équation, rendue entière, s'écrit

$$x^2+y^2 - \left(C+\frac{1}{C}\right)xy - \left(C-\frac{1}{C}\right)^2\frac{a^2}{4} = 0.$$

La solution de la seconde est, en désignant par C_1 une autre constante arbitraire,

$$\log\left(x+\sqrt{a^2+x^2}\right) = \log C_1 + \log\left(\sqrt{a^2+y^2}-y\right),$$
$$x+\sqrt{a^2+x^2} = C_1\left(\sqrt{a^2+y^2}-y\right);$$

cette équation, rendue entière, s'écrit

$$x^2+y^2 + \left(C_1+\frac{1}{C_1}\right)xy - \left(C_1-\frac{1}{C_1}\right)^2\frac{a^2}{4} = 0;$$

elle se déduit du reste de la première en changeant C en $-C_1$.

En remplaçant xy par az, on obtient des équations représentant des paraboloïdes de révolution autour de Oz ; ces paraboloïdes rencontrent le paraboloïde donné suivant ses lignes de courbure.

241. Exercices sur les intégrales indéfinies, avec résultats (on a omis la constante arbitraire).

FONCTIONS	INTÉGRALES
$1 - \dfrac{x}{1} + \dfrac{x^2}{2} - \dfrac{x^3}{3}$,	$x - \dfrac{x^2}{1\cdot 2} + \dfrac{x^3}{2\cdot 3} - \dfrac{x^4}{3\cdot 4}$.
$\dfrac{1}{(x-a)^2}$,	$-\dfrac{1}{x-a}$.
$\dfrac{1}{(x-a)(x-b)}$,	$\dfrac{1}{a-b}\log\left|\dfrac{x-a}{x-b}\right|$.
$\dfrac{x^2+6x+5}{x^2-6x+5}$,	$x - 3\log|x-1| + 15\log|x-5|$.
$\dfrac{1}{x^3(x-1)^2}$,	$-\dfrac{1}{2x^2} - \dfrac{2}{x} - \dfrac{1}{x-1} + 3\log\left|\dfrac{x}{x-1}\right|$.
$\dfrac{x-2}{x^4-1}$,	$\dfrac{1}{4}\log\left|\dfrac{(x-1)^3}{(x+1)(x^2+1)}\right| - \operatorname{arc\,tg} x$.
$\dfrac{x}{2+\sqrt{1+x}}$,	$\dfrac{2x+20}{3}\sqrt{1+x} - 2(1+x)$ $\qquad\qquad - 12\log|2+\sqrt{1+x}|$.
$\dfrac{x}{\sqrt{a+bx^2}}$,	$\dfrac{1}{b}\sqrt{a+bx^2}$.
$\sqrt{a^2-x^2}$,	$\dfrac{1}{2}x\sqrt{a^2-x^2} + \dfrac{a^2}{2}\arcsin\dfrac{x}{a}$.
$\sqrt{x^2+A}$,	$\dfrac{1}{2}x\sqrt{x^2+A} + \dfrac{A}{2}\log|x+\sqrt{x^2+A}|$.
$\dfrac{3x^2-2x^4}{\sqrt{(1-x^2)^3}}$,	$\dfrac{x^3}{\sqrt{1-x^2}}$.

FONCTIONS	INTÉGRALES
$\sin^4 x,$	$\dfrac{3}{8}\,x - \dfrac{1}{4}\sin 2x + \dfrac{1}{32}\sin 4x.$
$\dfrac{\sin 2x}{\cos 3x},$	$\dfrac{1}{2\sqrt{3}}\log\left|\dfrac{2\cos x + \sqrt{3}}{2\cos x - \sqrt{3}}\right|.$
$\dfrac{1}{1 + \cos^2 x},$	$\dfrac{1}{\sqrt{2}}\operatorname{arc\,tg}\left(\dfrac{\operatorname{tg} x}{\sqrt{2}}\right).$
$\dfrac{1}{\sqrt{\cos x(1 - \cos x)}},$	$\dfrac{\sqrt{2}}{2}\log\left|\dfrac{1 - \sqrt{1 - \operatorname{tg}^2 \dfrac{x}{2}}}{1 + \sqrt{1 - \operatorname{tg}^2 \dfrac{x}{2}}}\right|.$

On intègre les six premières fonctions en les décomposant en fractions simples, et appliquant les méthodes des n°s 384 et suivants.

On intègre la septième en posant $\sqrt{1 + x} = t$, ce qui donne $x = t^2 - 1$, $dx = 2t\,dt$, et l'on est ramené à intégrer la fonction

$$\frac{(t^2 - 1)2t}{2 + t} = 2t^2 - 4t + 6 - \frac{12}{t + 2}.$$

Pour la huitième, en l'écrivant $\dfrac{1}{2b}\dfrac{2bx}{\sqrt{a + bx^2}}$, on voit apparaître au numérateur la dérivée de $a + bx^2$, et l'intégrale est $\dfrac{1}{b}\sqrt{a + bx^2}$.

Pour la neuvième, $\sqrt{a^2 - x^2}$, on peut appliquer les transformations indiquées au n° 389 et poser $a + x = (a - x)t^2$; mais il est plus avantageux de faire la transformation $x = a\sin t$, ce qui donne $dx = a\cos t\,dt$, et l'on est ramené à intégrer la fonction

$$a^2 \cos^2 t = \frac{a^2}{2}(1 + \cos 2t),$$

dont l'intégrale est

$$\frac{a^2 t}{2} + \frac{a^2 \sin 2t}{4} = \frac{a^2 t}{2} + \frac{a^2 \sin t \cos t}{2};$$

il suffit alors de remplacer t par $\arcsin\dfrac{x}{a}$, puis $\sin t$ par $\dfrac{x}{a}$ et $\cos t$ par $\sqrt{1-\dfrac{x^2}{a^2}}$ pour obtenir l'intégrale indiquée.

Pour la dixième, $\sqrt{x^2+A}$, en opérant comme au n° 389, on posera

$$t = x + \sqrt{x^2+A},$$

d'où $\quad (t-x)^2 = x^2+A, \quad x = \dfrac{t^2-A}{2t}, \quad dx = \dfrac{t^2+A}{2t^2}\,dt,$

et $\sqrt{x^2+A} = t - x = \dfrac{t^2+A}{2t}$; on est ainsi ramené à intégrer la fonction

$$\frac{(t^2+A)^2}{4t^3} = \frac{t}{4} + \frac{A}{2t} + \frac{A^2}{4t^3},$$

dont l'intégrale est

$$\frac{t^2}{8} - \frac{A^2}{8t^2} + \frac{A}{2}\log|t| = \frac{1}{2}x\sqrt{x^2+A} + \frac{A}{2}\log\left|x+\sqrt{x^2+A}\right|.$$

Pour la onzième, $\dfrac{3x^2-2x^4}{\sqrt{(1-x^2)^3}}$, il serait possible d'effectuer l'intégration en posant $1+x = (1-x)t^2$; mais il est préférable de se servir de formules de récurrence. Une première formule est déduite de l'identité

$$\frac{d}{dx}\left[x^m\sqrt{1-x^2}\right] = mx^{m-1}\sqrt{1-x^2} - \frac{x^{m+1}}{\sqrt{1-x^2}} = \frac{mx^{m-1}-(m+1)x^{m+1}}{\sqrt{1-x^2}};$$

elle donne

$$(m+1)\int\frac{x^{m+1}}{\sqrt{1-x^2}}\,dx = m\int\frac{x^{m-1}}{\sqrt{1-x^2}}\,dx - x^m\sqrt{1-x^2};$$

elle permet de diminuer l'exposant de x au numérateur dans les intégrales de la forme $\displaystyle\int\frac{x^p dx}{\sqrt{1-x^2}}$; on parvient ainsi au cas de $p=0$, ce qui donne $\arcsin x$, ou bien au cas de $p=1$, ce qui donne $-\sqrt{1-x^2}$.

Une deuxième formule de récurrence se déduit de l'identité

$$\frac{d}{dx}\left(\frac{x^m}{\sqrt{1-x^2}}\right) = \frac{mx^{m-1}}{\sqrt{1-x^2}} + \frac{x^{m+1}}{\sqrt{(1-x^2)^3}},$$

qui donne

$$\int\frac{x^{m+1}\,dx}{\sqrt{(1-x^2)^3}} = \frac{x^m}{\sqrt{1-x^2}} - m\int\frac{x^{m-1}\,dx}{\sqrt{1-x^2}};$$

appliquée au cas actuel lorsque $m = 1$ et $m = 3$, cette formule donne pour l'intégrale

$$\frac{3x}{\sqrt{1-x^2}} - \frac{2x^3}{\sqrt{1-x^2}} - 3 \int \frac{dx}{\sqrt{1-x^2}} + 6 \int \frac{x^2 dx}{\sqrt{1-x^2}} \, ;$$

la première formule donne d'autre part

$$2 \int \frac{x^2 dx}{\sqrt{1-x^2}} = \int \frac{dx}{\sqrt{1-x^2}} - x\sqrt{1-x^2} \, ;$$

on obtient par suite comme résultat

$$\frac{3x}{\sqrt{1-x^2}} - \frac{2x^3}{\sqrt{1-x^2}} - 3x\sqrt{1-x^2} = \frac{x^3}{\sqrt{1-x^2}} \cdot$$

On intègre la douzième, $\sin^4 x$, en introduisant les multiples de x comme dans l'exercice 154, et écrivant

$$\sin^4 x = \frac{3}{8} - \frac{1}{2} \cos 2x + \frac{1}{8} \cos 4x,$$

ce qui donne l'intégrale

$$\frac{3}{8} x - \frac{1}{4} \sin 2x + \frac{1}{32} \sin 4x.$$

La treizième s'écrit

$$\frac{\sin 2x}{\cos 3x} = \frac{2 \sin x \cos x}{4 \cos^3 x - 3 \cos x} = \frac{2 \sin x}{4 \cos^2 x - 3} \, ;$$

on est amené à introduire comme variable $\cos x = t$, dont la dérivée est $-\sin x$; on obtient ainsi l'intégrale

$$\int \frac{-2 dt}{4t^2 - 3} = \int \frac{dt}{2\sqrt{3}} \left(\frac{1}{t + \frac{\sqrt{3}}{2}} - \frac{1}{t - \frac{\sqrt{3}}{2}} \right)$$

$$= \frac{1}{2\sqrt{3}} \log \left| \frac{2t + \sqrt{3}}{2t - \sqrt{3}} \right| = \frac{1}{2\sqrt{3}} \log \left| \frac{2 \cos x + \sqrt{3}}{2 \cos x - \sqrt{3}} \right| \cdot$$

Pour intégrer $\dfrac{1}{1 + \cos^2 x}$, en exprimant $\cos^2 x$ en fonction de $2x$, on serait amené à prendre comme variable la tangente de la moitié de $2x$, donc à poser $\operatorname{tg} x = t$; on écrira dès lors

$$x = \operatorname{arc} \operatorname{tg} t, \qquad dx = \frac{dt}{1 + t^2}, \qquad \cos^2 x = \frac{1}{1 + t^2},$$

ce qui donne l'intégrale

$$\int \frac{dt}{2+t^2} = \frac{1}{\sqrt{2}}\operatorname{arc\,tg}\frac{t}{\sqrt{2}} = \frac{1}{\sqrt{2}}\operatorname{arc\,tg}\left(\frac{\operatorname{tg}x}{\sqrt{2}}\right).$$

Pour intégrer la dernière, on prend $\operatorname{tg}\dfrac{x}{2}=t$ comme nouvelle variable ; on a $\quad dx=\dfrac{2dt}{1+t^2},\quad \cos x=\dfrac{1-t^2}{1+t^2},\quad 1-\cos x=\dfrac{2t^2}{1+t^2},$ et l'on est ramené à l'intégrale

$$\int \frac{\sqrt{2}\,dt}{t\sqrt{1-t^2}}.$$

Comme t entre en dehors du radical par une puissance impaire, on pose $1-t^2=u^2$, d'où $-t\,dt=u\,du$, et l'intégrale devient

$$\sqrt{2}\int \frac{-du}{1-u^2} = \frac{\sqrt{2}}{2}\log\left|\frac{1-u}{1+u}\right| = \frac{\sqrt{2}}{2}\log\left|\frac{1-\sqrt{1-\operatorname{tg}^2\dfrac{x}{2}}}{1+\sqrt{1-\operatorname{tg}^2\dfrac{x}{2}}}\right|.$$

---

242. *Appliquer la méthode d'intégration par parties aux fonctions* $x^m e^{ax}$, $x^m\cos bx$, $x^m\sin bx$, $x^m\log x$, m *étant un nombre entier positif, ainsi qu'aux fonctions* $e^{ax}\cos bx$ *et* $e^{ax}\sin bx$.

En posant $u=x^m$ et $dv=e^{ax}dx$, l'intégration par parties donne

$$\int x^m(e^{ax}dx) = \frac{x^m e^{ax}}{a} - \int \frac{mx^{m-1}e^{ax}}{a}dx\ ;$$

en opérant de même avec l'exposant $m-1$, et ainsi de suite, on trouve, à une constante près,

$$\int x^m e^{ax}dx$$
$$= e^{ax}\left[\frac{x^m}{a} - \frac{mx^{m-1}}{a^2} + \frac{m(m-1)x^{m-2}}{a^3} - \cdots + (-1)^m\frac{m(m-1)\ldots 3.2.1}{a^{m+1}}\right].$$

L'intégrale est égale au produit de e^{ax} par un polynome $P_m(x)$ de degré m satisfaisant à la condition

$$\frac{d}{dx}\big[e^{ax}P_m(x)\big] = x^m e^{ax},\qquad\text{ou}\qquad \frac{dP_m(x)}{dx} + aP_m(x) = x^m.$$

La même méthode appliquée aux deux intégrales suivantes donne les deux équations

$$\int x^m (\cos bx\,dx) = \frac{x^m \sin bx}{b} - \int \frac{mx^{m-1} \sin bx}{b}\,dx,$$

$$\int x^m (\sin bx\,dx) = \frac{-x^m \cos bx}{b} + \int \frac{mx^{m-1} \cos bx}{b}\,dx\,;$$

en les utilisant alternativement pour des valeurs décroissantes de m, on a

$$\int x^m \cos bx\,dx = \frac{x^m \sin bx}{b} + \frac{mx^{m-1} \cos bx}{b^2} - \frac{m(m-1)x^{m-2} \sin bx}{b^3}$$
$$- \frac{m(m-1)(m-2)x^{m-3} \cos bx}{b^4} + \cdots,$$

$$\int x^m \sin bx\,dx = - \frac{x^m \cos bx}{b} + \frac{mx^{m-1} \sin bx}{b^2} + \frac{m(m-1)x^{m-2} \cos bx}{b^3}$$
$$- \frac{m(m-1)(m-2)x^{m-3} \sin bx}{b^4} - \cdots$$

Il serait du reste facile d'établir ces formules en remplaçant dans l'intégrale de $x^m e^{ax}$, le nombre a par bi, ce qui remplace e^{ax} par $\cos bx + i \sin bx$; en séparant ensuite les parties réelles et les parties imaginaires, on arrive au résultat trouvé.

La même méthode donne les deux formules

$$u = \int \cos bx (e^{ax}dx) = \frac{\cos bx\, e^{ax}}{a} + \int \frac{b}{a} \sin bx\, e^{ax}\,dx,$$

$$v = \int \sin bx (e^{ax}dx) = \frac{\sin bx\, e^{ax}}{a} - \int \frac{b}{a} \cos bx\, e^{ax}\,dx\,;$$

on en déduit

$$u = \frac{e^{ax}}{a^2 + b^2}(a \cos bx + b \sin bx), \qquad v = \frac{e^{ax}}{a^2 + b^2}(a \sin bx - b \cos bx)\,;$$

on arriverait du reste au même résultat en utilisant la relation

$$\int e^{(a+bi)x}dx = \frac{e^{(a+bi)x}}{a+bi} = \frac{(a-bi)e^{(a+bi)x}}{a^2+b^2}$$

et en séparant les parties réelles et les parties imaginaires. Enfin, on a

$$\int \log x (x^m dx) = \log x \frac{x^{m+1}}{m+1} - \int \frac{x^m dx}{m+1} = \log x \frac{x^{m+1}}{m+1} - \frac{x^{m+1}}{(m+1)^2}.$$

243. *Appliquer une méthode d'intégration par formule de récurrence à la fonction* $\operatorname{tg}^n x,$ *n étant un nombre entier positif.*

On a, en omettant la constante arbitraire,

$$\int \operatorname{tg} x\, dx = -\log|\cos x|,$$

$$\int \operatorname{tg}^2 x\, dx = \int \frac{1 - \cos^2 x}{\cos^2 x}\, dx = \int d\operatorname{tg} x - \int dx = \operatorname{tg} x - x,$$

$$\int \operatorname{tg}^n x\, dx = \int \frac{\operatorname{tg}^{n-2} x(1 - \cos^2 x)}{\cos^2 x}\, dx$$

$$= \int \operatorname{tg}^{n-2} x\, d(\operatorname{tg} x) - \int \operatorname{tg}^{n-2} x\, dx\, ;$$

on arrive à la formule de récurrence

$$\int \operatorname{tg}^n x\, dx = \frac{\operatorname{tg}^{n-1} x}{n-1} - \int \operatorname{tg}^{n-2} x\, dx\, ;$$

on en déduit, dans le cas de n pair,

$$\int \operatorname{tg}^n x\, dx = \frac{\operatorname{tg}^{n-1} x}{n-1} - \frac{\operatorname{tg}^{n-3} x}{n-3} + \cdots \pm \operatorname{tg} x \mp x,$$

et, dans le cas de n impair,

$$\int \operatorname{tg}^n x\, dx = \frac{\operatorname{tg}^{n-1} x}{n-1} - \frac{\operatorname{tg}^{n-3} x}{n-3} + \cdots \pm \log|\cos x|.$$

---

244. *Lorsqu'une fonction renferme rationnellement deux radicaux portant sur des quantités du premier degré, comme* $\sqrt{a + bx}$ *et* $\sqrt{a' + b'x},$ *montrer qu'on peut l'intégrer en égalant l'un des radicaux à une nouvelle variable t. Appliquer à l'intégration de la fonction* $\dfrac{1}{\sqrt{1 + x} + \sqrt{1 - x}}.$

En posant $\sqrt{a + bx} = t,$ on a $x = \dfrac{t^2 - a}{b}$ et

$$a' + b'x = \frac{b'}{b} t^2 + \frac{ba' - ab'}{b}\, ;$$

on est ainsi ramené à l'intégration d'une fonction renfermant un seul radical portant sur une fonction du second degré de t.

Dans le cas de la fonction proposée, on posera $1 + x = t^2$, d'où $x = t^2 - 1$, $dx = 2t\,dt$, $1 - x = 2 - t^2$ et l'on aura

$$\int \frac{dx}{\sqrt{1+x} + \sqrt{1-x}} = \int \frac{2t\,dt}{t + \sqrt{2 - t^2}}.$$

Pour achever l'intégration, nous ferons le changement $t = \sqrt{2}\cos\varphi$ qui ramène la fonction irrationnelle à une fonction trigonométrique ; cela revient du reste à poser

$$x = 2\cos^2\varphi - 1 = \cos 2\varphi, \qquad dx = -2\sin 2\varphi\,d\varphi \,;$$
$$\sqrt{1+x} = \sqrt{2}\cos\varphi \,; \qquad \sqrt{1-x} = \sqrt{2}\sin\varphi,$$

de sorte que l'intégrale primitive se transforme en

$$\int \frac{-\sqrt{2}\sin 2\varphi\,d\varphi}{\cos\varphi + \sin\varphi} = \int \frac{-2\sqrt{2}\sin\varphi\cos\varphi(\cos\varphi - \sin\varphi)}{\cos^2\varphi - \sin^2\varphi}\,d\varphi.$$

Sous cette forme, la quantité sous le signe d'intégration se décompose en une somme de deux différentielles, l'une portant sur une fonction de $\sin\varphi$, l'autre sur une fonction de $\cos\varphi$, de la façon suivante

$$\frac{2\sqrt{2}\sin^2\varphi\,(\cos\varphi\,d\varphi)}{1 - 2\sin^2\varphi} \quad \frac{2\sqrt{2}\cos^2\varphi\,(\sin\varphi\,d\varphi)}{2\cos^2\varphi - 1}$$

et l'intégrale est égale à

$$-\sqrt{2}\sin\varphi + \sqrt{2}\cos\varphi - \frac{1}{2}\log\left|\frac{\sin\varphi - \frac{\sqrt{2}}{2}}{\sin\varphi + \frac{\sqrt{2}}{2}}\right| + \frac{1}{2}\log\left|\frac{\cos\varphi - \frac{\sqrt{2}}{2}}{\cos\varphi + \frac{\sqrt{2}}{2}}\right|$$

$$= \sqrt{1+x} - \sqrt{1-x} + \log\left|\frac{\sqrt{1+x} - 1}{\sqrt{1-x} - 1}\right|.$$

245. *Appliquer la méthode d'intégration des différentielles binomes à l'intégration des fonctions*

$$\sqrt{\frac{x^3}{a-x}}, \qquad \frac{\sqrt{x}}{1 + \sqrt{x^2}}, \qquad \frac{\sqrt[4]{1+x^3}}{x}.$$

1° La fonction

$$x^{\frac{3}{2}}(a - x)^{-\frac{1}{2}} = (ax^{-3} - x^{-2})^{-\frac{1}{2}}$$

est telle que l'on ait (n° 390) $m = -3$, $n = -2$, $p = -\dfrac{1}{2}$; le quotient $\dfrac{np + 1}{m - n} = -2$ est entier; on est ainsi amené à écrire la fonction sous la forme $x(ax^{-1} - 1)^{-\frac{1}{2}}$ et à poser $ax^{-1} - 1 = u$, d'où

$$x = \frac{a}{u + 1}, \qquad dx = \frac{-a\,du}{(u + 1)^2}, \qquad x(ax^{-1} - 1)^{-\frac{1}{2}}\,dx = \frac{-a^2 u^{-\frac{1}{2}}\,du}{(u + 1)^3}.$$

Nous parviendrons à une différentielle rationnelle par le changement $u = t^2$ qui conduit à $\dfrac{-2a^2 dt}{(t^2 + 1)^3}$; pour l'intégrer, nous appliquerons la formule de réduction indiquée à la fin du n° 386, successivement pour $n = 2$ et pour $n = 1$, ce qui nous donnera

$$\int \frac{dt}{(t^2 + 1)^3} = \frac{1}{4} \frac{t}{(t^2 + 1)^2} + \frac{3}{8} \frac{t}{t^2 + 1} + \frac{3}{8} \operatorname{arc\,tg} t;$$

comme $t = \sqrt{u} = \sqrt{\dfrac{a - x}{x}}$ nous trouverons finalement pour l'intégrale cherchée

$$-\frac{1}{4} \sqrt{\frac{a - x}{x}}(2x^2 + 3ax) - \frac{3}{4} a^2 \operatorname{arc\,tg} \sqrt{\frac{a - x}{x}}.$$

2° La fonction $x^{\frac{1}{2}}\left(1 + x^{\frac{2}{3}}\right)^{-1}$ est telle que p est égal à -1 et est entier; il suffit de poser $x = t^6$ pour être ramené à l'intégrale d'une fonction rationnelle, qui est

$$\int \frac{6t^8 dt}{t^4 + 1} = \int 6(t^4 - 1)dt + \int \frac{6dt}{t^4 + 1}.$$

La première intégrale du second membre est égale à $\dfrac{6}{5} t^5 - 6t$; le dénominateur entrant dans la seconde est décomposable en un produit de deux trinomes du second degré sous la forme

$$t^4 + 1 = (t^2 + 1)^2 - 2t^2 = (t^2 + t\sqrt{2} + 1) \cdot (t^2 - t\sqrt{2} + 1),$$

et la fraction à intégrer se ramène à la somme de deux autres dont les numérateurs sont du premier degré; on détermine les coefficients par un calcul d'identification analogue à celui qui a été déjà employé dans les numéros 385 et suivants, et l'on obtient

$$\frac{6}{t^4+1} = \frac{\dfrac{3\sqrt{2}}{2}\,t+3}{t^2+t\sqrt{2}+1} + \frac{-\dfrac{3\sqrt{2}}{2}\,t+3}{t^2-t\sqrt{2}+1}.$$

On met en évidence dans chacun des numérateurs des fractions simples la dérivée du dénominateur, et l'on ramène l'intégrale à la somme des suivantes :

$$\frac{3\sqrt{2}}{4}\int\frac{(2t+\sqrt{2})\,dt}{t^2+t\sqrt{2}+1} - \frac{3\sqrt{2}}{4}\int\frac{(2t-\sqrt{2})\,dt}{t^2-t\sqrt{2}+1}$$
$$+ \frac{3}{2}\int\frac{dt}{t^2+t\sqrt{2}+1} + \frac{3}{2}\int\frac{dt}{t^2-t\sqrt{2}+1}.$$

Les deux premières sont égales à

$$\frac{3\sqrt{2}}{4}\left[\log\left(t^2+t\sqrt{2}+1\right) - \log\left(t^2-t\sqrt{2}+1\right)\right];$$

on obtient la troisième en posant (n° 386) $t+\dfrac{\sqrt{2}}{2}=\dfrac{\sqrt{2}}{2}u$, ce qui conduit à

$$\frac{3\sqrt{2}}{2}\int\frac{du}{u^2+1} = \frac{3\sqrt{2}}{2}\operatorname{arc\,tg}\left(t\sqrt{2}+1\right),$$

et l'on obtient de même la quatrième en posant $t-\dfrac{\sqrt{2}}{2}=\dfrac{\sqrt{2}}{2}v$, ce qui conduit à $\dfrac{3\sqrt{2}}{2}\operatorname{arc\,tg}\left(t\sqrt{2}-1\right)$. On peut réunir les deux arc tg en un seul en utilisant l'identité

$$\operatorname{arc\,tg}a + \operatorname{arc\,tg}b = \operatorname{arc\,tg}\frac{a+b}{1-ab},$$

et l'on arrive finalement à la somme

$$\frac{6}{5}t^5 - 6t + \frac{3\sqrt{2}}{4}\log\frac{t^2+t\sqrt{2}+1}{t^2-t\sqrt{2}+1} + \frac{3\sqrt{2}}{2}\operatorname{arc\,tg}\frac{t\sqrt{2}}{1-t^2};$$

il suffit de remplacer t par $x^{\frac{1}{6}}$ pour obtenir le résultat cherché.

3° La fonction $(x^{-4}+x^{-1})^{\frac{1}{4}}$ est telle que $m=-4$, $n=-1$, $p=\dfrac{1}{4}$, $mp+1=0$; il faut donc employer le changement de variable $1 + x^3 = v$, qui donne $x = (v - 1)^{\frac{1}{3}}$, $dx = \frac{1}{3}(v - 1)^{-\frac{2}{3}} dv$,

$$x^{-1}(1 + x^3)^{\frac{1}{4}} dx = \frac{1}{3} v^{\frac{1}{4}}(v - 1)^{-1} dv.$$

On posera ensuite $v = t^4$ et l'on obtiendra la différentielle

$$\frac{4}{3}\frac{t^4}{t^4 - 1} dt = \frac{4}{3} dt + \frac{1}{3}\frac{dt}{t - 1} - \frac{1}{3}\frac{dt}{t + 1} - \frac{2}{3}\frac{dt}{t^2 + 1};$$

en intégrant et remplaçant t par $(1 + x^3)^{\frac{1}{4}}$ on trouvera finalement

$$\frac{4}{3}(1 + x^3)^{\frac{1}{4}} + \frac{1}{3}\log\left|\frac{(1 + x^3)^{\frac{1}{4}} - 1}{(1 + x^3)^{\frac{1}{4}} + 1}\right| - \frac{2}{3}\operatorname{arc\,tg}(1 + x^3)^{\frac{1}{4}}.$$

---

246. *Déterminer le développement en série qui représente l'intégrale de la fonction* e^{-x^2}.

Le développement en série de e^{-x^2} est

$$e^{-x^2} = 1 - \frac{x^2}{1} + \frac{x^4}{1 \cdot 2} - \frac{x^6}{1 \cdot 2 \cdot 3} + \cdots;$$

celui de son intégrale indéfinie est, à une constante près,

$$x - \frac{1}{3}\frac{x^3}{1} + \frac{1}{5}\frac{x^5}{1 \cdot 2} - \frac{1}{7}\frac{x^7}{1 \cdot 2 \cdot 3} + \cdots$$

Cette série est convergente pour toute valeur de x; nous avons calculé sa valeur numérique pour $x = 1$ dans l'exercice 21.

---

247. *Calculer les intégrales définies*

$$1° \int_0^1 xe^x \, dx, \qquad\qquad 2° \int_0^1 x^2(1 - x)^2 \, dx,$$

$$3° \int_0^1 \sqrt{x(1 - x)} \, dx, \qquad 4° \int_{-1}^{+1} \frac{dx}{(a - x)\sqrt{1 - x^2}},$$

a étant un nombre supérieur à l'unité.

$1°$ Une intégrale indéfinie de xe^x étant (exercice 242) $xe^x - e^x$, l'intégrale définie prise entre 0 et 1 a pour valeur 1.

2° On peut calculer l'intégrale indéfinie et l'on a

$$\int_0^1 (x^4 - 2x^3 + x^2)\,dx = \left(\frac{x^5}{5} - \frac{x^4}{2} + \frac{x^3}{3}\right)_0^1 = \frac{1}{30}.$$

3° On peut calculer l'intégrale définie en posant $1 - x = xt^2$, mais on peut aussi opérer de la façon suivante, qui s'applique à la recherche de l'intégrale $\int_a^b \sqrt{(x-a)(b-x)}\,dx$.

Posons $x = a\cos^2\alpha + b\sin^2\alpha$, α variant de 0 à $\frac{\pi}{2}$ quand x varie de a à b ; l'intégrale se transforme en

$$\int_0^{\frac{\pi}{2}} 2(b-a)^2 \sin^2\alpha \cos^2\alpha\,d\alpha$$

$$= \int_0^{\frac{\pi}{2}} (b-a)^2 \left(\frac{1 - \cos 4\alpha}{4}\right)d\alpha = \frac{\pi}{8}(b-a)^2.$$

4° En posant $x = \sin t$, puis $\operatorname{tg}\dfrac{t}{2} = u$, on a successivement

$$\int_{-1}^{+1} \frac{dx}{(a-x)\sqrt{1-x^2}} = \int_{-\frac{\pi}{2}}^{+\frac{\pi}{2}} \frac{dt}{a - \sin t} = \int_{-1}^{+1} \frac{2du}{a(1+u^2) - 2u}.$$

Le dernier dénominateur s'écrit $a\left[\left(u - \dfrac{1}{a}\right)^2 + \dfrac{a^2-1}{a^2}\right]$, et l'on est amené à poser

$$u - \frac{1}{a} = \frac{\sqrt{a^2-1}}{a}v ; \qquad du = \frac{\sqrt{a^2-1}}{a}dv,$$

ce qui ramène l'intégrale à

$$\int_{v_0}^{v_1} \frac{2}{\sqrt{a^2-1}}\frac{dv}{v^2+1}, \qquad \text{où} \qquad v_0 = -\sqrt{\frac{a+1}{a-1}}, \qquad v_1 = \sqrt{\frac{a-1}{a+1}} ;$$

l'intégrale indéfinie est égale à $\dfrac{2}{\sqrt{a^2-1}}$ (arc tg v_1 — arc tg v_0) ; mais comme $v_0 = -\dfrac{1}{v_1}$, le premier arc a une valeur α, le deuxième a la valeur $-\left(\dfrac{\pi}{2} - \alpha\right)$, et leur différence est égale à $\dfrac{\pi}{2}$; l'intégrale est dès lors égale à $\dfrac{\pi}{\sqrt{a^2-1}}$.

248. *Un courant périodique de période* T *a une intensité* I *variable avec le temps* t *; on appelle intensité moyenne et intensité efficace les quantités*

$$\frac{1}{T}\int_0^T \mathrm{I}\,dt, \qquad \sqrt{\frac{1}{T}\int_0^T \mathrm{I}^2 dt}\,;$$

calculer ces quantités pour un courant sinusoïdal $\mathrm{I} = \mathrm{I}_0 \sin \dfrac{2\pi t}{T}$, *et*

pour le courant redressé $\mathrm{I} = \mathrm{I}_0 \left| \sin \dfrac{2\pi t}{T} \right|.$

En effectuant le changement de variable $\dfrac{2\pi t}{T} = x$, on est ramené pour le calcul de l'intensité moyenne du courant sinusoïdal à l'intégrale $\dfrac{\mathrm{I}_0}{2\pi}\displaystyle\int_0^{2\pi} \sin x\, dx$, qui est nulle, et pour le courant redressé à l'intégrale

$$\frac{\mathrm{I}_0}{2\pi}\int_0^{2\pi} |\sin x|\, dx = 2\,\frac{\mathrm{I}_0}{2\pi}\int_0^{\pi} \sin x\, dx = \frac{2\mathrm{I}_0}{\pi}.$$

Pour l'intensité efficace, on a à calculer $\mathrm{I}_0 \sqrt{\dfrac{1}{2\pi}\displaystyle\int_0^{2\pi} \sin^2 x\, dx}\,;$ l'intégrale peut être évaluée en introduisant l'angle $2x$, mais on peut remarquer qu'elle est égale à quatre fois l'intégrale $\mathrm{J} = \displaystyle\int_0^{\frac{\pi}{2}} \sin^2 x\, dx\,;$ si l'on change x en $\dfrac{\pi}{2} - x$, cette dernière devient $\displaystyle\int_0^{\frac{\pi}{2}} \cos^2 x\, dx$ et comme elle reste égale à J, on voit que l'on a

$$\mathrm{J} = \frac{1}{2}\int_0^{\frac{\pi}{2}} (\sin^2 x + \cos^2 x)\, dx = \frac{1}{2}\int_0^{\frac{\pi}{2}} dx = \frac{\pi}{4}\,;$$

par conséquent l'intensité efficace est égale à $\dfrac{\mathrm{I}_0}{\sqrt{2}}.$

———

249. *Déterminer la valeur moyenne des ordonnées d'un demi-cercle dont le diamètre égal à* 2R *est placé sur l'axe* Ox, *la valeur moyenne des rayons vecteurs d'une ellipse issus du foyer, celle du rayon vecteur de la boucle d'une strophoïde droite (Exercice n° 45).*

Vogt. — Solut.   19

La valeur moyenne d'une fonction y de x dans l'intervalle (a, b) est égale (n° 376) à $\dfrac{1}{b-a}\displaystyle\int_a^b y\, dx$.

Pour la première fonction, en prenant l'origine au centre du demi-cercle, la valeur moyenne de $y = \sqrt{R^2 - x^2}$ entre $-R$ et $+R$ est

$$\frac{1}{2R}\int_{-R}^{+R}\sqrt{R^2 - x^2}\, dx\,;$$

on posera $x = R\sin\varphi$, φ variant de $-\dfrac{\pi}{2}$ à $+\dfrac{\pi}{2}$, et l'on aura à calculer

$$\frac{1}{2R}\int_{-\frac{\pi}{2}}^{+\frac{\pi}{2}} R^2 \cos^2\varphi\, d\varphi\,,$$

en remplaçant $\cos^2\varphi$ par $\dfrac{1 + \cos 2\varphi}{2}$, on obtient

$$\frac{1}{2R}\int_{-\frac{\pi}{2}}^{+\frac{\pi}{2}} \frac{R^2}{2}(1 + \cos 2\varphi)d\varphi = \frac{R}{4}\left(\varphi + \frac{\sin 2\varphi}{2}\right)_{-\frac{\pi}{2}}^{+\frac{\pi}{2}} = \frac{\pi R}{4}.$$

Pour la deuxième fonction, en utilisant l'équation en coordonnées polaires de l'ellipse rapportée à son foyer, la valeur moyenne de $\rho = \dfrac{p}{1 + e\cos\theta}$ entre 0 et 2π est

$$\frac{1}{2\pi}\int_0^{2\pi}\frac{p\, d\theta}{1 + e\cos\theta} = \frac{1}{\pi}\int_0^{\pi}\frac{p\, d\theta}{1 + e\cos\theta}\,;$$

on posera $\operatorname{tg}\dfrac{\theta}{2} = t$, $\cos\theta = \dfrac{1 - t^2}{1 + t^2}$, $\theta = 2\operatorname{arc\,tg} t$, et $d\theta = \dfrac{2\, dt}{1 + t^2}$, t variant de 0 à ∞; on sera ramené à calculer

$$\frac{1}{\pi}\int_0^{\infty}\frac{2p\, dt}{1 + e + (1 - e)t^2} = \frac{1}{\pi}\int_0^{\infty}\frac{2p}{1 + e}\frac{dt}{1 + \dfrac{1 - e}{1 + e}t^2}.$$

En faisant le changement de variable $\sqrt{\dfrac{1 - e}{1 + e}}\, t = u$, on obtient

$$\frac{2p}{\pi\sqrt{1 - e^2}}\int_0^{\infty}\frac{du}{1 + u^2} = \frac{2p}{\pi\sqrt{1 - e^2}}(\operatorname{arc\,tg} u)_0^{\infty} = \frac{p}{\sqrt{1 - e^2}}.$$

Comme $p = \dfrac{b^2}{a}$, $e = \dfrac{c}{a}$, $\sqrt{1 - e^2} = \dfrac{b}{a}$, cette valeur moyenne est égale à b.

L'équation de la strophoïde étant $\rho = a\dfrac{\cos 2\theta}{\cos \theta}$, on doit faire varier θ de $-\dfrac{\pi}{4}$ à $+\dfrac{\pi}{4}$ pour obtenir tous les points de la boucle ; la valeur moyenne de ρ entre ces limites est, par raison de symétrie, la même que la valeur moyenne de ρ entre 0 et $\dfrac{\pi}{4}$; elle est égale à

$$\frac{4}{\pi}\int_0^{\frac{\pi}{4}} a\frac{\cos 2\theta}{\cos \theta}d\theta.$$

L'élément différentiel peut se mettre sous la forme

$$\frac{a(1 - 2\sin^2 \theta)}{1 - \sin^2 \theta}d(\sin \theta) ;$$

on est amené à poser $\sin\theta = t$, les limites de t étant 0 et $\dfrac{\sqrt{2}}{2}$; on obtient ainsi la valeur moyenne

$$\frac{4a}{\pi}\int_0^{\frac{\sqrt{2}}{2}}\frac{1 - 2t^2}{1 - t^2}dt = \frac{4a}{\pi}\left[2t - \frac{1}{2}\log\frac{1 + t}{1 - t}\right]_0^{\frac{\sqrt{2}}{2}}$$
$$= \frac{4a}{\pi}\left[\sqrt{2} - \frac{1}{2}\log\frac{2 + \sqrt{2}}{2 - \sqrt{2}}\right].$$

250. *Calculer les coefficients des séries trigonométriques qui représentent entre* $-\pi$ *et* $+\pi$: *1° la fonction* x^2 ; *2° une fonction égale à* -1 *entre* $-\pi$ *et 0 et à* $+1$ *entre 0 et* π ; *3° la fonction* $\operatorname{ch} x$.

1° L'application des formules du n° 395 à la fonction x^2 entre $-\pi$ et $+\pi$ donne

$$A_0 = \frac{1}{2\pi}\int_{-\pi}^{+\pi} x^2 dx = \frac{\pi^2}{3},$$

$$A_m = \frac{1}{\pi}\int_{-\pi}^{+\pi} x^2 \cos mx\, dx$$
$$= \frac{1}{\pi}\left[\frac{x^2 \sin mx}{m} + \frac{2x \cos mx}{m^2} - \frac{2\sin mx}{m^3}\right]_{-\pi}^{+\pi} = \frac{4\cos m\pi}{m^2},$$

$$B_m = \frac{1}{\pi}\int_{-\pi}^{+\pi} x^2 \sin mx\, dx$$
$$= \frac{1}{\pi}\left[\frac{-x^2 \cos mx}{m} + \frac{2x \sin mx}{m^2} + \frac{2\cos mx}{m^3}\right]_{-\pi}^{+\pi} = 0 ;$$

on en déduit, entre $-\pi$ et $+\pi$,

$$x^2 = \frac{\pi^2}{3} - \frac{4}{1^2}\cos x + \frac{4}{2^2}\cos 2x - \frac{4}{3^2}\cos 3x + \cdots$$

2° Les mêmes formules appliquées à une fonction f égale à -1 entre $-\pi$ et 0 et à 1 entre 0 et π donnent

$$A_0 = \frac{1}{2\pi}\left[\int_{-\pi}^{0} - dx + \int_{0}^{\pi} dx\right] = 0,$$

$$A_m = \frac{1}{\pi}\left[\int_{-\pi}^{0} - \cos mx\,dx + \int_{0}^{\pi}\cos mx\,dx\right] = 0,$$

$$B_m = \frac{1}{\pi}\left[\int_{-\pi}^{0} - \sin mx\,dx + \int_{0}^{\pi}\sin mx\,dx\right] = \frac{2}{m\pi}(1 - \cos m\pi);$$

on en déduit

$$f = \frac{4}{\pi}\left(\frac{\sin x}{1} + \frac{\sin 3x}{3} + \frac{\sin 5x}{5} + \cdots\right).$$

On pouvait prévoir que le premier développement ne contiendrait que des cosinus et le deuxième que des sinus. En faisant dans le premier $x = 0$, on a

$$\frac{\pi^2}{12} = \frac{1}{1^2} - \frac{1}{2^2} + \frac{1}{3^2} - \cdots;$$

en y faisant $x = \pi$, on a

$$\frac{\pi^2}{6} = \frac{1}{1^2} + \frac{1}{2^2} + \frac{1}{3^2} + \cdots$$

En remplaçant dans le second développement x par $\dfrac{\pi}{2}$, on trouve

$$\frac{\pi}{4} = \frac{1}{1} - \frac{1}{3} + \frac{1}{5} - \cdots$$

et en y remplaçant x par 0 ou π, on obtient 0, ce qui est la demi-somme des valeurs $+1$ et -1.

3° Les formules du n° 395 appliquées à la fonction $\operatorname{ch} x$ entre $-\pi$ et $+\pi$ donnent

$$A_0 = \frac{1}{2\pi}\int_{-\pi}^{+\pi}\operatorname{ch} x\,dx, \qquad A_m = \frac{1}{\pi}\int_{-\pi}^{+\pi}\operatorname{ch} x\cos mx\,dx,$$

$$B_m = \frac{1}{\pi}\int_{-\pi}^{+\pi}\operatorname{ch} x\sin mx\,dx.$$

Les coefficients B_m sont tous nuls, car les valeurs de l'élément différentiel entre $-\pi$ et 0 sont égales et de signe contraire à ses valeurs entre 0 et π. Le coefficient A_0 est égal à $\left(\dfrac{\operatorname{sh} x}{2\pi}\right)_{-\pi}^{+\pi} = \dfrac{\operatorname{sh}\pi}{\pi}$; pour calculer A_m, nous effectuerons une intégration par parties en posant $u = \operatorname{ch} x,\ dv = \cos mx\, dx$ et nous aurons

$$\int \operatorname{ch} x \cos mx\, dx = \operatorname{ch} x \frac{\sin mx}{m} - \int \operatorname{sh} x \frac{\sin mx}{m} dx\ ;$$

le même procédé, appliqué à l'intégrale qui figure au second membre, donne

$$\int \operatorname{sh} x \sin mx\, dx = - \operatorname{sh} x \frac{\cos mx}{m} + \int \operatorname{ch} x \frac{\cos mx}{m} dx.$$

On en déduit

$$\left(1 + \frac{1}{m^2}\right)\int \operatorname{ch} x \cos mx\, dx = \frac{\operatorname{ch} x \sin mx}{m} + \frac{\operatorname{sh} x \cos mx}{m^2}.$$

En prenant les valeurs des deux membres entre $-\pi$ et $+\pi$, on est conduit à une formule qui fournit

$$A_m = \frac{2 \operatorname{sh}\pi}{\pi} \frac{\cos m\pi}{m^2 + 1}$$

et le développement cherché est

$$\operatorname{ch} x = \frac{\operatorname{sh}\pi}{\pi}\left(1 - \frac{2}{1^2 + 1}\cos x + \frac{2}{2^2 + 1}\cos 2x - \frac{2}{3^2 + 1}\cos 3x + \cdots\cdots \right.$$
$$\left. + (-1)^m \frac{2}{m^2 + 1}\cos mx + \cdots\cdots \right).$$

251. *Déterminer la valeur de l'intégrale définie*

$$\int_{-1}^{+1} \frac{\sin a}{1 - 2x \cos a + x^2} dx$$

d'abord directement, puis en effectuant le développement en série de la fonction sous le signe d'intégration. Comparer les résultats obtenus à la solution de la deuxième question de l'exercice précédent.

Le dénominateur de la fraction est égal à $(x - \cos a)^2 + \sin^2 a$; on est donc amené à poser

$$x - \cos a = t \sin a, \qquad dx = dt \sin a ;$$

$$\int \frac{\sin a\, dx}{1 - 2x \cos a + x^2} = \int \frac{dt}{1 + t^2} = \operatorname{arc\,tg} t.$$

Les limites d'intégration par rapport à t sont : pour $x = -1$, $t = -\operatorname{cotg} \dfrac{a}{2}$; pour $x = +1$, $t = +\operatorname{tg} \dfrac{a}{2}$; il faut choisir pour l'arc tg la même détermination aux deux limites, celle qui s'annule avec t.

Si a est positif et inférieur à π, les arcs sont respectivement $+\dfrac{a}{2}$ pour la limite supérieure, $-\left(\dfrac{\pi}{2} - \dfrac{a}{2}\right)$ pour la limite inférieure, et l'intégrale est égale à $+\dfrac{\pi}{2}$.

Si a est négatif et supérieur à $-\pi$, les arcs sont respectivement $\dfrac{a}{2}$ pour la limite supérieure, $\dfrac{\pi}{2} + \dfrac{a}{2}$ pour la limite inférieure, et l'intégrale est égale à $-\dfrac{\pi}{2}$.

Le développement en série de la fonction sous le signe d'intégration est, soit en effectuant la division du numérateur par le dénominateur, soit en utilisant les résultats de l'exercice 147,

$$\frac{\sin a}{1 - 2x \cos a + x^2} = \sin a + x \sin 2a + x^2 \sin 3a + \cdots + x^{n-1} \sin na + \cdots,$$

les limites de l'intervalle de convergence étant -1 et $+1$. En intégrant terme à terme par rapport à x entre ces limites, on a comme résultat de l'intégration

$$\sin a \int_{-1}^{+1} dx + \sin 2a \int_{-1}^{+1} x\, dx + \cdots + \sin na \int_{-1}^{+1} x^{n-1} dx + \cdots$$
$$= 2\left[\sin a + \frac{\sin 2a}{2} + \cdots + \frac{\sin na}{n} + \cdots \right].$$

D'après l'exercice précédent, la parenthèse est une fonction de a égale à $-\dfrac{\pi}{4}$ si a est compris entre $-\pi$ et 0, et égale à $+\dfrac{\pi}{4}$ si a est compris entre 0 et $+\pi$; on vérifie bien que l'intégrale est égale à $-\dfrac{\pi}{2}$ dans le premier cas et égale à $\dfrac{\pi}{2}$ dans le second.

252. *Calculer les intégrales définies*

$$\int_0^{\frac{\pi}{2}} \sin^m x \, dx, \qquad \int_0^{\frac{\pi}{2}} \cos^m x \, dx, \qquad \int_0^1 \frac{x^m dx}{\sqrt{1-x^2}},$$

m étant entier positif ; on considérera successivement le cas de m pair et celui de m impair.

Les formules du n° 255 exprimant $\sin^m x$ et $\cos^m x$ en fonction linéaire des sinus et cosinus de x et de ses multiples, ramènent le calcul des intégrales cherchées à celui des intégrales simples

$$\int_0^{\frac{\pi}{2}} \sin px \, dx = \left(-\frac{1}{p} \cos px \right)_0^{\frac{\pi}{2}} = \frac{1}{p}\left(1 - \cos\frac{p\pi}{2} \right),$$

$$\int_0^{\frac{\pi}{2}} \cos px \, dx = \left(\frac{1}{p} \sin px \right)_0^{\frac{\pi}{2}} = \frac{1}{p} \sin\frac{p\pi}{2} \, ;$$

on arrive plus rapidement au résultat en employant les formules

$$\frac{d}{dx}\left(\sin^p x \cos x \right) = p \sin^{p-1} x \cos^2 x - \sin^{p+1} x$$
$$= p \sin^{p-1} x - (p+1) \sin^{p+1} x,$$
$$\frac{d}{dx}\left(\cos^p x \sin x \right) = - p \cos^{p-1} x \sin^2 x + \cos^{p+1} x$$
$$= - p \cos^{p-1} x + (p+1) \cos^{p+1} x,$$

dont les intégrales donnent les formules de récurrence

$$(p+1)\int \sin^{p+1} x \, dx = - \sin^p x \cos x + p \int \sin^{p-1} x \, dx,$$

$$(p+1)\int \cos^{p+1} x \, dx = + \cos^p x \sin x + p \int \cos^{p-1} x \, dx.$$

En prenant les intégrales entre 0 et $\frac{\pi}{2}$, les premiers termes des seconds membres donnent un résultat nul pour les deux limites.

Les intégrales $\int_0^{\frac{\pi}{2}} \sin^m x \, dx$ et $\int_0^{\frac{\pi}{2}} \cos^m x \, dx$ ont la même valeur, car elles se ramènent l'une à l'autre par le changement de x en $\frac{\pi}{2} - x$. Si I_m est leur valeur commune, on a $(p+1)I_{p+1} = pI_{p-1}$; en remplaçant successivement $p+1$ par m, $m-2$, ..., on trouve

$$I_m = \frac{m-1}{m} I_{m-2} = \frac{(m-1)(m-3)}{m(m-2)} I_{m-4} = \cdots$$

Si m est pair, on arrive à $\mathrm{I}_0 = \int_0^{\frac{\pi}{2}} dx = \frac{\pi}{2}$; si m est impair, à

$\mathrm{I}_1 = \int_0^{\frac{\pi}{2}} \sin x\, dx = 1$; on a donc

$$\mathrm{I}_m = \frac{(m-1)(m-3)\ldots\ldots 1}{m(m-2)\ldots\ldots 2}\, \frac{\pi}{2} \qquad \text{(si } m \text{ est pair)},$$

$$\mathrm{I}_m = \frac{(m-1)(m-3)\ldots\ldots 2}{m(m-2)\ldots\ldots 3.1} \qquad \text{(si } m \text{ est impair)}.$$

La troisième intégrale se ramène à la première en remplaçant x par $\sin\theta$. On peut aussi l'évaluer en utilisant la formule de récurrence

$$(m+1)\int \frac{x^{m+1}}{\sqrt{1-x^2}} dx = m \int \frac{x^{m-1}}{\sqrt{1-x^2}} dx - x^m\sqrt{1-x^2},$$

établie dans l'exercice 241.

---

253. *Démontrer que les intégrales définies*

$$(1)\quad \int_a^b \frac{dx}{\sqrt{(x-a)(b-x)}}, \qquad (2)\quad \int_0^{\frac{\pi}{2}} \frac{dx}{\sqrt{1-k^2\sin^2 x}} \quad (k<1),$$

$$(3)\quad \int_0^1 \frac{dx}{\sqrt{(1-x^2)(1-k^2x^2)}}, \qquad (4)\quad \int_{\frac{1}{k}}^{\infty} \frac{dx}{\sqrt{(1-x^2)(1-k^2x^2)}} (k<1),$$

$$(5)\quad \int_0^{\infty} e^{-x^2} dx, \qquad (6)\quad \int_0^{\infty} x^{n-1} e^{-x} dx \qquad (n>0)$$

ont un sens ; déterminer la valeur de la première ; trouver la valeur de la seconde sous forme d'un développement en série ordonné suivant les puissantes croissantes de k ; montrer que la troisième se ramène à la deuxième en posant $x = \sin\varphi$, et la quatrième à la troisième en posant $x = \dfrac{1}{ky}$. La sixième est l'intégrale eulérienne de seconde espèce.

Pour l'intégrale $\displaystyle\int_a^b \frac{dx}{\sqrt{(x-a)(b-x)}}$, le quotient différentiel devient infini d'ordre $\dfrac{1}{2}$ pour les limites et l'intégrale a un sens ; on obtient immédiatement sa valeur, comme dans l'exercice 247, en posant

$x = a \cos^2 \alpha + b \sin^2 \alpha$, α variant de 0 à $\dfrac{\pi}{2}$; du reste le changement $x - a = (b - x)t^2$ indiqué au n° 389 ne diffère pas du précédent, et il s'y ramène en posant $t = \operatorname{tg} \alpha$; en remplaçant x par sa valeur en fonction de α et dx par $(b - a)2 \sin \alpha \cos \alpha\, dx$, on voit que l'intégrale est égale à

$$\int_0^{\frac{\pi}{2}} 2\, d\alpha = \pi.$$

2° Le développement en série de

$$\frac{1}{\sqrt{1 - k^2 \sin^2 x}} = (1 - k^2 \sin^2 x)^{-\frac{1}{2}}$$

suivant les puissances de k^2 est (n° 219)

$$1 + \frac{1}{2} k^2 \sin^2 x + \frac{1 \cdot 3}{2 \cdot 4} k^4 \sin^4 x + \frac{1 \cdot 3 \cdot 5}{2 \cdot 4 \cdot 6} k^6 \sin^6 x + \cdots,$$

et il est convergent quel que soit x pour $k^2 < 1$; en intégrant terme à terme, on a

$$\int_0^{\frac{\pi}{2}} \frac{dx}{\sqrt{1 - k^2 \sin^2 x}} = \mathrm{I}_0 + \frac{1}{2} k^2 \mathrm{I}_2 + \frac{1 \cdot 3}{2 \cdot 4} k^4 \mathrm{I}_4 + \frac{1 \cdot 3 \cdot 5}{2 \cdot 4 \cdot 6} k^6 \mathrm{I}_6 + \cdots,$$

I_m étant l'intégrale $\displaystyle\int_0^{\frac{\pi}{2}} \sin^m x\, dx$, dont la valeur a été calculée dans l'exercice précédent ; on a donc comme résultat

$$\frac{\pi}{2} \left[1 + \left(\frac{1}{2} \right)^2 k^2 + \left(\frac{1 \cdot 3}{2 \cdot 4} \right)^2 k^4 + \left(\frac{1 \cdot 3 \cdot 5}{2 \cdot 4 \cdot 6} \right)^2 k^6 + \cdots \right].$$

3° L'intégrale $K = \displaystyle\int_0^1 \frac{dx}{\sqrt{(1 - x^2)(1 - k^2 x^2)}}$ a un sens, car l'élément différentiel est infini d'ordre $\dfrac{1}{2}$ pour la limite supérieure ; en posant $x = \sin \varphi$ on a $dx = \cos \varphi\, d\varphi$ et $K = \displaystyle\int_0^{\frac{\pi}{2}} \frac{d\varphi}{\sqrt{1 - k^2 \sin^2 \varphi}}$; nous venons de calculer sa valeur.

4° L'intégrale $K' = \displaystyle\int_{\frac{1}{k}}^{\infty} \frac{dx}{\sqrt{(1 - x^2)(1 - k^2 x^2)}}$ a un sens, car l'élément différentiel est infini d'ordre $\dfrac{1}{2}$ pour la limite inférieure, et il se comporte comme $\dfrac{dx}{x^2}$ pour x infini ; en posant $x = \dfrac{1}{ky}$, $dx = -\dfrac{dy}{ky^2}$, on a

$$K' = \int_1^0 \frac{-dy}{ky^2 \sqrt{\left(1 - \dfrac{1}{k^2 y^2}\right)\left(1 - \dfrac{1}{y^2}\right)}} = \int_0^1 \frac{dy}{\sqrt{(1 - y^2)(1 - k^2 y^2)}},$$

de telle sorte que K' est égal à K.

5° La fonction e^{-x^2} est telle que $\dfrac{e^{-x^2}}{x^m}$ tend vers 0 pour x infini quel que soit m ; l'intégrale $\displaystyle\int_0^x e^{-x^2} dx$ a donc un sens. Nous pouvons la calculer en la décomposant en deux intégrales sous la forme

$$\int_0^{x_1} e^{-x^2} dx + \int_{x_1}^x e^{-x^2} dx,$$

x_1 étant un nombre quelconque > 1 ; la valeur de la première de ces deux intégrales est celle de la série de l'exercice 246 ; pour trouver une valeur approchée de la seconde, nous remarquerons que pour toute valeur de $x > 1$ on a $e^{-x^2} < e^{-x}$ de sorte que

$$\int_{x_1}^b e^{-x^2} dx < \int_{x_1}^b e^{-x} dx \, ;$$

la dernière intégrale est égale à

$$(-e^{-x})_{x_1}^b = e^{-x_1} - e^{-b},$$

et a pour limite e^{-x_1} lorsque b croît indéfiniment.

En choisissant x_1 suffisamment grand, ce dernier nombre peut être rendu aussi petit que l'on veut, et en prenant alors un nombre suffisant de termes dans la série qui représente la première intégrale entre 0 et x_1, on aura une valeur approchée de l'intégrale totale. On démontre par des raisonnements fondés sur la considération des intégrales doubles que celle-ci est égale à $\dfrac{\sqrt{\pi}}{2}$.

6° L'intégrale eulérienne de seconde espèce

$$\Gamma(n) = \int_0^x x^{n-1} e^{-x} dx$$

a un sens pour n positif, car le quotient de la fonction à intégrer par

x^m, m étant quelconque, tend vers zéro pour x infini (n° 398). Nous avons vu que l'on a

$$\Gamma(n+1) = n(n-1) \cdots (n-p)\Gamma(n-p).$$

Si $n-p=1$, on a $\Gamma(1) = \int_0^\infty e^{-x}dx = 1$, de sorte que pour n entier, on trouve $\Gamma(n+1) = 1.2.3. \cdots n$. Si $n < 1$, la valeur de l'intégrale peut être calculée comme celle du paragraphe précédent; on peut remarquer du reste, en faisant $x = y^2$, que

$$\Gamma(n) = \int_0^\infty 2y^{2n-1} e^{-y^2}dy,$$

de sorte que dans le cas particulier où $n = \dfrac{1}{2}$, on a précisément l'intégrale $2\int_0^\infty e^{-y^2} dy$ et on en conclut que $\Gamma\left(\dfrac{1}{2}\right)$ est égal à $\sqrt{\pi}$.

---

254. *Un mobile est animé d'un mouvement rectiligne sous l'action d'une force dont la direction est celle de la trajectoire ; déterminer par un procédé graphique la loi du mouvement : 1° lorsque la force est une fonction du temps définie par une formule ou par un tableau de valeurs numériques ; 2° lorsque la force est une fonction de l'abscisse du mobile, définie également par une formule ou par un tableau de valeurs numériques ; dans ce dernier cas on déterminera graphiquement la vitesse, puis le temps en fonction de l'abscisse.*

On utilise le procédé d'intégration graphique indiqué n° 404. Dans le premier cas, on représente graphiquement, avec le temps t en abscisse, la loi de l'accélération qui est $\gamma = \dfrac{F}{m}$; la loi de la vitesse est donnée par une ligne intégrale. Si la vitesse initiale v_0 est nulle, cette ligne part de l'origine, sinon d'un point d'ordonnée v_0 sur l'axe Ov. Une deuxième intégration graphique donne la loi de l'espace.

Dans le deuxième cas, la force étant une fonction donnée $F(x)$ de l'abscisse, on évalue d'abord graphiquement le travail

$$T(x) = \int_0^x F(x)dx ;$$

on en déduit le carré de la vitesse par l'équation des forces vives

$$\frac{1}{2}\,m(v^2 - v_0^2) = \mathrm{T}(x),$$

$$v^2 = v_0^2 + \frac{2}{m}\,\mathrm{T}(x)\,;$$

on peut représenter graphiquement v^2 par une ligne C (*fig.* 103).

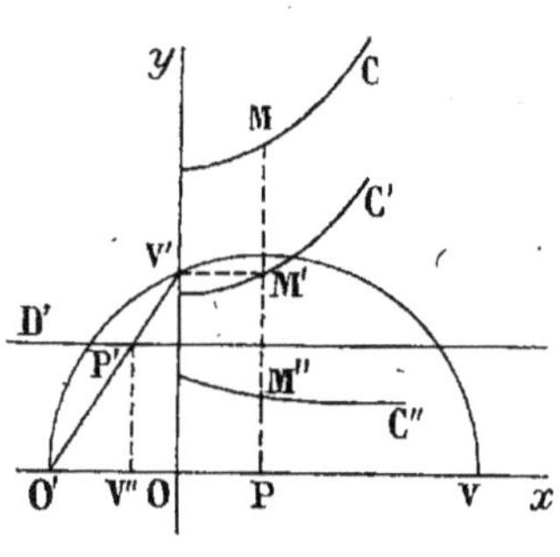

Fig. 103.

On détermine ensuite la valeur de v; à chaque point M de la courbe C on fait correspondre un point M′ ayant même abscisse de la façon suivante : sur Ox on prend le point O′ qui a déjà servi pour l'intégration graphique, et tel que $O'O = a$, on porte le segment OV égal à l'ordonnée PM de M, et l'on trace le demi-cercle de diamètre O′V; il coupe Oy en un point V′ tel que $OV' = \sqrt{av^2}$; il suffit de prendre $PM' = OV'$. On obtient ainsi les points d'une ligne C′ représentative de v à un facteur près.

Le temps est ensuite déterminé en fonction de x par l'équation

$$\frac{dx}{dt} = v, \qquad dt = \frac{dx}{v}.$$

Il faut intégrer la fonction $\dfrac{1}{v}$; on détermine les ordonnées de la ligne représentative en traçant une droite D′ d'ordonnée a et menant O′V′; cette droite rencontre D′ en un point P′ qui se projette sur Ox en V″; on a

$$\frac{O'V''}{O'O} = \frac{V''P'}{OV'}, \qquad O'V'' = \frac{a^2}{v}\,;$$

on prendra donc sur PM le point M″ d'ordonnée égale à O′V″, et l'on aura la représentation C″ de $\dfrac{1}{v}$ à un facteur près; il suffira d'effectuer l'intégration graphique de la ligne C″ pour avoir la représentation du temps.

Une difficulté se présente lorsque $v_0 = 0$; les lignes C et C′ passent par l'origine et C″ est asymptote à Oy. On prend un intervalle $(0,x_1)$ assez petit pour que dans cet intervalle F puisse être considéré comme ayant une valeur constante F_0; on a alors

$$T(x) = F_0 x, \qquad v^2 = \frac{2F_0 x}{m}, \qquad v = \sqrt{\frac{2F_0}{m}}\, x^{\frac{1}{2}},$$

$$dt = \sqrt{\frac{m}{2F_0}}\, x^{-\frac{1}{2}}\, dx, \qquad t = 2\sqrt{\frac{m}{2F_0}}\, x^{\frac{1}{2}}.$$

La courbe représentative de t dans l'intervalle $(0,x_1)$ est une parabole ayant pour sommet l'origine et pour axe Ox; on pourra la tracer et la continuer par la ligne intégrale déduite de C'' à partir de l'abscisse x_1.

---

255. *Effectuer la quadrature et la rectification de la parabole, de la chaînette (n° 279), de la cycloïde (n° 305), de la développée de l'ellipse (n° 329), de la cardioïde (n° 307), de la lemniscate (n° 289); pour cette dernière courbe, le calcul de l'arc résulte d'un développement en série.*

$1°$ Nous avons trouvé au n° 406 l'aire d'un segment de parabole; la différentielle de l'arc de cette courbe est égale à $ds = \sqrt{dx^2 + dy^2}$, et l'on a $y\,dy = p\,dx$. Nous choisirons y comme variable indépendante, de sorte que $ds = \sqrt{y^2 + p^2}\,\dfrac{dy}{p}$. Nous avons trouvé l'intégrale de $\sqrt{x^2 + A}$ dans l'exercice 241; nous aurons par suite

$$s = \frac{y\sqrt{y^2 + p^2}}{2p} + \frac{p}{2} \log\left(\frac{y + \sqrt{y^2 + p^2}}{p}\right),$$

en prenant l'arc à partir du sommet jusqu'à un point d'ordonnée positive y.

$2°$ L'aire comprise entre une chaînette, sa base, l'axe Oy et une ordonnée d'abscisse x est

$$\int_0^x y\,dx = \int_0^x a \operatorname{ch} \frac{x}{a}\, dx = a^2 \operatorname{sh} \frac{x}{a} = a\sqrt{y^2 - a^2}.$$

Comme on a $y' = \operatorname{sh} \dfrac{x}{a}$, la différentielle de l'arc de la courbe est égale à

$$ds = \sqrt{1 + y'^2}\, dx = \sqrt{1 + \operatorname{sh}^2 \frac{x}{a}}\, dx = \operatorname{ch} \frac{x}{a}\, dx,$$

et l'arc compté à partir du sommet est égal à

$$s = a \operatorname{sh} \frac{x}{a} = \sqrt{y^2 - a^2}.$$

On voit que l'aire est égale à sa.

3° En utilisant les expressions des coordonnées d'un point de la cycloïde en fonction de t (n° 305 et exercice 211), on a

$$y\,dx = a^2(1 - \cos t)^2\,dt = a^2\left(\frac{3}{2} - 2\cos t + \frac{\cos 2t}{2}\right)dt,$$

et l'aire comptée à partir de l'origine entre la base et la courbe jusqu'à une ordonnée correspondant à t a pour valeur

$$a^2\left(\frac{3}{2}\,t - 2\sin t + \frac{\sin 2t}{4}\right);$$

en faisant $t = 2\pi$, on voit que l'aire comprise entre l'axe des x et le premier arceau de la courbe est égale à $3\pi a^2$.

La différentielle de l'arc de la courbe est égale à

$$ds = \sqrt{dx^2 + dy^2} = a\sqrt{(1 - \cos t)^2 + \sin^2 t}\,dt = 2a\sin\frac{t}{2}\,dt,$$

de sorte que l'on a $s = -4a\cos\dfrac{t}{2} + C$. Si l'on compte la longueur de l'arc à partir de l'origine, on obtient $s = 4a\left(1 - \cos\dfrac{t}{2}\right)$; la longueur totale d'un arceau est égale à la valeur obtenue en faisant $t = 2\pi$, ce qui donne $8a$.

4° Les expressions $x = \dfrac{c^2}{a}\cos^3\varphi$, $y = -\dfrac{c^2}{b}\sin^3\varphi$ des coordonnées d'un point de la développée de l'ellipse en fonction de φ (n° 329) donnent

$$y\,dx = \frac{3c^4}{ab}\sin^4\varphi\cos^2\varphi\,d\varphi = \frac{3c^4}{16ab}\left(1 - \frac{\cos 2\varphi}{2} - \cos 4\varphi + \frac{\cos 6\varphi}{2}\right)d\varphi;$$

l'intégrale de cette différentielle est

$$\frac{3c^4}{16ab}\left(\varphi - \frac{\sin 2\varphi}{4} - \frac{\sin 4\varphi}{4} + \frac{\sin 6\varphi}{12}\right) + C;$$

on obtient le quart de l'aire intérieure à la courbe en faisant varier φ de 0 à $\dfrac{\pi}{2}$, ce qui donne $\dfrac{3\pi c^4}{32ab}$.

La différentielle de l'arc de la courbe est

$$ds = \sqrt{dx^2 + dy^2} = 3c^2 \sqrt{\frac{\cos^2 \varphi}{a^2} + \frac{\sin^2 \varphi}{b^2}} \, \sin \varphi \cos \varphi \, d\varphi$$

$$= \frac{-3c^2}{4ab\sqrt{2}} \sqrt{a^2 + b^2 - c^2 \cos 2\varphi} \, (-\sin 2\varphi \, d\, 2\varphi);$$

on voit que la différentielle de $\cos 2\varphi$ est mise en évidence, de sorte que l'on a à intégrer une expression de la forme $\sqrt{A - Bx}\,dx$ dont l'intégrale est $\dfrac{-2}{3B}(A - Bx)^{\frac{3}{2}}$; on obtient ainsi comme résultat, à une constante près,

$$s = \frac{(a^2 + b^2 - c^2 \cos 2\varphi)^{\frac{3}{2}}}{2ab\sqrt{2}} = \frac{(a^2 \sin^2 \varphi + b^2 \cos^2 \varphi)^{\frac{3}{2}}}{ab}.$$

On aura la longueur du quart de la courbe en faisant varier φ entre les limites 0 et $\dfrac{\pi}{2}$, ce qui donne $\dfrac{a^2}{b} - \dfrac{b^2}{a}$; c'est la différence entre les rayons de courbure aux extrémités des axes de l'ellipse ; ce résultat pouvait être prévu d'après ce que nous avons dit sur les développantes.

5° La cardioïde est définie par l'équation $\rho = a(1 + \cos \theta)$; l'aire comprise entre l'axe polaire, la courbe et un rayon vecteur de direction θ est égale à

$$\int_0^\theta \frac{\rho^2 d\theta}{2} = \frac{a^2}{2} \int_0^\theta (1 + \cos \theta)^2 \, d\theta = \frac{a^2}{2} \int_0^\theta \left(\frac{3}{2} + 2 \cos \theta + \frac{\cos 2\theta}{2} \right) d\theta$$

$$= \frac{a^2}{2} \left(\frac{3\theta}{2} + 2 \sin \theta + \frac{\sin 2\theta}{4} \right).$$

Si l'on fait $\theta = \pi$, on obtient l'aire comprise entre l'axe polaire et la courbe ; l'aire intérieure à la courbe entière est le double de celle-là et a pour valeur $\dfrac{3\pi a^2}{2}$.

L'arc de la courbe a pour différentielle

$$ds = \sqrt{d\rho^2 + \rho^2 d\theta^2} = a\sqrt{\sin^2 \theta + (1 + \cos \theta)^2} \, d\theta = 2a \cos \frac{\theta}{2} \, d\theta,$$

l'intégrale $4a \sin \dfrac{\theta}{2}$ représente l'arc compté à partir du point de la courbe qui correspond à $\theta = 0$; en faisant $\theta = \pi$, on obtient la longueur de l'arc de la courbe situé d'un côté de l'axe polaire ; la longueur totale en est le double et a pour valeur $8a$.

6° La lemniscate est définie par l'équation $\rho^2 = 2a^2 \cos 2\theta$; l'aire comprise entre l'axe polaire, la courbe et un rayon faisant avec Ox un angle θ inférieur à $\dfrac{\pi}{4}$ est égale à

$$\int_0^\theta \frac{\rho^2 d\theta}{2} = a^2 \int_0^\theta \cos 2\theta\, d\theta = \frac{a^2}{2} \sin 2\theta.$$

On obtiendra l'aire intérieure à l'une des boucles en prenant le double du résultat précédent correspondant à $\theta = \dfrac{\pi}{4}$, on obtient ainsi a^2.

L'arc de la lemniscate a pour différentielle $ds = \sqrt{d\rho^2 + \rho^2 d\theta^2}$; comme on a $\rho d\rho = -2a^2 \sin 2\theta\, d\theta$, on trouve en fonction de θ

$$ds = \frac{a\sqrt{2}\, d\theta}{\sqrt{\cos 2\theta}} ;$$

on ne peut exprimer l'intégrale au moyen des fonctions élémentaires ; si l'on remarque que la quantité sous le radical s'écrit $1 - 2\sin^2\theta$ et s'annule pour $\theta = \dfrac{\pi}{4}$, on est amené à poser $\sin\theta = \dfrac{\sqrt{2}}{2} \sin t$, t variant de 0 à $\dfrac{\pi}{2}$, on obtient de cette façon

$$ds = \frac{adt}{\sqrt{1 - \dfrac{1}{2}\sin^2 t}} ;$$

on est ramené à une intégrale considérée dans l'exercice 253, où l'on fait $k^2 = \dfrac{1}{2}$; l'arc de la courbe compris entre les angles polaires $\theta = 0$ et $\theta = \dfrac{\pi}{4}$ est égal à

$$s = \int_0^{\frac{\pi}{2}} \frac{adt}{\sqrt{1 - \dfrac{1}{2}\sin^2 t}} = \frac{a\pi}{2}\left[1 + \left(\frac{1}{2}\right)^2 \frac{1}{2} + \left(\frac{1 \cdot 3}{2 \cdot 4}\right)^2 \left(\frac{1}{2}\right)^2 + \left(\frac{1 \cdot 3 \cdot 5}{2 \cdot 4 \cdot 6}\right)^2 \left(\frac{1}{2}\right)^3 + \cdots \right]$$

ou bien $s = 1,854\,a$; la longueur totale de la lemniscate est quatre fois plus grande.

On peut effectuer le calcul de l'arc de la lemniscate en prenant le rayon vecteur comme variable; si l'on exprime θ et $d\theta$ en fonction de ρ et $d\rho$ on a $ds = \sqrt{\dfrac{4a^4}{4a^4 - \rho^4}}\,d\rho$, et, en posant $\rho = a\sqrt{2}z$, on obtient $ds = a\sqrt{2}\,\dfrac{dz}{\sqrt{1 - z^4}}$.

En développant en série la quantité

$$(1 - z^4)^{-\frac{1}{2}} = 1 + \frac{1}{2}z^4 + \frac{1.3}{2.4}z^8 + \frac{1.3.5}{2.4.6}z^{12} + \cdots$$

et intégrant terme à terme, on obtient pour valeur de l'arc compté à partir du pôle jusqu'à un point dont le rayon vecteur est ρ

$$s = a\sqrt{2}\left[\frac{\rho}{a\sqrt{2}} + \frac{1}{2}\frac{1}{5}\left(\frac{\rho}{a\sqrt{2}}\right)^5 + \frac{1.3}{2.4}\frac{1}{9}\left(\frac{\rho}{a\sqrt{2}}\right)^9 + \cdots\right].$$

256. *Trouver l'aire comprise entre les courbes $y^2 = 2px$, $ay^2 = x^3$, entre les courbes d'équations*

$$\frac{x^2}{25} + \frac{y^2}{16} - 1 = 0, \qquad \frac{x^2}{9} - \frac{y^2}{16} - 1 = 0;$$

entre le cercle de centre O et de rayon 2 et l'hyperbole équilatère $xy - 1 = 0$ (en coordonnées cartésiennes ou en coordonnées polaires); entre l'hyperbole équilatère $xy - 1 = 0$ et son inverse par rapport à l'origine, la puissance d'inversion étant égale à 4; entre la cissoïde et son asymptote (en coordonnées rectilignes ou en coordonnées polaires).

Les abscisses des points communs aux deux premières courbes sont les racines de l'équation $2apx - x^3 = 0$; les seules valeurs réelles qui conviennent sont $x_1 = 0$ et $x_2 = (2ap)^{\frac{1}{2}}$; l'aire de la portion de plan comprise entre les deux courbes dans la région des y positifs est égale à $\displaystyle\int_{x_1}^{x_2}(y_1 - y_2)dx$, où $y_1 = (2px)^{\frac{1}{2}}$ et $y_2 = \left(\dfrac{x^3}{a}\right)^{\frac{1}{2}}$ sont les ordonnées des points des deux courbes correspondant à la même valeur de x ; l'intégrale indéfinie est

$$\int \left[(2px)^{\frac{1}{2}} - \left(\frac{x^3}{a}\right)^{\frac{1}{2}} \right] dx = \frac{2}{3}(2p)^{\frac{1}{2}} x^{\frac{3}{2}} - \frac{2}{5} a^{-\frac{1}{2}} x^{\frac{5}{2}} \, ;$$

l'aire cherchée est par conséquent

$$\frac{2}{3}(2p)^{\frac{1}{2}}(2ap)^{\frac{3}{4}} - \frac{2}{5} a^{-\frac{1}{2}}(2ap)^{\frac{5}{4}} = \frac{8}{15} ap \sqrt[4]{\frac{2p}{a}} .$$

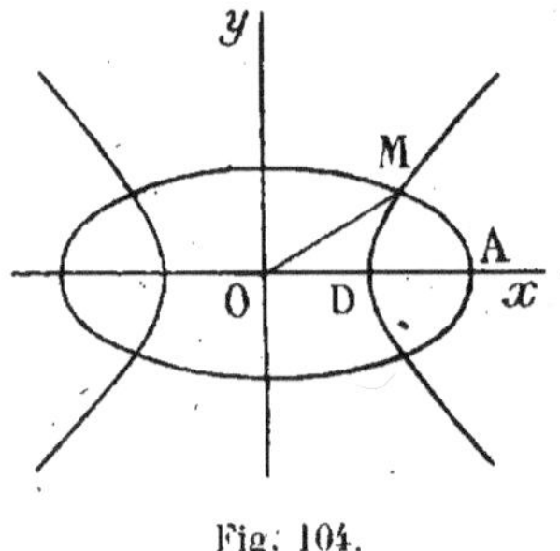

Fig. 104.

2° Les courbes d'équations

$$\frac{x^2}{25} + \frac{y^2}{16} - 1 = 0, \qquad \frac{x^2}{9} - \frac{y^2}{16} - 1 = 0$$

sont une ellipse de demi-axes $a = 5$, $b = 4$ et une hyperbole de demi-axes $a' = 3$, $b' = 4$ symétriques par rapport aux axes (*fig.* 104). Nous déterminerons l'aire AMD comprise dans l'angle des axes Ox, Oy entre l'axe des x et les arcs AM et DM de l'ellipse et de l'hyperbole. L'abscisse x_1 du point M est la racine positive de l'équation $17x^2 = 225$ obtenue en éliminant y entre les équations données et elle est égale à $\dfrac{15}{\sqrt{17}}$.

L'aire AMD est égale à la différence entre les deux secteurs AOM, DOM dont les valeurs (n° 406) sont $\dfrac{ab\varphi}{2}$ et $\dfrac{a'b't}{2}$, φ étant le paramètre angulaire relatif au point M, et t l'argument des fonctions hyperboliques relatif au même point ; on a donc

$$\text{aire AMD} = 10\varphi - 6t, \qquad \text{avec} \qquad x_1 = 5\cos\varphi = 3\,\text{ch}\,t.$$

On calcule φ au moyen de l'équation $\cos\varphi = \dfrac{3}{\sqrt{17}}$, d'où

$$\varphi = 43°8'50''$$

ou en radian $0,75596$, et t au moyen de l'équation

$$\text{ch}\,t = \frac{e^t + e^{-t}}{2} = \frac{5}{\sqrt{17}}, \qquad \text{d'où} \qquad t = \log\frac{5 + 2\sqrt{2}}{\sqrt{17}} = 0,64116 \, ;$$

on trouve ainsi pour l'aire la valeur $3,7126$.

3° Le cercle et l'hyperbole d'équations

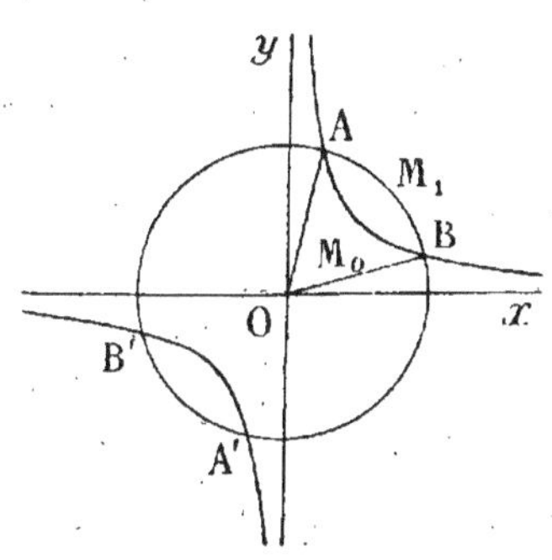

Fig. 105.

$$x^2 + y^2 - 4 = 0, \qquad xy - 1 = 0$$

se coupent (*fig*. 105) en des points symétriques par rapport à l'origine, dont les abscisses sont les racines de l'équation $x^4 - 4x^2 + 1 = 0$. Nous évaluerons l'aire AM_1BM_0 comprise entre les deux courbes dans l'angle positif des axes ; elle est limitée aux points A et B d'abscisses

$$x_0 = \sqrt{2 - \sqrt{3}}, \qquad x_1 = \sqrt{2 + \sqrt{3}},$$

et a pour valeur (n° 407)

$$\int_{x_0}^{x_1} (y_1 - y_0)\, dx = \int_{x_0}^{x_1} \sqrt{4 - x^2}\, dx - \int_{x_0}^{x_1} \frac{dx}{x}.$$

La première intégrale du second membre est égale à

$$\left[2 \arcsin \frac{x}{2} + \frac{1}{2} x\sqrt{4 - x^2} \right]_{\sqrt{2-\sqrt{3}}}^{\sqrt{2+\sqrt{3}}} = \frac{2\pi}{3} ;$$

la deuxième est égale à $\log \dfrac{x_1}{x_0} = \log\left(2 + \sqrt{3}\right)$; l'aire considérée est donc égale à $\dfrac{2\pi}{3} - \log\left(2 + \sqrt{3}\right) = 0{,}777$.

Si l'on utilise les équations des courbes en coordonnées polaires

$$\rho^2 = 4, \qquad \rho^2 \cos\theta \sin\theta = 1,$$

l'aire AM_1BM_0 sera considérée comme la différence entre les secteurs OAM_1BO, OAM_0BO, et aura pour valeur (n° 408) $\displaystyle\int_{\theta_0}^{\theta_1} \frac{\rho_1^2 - \rho_0^2}{2}\, d\theta$; θ_0 et θ_1 sont les angles polaires de B et A, déterminés par l'équation

$$4 \sin\theta \cos\theta = 1,$$

et sont égaux à $\dfrac{\pi}{12}$ et $\dfrac{5\pi}{12}$; on obtient par suite la valeur

$$\int_{\frac{\pi}{12}}^{\frac{5\pi}{12}} \left(2 - \frac{1}{2 \sin\theta \cos\theta} \right) d\theta = \left(2\theta - \frac{1}{2} \log \operatorname{tg}\theta \right)_{\frac{\pi}{12}}^{\frac{5\pi}{12}} = \frac{2\pi}{3} - \frac{1}{2} \log \operatorname{tg}^2 \frac{5\pi}{12},$$

qui est égale à la précédente.

4° Les équations en coordonnées polaires de l'hyperbole et de son inverse sont

$$\rho^2 \cos\theta \sin\theta = 1, \qquad \rho^2 = 16 \sin\theta \cos\theta ;$$

nous évaluerons comme précédemment l'aire comprise entre les deux courbes dans l'angle positif des coordonnées ; les angles polaires des points communs sont donnés par l'équation $16 \sin^2\theta \cos^2\theta = 1$, et sont égaux à $\dfrac{\pi}{12}$ et $\dfrac{5\pi}{12}$; l'aire est égale à

$$\int_{\theta_0}^{\theta_1} \frac{\rho_1^2 - \rho_0^2}{2}\, d\theta = \int_{\frac{\pi}{12}}^{\frac{5\pi}{12}} \left(4\sin 2\theta - \frac{1}{\sin 2\theta}\right) d\theta = \left(-2\cos 2\theta - \frac{1}{2}\log \operatorname{tg}\theta\right)_{\frac{\pi}{12}}^{\frac{5\pi}{12}} ;$$

sa valeur est

$$4\cos\frac{\pi}{6} - \log\operatorname{tg}\frac{5\pi}{12} = 2\sqrt{3} - \log\left(2 + \sqrt{3}\right) = 2{,}147.$$

5° L'équation de la cissoïde (n° 90) est

$$y = \pm x \sqrt{\frac{x}{a - x}} ;$$

l'aire comprise dans l'angle positif des axes de coordonnées entre la courbe et son asymptote est $\displaystyle\int_0^a y\,dx$, y étant positif. Cette intégrale a un sens parce que le dénominateur est égal à $(a - x)^{\frac{1}{2}}$.

Pour effectuer l'intégration, nous poserons $x = a\sin\varphi$, et nous aurons à évaluer l'intégrale de $2a^2 \sin^4\varphi$ entre 0 et $\dfrac{\pi}{2}$. D'après le calcul fait au n° 241, sa valeur est $\dfrac{3\pi a^2}{8}$.

En coordonnées polaires, les rayons vecteurs de la courbe et de l'asymptote ont pour valeurs $\rho_0 = \dfrac{a\sin^2\theta}{\cos\theta}$, $\rho_1 = \dfrac{a}{\cos\theta}$; l'aire cherchée est égale à l'intégrale entre 0 et $\dfrac{\pi}{2}$ de

$$\frac{\rho_1^2 - \rho_0^2}{2} = \frac{a^2}{2}\frac{(1 - \sin^4\theta)}{\cos^2\theta} = \frac{a^2}{2}(1 + \sin^2\theta) = \frac{a^2}{4}(3 - \cos 2\theta) ;$$

le résultat est identique au précédent.

257. *Pour quelles valeurs entières ou fractionnaires de* n *la courbe d'équation* $y = ax^n$ *est-elle rectifiable par les fonctions élémentaires? Application à la courbe* $y = ax^{\frac{2}{3}}$.

L'arc de la courbe est l'intégrale de la fonction

$$\sqrt{1 + y'^2} = \left[1 + n^2 a^2 x^{2(n-1)}\right]^{\frac{1}{2}};$$

c'est une intégrale binome; elle est susceptible d'être évaluée au moyen des fonctions élémentaires (n° 390) lorsque $\dfrac{n}{2(n-1)}$ ou $\dfrac{1}{2(n-1)}$ sont des nombres entiers, $n = \dfrac{2p+1}{2p}$ ou $\dfrac{2p}{2p-1}$, p étant entier positif ou négatif.

Dans le cas de la courbe d'équation $y = ax^{\frac{2}{3}}$, l'arc est donné par l'intégrale de

$$\sqrt{1 + y'^2} = \left(1 + \frac{4a^2}{9} x^{-\frac{2}{3}}\right)^{\frac{1}{2}} = x^{-\frac{1}{3}}\left(x^{\frac{2}{3}} + \frac{4}{9} a^2\right)^{\frac{1}{2}};$$

on effectue le changement de variable

$$x^{\frac{2}{3}} + \frac{4}{9} a^2 = u, \qquad x = \left(u - \frac{4}{9} a^2\right)^{\frac{3}{2}}, \qquad dx = \frac{3}{2}\left(u - \frac{4}{9} a^2\right)^{\frac{1}{2}} du$$

et l'intégrale se ramène à

$$\int \frac{3}{2} u^{\frac{1}{2}} du = u^{\frac{3}{2}} + C = \left(x^{\frac{2}{3}} + \frac{4}{9} a^2\right)^{\frac{3}{2}} + C.$$

Si l'on compte les arcs à partir de l'origine, il faut prendre pour valeur de la constante $-\dfrac{8}{27} a^3$.

---

258. *Démontrer que l'aire de la surface d'un cylindre parallèle à* Oz *comprise entre le plan des* xy *et une courbe tracée sur le cylindre est représentée par une intégrale de la forme* $\displaystyle\int_{s_0}^{s_1} z\, ds$, s *étant l'arc de la courbe de base. Évaluer de la même manière l'aire de la surface d'un cône comprise entre le sommet et une courbe tracée sur le cône, au moyen d'une intégrale en coordonnées polaires.*

L'aire d'une portion de cylindre limitée par deux génératrices, et par des lignes L_0, L_1 tracées sur la surface, est la limite de l'aire latérale d'une portion de prisme inscrit dans le cylindre limitée aux lignes L_0 et L_1 ; cette aire se compose de trapèzes infiniment petits : si z est la longueur d'une arête du prisme comprise entre les courbes L_0 et L_1, Δs la corde de la section droite du cylindre comprise entre deux arêtes voisines, l'aire du trapèze a même partie principale que $z\Delta s$ et cette partie principale est égale à zds ; la limite de la somme des aires est égale à l'intégrale $\int zds$ prise entre les valeurs s_0 et s_1 de s correspondant aux traces des génératrices du cylindre entre lesquelles est comprise l'aire à évaluer. On peut remarquer que si l'on développe la surface du cylindre sur un de ses plans tangents, la portion de ce développement comprise entre les arêtes extrêmes et les lignes L_0 et L_1 développées a une aire égale à la précédente.

Considérons une portion de surface conique comprise entre le sommet S, deux génératrices G_0 et G_1 et une ligne L tracée sur la surface ; son aire est la limite de la somme des aires de triangles infiniment petits inscrits dont les côtés issus de S sont des génératrices du cône limitées à la ligne L. Si ρ est la longueur d'une de ces génératrices comprise entre le sommet et L, $\Delta\theta$ l'angle infiniment petit de cette génératrice avec la voisine, l'aire d'un triangle a même partie principale que l'aire d'un secteur circulaire de rayon ρ et d'angle $\Delta\theta$, c'est-à-dire que $\dfrac{\rho^2\Delta\theta}{2}$ et cette partie principale est égale à $\dfrac{\rho^2 d\theta}{2}$; la limite de la somme des aires est égale à $\int \dfrac{\rho^2 d\theta}{2}$ prise entre les limites θ_0 et θ_1 correspondant aux génératrices G_0 et G_1. On peut remarquer que cette aire a la même expression en coordonnées polaires que celle d'un secteur obtenu en développant sur un plan tangent au cône la portion de surface considérée.

---

259. *Deux cylindres de révolution ont leurs axes rectangulaires et concourants; trouver le volume et la surface du solide commun dans le cas où les rayons sont égaux, puis dans le cas où ils sont inégaux.*

Soit R le rayon de deux cylindres circulaires droits égaux ayant pour axes Ox et Oy ; les équations de ces cylindres sont $y^2 + z^2 = R^2$

et $z^2 + x^2 = \mathrm{R}^2$; ils se coupent suivant deux courbes planes contenues dans les plans représentés par $y^2 - x^2 = (y - x)(y + x) = 0$; ces plans sont les bissecteurs des dièdres formés par les plans xOz et yOz.

La portion de l'espace commune aux deux cylindres est coupée par un plan de cote z suivant un carré dont les côtés sont situés sur les génératrices des cylindres contenues dans ce plan ; ces génératrices ont pour équations $y = \pm\sqrt{\mathrm{R}^2 - z^2}$, $x = \pm\sqrt{\mathrm{R}^2 - z^2}$, les côtés du carré ont pour longueur $2\sqrt{\mathrm{R}^2 - z^2}$ et sa surface est égale à $4(\mathrm{R}^2 - z^2)$; le volume commun aux deux cylindres est par suite égal à

$$\int_{-\mathrm{R}}^{+\mathrm{R}} 4(\mathrm{R}^2 - z^2)\,dz = 4\left(\mathrm{R}^2 z - \frac{z^3}{3}\right)_{-\mathrm{R}}^{+\mathrm{R}} = \frac{16}{3}\mathrm{R}^3.$$

Considérons la surface limitant le solide commun ; elle est formée de quatre fuseaux cylindriques coupés par les plans xOz et yOz suivant des cercles de rayon R ; nous allons évaluer l'aire de ces fuseaux par la méthode de l'exercice précédent. Prenons sur les cercles de section droite des points situés à l'extrémité de rayons faisant avec Oz l'angle φ ; le plan perpendiculaire à Oz et passant par ces points coupe la surface suivant un carré de côté $2\mathrm{R}\sin\varphi$ dont le périmètre est égal à $8\,\mathrm{R}\sin\varphi$; la portion de surface latérale comprise entre ce carré et le carré infiniment voisin correspondant à l'angle $\varphi + \Delta\varphi$ a même partie principale que $(8\mathrm{R}\sin\varphi)\mathrm{R}\Delta\varphi$ et la limite de la somme de ces portions est égale à

$$\int_0^\pi 8\mathrm{R}^2 \sin\varphi\,d\varphi = (-8\mathrm{R}^2\cos\varphi)_0^\pi = 16\mathrm{R}^2 \ ;$$

c'est la valeur de la surface limitant le solide commun.

Si les rayons des cylindres sont R et r $(\mathrm{R} > r)$, la section de l'espace commun aux deux cylindres par un plan dont la cote z est comprise entre $-r$ et $+r$ est un rectangle de côtés $2\sqrt{\mathrm{R}^2 - z^2}$ et $2\sqrt{r^2 - z^2}$; la surface de ce rectangle est

$$4\sqrt{(\mathrm{R}^2 - z^2)(r^2 - z^2)},$$

et le volume du solide commun aux deux cylindres est

$$\int_{-r}^{+r} 4\sqrt{(\mathrm{R}^2 - z^2)(r^2 - z^2)}\,dz.$$

Cette intégrale se ramène aux intégrales elliptiques ; si l'on effectue la transformation $z = r \sin u$, l'intégrale est égale à huit fois

$$\int_0^{\frac{\pi}{2}} \mathrm{R} r^2 \sqrt{1 - \frac{r^2}{\mathrm{R}^2} \sin^2 u} \cos^2 u \, du.$$

On peut l'évaluer au moyen d'un développement en série, en remplaçant $\left(1 - \dfrac{r^2}{\mathrm{R}^2} \sin^2 u\right)^{\frac{1}{2}}$ par

$$1 - \frac{1}{2} \frac{r^2}{\mathrm{R}^2} \sin^2 u + \frac{1}{2 \cdot 4} \frac{r^4}{\mathrm{R}^4} \sin^4 u - \frac{1 \cdot 3}{2 \cdot 4 \cdot 6} \frac{r^6}{\mathrm{R}^6} \sin^6 u + \cdots,$$

puis multipliant cette série par $1 - \sin^2 u$, ordonnant le produit et intégrant terme à terme ; on est alors ramené à des intégrales de la forme $\int_0^{\frac{\pi}{2}} \sin^m u \, du$, que l'on a évaluées dans l'exercice 252.

La surface limitant le volume se compose d'une partie de la surface du cylindre de rayon r et d'une partie de la surface du cylindre de rayon R ; elles sont égales à huit fois les portions contenues dans le trièdre des directions positives des axes de coordonnées.

La première est la limite de la somme d'éléments égaux à $\sqrt{\mathrm{R}^2 - z^2} \, ds$. En posant comme précédemment $z = r \sin u$, on a $ds = r du$, et la portion considérée est égale à

$$\int_0^{\frac{\pi}{2}} \sqrt{\mathrm{R}^2 - r^2 \sin^2 u} \, r du = \mathrm{R} r \int_0^{\frac{\pi}{2}} \sqrt{1 - \frac{r^2}{\mathrm{R}^2} \sin^2 u} \, du ;$$

on est ramené à une intégrale elliptique qu'on peut évaluer par un développement en série comme dans la recherche d'un arc d'ellipse.

La seconde portion, sur le cylindre de rayon R, est la limite de la somme d'éléments égaux à $\sqrt{r^2 - z^2} \, ds$; en posant $z = \mathrm{R} \sin v$, on a $ds = \mathrm{R} dv$, mais l'angle v s'étend de 0 à une valeur v_1 pour laquelle $z = r$, $\sin v_1 = \dfrac{r}{\mathrm{R}}$; la portion considérée est égale à

$$\int_0^{v_1} \sqrt{r^2 - \mathrm{R}^2 \sin^2 v} \, \mathrm{R} dv = \mathrm{R} r \int_0^{v_1} \sqrt{1 - \frac{\mathrm{R}^2}{r^2} \sin^2 v} \, dv.$$

En posant $\sin v = \dfrac{r}{\mathrm{R}} \sin w$, on est ramené à calculer

$$r^2 \int_0^{\frac{\pi}{2}} \frac{\cos^2 w}{\sqrt{1 - \dfrac{r^2}{\mathrm{R}^2} \sin^2 w}} \, dw ;$$

le calcul de cette expression au moyen d'un développement en série est analogue à celui qui a été fait précédemment pour le volume.

---

260. *Un segment de cercle a pour corde le côté du triangle équilatéral inscrit; déterminer l'aire et le volume du solide de révolution engendré par ce segment tournant autour de sa corde.*

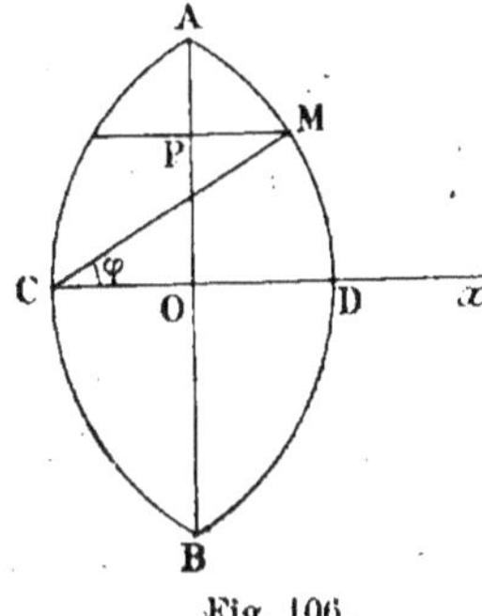

Fig. 106.

Soient C le centre de l'arc de cercle ADB limitant le segment (*fig.* 106), φ l'angle d'un rayon CM avec le rayon CD perpendiculaire à la corde AB; le parallèle décrit par le point M a pour rayon

$$\mathrm{PM} = \mathrm{R}\left(\cos\varphi - \frac{1}{2}\right)$$

et la distance de ce parallèle au centre O de la surface est $z = \mathrm{R}\sin\varphi$. Le volume engendré par le segment est égal (n° 412) à

$$\mathrm{V} = \int \pi r^2\, dz = \int_{-\frac{\pi}{3}}^{+\frac{\pi}{3}} \pi\mathrm{R}^2\left(\cos\varphi - \frac{1}{2}\right)^2 \mathrm{R}\cos\varphi\, d\varphi;$$

on est ramené à intégrer la fonction

$$\cos^3\varphi - \cos^2\varphi + \frac{1}{4}\cos\varphi = \frac{\cos 3\varphi}{4} - \frac{\cos 2\varphi}{2} + \cos\varphi - \frac{1}{2};$$

comme l'intégrale de cette quantité entre $-\frac{\pi}{3}$ et $+\frac{\pi}{3}$ est égale à $\frac{3\sqrt{3}}{4} - \frac{\pi}{3}$, on voit que $\mathrm{V} = \pi\mathrm{R}^3\left(\frac{3\sqrt{3}}{4} - \frac{\pi}{3}\right)$.

L'aire de la surface de révolution est (n° 413)

$$\mathrm{S} = \int 2\pi r\, ds = \int_{-\frac{\pi}{3}}^{+\frac{\pi}{3}} 2\pi\mathrm{R}\left(\cos\varphi - \frac{1}{2}\right)\mathrm{R}\, d\varphi = 2\pi\mathrm{R}^2\left(\sqrt{3} - \frac{\pi}{3}\right).$$

---

261. *Déterminer l'aire et le volume du tore.*

Soient R le rayon du cercle générateur et a la distance de son centre C à l'axe de révolution

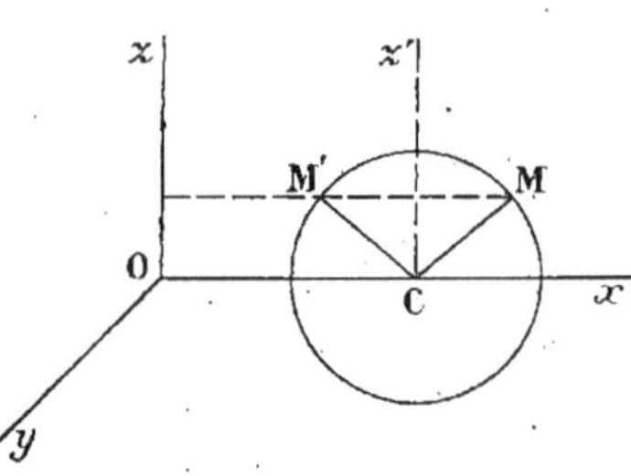

Fig. 107.

(*fig.* 107). Si l'on prend sur le cercle des points M et M' dont les rayons CM et CM' font avec la parallèle Cz' à l'axe de révolution des angles $+\varphi$ et $-\varphi$, les distances de ces points à l'axe sont $\quad r = a + R \sin \varphi$

et $\qquad r' = a - R \sin \varphi$;

la cote de ces points étant $z = R \cos \varphi$, le volume cherché est égal à

$$V = \int_{-R}^{+R} \pi(r^2 - r'^2)dz = \int_{\pi}^{0} - 4\pi aR^2 \sin^2 \varphi\, d\varphi$$

$$= \int_0^\pi 2\pi aR^2(1 - \cos 2\varphi)d\varphi = 2\pi^2 aR^2 ;$$

la surface du tore est égale à

$$S = \int 2\pi(r + r')ds = \int_0^\pi 4\pi aR\, d\varphi = 4\pi^2 aR.$$

---

262. *Déterminer le moment d'inertie d'une sphère, d'un tore, d'un cône droit par rapport à leur axe de révolution.*

D'après ce que nous avons dit au n° 414, nous décomposons le volume supposé homogène en couronnes comprises entre des cylindres successifs ayant même axe que la surface, et nous prenons l'intégrale $\int \mu 2\pi r^3 h dr$, μ désignant la masse de l'unité de volume ; nous représentons par M la masse totale du corps.

Dans le cas d'une sphère de rayon R, si nous désignons par φ l'angle d'un rayon avec un diamètre considéré comme axe de révolution, nous avons $r = R \sin \varphi$, $h = 2R \cos \varphi$; le moment d'inertie est égal à

$$\int_0^{\frac{\pi}{2}} \mu 4\pi R^5 \sin^3 \varphi \cos^2 \varphi\, d\varphi = \int_0^{\frac{\pi}{2}} \mu 4\pi R^5 (\cos^2 \varphi - \cos^4 \varphi)(\sin \varphi\, d\varphi)$$

$$= \mu 4\pi R^5 \left(\frac{-\cos^3 \varphi}{3} + \frac{\cos^5 \varphi}{5} \right)_0^{\frac{\pi}{2}} = \frac{\mu 8\pi R^5}{15} = \frac{2}{5} MR^2.$$

En opérant de même pour un tore avec les notations de l'exercice précédent, nous avons pour valeur du moment d'inertie.

$$\int_{-\frac{\pi}{2}}^{+\frac{\pi}{2}} \mu 4\pi (a + \mathrm{R}\sin\varphi)^3 \mathrm{R}^2 \cos^2\varphi \, d\varphi,$$

les intégrales de $\sin\varphi\cos^2\varphi$ et $\sin^3\varphi\cos^2\varphi$ prises entre les limites considérées sont nulles ; il suffit de calculer les intégrales

$$\int_{-\frac{\pi}{2}}^{+\frac{\pi}{2}} \cos^2\varphi \, d\varphi = \frac{\pi}{2}, \qquad \int_{-\frac{\pi}{2}}^{+\frac{\pi}{2}} \sin^2\varphi \cos^2\varphi \, d\varphi = \frac{\pi}{8} \; ;$$

il en résulte que le moment cherché a pour valeur

$$\mu 4\pi \left(a^3 \mathrm{R}^2 \frac{\pi}{2} + 3a\mathrm{R}^4 \frac{\pi}{8} \right) = \frac{\mu\pi^2}{2} a\mathrm{R}^2 (4a^2 + 3\mathrm{R}^2) = \mathrm{M}\left(a^2 + \frac{3}{4}\mathrm{R}^2 \right).$$

Dans le cas d'un cône droit de rayon R et de hauteur H, on a $\dfrac{h}{\mathrm{H}} = \dfrac{\mathrm{R}-r}{\mathrm{R}}$, de sorte que le moment a pour valeur

$$\int_0^{\mathrm{R}} \mu 2\pi \frac{\mathrm{H}}{\mathrm{R}} r^3 (\mathrm{R}-r) dr = \frac{\mu\pi\mathrm{R}^4\mathrm{H}}{10} = \mathrm{M}\frac{3}{10}\mathrm{R}^2.$$

---

263. *Un fluide élastique se détend dans un cylindre en passant du volume v_0 au volume v ; évaluer le travail effectué pendant la détente : 1° lorsque le fluide satisfait à la relation de Van der Waals (n° 298) ; 2° lorsque la détente satisfait à la relation $pv^\gamma = c^{te}$, γ étant un exposant constant.*

Si $p = \dfrac{\mathrm{RT}}{v-b} - \dfrac{a}{v^2}$, le travail de détente a pour valeur

$$\int_{v_0}^{v} p\, dv = \mathrm{RT} \log \frac{v-b}{v_0-b} + a\left(\frac{1}{v} - \frac{1}{v_0} \right) ;$$

si $pv^\gamma = p_0 v_0^\gamma$, le travail de détente est égal à

$$\int_{v_0}^{v} p_0 v_0^\gamma v^{-\gamma} dv = p_0 v_0^\gamma \left(\frac{v^{-\gamma+1} - v_0^{-\gamma+1}}{-\gamma+1} \right) = \frac{p_0 v_0}{\gamma-1} \left[1 - \left(\frac{v_0}{v} \right)^{\gamma-1} \right].$$

---

264. *Une barre homogène* OA *de section constante négligeable et dont la masse de l'unité de longueur est égale à* μ *est placée le long de l'axe* Ox *; chacun des éléments infiniment petits de cette barre exerce sur un point extérieur* M *de masse* m *une attraction proportionnelle au produit des masses et inversement proportionnelle au carré de la distance ; déterminer l'attraction de la barre sur le point* M *et calculer les composantes de cette attraction parallèles aux axes ; examiner le cas où la barre a une longueur infinie.*

Un élément infiniment petit AA′ de la barre compris entre les abscisses x et $x + dx$ a une masse μdx ; si ξ, η sont les coordonnées d'un point M, le vecteur MA a pour longueur $r = \sqrt{(x - \xi)^2 + \eta^2}$ et pour cosinus directeurs $\alpha = \dfrac{x - \xi}{r}$, $\beta = \dfrac{-\eta}{r}$. Les composantes parallèles aux axes de l'attraction de AA′ sur M sont égales à

$$\frac{m\mu dx}{r^2}\alpha = \frac{m\mu(x - \xi)}{r^3}dx, \qquad \frac{m\mu dx}{r^2}\beta = \frac{-m\mu\eta}{r^3}dx,$$

et l'on doit prendre les intégrales de ces quantités entre les limites x_0 et x_1, abscisses des extrémités A_0 et A_1 de la barre.

Comme on a $(x - \xi)dx = rdr$, la première intégrale est égale à

$$\int_{r_0}^{r_1} \frac{m\mu dr}{r^2} = m\mu\left(\frac{1}{r_0} - \frac{1}{r_1}\right),$$

r_0 et r_1 désignant les distances de A_0 et A_1 au point M.

Pour calculer la deuxième, on pose $x - \xi = r \sin t$, $\eta = r \cos t$, t variant de t_0 à t_1, il en résulte $x - \xi = \eta \operatorname{tg} t$, $dx = \dfrac{\eta dt}{\cos^2 t}$, $r = \dfrac{\eta}{\cos t}$ et l'on est ramené à l'intégrale

$$\int_{t_0}^{t_1} \frac{-m\mu \cos t\, dt}{\eta} = \frac{-m\mu}{\eta}(\sin t_1 - \sin t_0).$$

Si la barre a une longueur infinie dans le sens des x positifs, r_1 est infini et t_1 est égal à $\dfrac{\pi}{2}$; si elle est infinie dans les deux sens, t_0 devient de plus égal à $-\dfrac{\pi}{2}$, et r_0 est aussi infini ; la composante de l'attraction parallèle à Ox devient nulle et la composante parallèle à Oy est égale à $\dfrac{-2m\mu}{\eta}$.

265. *Trouver le moment d'inertie d'une surface plane par rapport à une droite de son plan, d'un cercle par rapport à son diamètre, d'un demi-cercle par rapport à la parallèle à son diamètre passant par son centre de gravité, d'un rectangle par rapport à l'un de ses côtés.*

On appelle moment d'inertie I, par rapport à une droite D de son plan, d'un élément de surface plane entourant un point M, le produit de l'aire ΔA de cet élément par le carré de la distance r du point M à la droite. Pour une surface plane quelconque, le moment d'inertie I est la limite de la somme $\Sigma(\Delta A)r^2$ étendue aux éléments infiniment petits dans lesquels on peut décomposer la surface ; en particulier si D est pris comme axe des x, on a $I = \lim \Sigma y^2 \Delta A$.

Généralement, on décompose la surface en bandes infiniment petites par des parallèles à l'axe Ox ; si $b(y)$ est la longueur d'une corde d'ordonnée y comprise à l'intérieur de la surface, on a $\Delta A = b(y)\Delta y$, et le moment d'inertie I est égal à l'intégrale $\int b(y)y^2 dy$ prise entre les limites de l'ordonnée.

Si l'on connaît le moment d'inertie I par rapport à une droite D passant par le centre de gravité G de l'aire supposée homogène, on peut trouver le moment d'inertie I' par rapport à une droite D' parallèle à D ; si en effet D est pris comme axe Ox et si a est l'ordonnée de D', on a

$$I' = \lim \Sigma(y - a)^2 \Delta A = \lim \Sigma y^2 \Delta A + a^2 \lim \Sigma \Delta A - 2a \lim \Sigma y \Delta A,$$

mais $\Sigma \Delta A$ est égale à l'aire A de la surface et $\lim \Sigma y \Delta A$ est nulle parce que l'ordonnée du centre de gravité est nulle (n° 427) ; on a donc simplement

$$I' = I + Aa^2.$$

Si l'on considère un cercle de rayon R, on a $b(y) = 2\sqrt{R^2 - y^2}$, de sorte que

$$I = \int_{-R}^{+R} 2\sqrt{R^2 - y^2}\, y^2 dy ;$$

en posant $y = R \sin \varphi$, on est ramené à l'intégrale

$$\int_{-\frac{\pi}{2}}^{+\frac{\pi}{2}} 2R^4 \cos^2 \varphi \sin^2 \varphi \, d\varphi = \frac{\pi R^4}{4},$$

la valeur de cette intégrale résultant d'un calcul fait au n° 391.

Pour un demi-cercle, le moment d'inertie I' par rapport au diamètre est égal à la moitié de la valeur précédente ou $\dfrac{\pi R^4}{8}$; comme la distance a du centre de gravité G à ce diamètre est (exercice 267) égale à $\dfrac{4R}{3\pi}$, le moment d'inertie I par rapport à la droite parallèle au diamètre et passant par le centre de gravité est

$$I = I' - \frac{\pi R^2}{2}a^2 = \frac{\pi R^4}{8} - \frac{8R^4}{9\pi}.$$

Pour un rectangle de base b et de hauteur h, le moment d'inertie par rapport à la base est $I' = \displaystyle\int_0^h by^2\,dy = \frac{bh^3}{3}$; par rapport à une parallèle à la base passant par le centre, le moment d'inertie est

$$I = \int_{-\frac{h}{2}}^{+\frac{h}{2}} by^2\,dy = \frac{bh^3}{12} ; \quad \text{on voit bien que l'on a } I' = I + \frac{Ah^2}{4}.$$

---

266. *Un liquide s'écoule par un tuyau cylindrique de telle sorte que la vitesse de chaque filet soit $v = v_0 - kr^2$, v_0 étant la vitesse le long de l'axe, r la distance du filet considéré à l'axe et k une constante donnée ; trouver le débit du tuyau connaissant son rayon et la vitesse v_0.*

Le débit d'une couronne circulaire comprise entre les rayons r et $r + dr$, dont l'aire est $dA = 2\pi r\,dr$, est égal à $v\,dA = (v_0 - kr^2)2\pi r\,dr$; si R est le rayon du tuyau, le débit total est égal à

$$Q = \int_0^R (v_0 - kr^2)2\pi r\,dr = \pi R^2\left(v_0 - k\frac{R^2}{2}\right);$$

la vitesse moyenne est égale à $\dfrac{Q}{\pi R^2} = v_0 - \dfrac{kR^2}{2}$.

---

267. *Déterminer le centre de gravité d'un arc de cercle, de la surface d'un demi-cercle, de la surface et du volume d'une demi-*

sphère, du volume d'un segment de paraboloïde de révolution compris entre le sommet et un plan perpendiculaire à l'axe.

1° Prenons pour origine O le centre du cercle, pour axe des x le rayon passant par le milieu de l'arc considéré ; si $-\varphi_1$ et $+\varphi_1$ sont les angles formés avec Ox par les rayons passant par les extrémités de cet arc, si R est le rayon du cercle et μ la masse de l'unité de longueur, celle d'un arc de longueur $ds = Rd\varphi$ est égale à $m = \mu ds = R\mu d\varphi$ et celle de l'arc entier est $M = 2R\mu\varphi_1$; l'abscisse d'un point de l'arc est $x = R\cos\varphi$, celle du centre de gravité est donnée par l'équation

$$MX = \Sigma mx = \int_{-\varphi_1}^{+\varphi_1} \mu R^2 \cos\varphi\, d\varphi = 2\mu R^2 \sin\varphi_1,$$

d'où

$$X = \frac{R\sin\varphi_1}{\varphi_1}.$$

Pour la demi-circonférence entière, on a $X = \dfrac{2R}{\pi}$.

2° Considérons la surface d'un demi-cercle dont le diamètre est pris comme axe des y ; si μ désigne la masse de l'unité de surface, celle de la bande comprise entre deux cordes d'abscisses x et $x + dx$ est $2\mu\sqrt{R^2 - x^2}\,dx$ et celle du demi-cercle est $\dfrac{\mu\pi R^2}{2}$; l'abscisse X du centre de gravité est donnée par l'équation

$$MX = \Sigma mx = \int_0^R 2\mu\sqrt{R^2 - x^2}\,xdx = \left[-\mu\frac{2}{3}(R^2 - x^2)^{\frac{3}{2}} \right]_0^R = \frac{2}{3}\mu R^3,$$

d'où

$$X = \frac{4R}{3\pi}.$$

3° Considérons la surface d'une demi-sphère dont le grand cercle limite est dans le plan xOy ; si μ est la masse de l'unité de surface, celle d'une zone comprise entre les plans de cotes z et $z + dz$ est $\mu 2\pi Rdz$, et celle de la surface de la demi-sphère est $\mu 2\pi R^2$; la cote Z du centre de gravité de la demi-sphère est donnée par

$$MZ = \Sigma mz = \int_0^R \mu 2\pi Rzdz = \mu\pi R^3,$$

d'où

$$Z = \frac{R}{2}.$$

4° Si l'on considère le volume de la demi-sphère et si μ est la masse de l'unité de volume, celle d'un segment sphérique compris entre les plans de cotes z et $z+dz$ est (n° 412) $\mu\pi(R^2-z^2)dz$, celle du volume total est $\mu\frac{2}{3}\pi R^3$, par suite la cote Z du centre de gravité est donnée par

$$MZ = \Sigma mz = \int_0^R \mu\pi(R^2-z^2)z\,dz = \frac{\mu\pi R^4}{4},$$

d'où

$$Z = \frac{3}{8}R.$$

5° Si l'on considère un segment de paraboloïde de révolution autour de Oz, limité par la surface d'équation $z=\dfrac{x^2+y^2}{2p}$, la masse du volume compris entre deux plans de cotes z et $z+\Delta z$ a pour partie principale $\mu\pi r^2\Delta z = \mu\pi 2pz\Delta z$. La masse de la portion comprise entre le sommet et le plan de cote h est

$$M = \int_0^h \mu\pi 2pz\,dz = \mu\pi ph^2.$$

Le centre de gravité de ce segment est situé sur l'axe, et il a une cote donnée par

$$MZ = \Sigma mz = \int_0^h \mu\pi 2pz^2\,dz = \mu\pi\frac{2ph^3}{3};$$

on en conclut $Z = \dfrac{2}{3}h$.

---

268. *Démontrer que le volume d'un tronc de cylindre quelconque limité par des faces planes est égal au produit de l'aire de la section droite par la longueur de la droite joignant les centres de gravité des deux bases.*

Rapportons le tronc de cylindre à un trièdre trirectangle $Oxyz$ dont le plan xOy est un plan de section droite ; désignons par P_0 et P_1 les plans de bases du tronc, par γ_0 et γ_1 les angles aigus des normales à ces plans avec l'axe Oz, par ΔA un élément infiniment petit de l'aire A de la section droite, par ΔA_0 et ΔA_1 les éléments des aires A_0 et A_1 contenues dans les plans P_0 et P_1 et ayant ΔA pour projection ; enfin appelons x, y les coordonnées d'un point M intérieur à ΔA, z_0 et z_1 les cotes des points M_0 et M_1 situés dans les plans P_0 et P_1 sur la parallèle à Oz menée par M. Nous avons

$$\Delta A = \Delta A_0 \cos \gamma_0 = \Delta A_1 \cos \gamma_1.$$

Le volume du tronc de cylindre est égal à la limite de la somme $\Sigma \Delta A (z_1 - z_0)$; les coordonnées des centres de gravité des bases du tronc supposées homogènes sont données par les équations

$$X_0 A_0 = \lim \Sigma x \Delta A_0, \quad Y_0 A_0 = \lim \Sigma y \Delta A_0, \quad Z_0 A_0 = \lim \Sigma z_0 \Delta A_0,$$
$$X_1 A_1 = \lim \Sigma x \Delta A_1, \quad Y_1 A_1 = \lim \Sigma y \Delta A_1, \quad Z_1 A_1 = \lim \Sigma z_1 \Delta A_1 ;$$

on en déduit, en multipliant les deux membres des premières équations par $\cos \gamma_0$ et ceux des dernières par $\cos \gamma_1$,

$$X_0 = X_1 = \frac{\lim \Sigma x \Delta A}{A}, \qquad Y_0 = Y_1 = \frac{\lim \Sigma y \Delta A}{A},$$
$$Z_0 = \frac{\lim \Sigma z_0 \Delta A}{A}, \qquad Z_1 = \frac{\lim \Sigma z_1 \Delta A}{A}.$$

On voit déjà que l'abscisse et l'ordonnée des centres de gravité des aires A_0 et A_1 sont les mêmes que pour la section droite ; par suite la droite qui joint les centres de gravité des bases du tronc est parallèle aux génératrices du cylindre et passe par le centre de gravité de la section droite ; d'autre part, on voit que le volume est égal à

$$\lim \Sigma \Delta A (z_1 - z_0) = A(Z_1 - Z_0) ;$$

il est par conséquent égal au produit de l'aire de la section droite par la longueur de la droite joignant les centres de gravité des bases.

---

269. *Évaluer les intégrales doubles*

$$\iint \sin \frac{\pi}{2}\left(\frac{x}{a} + \frac{y}{b}\right) dx\, dy, \quad \iint \left(\frac{x}{a} + \frac{y}{b}\right)^{-\frac{1}{2}} dx\, dy, \quad \iint \sqrt{x^2 + y^2}\, dx\, dy$$

étendues à un rectangle dont deux côtés OA, OB *sont placés suivant les axes de coordonnées et sont égaux respectivement à* a *et* b, *puis au triangle* OAB *moitié de ce rectangle. Évaluer encore, après l'avoir transformée en coordonnées polaires, la dernière de ces inté-*

*grales étendue à un cercle passant par l'origine, à la boucle d'une
lemniscate et à la boucle d'une strophoïde droite.*

1° La première intégrale étendue au rectangle OACB (*fig.* 108)
est égale (n° 417) à

$$\int_0^a dx \int_0^b \sin \frac{\pi}{2}\left(\frac{x}{a}+\frac{y}{b}\right) dy\ ;$$

la première intégration, par rapport à y, donne

$$\left[-\frac{2b}{\pi}\cos\frac{\pi}{2}\left(\frac{x}{a}+\frac{y}{b}\right)\right]_{y=0}^{y=b} = \frac{2b}{\pi}\left(\sin\frac{\pi}{2}\frac{x}{a}+\cos\frac{\pi}{2}\frac{x}{a}\right)\ ;$$

la deuxième, par rapport à x, donne

$$\frac{2a}{\pi}\frac{2b}{\pi}\left(-\cos\frac{\pi}{2}\frac{x}{a}+\sin\frac{\pi}{2}\frac{x}{a}\right)_0^a = \frac{8ab}{\pi^2}.$$

Si l'on considère le triangle OAB, l'équation du côté AB de ce
triangle est $\frac{x}{a}+\frac{y}{b}-1=0$; les limites de y, pour une valeur
donnée de x, sont 0 et $\frac{b}{a}(a-x)$. La première intégration, par
rapport à y, entre ces limites, donne (n° 418)

$$\left[-\frac{2b}{\pi}\cos\frac{\pi}{2}\left(\frac{x}{a}+\frac{y}{b}\right)\right]_{y=0}^{y=\frac{b}{a}(a-x)} = \frac{2b}{\pi}\cos\frac{\pi}{2}\frac{x}{a}\ ;$$

la deuxième intégration, par rapport à x entre les limites 0 et a, donne

$$\frac{2a}{\pi}\frac{2b}{\pi}\left(\sin\frac{\pi}{2}\frac{x}{a}\right)_0^a = \frac{4ab}{\pi^2}.$$

2° La deuxième intégrale étendue au rectangle est égale à

$$\int_0^a dx \int_0^b \left(\frac{x}{a}+\frac{y}{b}\right)^{-\frac{1}{2}} dy\ ;$$

la première intégration, par rapport à y, donne

$$\left[2b\left(\frac{x}{a}+\frac{y}{b}\right)^{\frac{1}{2}}\right]_0^b = 2b\left[\left(\frac{x}{a}+1\right)^{\frac{1}{2}}-\left(\frac{x}{a}\right)^{\frac{1}{2}}\right]$$

la deuxième, par rapport à x, donne

$$\frac{4ab}{3}\left[\left(1+\frac{x}{a}\right)^{\frac{3}{2}}-\left(\frac{x}{a}\right)^{\frac{3}{2}}\right]_0^a = \frac{8ab}{3}(\sqrt{2}-1).$$

Si l'on étend l'intégrale au triangle OAB, la première intégration par rapport à y, entre les limites 0 et $\dfrac{b}{a}(a-x)$, donne

$$\left[2b\left(\frac{x}{a}+\frac{y}{b}\right)^{\frac{1}{2}}\right]_{y=0}^{y=\frac{b}{a}(a-x)} = 2b\left[1-\left(\frac{x}{a}\right)^{\frac{1}{2}}\right];$$

la deuxième, par rapport à x, donne

$$2b\left[x-\frac{2a}{3}\left(\frac{x}{a}\right)^{\frac{3}{2}}\right]_{0}^{a}=\frac{2ab}{3}.$$

3° Nous transformerons la dernière intégrale en coordonnées polaires ; elle deviendra (n° 420)

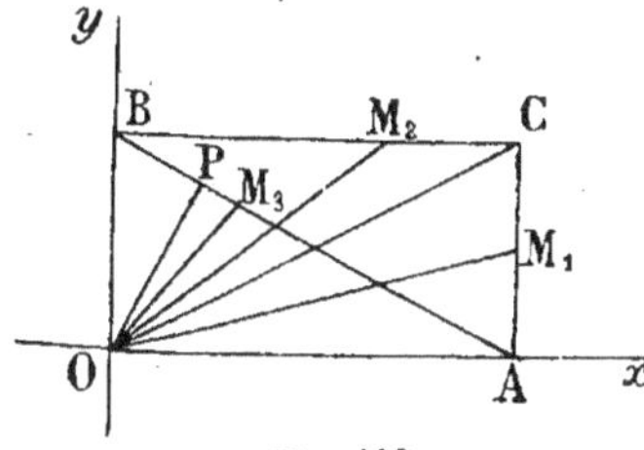

Fig. 108.

$$\iint \rho^2\, d\rho\, d\theta.$$

Si nous l'étendons au rectangle OACB, nous décomposons l'aire de ce rectangle en deux parties OAC, OCB. Si α désigne l'angle AOC, déterminé par l'équation $\operatorname{tg}\alpha=\dfrac{b}{a}$, dans la partie OAC, θ varie de 0 à α, et ρ de 0 à $\rho_1 = OM_1 = \dfrac{a}{\cos\theta}$; dans la partie OCB, θ varie de α à $\dfrac{\pi}{2}$ et ρ de 0 à $\rho_2 = OM_2 = \dfrac{b}{\sin\theta}$; on peut désigner par θ_2 l'angle BOM_2, faire varier θ_2 de 0 à $\dfrac{\pi}{2}-\alpha$, et ρ de 0 à $\dfrac{b}{\cos\theta_2}$, ce qui ne change pas les éléments de l'intégrale. On a ainsi pour l'intégrale double

$$\int_0^{\alpha} d\theta \int_0^{\rho_1}\rho^2\, d\rho + \int_0^{\frac{\pi}{2}-\alpha} d\theta_2 \int_0^{\rho_2}\rho^2\, d\rho = \int_0^{\alpha}\frac{a^3\, d\theta}{3\cos^3\theta} + \int_0^{\frac{\pi}{2}-\alpha}\frac{b^3\, d\theta_2}{3\cos^3\theta_2}.$$

On est ramené à calculer deux intégrales de la forme

$$\int \frac{d\theta}{\cos^3\theta} = \int \frac{\cos\theta\, d\theta}{\cos^4\theta} = \int \frac{d\sin\theta}{(1-\sin^2\theta)^2};$$

on les évaluera en effectuant le changement de variable $\sin\theta = u$, ce qui donne

$$\int \frac{du}{(1-u^2)^2} = \int \frac{1}{4}\left[\frac{1}{(1-u)^2} + \frac{1}{(1+u)^2} + \frac{1}{1-u} + \frac{1}{1+u}\right]du$$

$$= \frac{1}{4}\left(\frac{2u}{1-u^2} + \log\frac{1+u}{1-u}\right).$$

Tous calculs faits, la somme des deux intégrales est

$$\frac{a^3}{12}\log\frac{\sqrt{a^2+b^2}+b}{\sqrt{a^2+b^2}-b} + \frac{b^3}{12}\log\frac{\sqrt{a^2+b^2}+a}{\sqrt{a^2+b^2}-a} + \frac{1}{3}ab\sqrt{a^2+b^2}.$$

Si l'on étend la même intégrale double au triangle OAB, on peut remarquer que la perpendiculaire OP abaissée de l'origine sur AB est égale à $p = \dfrac{ab}{\sqrt{a^2+b^2}}$ et fait avec OB l'angle α ; dans le triangle OAB, θ varie de 0 à $\dfrac{\pi}{2}$ et ρ de 0 à $\rho_3 = OM_3 = \dfrac{p}{\sin(\theta+\alpha)}$; on est ainsi amené à calculer l'intégrale

$$\int_0^{\frac{\pi}{2}} d\theta \int_0^{\rho_3} \rho^2 d\rho = \int_0^{\frac{\pi}{2}} \frac{p^3}{3\sin^3(\theta+\alpha)}d\theta,$$

que l'on ramène aux précédentes en posant $\varphi = \dfrac{\pi}{2} - \theta - \alpha$; on a ainsi

$$\int_{-\alpha}^{\frac{\pi}{2}-\alpha} \frac{p^3}{3\cos^3\varphi}d\varphi ;$$

tous calculs faits, on trouve

$$\frac{a^3b^3\sqrt{a^2+b^2}}{12(a^2+b^2)^2}\log\frac{(\sqrt{a^2+b^2}+a)(\sqrt{a^2+b^2}+b)}{(\sqrt{a^2+b^2}-a)(\sqrt{a^2+b^2}-b)} + \frac{ab(a^3+b^3)}{6(a^2+b^2)}.$$

4° L'équation d'un cercle passant par l'origine et tangent à Oy est $\rho = a\cos\theta$; l'intégrale double étendue à sa surface est

$$\iint \rho^2 d\rho\, d\theta = \int_{-\frac{\pi}{2}}^{+\frac{\pi}{2}} d\theta \int_0^{a\cos\theta} \rho^2 d\rho = \int_{-\frac{\pi}{2}}^{+\frac{\pi}{2}} \frac{a^3\cos^3\theta}{3}d\theta = \frac{4}{9}a^3.$$

L'équation de la lemniscate étant $\rho^2 = 2a^2\cos 2\theta$, l'intégrale étendue à la boucle est

$$\int_{-\frac{\pi}{4}}^{+\frac{\pi}{4}} d\theta \int_0^{\sqrt{2a^2\cos 2\theta}} \rho^2 d\rho = \int_{-\frac{\pi}{4}}^{+\frac{\pi}{4}} \frac{1}{3}(2a^2)^{\frac{3}{2}}(\cos 2\theta)^{\frac{3}{2}}d\theta ;$$

elle se ramène à une intégrale elliptique par un calcul analogue à celui qui a été fait (exercice 255) à propos de la rectification de la lemniscate ; le changement de variable $\sin \theta = \dfrac{\sqrt{2}}{2} \sin t$ donne

$$\frac{4}{3} a^3 \int_0^{\frac{\pi}{2}} \frac{\cos^4 t}{\sqrt{1 - \dfrac{1}{2} \sin^2 t}} \, dt$$

et l'on achève le calcul comme dans l'exercice 259.

5° L'équation de la strophoïde étant $\rho = \dfrac{a \cos 2\theta}{\cos \theta}$, l'intégrale étendue à la boucle est

$$\int_{-\frac{\pi}{4}}^{+\frac{\pi}{4}} d\theta \int_0^{\frac{a \cos 2\theta}{\cos \theta}} \rho^2 \, d\rho = \int_{-\frac{\pi}{4}}^{+\frac{\pi}{4}} \frac{a^3}{3} \frac{\cos^3 2\theta}{\cos^3 \theta} \, d\theta \ ;$$

on l'intègre, comme l'une des précédentes, en faisant le changement de variable $\sin \theta = u$, qui fournit la valeur

$$\frac{a^3}{3} \int_{-\frac{\sqrt{2}}{2}}^{+\frac{\sqrt{2}}{2}} \left(-4 - 8u^2 + \frac{11}{4} \frac{1}{1-u} + \frac{11}{4} \frac{1}{1+u} - \frac{1}{4} \frac{1}{(1-u)^2} - \frac{1}{4} \frac{1}{(1+u)^2} \right) du$$

$$= \frac{a^3}{3} \left(-4u - \frac{8}{3} u^3 + \frac{11}{4} \log \frac{1+u}{1-u} - \frac{u}{2(1-u^2)} \right)_{-\frac{\sqrt{2}}{2}}^{+\frac{\sqrt{2}}{2}} = 0{,}247 a^3.$$

***

270. *Trouver le volume compris entre le plan des xy, la surface du paraboloïde de révolution dont l'équation est $2z = x^2 + y^2$ et la surface d'un cylindre parallèle à Oz ayant pour base, soit : 1° un rectangle ayant pour centre l'origine et dont les côtés sont parallèles aux axes Ox et Oy, 2° l'aire comprise dans l'angle des coordonnées positives entre les axes Ox, Oy et l'hyperbole dont l'équation est $xy + x + y - 1 = 0$, 3° l'aire comprise à l'intérieur de la circonférence dont l'équation en coordonnées polaires est $\rho = 2R \cos \theta$; dans ce dernier cas, on emploiera les coordonnées polaires, et l'on déterminera l'aire de la portion du paraboloïde intérieure au cylindre.*

Le volume est égal (n° 421) à l'intégrale double

$$V = \iint z \, dx \, dy = \iint \frac{x^2 + y^2}{2} \, dx \, dy,$$

étendue au champ d'intégration formé par la base du cylindre donné.

1° Si cette base est un rectangle de côtés $2a$, $2b$ parallèles aux axes et ayant pour centre l'origine, l'intégrale est égale à quatre fois l'intégrale étendue aux valeurs de x et y telles que $0 \leqslant x \leqslant a$ et $0 \leqslant y \leqslant b$; on a donc (n° 417)

$$V = 4 \int_0^a dx \int_0^b \frac{x^2 + y^2}{2} dy = 4 \int_0^a dx \left(\frac{x^2 b}{2} + \frac{b^3}{6} \right) = \frac{2}{3} ab(a^2 + b^2).$$

2° Si le champ d'intégration est un triangle mixtiligne OAB (*fig.* 109) limité par les segments $OA = OB = 1$ pris sur Ox et Oy et

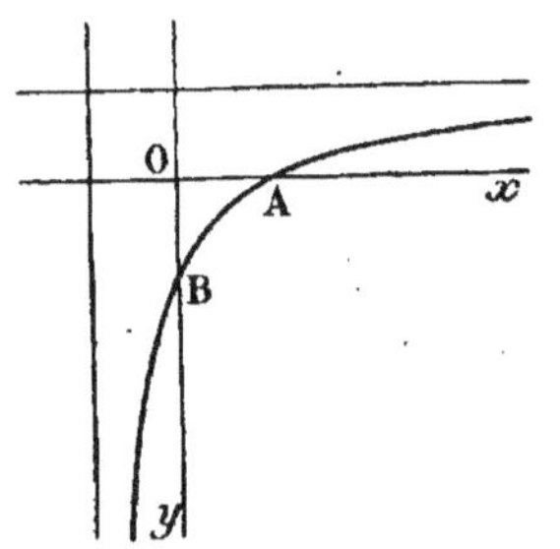

Fig. 109.

par un arc de l'hyperbole donnée joignant les points A et B, on voit que x varie entre 0 et 1 et que pour une valeur donnée de x entre ces limites, y varie entre $y_0 = 0$ et $y_1 = \dfrac{1-x}{1+x}$; le volume est égal (n° 418) à

$$V = \int_0^1 dx \int_{y_0}^{y_1} z\,dy.$$

Comme on a

$$\int_{y_0}^{y_1} z\,dy = \left(\frac{x^2 y}{2} + \frac{y^3}{6} \right)_0^{\frac{1-x}{1+x}} = \frac{x^2}{2} \left(\frac{1-x}{1+x} \right) + \frac{1}{6} \left(\frac{1-x}{1+x} \right)^3,$$

on est ramené à intégrer la dernière fonction entre les limites 0 et 1. En décomposant cette fonction en éléments simples sous la forme

$$-\frac{x^2}{2} + x - \frac{7}{6} + \frac{2}{1+x} - \frac{2}{(1+x)^2} + \frac{4}{3(1+x)^3},$$

on voit que son intégrale entre les limites 0 et 1 a pour valeur

$$\left[-\frac{x^3}{6} + \frac{x^2}{2} - \frac{7}{6} x + 2 \log (1+x) + \frac{2}{x+1} - \frac{2}{3(1+x)^2} \right]_0^1$$
$$= 2 \log 2 - \frac{4}{5} = 0,0530 \cdots$$

3° En rapportant le champ d'intégration à des coordonnées polaires, le volume est exprimé par l'intégrale

$$\iint z\rho\,d\rho\,d\theta = \iint \frac{\rho^3}{2} d\rho\,d\theta;$$

une première intégration faite par rapport à ρ entre les limites 0 et $\rho_1 = 2R\cos\theta$ donne

$$\int_0^{\rho_1} \frac{\rho^3 d\rho}{2} = \frac{\rho_1^4}{8} = 2R^4\cos^4\theta ;$$

on a ensuite à effectuer une deuxième intégration par rapport à θ entre les limites $-\dfrac{\pi}{2}$ et $+\dfrac{\pi}{2}$, ce qui donne

$$V = 2\int_0^{\frac{\pi}{2}} (2R^4\cos^4\theta)\, d\theta.$$

D'après les résultats de l'exercice 252, ce volume est égal à $\dfrac{3}{4}\pi R^4$.

4° La normale en un point du paraboloïde a pour équations

$$\frac{X-x}{-x} = \frac{Y-y}{-y} = \frac{Z-z}{1} ;$$

l'angle qu'elle fait avec Oz a pour cosinus

$$\frac{1}{\sqrt{1+x^2+y^2}} = \frac{1}{\sqrt{1+\rho^2}} ;$$

l'aire de la portion de surface est exprimée par l'intégrale double $\iint \sqrt{1+\rho^2}\, \rho\, d\rho\, d\theta$, étendue au champ d'intégration, c'est-à-dire par

$$2\int_0^{\frac{\pi}{2}} d\theta \int_0^{2R\cos\theta} \sqrt{1+\rho^2}\, \rho\, d\rho = \frac{2}{3}\int_0^{\frac{\pi}{2}} \left[(1+4R^2\cos^2\theta)^{\frac{3}{2}} - 1\right] d\theta.$$

La dernière intégration ne peut se faire par des procédés élémentaires, mais on peut la ramener à des intégrales elliptiques (n° 390) en écrivant

$$(1+4R^2\cos^2\theta)^{\frac{3}{2}} = (1+4R^2)^{\frac{3}{2}}(1-e^2\sin^2\theta)^{\frac{3}{2}}, \qquad e^2 = \frac{4R^2}{1+4R^2}.$$

Le développement en série indiqué au n° 219 et appliqué au cas où $m = \dfrac{3}{2}$ donne

$$\left(1 - e^2\sin^2\theta\right)^{\frac{3}{2}} = 1 - 3\frac{e^2}{2}\sin^2\theta + 3\frac{e^4}{2.4}\sin^4\theta + 3\frac{1.e^6}{2.4.6}\sin^6\theta$$
$$+ 3.\frac{1.3.e^8}{2.4.6.8}\sin^8\theta + \cdots\right);$$

l'intégration terme à terme entre 0 et $\dfrac{\pi}{2}$ introduit les intégrales

$$I_m = \int_0^{\frac{\pi}{2}} \sin^m \theta \, d\theta$$

déjà calculées dans l'exercice 252, et l'on trouve finalement

$$\frac{\pi}{3}\left[(1+4R^2)^{\frac{3}{2}} - 1\right] + \pi(1+4R^2)^{\frac{3}{2}}\left[-\frac{e^2}{2^2} + \frac{1.3.e^4}{(2.4)^2} + \frac{1.3.5.e^6}{(2.4.6)^2} + \frac{(1.3)(1.3.5.7)e^8}{(2.4.6.8)^2} + \cdots\right]$$

---

271. *Déterminer le volume compris entre les deux cylindres d'équations*

$$z = x^2, \qquad z = 4 - y^2.$$

La ligne d'intersection des deux cylindres se projette sur le plan des xy suivant le cercle C d'équation $x^2 + y^2 = 4$. Une parallèle à l'axe Oz issue d'un point intérieur à ce cercle traverse le volume commun entre les points de côtes $z_0 = x^2$ et $z_1 = 4 - y^2$.

Le volume compris entre les surfaces a pour mesure (n° 421)

$$V = \iint (z_1 - z_0)dA = \iint (4 - x^2 - y^2)dA,$$

dA étant l'élément d'aire du cercle C ; en utilisant les coordonnées polaires, on a

$$V = \iint (4 - \rho^2)\rho \, d\rho \, d\theta,$$

ρ variant entre 0 et 2, θ entre 0 et 2π ; l'intégration de $d\theta$ donne 2π, et l'on est ramené à calculer l'intégrale

$$\int_0^2 2\pi(4 - \rho^2)\rho \, d\rho = 2\pi\left(2\rho^2 - \frac{\rho^4}{4}\right)_0^2 = 8\pi.$$

---

272. *On considère la portion de l'hélicoïde à plan directeur d'équation*

$$z = k \operatorname{arc} \operatorname{tg} \frac{y}{x}$$

comprise à l'intérieur du cylindre d'axe Oz et de rayon R et entre les plans $z = 0$, $z = 2\pi k$.

Déterminer le volume compris à l'intérieur du cylindre entre le plan xOy et la portion précédente de l'hélicoïde ; déterminer l'aire de la surface limitant ce volume.

Toute parallèle à Oz issue d'un point intérieur au cercle de base du cylindre dans le plan xOy rencontre la portion considérée de l'hélicoïde en un seul point ; le volume cherché est égal à

$$V = \iint z\,dA = \iint k \arctan \frac{y}{x}\,dA \; ;$$

en utilisant les coordonnées polaires, cette intégrale est égale à

$$V = \iint k\theta\rho\,d\rho\,d\theta,$$

ρ variant de 0 à R et θ de 0 à 2π ; l'intégrale est égale à

$$V = k \int_0^{2\pi} \theta\,d\theta \int_0^R \rho\,d\rho = k \left(\frac{\rho^2}{2}\right)_0^R \left(\frac{\theta^2}{2}\right)_0^{2\pi} = k\pi^2 R^2 \; ;$$

c'est la moitié du volume du cylindre de rayon R et de hauteur $2\pi k$. La surface limitant ce volume se compose d'abord du cercle de base, dont l'aire est πR^2, puis de la surface cylindrique latérale dont l'aire (exercice n° 258) est

$$\int_0^{2\pi} z\,ds = \int_0^{2\pi} kR\theta\,d\theta = 2k\pi^2 R \; ;$$

c'est la moitié de la surface latérale du cylindre précédent ; enfin d'une portion de surface hélicoïde dont l'aire (n° 422) est

$$\iint \frac{dA}{\cos \gamma} = \iint \frac{\sqrt{f_x'^2 + f_y'^2 + f_z'^2}}{f_z'}\,dA,$$

en posant

$$f = z - \arctan \frac{y}{x}, \qquad f_x' = \frac{ky}{x^2+y^2}, \qquad f_y' = \frac{-kx}{x^2+y^2}, \qquad f_z' = 1 \; ;$$

en utilisant les coordonnées polaires, l'aire est égale à l'intégrale

$$\iint \sqrt{1 + \frac{k^2}{\rho^2}}\,\rho\,d\rho\,d\theta = \iint \sqrt{\rho^2 + k^2}\,d\rho\,d\theta,$$

les limites étant les mêmes que précédemment. L'intégration de $d\theta$ donne 2π, et l'on est ramené à calculer l'intégrale

$$2\pi \int_0^R \sqrt{\rho^2 + k^2}\, d\rho = 2\pi \left[\frac{1}{2}\, \rho\sqrt{\rho^2 + k^2} + \frac{k^2}{2} \log \left(\rho + \sqrt{\rho^2 + k^2}\right) \right]_0^R ;$$

l'aire est égale à $\quad \pi \left[R\sqrt{R^2 + k^2} + k^2 \log \dfrac{R + \sqrt{R^2 + k^2}}{k} \right].$

---

273. *Évaluer l'intégrale double de* $\cos^2 \theta\, d\sigma$ *étendue à la surface d'une sphère de rayon* R.

Un élément d'aire de la sphère évaluée en fonction de θ et ψ est égal (n° 422) à $R^2 \sin \theta\, d\theta\, d\psi$; si l'on suppose donnée une fonction $f(\theta, \psi)$ des coordonnées θ et ψ, on a à évaluer l'intégrale double

$$\iint R^2 f(\theta, \psi) \sin \theta\, d\theta\, d\psi$$

étendue au champ d'intégration ; si ce champ est la sphère entière, θ varie de 0 à π et ψ de 0 à 2π.

Supposons que l'on ait $f = \cos^2 \theta$, on peut effectuer d'abord l'intégrale de $d\psi$ qui est égale à 2π, et l'intégrale double est égale à

$$2\pi R^2 \int_0^\pi \cos^2 \theta \sin \theta\, d\theta = \left(\frac{-2}{3} \pi R^2 \cos^3 \theta \right)_0^\pi = \frac{4}{3} \pi R^2.$$

---

274. *Fenêtre de Viviani. On considère sur une sphère de rayon* R *la courbe dont les coordonnées polaires* ψ *et* θ *sont liées par*

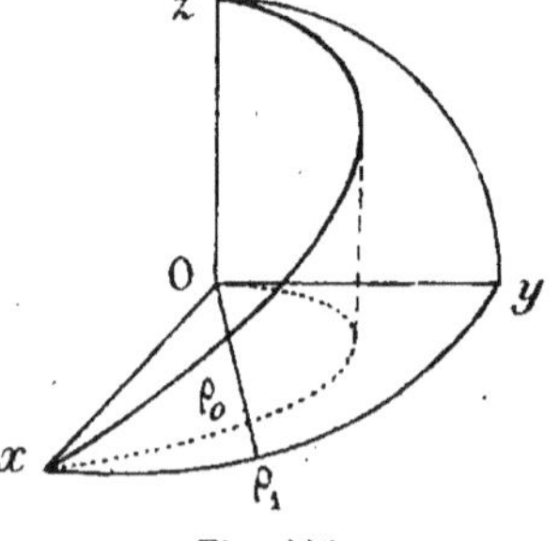

Fig. 110.

l'équation $\psi + \theta = \dfrac{\pi}{2},$ *et le cylindre projetant cette courbe sur le plan* xOy. *On prend la portion de la sphère solide comprise dans le trièdre positif des coordonnées, et extérieure à ce cylindre. Évaluer le volume de cette portion et l'aire des différentes portions de surface qui la limitent.*

L'équation du cylindre projetant la courbe sur le plan xOy (*fig.* 110) est (exercice 74)

$$x^2 + y^2 - Rx = 0.$$

Le volume de la portion de sphère située dans le trièdre positif des coordonnées et extérieure à ce cylindre est égal à $\iint z\,dA$; en utilisant les coordonnées polaires ρ, ψ dans le plan xOy, on a $z = \sqrt{R^2 - \rho^2}$ et $dA = \rho\,d\rho\,d\psi$; on a donc à calculer l'intégrale double

$$\iint \sqrt{R^2 - \rho^2}\,\rho\,d\rho\,d\psi,$$

ψ variant de 0 à $\dfrac{\pi}{2}$ et ρ variant de $\rho_0 = R\cos\psi$ à $\rho_1 = R$. La première intégration par rapport à ρ donne

$$\int_{R\cos\psi}^{R} \sqrt{R^2 - \rho^2}\,\rho\,d\rho = \left[-\frac{1}{3}(R^2 - \rho^2)^{\frac{3}{2}} \right]_{R\cos\psi}^{R} = \frac{R^3}{3}\sin^3\psi\ ;$$

la deuxième intégration par rapport à ψ donne

$$V = \int_0^{\frac{\pi}{2}} \frac{R^3}{3}\sin^3\psi\,d\psi = \frac{2R^3}{9}.$$

Le volume est limité d'une part par la portion du plan des xy comprise dans l'angle positif des coordonnées entre le quart du cercle de rayon R et le demi-cercle de diamètre R ; l'aire de cette portion est $\dfrac{\pi R^2}{8}$. En deuxième lieu par une portion de surface cylindrique comprise, sur le cylindre de diamètre R, entre sa base et la courbe tracée sur la sphère ; l'aire de cette portion est égale à l'intégrale $\int z\,ds$, dans laquelle $z = \sqrt{R^2 - \rho_0^2} = R\sin\psi$, et $ds = R\,d\psi$, ψ variant de 0 à $\dfrac{\pi}{2}$; on a pour mesure de l'aire

$$\int_0^{\frac{\pi}{2}} R^2 \sin\psi\,d\psi = R^2.$$

Enfin le volume est limité par la portion de la sphère extérieure au cylindre ; l'aire de cette portion est (n° 422) $\iint R^2 \sin\theta\,d\theta\,d\psi$, où ψ varie de 0 à $\dfrac{\pi}{2}$ et θ de $\dfrac{\pi}{2} - \psi$ à $\dfrac{\pi}{2}$. On a à évaluer l'intégrale

$$R^2 \int_0^{\frac{\pi}{2}} d\psi \int_{\frac{\pi}{2}-\psi}^{\frac{\pi}{2}} \sin\theta\,d\theta = R^2 \int_0^{\frac{\pi}{2}} \sin\psi\,d\psi = R^2 ;$$

cette aire est égale à celle de la surface cylindrique précédente.

275. *Les différents éléments d'un plateau circulaire homogène de densité μ exercent une attraction proportionnelle à la masse et en raison inverse du carré de la distance sur un point matériel A placé sur la normale au plateau en son centre ; déterminer la résultante des attractions des éléments du plateau ; cas où le rayon de celui-ci devient infini.*

En prenant comme origine le centre du plateau et comme axe des z la perpendiculaire à son plan, l'attraction exercée par un élément de surface dA sur une masse m placée en un point de cote h sur Oz est égale à $f = \dfrac{km\mu dA}{r^2}$, k étant un coefficient constant de proportionnalité, et r la distance de l'élément de surface à la masse considérée. Par raison de symétrie, la résultante de toutes les forces attractives est dirigée suivant Oz et égale à la somme des projections sur cet axe des forces composantes.

Si ρ est le rayon vecteur du centre de l'élément dA du plateau dans le plan xOy, r est égal à $\sqrt{\rho^2 + h^2}$, et la projection de f sur Oz est égale à

$$-f \frac{h}{\sqrt{\rho^2 + h^2}} = -\frac{km\mu.hdA}{(\rho^2 + h^2)^{\frac{3}{2}}}.$$

On doit calculer l'intégrale double de cette quantité étendue à tous les éléments du plateau ; en utilisant les coordonnées polaires, cette intégrale est égale à

$$\iint \frac{-km\mu.h}{(\rho^2 + h^2)^{\frac{3}{2}}} \rho d\rho d\theta,$$

ρ variant de 0 au rayon R du plateau et θ de 0 à 2π. L'intégration de $d\theta$ donne 2π, et l'on est ramené à calculer

$$\int_0^R \frac{-2\pi km\mu.h}{(\rho^2 + h^2)^{\frac{3}{2}}} \rho d\rho = \left(\frac{2\pi km\mu.h}{\sqrt{\rho^2 + h^2}} \right)_0^R = 2\pi km\mu.h\left(\frac{1}{\sqrt{R^2 + h^2}} - \frac{1}{h} \right).$$

Lorsque le rayon R devient infini, l'expression précédente devient $-2\pi km\mu$.

276. *Évaluer l'intégrale triple $\int\int\int xyz\,dx\,dy\,dz$ étendue au volume situé dans le trièdre positif des plans de coordonnées entre ces plans et la surface de l'ellipsoïde dont l'équation est*

$$\frac{x^2}{a^2} + \frac{y^2}{b^2} + \frac{z^2}{c^2} - 1 = 0.$$

Opérons comme dans la dernière application faite au n° 427. Si x et y sont les coordonnées d'un point intérieur à l'ellipse d'équation $\frac{x^2}{a^2} + \frac{y^2}{b^2} - 1 = 0$, la cote d'un élément du volume situé sur une parallèle à Oz passant par ce point varie de 0 à $z_1 = c\sqrt{1 - \frac{x^2}{a^2} - \frac{y^2}{b^2}}$; l'intégrale du produit xyz, prise par rapport à z entre ces limites, est égale à

$$\left(\frac{xyz^2}{2}\right)_0^{z_1} = \frac{xyc^2}{2}\left(1 - \frac{x^2}{a^2} - \frac{y^2}{b^2}\right).$$

On doit maintenant évaluer l'intégrale double de cette fonction dans le champ d'intégration constitué par le quart de l'ellipse de demi-axes a et b. Si x est donné entre 0 et a, y varie de 0 à $y_1 = b\sqrt{1 - \frac{x^2}{a^2}}$; l'intégrale prise par rapport à y entre ces limites a pour valeur

$$\frac{xc^2}{2}\left[\left(1 - \frac{x^2}{a^2}\right)\frac{y^2}{2} - \frac{y^4}{4b^2}\right]_0^{y_1} = \frac{xb^2c^2}{8}\left(1 - \frac{x^2}{a^2}\right)^2.$$

On doit enfin prendre l'intégrale de cette fonction par rapport à x entre 0 et a, ce qui donne

$$\frac{b^2c^2}{8}\left(\frac{x^2}{2} - \frac{x^4}{2a^2} + \frac{x^6}{6a^4}\right)_0^a = \frac{a^2b^2c^2}{48}.$$

---

277. *Les différents éléments d'une sphère homogène de rayon R et de densité μ exercent une attraction proportionnelle à la masse et en raison inverse du carré de la distance sur un point matériel A placé sur la surface de la sphère. Déterminer la résultante des attractions exercées :*

1° par les éléments de la sphère entière ;

2° par les éléments de l'hémisphère séparé par le plan diamétral perpendiculaire au rayon passant par le point A, *et ne contenant pas ce point.*

Prenons le point A comme origine des coordonnées (*fig.* 111), et

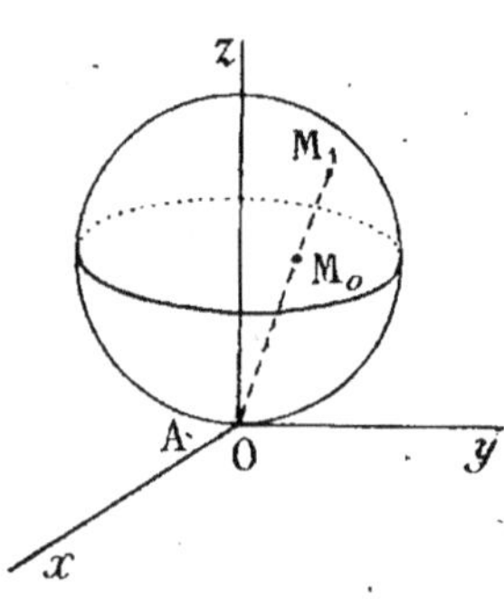

Fig. 111.

la droite joignant ce point au centre de la sphère comme axe des z. Un élément de masse $dm = \mu . dV$ entourant un point M du volume de la sphère exerce sur la masse m située en A une attraction égale à $f = \dfrac{km\mu dV}{r^2}$, k étant un coefficient de proportionnalité et r représentant la distance AM. Par raison de symétrie, la résultante de toutes les forces attractives est dirigée suivant Oz et est égale à la somme des projections de toutes ces forces sur Oz ; en utilisant les coordonnées polaires dans l'espace, la projection de f est $f \cos \theta$, r est égal à ρ et dV est égal (n° 426) à $\rho^2 \sin \theta d\rho d\theta d\psi$; la résultante est donc égale à l'intégrale triple

$$\iiint \frac{km\mu dV}{\rho^2} \cos \theta = \iiint km\mu \sin \theta \cos \theta \, d\rho \, d\theta \, d\psi.$$

Dans le cas de la sphère entière, ρ varie de $\rho_0 = 0$ à $\rho_1 = 2R \cos \theta$, θ varie de 0 à $\dfrac{\pi}{2}$ et ψ de 0 à 2π ; l'intégration de $d\psi$ donne 2π, celle de $d\rho$ donne ρ entre les limites 0 et $2R \cos \theta$, c'est-à-dire $2R \cos \theta$; on est ramené à l'intégrale

$$\int_0^{\frac{\pi}{2}} 4\pi km\mu R \sin \theta \cos^2 \theta d\theta = \left(-\frac{4}{3} \pi km\mu R \cos^3 \theta \right)_0^{\frac{\pi}{2}} = \frac{4}{3} \pi km\mu R.$$

La masse de la sphère totale étant $M = \dfrac{4}{3} \pi R^3 \mu$, on voit que l'attraction est égale à $\dfrac{kmM}{R^2}$ et a la même valeur que si toute la masse attirante était concentrée au centre de la sphère.

Dans le cas où l'on considère l'hémisphère situé entre les plans $z = R$ et $z = 2R$, ψ varie encore entre 0 et 2π, mais θ varie seulement entre 0 et $\dfrac{\pi}{4}$ et ρ varie entre $\rho_0 = \dfrac{R}{\cos \theta}$ et $\rho_1 = 2R \cos \theta$; la résultante des forces attractives est égale à la même intégrale triple, prise cette fois entre les nouvelles limites. L'intégration de $d\psi$ donne encore 2π; celle de $d\rho$ donne $\rho_1 - \rho_0 = 2R \cos \theta - \dfrac{R}{\cos \theta}$; enfin l'intégration par rapport à θ donne

$$\int_0^{\frac{\pi}{4}} 2\pi k m \mu R \left(2 \cos \theta - \frac{1}{\cos \theta} \right) \sin \theta \cos \theta \, d\theta$$

$$= 2\pi k m \mu R \left(-\frac{2}{3} \cos^3 \theta + \cos \theta \right)^{\frac{\pi}{4}}$$

et le résultat est égal à

$$\frac{2\pi}{3} k m \mu R (\sqrt{2} - 1).$$

---

278. *Intégrer les différentielles totales*

$$\frac{x\,dx + y\,dy}{x^2 + y^2}, \quad \frac{(y\,dx - x\,dy)(x^2 - y^2)}{x^2 y^2}, \quad z^2\,dx + 2yz\,dy + (2xz + y^2)\,dz.$$

1° Les fonctions $P = \dfrac{x}{x^2 + y^2}$, $Q = \dfrac{y}{x^2 + y^2}$ satisfont à la condition d'intégrabilité (n° 428); l'intégrale indéfinie a pour valeur

$$\int_a^x \frac{x\,dx}{x^2 + y^2} + \int_b^y \frac{y}{a^2 + y^2}\,dy$$

$$= \frac{1}{2} \left[\log (x^2 + y^2) - \log (a^2 + b^2) \right] = \log \sqrt{x^2 + y^2} + C.$$

2° Les fonctions $P = \dfrac{y(x^2 - y^2)}{x^2 y^2}$, $Q = \dfrac{-x(x^2 - y^2)}{x^2 y^2}$ satisfont à la condition d'intégrabilité; l'intégrale indéfinie a pour valeur

$$\int_a^x \frac{y(x^2 - y^2)}{x^2 y^2}\,dx + \int_b^y \frac{-a(a^2 - y^2)}{a^2 y^2}\,dy$$

$$= \frac{x}{y} + \frac{y}{x} - \left(\frac{a}{b} + \frac{b}{a} \right) = \frac{x^2 + y^2}{xy} + C.$$

3° Les fonctions $P = z^2$, $Q = 2yz$, $R = 2xz + y^2$ satisfont aux conditions d'intégrabilité (n° 429), l'intégrale indéfinie est égale à

$$\int_a^x z^2 dx + \int_b^y 2yz\, dy + \int_c^z (2az + b^2)\, dz$$
$$= (xz^2 + y^2 z) - (ac^2 + b^2 c) = (xz^2 + y^2 z) + \text{C}.$$

---

279. *Étant données trois fonctions* P, Q, R *de trois variables* x, y, z, *à quelle condition doivent-elles satisfaire pour que l'on puisse trouver un facteur intégrant* μ, *c'est-à-dire une fonction* μ *telle que* $\mu(\text{P}dx + \text{Q}dy + \text{R}dz)$ *soit différentielle totale ?*

Il faut que le facteur μ satisfasse aux conditions d'intégrabilité qui, développées, s'écrivent

$$\mu \frac{\partial \text{P}}{\partial y} + \text{P} \frac{\partial \mu}{\partial y} = \mu \frac{\partial \text{Q}}{\partial x} + \text{Q} \frac{\partial \mu}{\partial x},$$

$$\mu \frac{\partial \text{Q}}{\partial z} + \text{Q} \frac{\partial \mu}{\partial z} = \mu \frac{\partial \text{R}}{\partial y} + \text{R} \frac{\partial \mu}{\partial y},$$

$$\mu \frac{\partial \text{R}}{\partial x} + \text{R} \frac{\partial \mu}{\partial x} = \mu \frac{\partial \text{P}}{\partial z} + \text{P} \frac{\partial \mu}{\partial z}.$$

En multipliant les deux membres de ces équations respectivement par R, P et Q, puis en ajoutant et supprimant la solution évidente $\mu = 0$, on trouve la condition nécessaire suivante, à laquelle doivent satisfaire les trois fonctions P, Q et R :

$$\text{P}\left(\frac{\partial \text{R}}{\partial y} - \frac{\partial \text{Q}}{\partial z}\right) + \text{Q}\left(\frac{\partial \text{P}}{\partial z} - \frac{\partial \text{R}}{\partial x}\right) + \text{R}\left(\frac{\partial \text{Q}}{\partial x} - \frac{\partial \text{P}}{\partial y}\right) = 0.$$

---

280. *Déterminer la fonction* R(x, y, z) *de façon que l'expression*

$$\left(\frac{z}{x} + \frac{y}{z}\right)dx + \frac{x}{z} dy + \text{R}(x, y, z)\, dz$$

soit différentielle totale et effectuer l'intégration de cette différentielle.

Les conditions d'intégrabilité (n° 429) sont

$$\frac{\partial \text{P}}{\partial y} = \frac{\partial \text{Q}}{\partial x}, \qquad \frac{\partial \text{Q}}{\partial z} = \frac{\partial \text{R}}{\partial y}, \qquad \frac{\partial \text{R}}{\partial x} = \frac{\partial \text{P}}{\partial z};$$

la première est satisfaite ; les deux autres donnent

$$\frac{\partial R}{\partial x} = \frac{1}{x} - \frac{y}{z^2}, \qquad \frac{\partial R}{\partial y} = -\frac{x}{z^2} ;$$

on constate que les valeurs de $\dfrac{\partial^2 R}{\partial x \partial y}$ tirées de ces deux relations sont égales, par conséquent R considéré comme fonction de x et y est l'intégrale de la différentielle totale

$$\frac{\partial R}{\partial x}dx + \frac{\partial R}{\partial y}dy = \left(\frac{1}{x} - \frac{y}{z^2}\right)dx + \left(-\frac{x}{z^2}\right)dy ;$$

en intégrant cette différentielle, on voit que R est égal à

$$R = \int_a^x \left(\frac{1}{x} - \frac{y}{z^2}\right)dx + \int_b^y \frac{-x}{z^2}dy = \log x - \frac{xy}{z^2} + \rho(z),$$

$\rho(z)$ étant une constante par rapport à x et y, mais étant une fonction arbitraire de z.

R étant ainsi déterminé, l'intégrale de la différentielle donnée est

$$\int_a^x \left(\frac{z}{x} + \frac{y}{z}\right)dx + \int_b^y \frac{a}{z}dy + \int_c^z \left[\log a - \frac{ab}{z^2} + \rho(z)\right]dz$$

$$= z \log x + \frac{xy}{z} - \left(c \log a + \frac{ab}{c}\right) + \int_c^z \rho(z)dz.$$

---

281. *Évaluer le travail pour un déplacement dans un champ de forces tel que la force s'exerçant en un point* M *soit dirigée vers un centre fixe* O, *et soit une fonction* $f(r)$ *de la distance* r *du point* M *à ce centre. Cas de l'attraction en raison inverse du carré de la distance.*

Les forces du champ dérivent d'un potentiel, car si l'on prend le centre fixe O comme origine, les composantes de la force sont

$$X = f(r)\frac{x}{r}, \qquad Y = f(r)\frac{y}{r}, \qquad Z = f(r)\frac{z}{r},$$

et elles sont les dérivées partielles de la fonction des forces

$$\Phi(r) = \int f(r)dr.$$

Le travail de la force pour un déplacement entre deux points M_0 et M_1 dont les distances au point O sont r_0 et r_1 a pour valeur

$$\int_{r_0}^{r_1} f(r)\,dr = \Phi(r_1) - \Phi(r_0),$$

Dans le cas de l'attraction en raison inverse du carré de la distance, on a $f(r) = -\dfrac{k}{r^2},\quad \Phi = \dfrac{k}{r},$ et le travail est $k\left(\dfrac{1}{r_1} - \dfrac{1}{r_0}\right)$.

---

282. *Évaluer l'intégrale curviligne* $\displaystyle\int x^3 dy - y^3 dx$ *prise le long d'une circonférence ayant pour centre l'origine, dans le sens direct ; transformer cette intégrale curviligne en intégrale double.*

En prenant comme paramètre variable l'angle φ d'un rayon avec un rayon origine choisi pour axe Ox, on a

$$x = \mathrm{R}\cos\varphi, \qquad y = \mathrm{R}\sin\varphi, \qquad dx = -\mathrm{R}\sin\varphi\,d\varphi, \qquad dy = \mathrm{R}\cos\varphi\,d\varphi,$$

et l'intégrale curviligne est égale à

$$\int_0^{2\pi} \mathrm{R}^4 (\cos^4\varphi + \sin^4\varphi)\,d\varphi = \int_0^{2\pi} \mathrm{R}^4 \left(\frac{3}{4} + \frac{\cos 4\varphi}{4}\right)d\varphi = \frac{3}{2}\,\pi\mathrm{R}^4.$$

En transformant l'intégrale curviligne en intégrale double, d'après la formule de Cauchy (n° 440), on a

$$\int x^3 dy - y^3 dx = \iint_A 3(x^2 + y^2)\,dx\,dy = \iint 3\rho^2 (\rho\,d\rho\,d\theta)$$
$$= 2\pi \int_0^{\mathrm{R}} 3\rho^3\,d\rho = \frac{3}{2}\,\pi\mathrm{R}^4.$$

---

283. *Évaluer, en la transformant en intégrale double, l'intégrale curviligne*

$$\int_C (e^x \cos y + xy^2)\,dx - (e^x \sin y + x^2 y)\,dy$$

prise dans le sens positif le long de l'arc de la lemniscate $r^2 = \cos 2\theta$ *compris dans l'angle positif des axes de coordonnées.*

Considérons le contour fermé constitué par le segment $(0,1)$ de l'axe Ox et l'arc de lemniscate considéré, et transformons en intégrale double l'intégrale curviligne étendue au contour entier ; d'après la formule de Cauchy (n° 440) on a

$$\int_C P dx + Q dy = \iint_A - 4xy\, dx\, dy ;$$

en utilisant les coordonnées polaires, l'intégrale double est égale à

$$\iint_A - 4\rho^2 \sin\theta \cos\theta\, \rho\, d\rho\, d\theta = \int_0^{\frac{\pi}{4}} - 4\sin\theta\cos\theta\, d\theta \int_0^{\sqrt{\cos 2\theta}} \rho^3 d\rho$$

$$= \int_0^{\frac{\pi}{4}} - \sin\theta\cos\theta\cos^2 2\theta\, d\theta = \left(\frac{\cos^3 2\theta}{12}\right)_0^{\frac{\pi}{4}} = - \frac{1}{12}.$$

L'intégrale curviligne étendue au contour fermé est $-\dfrac{1}{12}$; l'intégrale prise le long du segment $(0,1)$ de Ox est égale à

$$\int_0^1 e^x dx = e - 1 ;$$

il en résulte que l'intégrale prise le long de l'arc de lemniscate est $\dfrac{11}{12} - e$.

---

284. *Évaluer l'intégrale curviligne*

$$\int (y - z) dx + (z - x) dy + (x - y) dz$$

prise le long des côtés successifs d'un triangle ABC dont les sommets sont sur les axes de coordonnées ; transformer cette intégrale curviligne en intégrale de surface.

Soient a, b, c les trois segments OA, OB, OC supposés positifs ; les trois côtés du triangle ABC sont les intersections des plans de coordonnées avec le plan d'équation

$$\frac{x}{a} + \frac{y}{b} + \frac{z}{c} - 1 = 0.$$

Le long de BC, on a $x = 0$, $y = \dfrac{b}{c}(c - z)$ et z varie de 0 à c ; la portion correspondante de l'intégrale est égale à

$$\int_B^C z dy - y dz = \int_0^c \left(-\frac{zb}{c} - b + \frac{bz}{c}\right) dz = - bc.$$

Les autres portions se calculent de la même manière, de sorte que l'intégrale complète a pour valeur $-bc-ca-ab$.

D'après la formule de Stokes (n° 439), on peut remplacer l'intégrale curviligne par l'intégrale de surface

$$\iint_{S} -2\,dy\,dz - 2\,dz\,dx - 2\,dx\,dy$$

étendue à l'aire du triangle ABC dont la face positive est tournée du côté des z positifs; cette intégrale est égale au produit de -2 par la somme des aires des triangles OBC, OCB, OAB, et a pour valeur $-(bc+ca+ab)$.

---

285. *Évaluer les intégrales*

$$\int_{C} z^2\,dx + x^2\,dy + y^2\,dz, \qquad \iint_{A} xyz(x\,dy\,dz + y\,dz\,dx + z\,dx\,dy)$$

étendues : la première au contour, parcouru dans le sens direct, du triangle sphérique trirectangle découpé sur la surface d'une sphère de centre O *et de rayon* R *par les faces positives du trièdre de coordonnées ; la seconde à la surface de ce triangle sphérique.*

Transformer la deuxième en intégrale de volume.

La partie de la première intégrale relative au côté du triangle situé dans le plan des xy est égale à $\int x^2\,dy$; en remplaçant x^2 par $R^2 - y^2$, on obtient

$$\int_{0}^{R} (R^2 - y^2)\,dy = \left(R^2 y - \frac{y^3}{3} \right)_{0}^{R} = \frac{2}{3}R^3 ;$$

l'intégrale curviligne totale est égale à $2R^3$.

La partie de la deuxième intégrale contenant $dx\,dy$ est l'intégrale double de $xyz^2\,dx\,dy$ étendue au quart de cercle de rayon R contenu dans le plan xOy, dans laquelle on remplace z^2 par $R^2 - x^2 - y^2$; cette intégrale est

$$\iint (R^2 - x^2 - y^2)xy\,dx\,dy = \int_{0}^{R} dx \int_{0}^{\sqrt{R^2-x^2}} (R^2 - x^2 - y^2)xy\,dy$$

$$= \int_{0}^{R} \left[\frac{(R^2-x^2)^2 x}{2} - \frac{(R^2-x^2)^2 x}{4} \right] dx = \int_{0}^{R} \frac{(R^2-x^2)^2 x\,dx}{4} = \frac{R^6}{24}.$$

L'intégrale de surface est égale à $\dfrac{R^6}{8}$.

Si l'on considère le volume du huitième de la sphère contenu dans le trièdre positif des coordonnées, la surface limitant ce volume est constituée par le triangle sphérique et par les projections de ce triangle sur les plans de coordonnées ; d'après la formule d'Ostrogradsky (n° 443) l'intégrale de surface étendue à toutes ces surfaces est égale à l'intégrale de volume

$$\iiint_V 6xyz\,dx\,dy\,dz$$

étendue au huitième de la sphère considéré. Mais les portions de l'intégrale de surface relatives aux triangles contenus dans les plans de coordonnées sont nulles ; il ne reste que l'intégrale relative au triangle sphérique, et celle-ci est égale à l'intégrale de volume précédente. Une première intégration par rapport à z entre les limites 0 et

$$\sqrt{R^2 - x^2 - y^2}$$

conduit à l'intégrale

$$\iint 3xy(R^2 - x^2 - y^2)dx\,dy$$

étendue au quart de cercle du plan des xy, et l'on est ramené au calcul précédent.

On peut aussi évaluer l'intégrale triple en coordonnées polaires ; elle est égale à

$$\iiint 6\rho^5 \sin^3\theta \cos\theta \sin\psi \cos\psi\,d\rho\,d\theta\,d\psi,$$

ρ variant de 0 à R, θ et ψ de 0 à $\dfrac{\pi}{2}$; on a

$$\int_0^{\frac{\pi}{2}} \sin\psi \cos\psi\,d\psi = \left(\frac{-\cos 2\psi}{4}\right)_0^{\frac{\pi}{2}} = \frac{1}{2},$$

$$\int_0^{\frac{\pi}{2}} \sin^3\theta \cos\theta\,d\theta = \left(\frac{\sin^4\theta}{4}\right)_0^{\frac{\pi}{2}} = \frac{1}{4},$$

$$\int_0^{R} 6\rho^5\,d\rho = (\rho^6)_0^{R} = R^6,$$

et l'on retrouve le même résultat.

286. *Un contour fermé est parcouru dans un sens déterminé ; en considérant chaque élément infiniment petit de ce contour comme un vecteur, déterminer le moment résultant par rapport à un point de l'espace de tous les vecteurs ainsi placés sur le contour ; l'évaluer au moyen d'intégrales curvilignes, puis au moyen d'intégrales doubles, et montrer qu'il est indépendant du point choisi.*

Soient x_0, y_0, z_0 les coordonnées du point A par rapport auquel on prend les moments, x, y, z celles d'un point du contour, dx, dy, dz les projections d'un arc ds pris à partir de ce point, dans le sens choisi comme sens positif ; en considérant ds comme un vecteur, les composantes du moment de ce vecteur par rapport à A sont

$$(y - y_0)dz - (z - z_0)dy, \qquad (z - z_0)dx - (x - x_0)dz,$$
$$(x - x_0)dy - (y - y_0)dx,$$

et les composantes du moment résultant sont

$$L = \int_C (y - y_0)dz - (z - z_0)dy,$$
$$M = \int_C (z - z_0)dx - (x - x_0)dz,$$
$$N = \int_C (x - x_0)dy - (y - y_0)dx.$$

On peut décomposer chacune de ces intégrales en deux autres dont l'une est indépendante de x_0, y_0, z_0 et l'autre renferme ces coordonnées ; ces dernières parties sont nulles, car les intégrales de dx ou de dy ou de dz le long d'un contour fermé sont nulles ; les valeurs de L, M, N sont donc indépendantes du point A.

La formule de Stokes appliquée aux intégrales curvilignes précédentes donnerait

$$L = \iint_S 2\,dy\,dz, \qquad M = \iint_S 2\,dz\,dx, \qquad N = \iint_S 2\,dx\,dy ;$$

ces composantes du moment résultant sont les doubles des aires des projections sur les plans de coordonnées des calottes limitées par le contour donné.

EXERCICES SUR LES ÉQUATIONS DIFFÉRENTIELLES

287. *Intégrer les équations obtenues en égalant* $\dfrac{dx}{dt}$ *à l'une des fonctions suivantes :*

$$1° \quad (a-x)^2, \qquad 2° \quad (a-x)(b-x), \qquad 3° \quad (a-x)^2(b-x),$$
$$4° \quad (a-x)^2(b-x)^2 \ ;$$

ces équations se présentent en chimie dans l'étude des vitesses des réactions.

Dans ces équations différentielles, les variables se séparent et l'on est ramené à intégrer une fraction rationnelle par la méthode de décomposition en fractions simples (n°s 386 et 387) ; on suppose dans ce qui suit que x est inférieur à a et à b.

$$1° \qquad dt = \frac{dx}{(a-x)^2}, \qquad t = \frac{1}{a-x} + C.$$

En supposant que $x = 0$ pour $t = 0$, nous avons $C = -\dfrac{1}{a}$, et

$$t = \frac{1}{a-x} - \frac{1}{a} = \frac{x}{a(a-x)}, \qquad x = \frac{a^2 t}{1+at}.$$

$$2° \quad dt = \frac{dx}{(a-x)(b-x)} = \frac{1}{a-b}\left[-\frac{dx}{a-x} + \frac{dx}{b-x}\right] ;$$

$$t = \frac{1}{a-b} \log \frac{a-x}{b-x} + C.$$

Si $x = 0$ pour $t = 0$, on a $C = -\dfrac{1}{a-b} \log \dfrac{a}{b}$, et on en tire

$$\frac{(a-x)b}{(b-x)a} = e^{t(a-b)}, \qquad x = ab \frac{e^{at} - e^{bt}}{ae^{at} - be^{bt}}.$$

$3°\quad dt = \dfrac{dx}{(a-x)^2(b-x)}$

$$= -\frac{dx}{(a-b)(a-x)^2} - \frac{dx}{(a-b)^2(a-x)} + \frac{dx}{(a-b)^2(b-x)},$$

$$t = \frac{-1}{(a-b)(a-x)} + \frac{1}{(a-b)^2}\log\frac{a-x}{b-x} + \mathrm{C}.$$

Si $x=0$ pour $t=0$, on trouve

$$\mathrm{C} = \frac{1}{a(a-b)} - \frac{1}{(a-b)^2}\log\frac{a}{b}.$$

$4°\quad dt = \dfrac{dx}{(a-x)^2(b-x)^2} = \dfrac{1}{(a-b)^2}\dfrac{dx}{(a-x)^2}$

$$+ \frac{1}{(a-b)^2}\frac{dx}{(b-x)^2} + \frac{2}{(a-b)^3}\frac{dx}{a-x} - \frac{2}{(a-b)^3}\frac{dx}{(b-x)^2},$$

$$t = \frac{1}{(a-b)^2}\left(\frac{1}{a-x} + \frac{1}{b-x}\right) - \frac{2}{(a-b)^3}\log\frac{a-x}{b-x} + \mathrm{C}.$$

Si $x=0$ pour $t=0$, on trouve

$$\mathrm{C} = -\frac{1}{(a-b)^2}\left(\frac{1}{a} + \frac{1}{b}\right) + \frac{2}{(a-b)^3}\log\frac{a}{b}.$$

Dans les deux derniers cas, il n'y a aucun intérêt à exprimer x en fonction de t.

---

288. *Intégrer les équations différentielles du premier ordre*

$$(1)\quad (x-4y)dx + (6y-x)dy = 0,$$

$$(2)\quad c\frac{dy}{dx} = (y-a)(b-y), \qquad (3)\quad (1-x^2)\frac{dy}{dx} + xy = ax,$$

$$(4)\quad \frac{dy}{dx} - ay = e^{bx}, \qquad (5)\quad \frac{dy}{dx}\sin x - y\cos x = \operatorname{tg} x,$$

$$(6)\quad x\frac{dy}{dx} + y = y^3, \qquad (7)\quad y = x\frac{dy}{dx} - \frac{4}{27}\left(\frac{dy}{dx}\right)^3,$$

$$(8)\quad x\frac{dy}{dx} + y = \left(\frac{dy}{dx}\right)^3, \qquad (9)\quad 8x^2\left(\frac{dy}{dx}\right)^3 - 4xy\left(\frac{dy}{dx}\right)^2 + 1 = 0.$$

$1°$ L'équation est homogène et on l'intègre en faisant le changement de variable $y = tx$, $dy = tdx + xdt$, qui donne l'équation

$$(x - 4tx)\,dx + (6tx - x)(tdx + xdt) = 0$$

ou, en séparant les variables,

$$\frac{dx}{x} + \frac{(6t - 1)\,dt}{6t^2 - 5t + 1} = 0 \, ;$$

les racines du dénominateur de la fraction rationnelle $\dfrac{6t - 1}{6t^2 - 5t + 1}$

étant égales à $\dfrac{1}{2}$ et $\dfrac{1}{3}$, cette fraction est égale à $\dfrac{2}{t - \dfrac{1}{2}} - \dfrac{1}{t - \dfrac{1}{3}} \, ;$

on a donc en intégrant

$$\log |x| + 2 \log\left| t - \frac{1}{2} \right| - \log\left| t - \frac{1}{3} \right| = \log C,$$

$$x\left(t - \frac{1}{2} \right)^2 = C\left(t - \frac{1}{3} \right),$$

C étant une constante arbitraire ; en remplaçant t par $\dfrac{y}{x}$, on obtient

la solution générale exprimée par l'équation rendue entière

$$(2y - x)^2 = \frac{4}{3} C(3y - x).$$

Cette équation représente une famille de paraboles ayant pour diamètre la droite d'équation $2y - x = 0$ et pour tangente à l'origine la droite d'équation $3y - x = 0$.

2° L'équation est analogue à la deuxième de l'exercice précédent ; les variables se séparent et l'on a

$$dx = \frac{cdy}{(y - a)(b - y)} = \frac{c}{(b - a)}\left(\frac{dy}{y - a} + \frac{dy}{b - y} \right) \, ;$$

si l'on suppose $b > y > a$, l'intégrale de l'équation est

$$x + C = \frac{c}{b - a} \log \frac{y - a}{b - y}, \qquad \frac{y - a}{b - y} = e^{\frac{b - a}{c}(x + C)} \, .$$

Si y est extérieur à l'intervalle (a, b), il faut remplacer dans l'intégrale $\dfrac{y - a}{b - y}$ par $\dfrac{a - y}{b - y}$ ou par $\dfrac{y - a}{y - b}$, dans tous les cas par $\left| \dfrac{y - a}{b - y} \right|$.

3° L'équation est linéaire ; en supprimant le second membre et séparant les variables dans l'équation restante, on a $\dfrac{dy}{y} + \dfrac{x\,dx}{1 - x^2} = 0$, dont la solution est

$$\log|y| - \frac{1}{2}\log|1 - x^2| = \log C, \qquad y = C\sqrt{|1 - x^2|}.$$

En appliquant la méthode de la variation des constantes (n° 453) et cherchant la valeur de C pour laquelle la fonction y précédente satisfait à l'équation complète, on trouve

$$dC = \frac{a\,x\,dx}{|1 - x^2|^{\frac{3}{2}}}, \qquad \text{d'où} \qquad C = \frac{a}{\sqrt{|1 - x^2|}} + C'.$$

et l'intégrale cherchée est

$$y = a + C'\sqrt{|1 - x^2|}.$$

On pouvait simplifier l'intégration par le changement $y = a + y_1$.

4° L'équation est linéaire, la solution de l'équation sans second membre est $y = Ce^{ax}$; en appliquant la méthode de variation des constantes, on a $\dfrac{dC}{dx} = e^{(b-a)x}$.

Si a est différent de b, on a $C = \dfrac{1}{b-a}\,e^{(b-a)x} + C'$, et la solution cherchée est

$$y = \frac{e^{bx}}{b-a} + C'e^{ax}.$$

Si a est égal à b, on a $C = x + C'$ et la solution cherchée est

$$y = xe^{ax} + C'e^{ax}.$$

5° L'équation est linéaire ; privée de second membre, elle donne

$$\frac{dy}{y} = \frac{\cos x\,dx}{\sin x}, \qquad \log|y| = \log|\sin x| + \log C, \qquad y = C\sin x.$$

En faisant varier la constante C, on est amené à

$$\frac{dC}{dx} = \frac{1}{\sin x \cos x}, \qquad C = \log|\operatorname{tg} x| + C'.$$

D'où la solution générale

$$y = \sin x\left[C' + \log|\operatorname{tg} x|\right].$$

6° C'est une équation de Bernoulli (n° 454) ; on l'intègre en posant $\frac{1}{y^2} = z$, ce qui conduit à l'équation linéaire $\frac{x\,dz}{dx} - 2z + 2 = 0$, dont la solution est $z = 1 + C'x^2$; on en déduit que la solution générale y est donnée par l'équation

$$C'x^2 y^2 + y^2 = 1.$$

7° L'équation différentielle est une équation de Clairaut (n° 455) et son intégrale générale est

$$y = Cx - \frac{4}{27} C^3.$$

La solution singulière est l'enveloppe des droites représentées par l'équation précédente ; en écrivant que l'équation en C a une racine double, on obtient l'équation de cette enveloppe, $y^2 = x^3$; elle représente une courbe ayant à l'origine un point de rebroussement, et appelée *parabole semi-cubique.*

8° C'est une équation de Lagrange (n° 455) que l'on intègre en remplaçant $\frac{dy}{dx}$ par p et en différentiant l'équation obtenue $y + px = p^3$; on obtient ainsi

$$2p + \frac{dp}{dx} x = 3p^2 \frac{dp}{dx}, \qquad 2p \frac{dx}{dp} + x = 3p^2.$$

L'équation formée, du type linéaire, permet d'exprimer x en fonction de p, puis y est fourni par l'équation donnée ; on a ainsi

$$x = C'p^{-\frac{1}{2}} + \frac{3}{5} p^2, \qquad y = -C'p^{\frac{1}{2}} + \frac{2}{5} p^3.$$

9° L'équation étant du premier degré en y, nous poserons encore $\frac{dy}{dx} = p$, et nous différentierons l'équation obtenue

$$8p^3 x^2 - 4p^2 xy + 1 = 0,$$

ce qui donnera

$$p\left(p + 2x \frac{dp}{dx}\right)(3px - y) = 0.$$

Le premier facteur p ne peut être nul ; en annulant le deuxième, on trouve, après intégration de l'équation obtenue,

$$p^2 x = C, \qquad x = \frac{C}{p^2}, \qquad y = \frac{8C^2 + p}{4Cp} ;$$

en éliminant p entre ces relations, et posant $\dfrac{1}{4C} = C'$, on aboutit à l'équation $x = C'(y - C')^2$, qui représente une famille de paraboles.

En annulant le dernier facteur, on a sans intégration $p = \dfrac{y}{3x}$, d'où $x = \dfrac{4y^3}{27}$; on vérifie que la fonction y tirée de cette équation est solution singulière de l'équation donnée, et que la courbe représentative est l'enveloppe de la famille des paraboles précédentes.

----

289. *Une courbe est rapportée à deux axes rectangulaires* Ox, Oy ; *on considère la tangente en un point de cette courbe de coordonnées* (x, y). *Déterminer la courbe de façon que l'ordonnée à l'origine de la tangente en* M *soit égale à l'une des quantités*

$$my, \qquad mx, \qquad xy, \qquad a\frac{y^2}{x^2}, \qquad \sqrt{x^2 + y^2}\,.$$

L'ordonnée à l'origine de la tangente est égale à $y - xy'$; on arrive ainsi aux équations suivantes :

1° $\quad y - xy' = my, \quad xy' = (1 - m)y, \quad \dfrac{y'}{y} = \dfrac{1 - m}{x}, \quad y = Cx^{1-m}.$

2° $\qquad y - xy' = mx, \qquad xy' - y = -mx,$

équation linéaire ; la solution de l'équation sans second membre est $y = Cx$; la méthode de variation des constantes donne

$$C = -m \log|x| + C' ;$$

on a ainsi la solution générale $y = C'x - mx\log|x|.$

3° $\quad y - xy' = xy, \qquad xy' = (1 - x)y, \qquad \dfrac{y'}{y} = \dfrac{1 - x}{x} = \dfrac{1}{x} - 1 ;$

la solution de l'équation est

$$\log|y| = \log|x| - x + \log C, \qquad y = Cxe^{-x}.$$

4° $\qquad y - xy' = a\dfrac{y^2}{x^2}, \qquad y' - \dfrac{1}{x}y + \dfrac{a}{x^3}y^2 = 0,$

équation de Bernoulli, qu'on intègre en posant $\dfrac{1}{y} = z$, d'où

$$z' + \dfrac{1}{x}z - \dfrac{a}{x^3} = 0 ;$$

la solution de cette dernière équation est $z = \dfrac{C'}{x} - \dfrac{a}{x^2}$; on en déduit la solution générale de la première, fournie par la relation

$$x^2 - (C'x - a)y = 0.$$

5° $$y - xy' = \sqrt{x^2 + y^2},$$

équation homogène, que l'on intègre en posant $y = tx$, $y' = t'x + t$, d'où

$$- xt' = \sqrt{1 + t^2}, \quad \frac{dx}{x} + \frac{dt}{\sqrt{1 + t^2}} = 0, \quad x\left(t + \sqrt{1 + t^2}\right) = C.$$

En remplaçant t par sa valeur et rendant l'équation entière, on obtient la relation

$$x^2 + 2Cy - C^2 = 0 ;$$

cette équation représente une famille de paraboles ayant pour axe l'axe Oy et pour foyer l'origine.

---

290. *Soient* T *et* N *les points où la tangente et la normale à une courbe en un point* M *rencontrent l'axe* Ox. *Déterminer la courbe par l'une des conditions suivantes :* 1° TN $= 2a$; 2° OT . ON $= c^2$; 3° $\overline{\text{MN}}^2 = 2a$. ON ; 4° *la normale* MN *est égale à la distance de l'origine à la tangente ;* 5° *le point de la tangente dont l'abscisse est celle de* N *a une ordonnée constante égale à* $2a$; 6° *le milieu de la normale* MN *se trouve sur la parabole d'équation* $y^2 - 2ax = 0$.

Les abscisses des points T et N sont $x - \dfrac{y}{y'}$ et $x + yy'$; on obtient les équations suivantes :

1° $$yy' + \frac{y}{y'} = 2a, \quad yy'^2 - 2ay' + y = 0, \quad \frac{dy}{dx} = \frac{a \pm \sqrt{a^2 - y^2}}{y}.$$

Les variables se séparent ; on est amené à prendre comme fonction inconnue y^2 ou plutôt $a^2 - y^2$; en posant $a^2 - y^2 = u^2$, on arrive à

$$- u\frac{du}{dx} = a \pm u, \quad dx = \frac{- u\,du}{a \pm u}.$$

En prenant le signe $+$, on a

$$x + C = - u + a \log|a + u| = - \sqrt{a^2 - y^2} + a \log\left|a + \sqrt{a^2 - y^2}\right| ;$$

en prenant le signe $-$, on a

$$x + C = u + a \log|a - u| = \sqrt{a^2 - y^2} + a \log|a - \sqrt{a^2 - y^2}|.$$

2°
$$x^2 - y^2 + xy\left(y' - \frac{1}{y'}\right) = c^2 ;$$

$$(x^2 - y^2 - c^2)\,dx\,dy + xy\,(dy^2 - dx^2) = 0.$$

On est amené à poser $x^2 = u$, $y^2 = v$ et à considérer v comme fonction de u ; on obtient ainsi l'équation

$$(u - v - c^2)\,du\,dv + u\,dv^2 - v\,du^2 = 0, \qquad uv'^2 + (u - v - c^2)v' - v = 0.$$

Cette équation, résolue par rapport à v, donne

$$v = uv' - \frac{c^2 v'}{1 + v'} ;$$

c'est une équation de Clairaut, dont la solution générale est

$$v = Cu - \frac{c^2 C}{1 + C}, \qquad \text{d'où} \qquad y^2 = Cx^2 - \frac{c^2 C}{1 + C} ;$$

elle représente une famille de coniques ayant pour foyers les points $x = \pm c$, $y = 0$; l'enveloppe de la solution générale, qui est une solution singulière, est déterminée par l'équation

$$(x^2 + y^2)^2 - 2c^2(x^2 - y^2) + c^4 = \left[(x - c)^2 + y^2\right]\left[(x + c)^2 + y^2\right] = 0,$$

qui représente l'ensemble des foyers.

3°
$$y^2(1 + y'^2) = 2a(x + yy').$$

En posant $y' = p$, différentiant l'équation obtenue, et remplaçant $\dfrac{dp}{dx}$ par $p\dfrac{dp}{dy}$, on obtient la relation

$$\left(1 + p^2 + py\frac{dp}{dy}\right)(py - a) = 0.$$

En égalant à zéro le premier facteur, on obtient une équation dans laquelle les variables se séparent et qui donne

$$\frac{dy}{y} + \frac{p\,dp}{1 + p^2} = 0, \qquad y^2(1 + p^2) = C ;$$

on en déduit x par l'équation donnée, d'où, par élimination de p,

$$2a(x + \sqrt{C - y^2}) = C, \qquad 4a^2(x^2 + y^2) - 4aC(a + x) + C^2 = 0 ;$$

cette équation représente une famille de cercles ayant leurs centres sur Ox.

En égalant à zéro le second facteur, on obtient

$$p = \frac{a}{y}, \qquad y^2 - 2ax - a^2 = 0 ;$$

c'est la solution singulière, représentée par une parabole ayant pour foyer l'origine, et enveloppe des cercles précédents.

$$4^o \quad y\sqrt{1 + y'^2} = \frac{xy' - y}{\pm\sqrt{1 + y'^2}} ; \quad xy' - y = \pm y(1 + y'^2) ;$$

avec le signe $-$ au second membre, on a $y' = 0$, $y = c^{te}$ ou bien

$$x + yy' = 0, \qquad x^2 + y^2 = C,$$

cercles ayant pour centre l'origine ; avec le signe $+$, on a

$$yy'^2 - xy' + 2y = 0,$$

équation homogène, que l'on intègre en posant $y = tx$, ce qui conduit à

$$\frac{dy}{dx} = \frac{dt}{dx} x + t = \frac{x \pm \sqrt{x^2 - 8y^2}}{2y} = \frac{1 \pm \sqrt{1 - 8t^2}}{2t}.$$

On est amené à poser $1 - 8t^2 = u^2$, et l'on obtient

$$ux\frac{du}{dx} + u^2 \pm 4u + 3 = 0, \qquad \frac{dx}{x} + \frac{u\,du}{u^2 \pm 4u + 3} = 0 ;$$

avec le signe $+$, on a, après décomposition de la fraction rationnelle en fractions simples,

$$\log|x| + \frac{3}{2}\log(u + 3) - \frac{1}{2}\log(u + 1) = \frac{1}{2}\log C,$$

$$\frac{x^2(u + 3)^3}{u + 1} = C, \qquad (\sqrt{x^2 - 8y^2} + 3x)^3 = C(\sqrt{x^2 - 8y^2} + x) ;$$

en prenant le signe $-$, on n'a qu'à changer le signe du radical.

$$5^o \quad 2a = y(1 + y'^2), \quad y' = \sqrt{\frac{2a}{y} - 1}, \quad dx = \sqrt{\frac{y}{2a - y}}\,dy.$$

On peut effectuer l'intégration en posant $y = t^2(2a - y)$, mais

il est plus simple de poser $y = a(1 - \cos \varphi)$, ce qui revient du reste
à remplacer t^2 par $\operatorname{tg}^2 \frac{\varphi}{2}$; on a alors

$$dx = a \operatorname{tg} \frac{\varphi}{2} \sin \varphi \, d\varphi = 2a \sin^2 \frac{\varphi}{2} \, d\varphi = a(1 - \cos \varphi) \, d\varphi,$$

$x = a(\varphi - \sin \varphi) + C$; la courbe est une cycloïde (n° 305) à laquelle
on fait subir une translation parallèlement à Ox.

6° Le milieu de MN, dont les coordonnées sont $x + \dfrac{yy'}{2}, \dfrac{y}{2}$,
devant se trouver sur la parabole d'équation $y^2 - 2ax = 0$, on obtient
l'équation différentielle

$$y^2 = 4a(2x + yy') ;$$

on est amené à prendre comme fonction inconnue $y^2 = t$, et à intégrer l'équation

$$t = 8ax + 2at', \qquad 2at' - t = -8ax,$$

qui est linéaire ; la solution de l'équation sans second membre est
$t = Ce^{\frac{x}{2a}}$, et la méthode de variation des constantes donne

$$\frac{dC}{dx} = -4xe^{-\frac{x}{2a}}, \qquad C = C' + (8ax + 16a^2)e^{-\frac{x}{2a}} ;$$

la solution de l'équation donnée est fournie par l'équation

$$y^2 = C'e^{\frac{x}{2a}} + 8ax + 16a^2.$$

---

291. *Déterminer l'équation différentielle de la famille de courbes*
$$xy - 1 + C(y - x^2) = 0 ;$$
*intégrer inversement cette équation différentielle en remarquant
qu'elle admet la solution* $y = x^2$.

En éliminant la constante C entre l'équation donnée et sa dérivée
par rapport à x, on obtient l'équation différentielle

$$(1 - x^3)\frac{dy}{dx} - 2x + x^2y + y^2 = 0.$$

C'est une équation de Riccati (n° 454), que l'on peut intégrer dès que l'on connaît une solution particulière $y_1 = x^2$. En posant $y = y_1 + z = x^2 + z$, on arrive à l'équation

$$(1 - x^3)\frac{dz}{dx} + 3x^2 z + z^2 = 0$$

du type de Bernoulli, qu'on intègre en posant $\frac{1}{z} = u$, d'où

$$(1 - x^3)u' - 3x^2 u = 1.$$

Pour intégrer cette équation linéaire, on forme la solution de l'équation sans second membre $u = \dfrac{C}{1 - x^3}$, et l'on fait varier la constante, ce qui donne $\dfrac{dC}{dx} = 1$, $C = x + C'$; on obtient ainsi

$$u = \frac{x + C'}{1 - x^3}, \qquad y = x^2 + \frac{1}{u} = \frac{1 + C'x^2}{x + C'};$$

c'est l'équation de la famille donnée de courbes.

---

292. *Déterminer une série entière qui soit solution de l'équation*

$$\frac{dy}{dx} - xy = 1.$$

Si l'on exprime qu'une série entière

$$y = a_0 + a_1 x + a_2 x^2 + \cdots + a_n x^n + \cdots$$

satisfait à l'équation différentielle, on doit avoir identiquement

$$a_1 + (2a_2 - a_0)x + \cdots + \left[(n + 2)a_{n+2} - a_n\right]x^{n+1} + \cdots = 1.$$

En écrivant que les coefficients des mêmes puissances de x sont les mêmes dans les deux membres, on a les relations

$$a_1 = 1, \qquad a_2 = \frac{a_0}{2}, \qquad a_3 = \frac{a_1}{3}, \qquad \cdots, \qquad a_{n+2} = \frac{a_n}{n+2}, \qquad \cdots;$$

on voit que chaque coefficient est déterminé en fonction de l'antéprécédent; les coefficients d'indice impair sont déterminés :

$$a_1 = \frac{1}{1}, \qquad a_3 = \frac{1}{1 \cdot 3}, \qquad a_5 = \frac{1}{1 \cdot 3 \cdot 5}, \qquad \cdots;$$

ceux d'indice pair s'expriment tous au moyen de a_0, qui reste indéterminé et constitue la constante d'intégration :

$$a_2 = \frac{a_0}{2}, \qquad a_4 = \frac{a_0}{2 \cdot 4}, \qquad a_6 = \frac{a_0}{2 \cdot 4 \cdot 6}, \qquad \cdots ;$$

finalement, la solution générale de l'équation est

$$y = a_0\Big(1 + \frac{x^2}{2} + \frac{x^4}{2 \cdot 4} + \frac{x^6}{2 \cdot 4 \cdot 6} + \cdots\Big) + \Big(\frac{x}{1} + \frac{x^3}{1 \cdot 3} + \frac{x^5}{1 \cdot 3 \cdot 5} + \cdots\Big),$$

les deux séries entre parenthèses étant convergentes pour toute valeur de x.

L'équation est linéaire ; la méthode générale d'intégration donne

$$y = C e^{\frac{x^2}{2}}, \qquad \frac{dC}{dx} = e^{-\frac{x^2}{2}}, \qquad C = C' + \int_0^x e^{-\frac{x^2}{2}}\, dx ;$$

la solution générale est

$$y = C' e^{\frac{x^2}{2}} + e^{\frac{x^2}{2}} \int_0^x e^{-\frac{x^2}{2}}\, dx.$$

On voit, en développant en série le coefficient de C', que le premier terme de la solution est identique à la partie de la série qui forme le coefficient de a_0 ; il reste à montrer l'identité des autres parties. Comme la variable sous le signe d'intégration peut être remplacée par une autre quelconque t, pourvu que les limites restent les mêmes, nous pouvons écrire la seconde partie sous la forme

$$1 = e^{\frac{x^2}{2}} \int_0^x e^{-\frac{t^2}{2}}\, dt = \int_0^x e^{\frac{x^2 - t^2}{2}}\, dt.$$

En remplaçant l'exponentielle par son développement en série, puis en intégrant terme à terme, on obtient

$$1 = \int_0^x dt + \frac{1}{1} \int_0^x \Big(\frac{x^2 - t^2}{2}\Big) dt + \frac{1}{1 \cdot 2} \int_0^x \Big(\frac{x^2 - t^2}{2}\Big)^2 dt + \cdots$$

Soit 1_n l'intégrale qui se rapporte à l'exposant n ; en intégrant par parties, nous avons

$$1_n = \Big[t\Big(\frac{x^2 - t^2}{2}\Big)^n \Big]_0^x + \int_0^x n t^2 \Big(\frac{x^2 - t^2}{2}\Big)^{n-1} dt ;$$

le premier terme du second membre est nul ; le deuxième peut être remplacé par

$$\int_0^x -2n\Big(\frac{x^2 - t^2}{2}\Big)^n dt + \int_0^x n x^2 \Big(\frac{x^2 - t^2}{2}\Big)^{n-1} dt = -2n I_n + n x^2 I_{n-1} ;$$

on a donc la formule de récurrence

$$(2n + 1)\mathrm{I}_n = nx^2\mathrm{I}_{n-1},$$

qui, appliquée de proche en proche, donne

$$\mathrm{I}_n = \frac{n(n-1) \ldots 2 . 1}{(2n+1)(2n-1) \ldots 3 . 1} x^{2n}\mathrm{I}_0 ;$$

comme $\mathrm{I}_0 = x$, on constate bien, tous calculs faits, l'identité de la deuxième partie de l'intégrale avec la seconde série.

---

293. *Sur le paraboloïde de révolution d'équation*

$$x^2 + y^2 - 2pz = 0,$$

déterminer une courbe telle que la tangente en un point quelconque M *de cette courbe fasse un angle constant avec* Oz, *ou bien fasse un angle constant avec le méridien du point* M.

Le cosinus de l'angle que fait avec Oz la tangente en un point d'une courbe tracée sur le paraboloïde est égal à

$$\cos\gamma = \frac{dz}{\sqrt{dx^2 + dy^2 + dz^2}} = \frac{x\,dx + y\,dy}{\sqrt{p^2(dx^2 + dy^2) + (x\,dx + y\,dy)^2}} ;$$

on en déduit que la projection de la courbe sur le plan xOy satisfait à l'équation différentielle

$$p^2(dx^2 + dy^2)\cot g^2\gamma = (xdx + ydy)^2 ;$$

en la transformant en coordonnées polaires, elle s'écrit

$$p^2(d\rho^2 + \rho^2\,d\theta^2)\cot g^2\gamma = \rho^2\,d\rho^2 ;$$

en posant $p\cot g\,\gamma = a$, on a, au signe de θ près, l'équation

$$d\theta = \frac{\sqrt{\rho^2 - a^2}}{a\rho}\,d\rho ;$$

on l'intègre en posant $\rho = \dfrac{a}{\cos\varphi}$, d'où $d\theta = \dfrac{\sin^2\varphi}{\cos^2\varphi}d\varphi = \left(\dfrac{1}{\cos^2\varphi} - 1\right)d\varphi,$

$$\theta = \operatorname{tg}\varphi - \varphi + \mathrm{c}^{\mathrm{te}}.$$

La courbe est une développante du cercle de centre O et de rayon

a, car pour une telle développante (n° 330) on voit que $a = \rho \cos V$, d'où

$$\operatorname{tg} V = \frac{\rho\, d\theta}{d\rho} = \frac{\sqrt{\rho^2 - a^2}}{a};$$

ce qui est la même équation différentielle que la précédente.

Pour la deuxième partie, la tangente au méridien de la surface passant par un point (x, y, z) est l'intersection du plan de ce méridien et du plan tangent, qui sont représentés par

$$\frac{X}{x} = \frac{Y}{y}, \qquad Xx + Yy - p(Z + z) = 0.$$

Les coefficients directeurs de cette tangente sont x, y et $\dfrac{x^2 + y^2}{p}$;

ceux de la tangente à une courbe sont dx, dy et $dz = \dfrac{x\,dx + y\,dy}{p}$;

le cosinus de leur angle est

$$\cos V = \frac{(p^2 + x^2 + y^2)(x\,dx + y\,dy)}{\sqrt{(p^2 + x^2 + y^2)(x^2 + y^2)}\sqrt{p^2(dx^2 + dy^2) + (x\,dx + y\,dy)^2}};$$

cette équation détermine la projection des courbes cherchées sur le plan xOy; en la transformant en coordonnées polaires, elle s'écrit, tous calculs faits,

$$d\theta = \frac{\sqrt{\rho^2 + p^2}}{p\rho}\, \operatorname{cotg} V;$$

on l'intègre d'une manière analogue à la précédente en posant $\rho = p\,\operatorname{tg}\psi$, ce qui donne

$$\operatorname{cotg} V\, d\theta = \frac{d\psi}{\sin\psi\,\cos^2\psi}, \qquad \theta \operatorname{cotg} V + c^{te} = \frac{1}{\cos\psi} + \log\left|\operatorname{tg}\frac{\psi}{2}\right|,$$

comme le montrerait le changement de variable $\cos\psi = u$, qui ramène l'intégration à celle d'une fraction rationnelle.

---

294. *Déterminer les trajectoires orthogonales des paraboles qui se déduisent de la parabole d'équation* $y^2 - 2px = 0$, 1° *par une translation parallèle à* Ox, 2° *par une translation parallèle à* Oy.

L'équation générale des premières paraboles est

$$y^2 - 2p(x - a) = 0,$$

a étant un paramètre variable ; la dérivée de cette équation, $y\dfrac{dy}{dx}-p=0$,

ne renferme pas le paramètre et est l'équation différentielle des paraboles ; celle de leurs trajectoires orthogonales est (n° 458)

$$y\frac{dx}{dy}+p=0, \qquad \frac{dy}{y}+\frac{dx}{p}=0,$$

dont l'intégrale est

$$\log|y|+\frac{x}{p}=\log \mathrm{C}, \qquad y=\mathrm{C}e^{-\frac{x}{p}}.$$

L'équation générale des deuxièmes paraboles est

$$(y-a)^2-2px=0 ;$$

l'élimination de a entre cette équation et sa dérivée, $(y-a)\dfrac{dy}{dx}-p=0$, donne l'équation différentielle des courbes considérées

$$p\left(\frac{dx}{dy}\right)^2-2x=0 ;$$

celle des trajectoires orthogonales est

$$p\left(\frac{dy}{dx}\right)^2-2x=0, \qquad dy=\sqrt{\frac{2}{p}}\,x^{\frac{1}{2}}\,dx,$$

dont l'intégrale est

$$y+\mathrm{C}=\sqrt{\frac{2}{p}}\,\frac{2}{3}\,x^{\frac{3}{2}} ;$$

elle représente des paraboles semi-cubiques ayant leur point de rebroussement sur Oy, et se déduisant de l'une d'elles par une translation parallèle à Oy.

———

295. *Déterminer les trajectoires orthogonales des cercles qui se déduisent d'un cercle donné par une rotation autour d'un de ses points.*

Si l'on prend comme origine le point fixe, et si a désigne le diamètre du cercle donné, l'équation générale des cercles de la famille est

$$\rho=a\cos(\theta-\alpha),$$

α étant un paramètre variable ; l'élimination de α entre l'équation

et sa dérivée donne l'équation différentielle des cercles $\rho^2 + \rho'^2 = a^2$,
en y remplaçant ρ' par $-\dfrac{\rho^2}{\rho'}$, on a l'équation différentielle des trajectoires orthogonales

$$\rho^2 + \frac{\rho^4}{\rho'^2} = a^2, \qquad d\theta = \pm \frac{\sqrt{a^2 - \rho^2}}{\rho^2}\, d\rho\,;$$

si l'on pose $\rho = a \cos \varphi$, d'où $d\rho = - a \sin \varphi\, d\varphi$, elle devient

$$d\theta = \frac{\mp \sin^2 \varphi}{\cos^2 \varphi}\, d\varphi = \pm \left(d\varphi - \frac{d\varphi}{\cos^2 \varphi} \right),$$

d'où
$$\theta = \pm (\varphi - \mathrm{tg}\, \varphi) + \mathrm{c^{te}}.$$

En adoptant le signe — et comparant le résultat avec celui de la première partie de l'exercice 293, on voit que chaque trajectoire est l'inverse par rapport au pôle O, avec la puissance d'inversion a^2, d'une développante du cercle de centre O et de rayon a; cette inverse a l'origine comme point asymptote.

----

296. *On considère la famille de courbes* C *représentées par l'équation*

$$x^3 y^3 (y^3 - x^3) = a,$$

où a *est un paramètre arbitraire. Déterminer les courbes* C' *telles qu'en chacun des points* M *où elles rencontrent une courbe* C, *les tangentes aux courbes* C *et* C' *forment des angles dont les bissectrices sont parallèles aux axes de coordonnées.*

La dérivée de l'équation donne immédiatement l'équation différentielle de la famille de courbes

$$y(y^3 - 2x^3)\, dx + x(2y^3 - x^3)\, dy = 0.$$

Il suffit d'y remplacer $\dfrac{dy}{dx}$ par $-\dfrac{dy}{dx}$ pour obtenir l'équation différentielle des courbes cherchées

$$y(y^3 - 2x^3)\, dx - x(2y^3 - x^3)\, dy = 0.$$

C'est une équation homogène, qu'on intègre en posant $y = tx$,

$dy = t\,dx + x\,dt$, ce qui conduit à l'équation

$$t(t^3 + 1)\,dx + x(2t^3 - 1)\,dt = 0,$$

$$\frac{dx}{x} + \frac{2t^3 - 1}{t(t^3 + 1)}\,dt = 0, \qquad \frac{dx}{x} - \frac{dt}{t} + \frac{3t^2\,dt}{t^3 + 1} = 0\,;$$

l'intégrale de cette équation est

$$\log|x| - \log|t| + \log|t^3 + 1| = \log C, \qquad x = \frac{Ct}{t^3 + 1},$$

ou, en remplaçant t par sa valeur,

$$x^3 + y^3 - Cxy = 0\,;$$

elle représente une famille de foliums de Descartes.

---

297. *En supposant l'axe Oz vertical, on appelle ligne de plus grande pente d'une surface une ligne tracée sur cette surface et telle qu'en chacun de ses points sa tangente soit perpendiculaire aux horizontales du plan tangent à la surface en ce point. Déterminer les lignes de plus grande pente des surfaces représentées par les équations*

$$z^2 - 2xy = 0, \qquad \frac{x^2}{p} - \frac{y^2}{q} - 2z = 0\,.$$

La direction des horizontales du plan tangent en un point d'une surface représentée par $f(x, y, z) = 0$ est celle de la droite

$$Z = 0, \qquad Xf'_x + Yf'_y = 0\,;$$

pour que la tangente, de coefficients directeurs dx, dy, dz, soit normale à cette droite, il faut que l'on ait la condition

$$\frac{dx}{f'_x} = \frac{dy}{f'_y}\,;$$

en éliminant z entre cette équation et celle de la surface, on aura l'équation différentielle des projections sur le plan xOy des lignes de plus grande pente.

Dans le premier exemple, l'équation est

$$\frac{dx}{y} = \frac{dy}{x}, \qquad x\,dx - y\,dy = 0, \qquad x^2 - y^2 = C^{te}.$$

Dans le deuxième exemple, elle est

$$\frac{pdx}{x} + \frac{qdy}{y} = 0, \qquad \log |x^p| + \log |y^q| = \log C, \qquad x^p y^q = C^{te}.$$

On peut remarquer que la projection d'une ligne de plus grande pente sur le plan xOy est une trajectoire orthogonale des projections des sections de la surface par des plans horizontaux $z = h$.

———

298. *Une tour verticale pleine a la forme d'un solide de révolution et est constituée par des matériaux homogènes de poids spécifique p ; on suppose que la charge sur chaque tranche horizontale est répartie uniformément sur tous les éléments de cette tranche, et que la face supérieure supporte un poids* P ; *déterminer la méridienne de la surface de révolution limitant le volume, de façon que la charge sur chaque unité de surface d'une tranche horizontale soit la même pour toutes les tranches.*

Soient r_0 le rayon du parallèle supérieur et r le rayon du parallèle situé à une distance z du précédent. Le volume compris entre les sections dont les distances au sommet sont z et $z + dz$ a pour partie principale $\pi r^2 dz$ et le poids des matériaux dont est formé ce volume est $p\pi r^2 dz$; le poids total des matériaux depuis la partie supérieure jusqu'à la tranche considérée est $Q = \int^z p\pi r^2 dz$, et la charge totale sur cette tranche est $P + Q$. En écrivant que la charge par unité de surface est la même que sur la face supérieure, on a l'équation

$$\frac{P + Q}{\pi r^2} = \frac{P}{\pi r_0^2}, \qquad ou \qquad P + \int_0^z p\pi r^2 dz = \frac{Pr^2}{r_0^2} ;$$

nous ferons disparaître le signe d'intégration en différentiant les deux membres, ce qui donne l'équation

$$p\pi r^2 dz = \frac{2Prdr}{r_0^2}, \qquad ou \qquad \frac{dr}{r} = \frac{p\pi r_0^2}{2P} dz,$$

dont la solution est fournie par la relation

$$\log r = \log C + \frac{p\pi r_0^2}{2P} z.$$

La constante est déterminée par la condition initiale $r = r_0$ pour $z = 0$, ce qui donne $C = r_0$ et la solution cherchée est

$$r = r_0 e^{\frac{p\pi r_0^2}{2P}z}.$$

299. *Un réservoir cylindrique vertical de section* $S = 1\,dm^2$ *et de hauteur* $H = 25^{cm}$ *est primitivement rempli d'eau ; dans la paroi inférieure on ouvre un orifice circulaire de section* $s = 1\,cm^2$; *déterminer le temps au bout duquel le réservoir sera vidé. On sait que la vitesse d'écoulement près de l'orifice est* $v = \sqrt{2gh}$ *quand le niveau de l'eau dans le réservoir est à une hauteur* h *au-dessus de l'orifice, et l'on suppose que le débit de l'écoulement est* $0,62\,sv$.

Si x représente la distance au niveau supérieur initial du niveau du liquide à l'instant t, la hauteur au-dessus de l'orifice est $h = H - x$, la vitesse de l'écoulement est $v = \sqrt{2g(H - x)}$ et le débit est

$$q = 0,62\,sv = 0,62\,s\sqrt{2g(H - x)}.$$

Pendant un temps infiniment petit Δt, le niveau descend de Δx, et le volume de l'eau écoulée est $S\Delta x$; ce volume ne diffère que par un infiniment petit d'ordre supérieur du produit de q par l'intervalle de temps Δt. En écrivant que les parties principales de ces infiniment petits sont égales, on a

$$S dx = q dt = 0,62\,s\sqrt{2g(H - x)}\,dt.$$

En séparant les variables on a

$$dt = \frac{S}{0,62\,s}\frac{dx}{\sqrt{2g(H - x)}},$$

d'où

$$t = \frac{S}{0,62\,s}\int_0^x \frac{dx}{\sqrt{2g(H - x)}} = \left(\frac{-2S\sqrt{H - x}}{0,62\,s\sqrt{2g}}\right)_0^x.$$

Le temps total au bout duquel le réservoir sera vidé est égal à l'intégrale prise entre les limites 0 et H, c'est-à-dire, en prenant le centimètre comme unité de longueur,

$$T = \frac{2S\sqrt{H}}{0,62\,s\sqrt{2g}} = \frac{2.100.5}{0,62\sqrt{2.981}} = 36,4 \text{ sec.}$$

300. *Un réservoir renferme 200 litres d'une solution salée contenant 10 grammes de sel par litre ; on fait écouler le liquide d'une manière uniforme à raison de 1 litre par seconde et on le remplace au fur et à mesure par la même quantité d'eau pure. On suppose que le mélange se fait instantanément et est toujours homogène. Déterminer la variation, en fonction du temps, du titre de la solution et le temps au bout duquel ce titre sera de 1^g par litre.*

Soit $x(t)$ le titre de la solution à l'instant t, c'est-à-dire le nombre de grammes de sel par litre ; le réservoir renferme alors $200x$ grammes de sel. Au bout du temps Δt, il est sorti Δt litres de liquide, par suite $x\Delta t$ grammes de sel, et ces Δt litres ont été remplacés par de l'eau pure ; il y a donc au bout de cet intervalle de temps 200 litres de liquide renfermant $200x - x\Delta t$ grammes de sel ; le nouveau titre est

$$\frac{200x - x\Delta t}{200} = x - \frac{x\Delta t}{200}.$$

En écrivant que la variation infiniment petite Δx du titre a pour partie principale $-\dfrac{x\Delta t}{200}$, et introduisant les différentielles, on obtient l'équation

$$dx = \frac{-x\,dt}{200}, \qquad \frac{dx}{x} = \frac{-dt}{200},$$

dont l'intégrale est

$$\log x = \frac{-t}{200} + \log C, \qquad x = Ce^{-\frac{t}{200}}.$$

On a la valeur de la constante en écrivant que pour $t = 0$, $x = 10$, d'où $C = 10$ et $x = 10e^{-\frac{t}{200}}$.

Le temps au bout duquel $x = 1$ est donné par

$$1 = 10e^{-\frac{t}{200}}, \qquad t = -200\log\frac{1}{10} = 200\log 10 = 460,5 \text{ sec} = 7^{mn}40^s5.$$

301. *Intégrer les équations différentielles :*

$$1° \quad \frac{d^2y}{dx^2} = x(a - x) ; \qquad\qquad 2° \quad \frac{d^2y}{dx^2} = y(a - y) ;$$

$$3° \quad 2y\frac{d^2y}{dx^2} = 1 + \left(\frac{dy}{dx}\right)^2 ; \qquad 4° \quad a\frac{d^2y}{dx^2} = \sqrt{1 + \left(\frac{dy}{dx}\right)^2} ;$$

$$5° \quad 4\frac{d^2y}{dx^2} - y = 2x^2 + 1 ; \qquad 6° \quad \frac{d^3y}{dx^3} - y = e^{-x} ;$$

$$7° \quad (1 + x^2)\frac{d^2y}{dx^2} + 2x\frac{dy}{dx} = 6x^2 + 2, \qquad (\textit{elle admet la solution } y_0 = x^2) ;$$

$$8° \quad (1 + x^2)^2\frac{d^2y}{dx^2} + 2x(1 + x^2)\frac{dy}{dx} + 4y = 0 \quad (\textit{on posera } x = \operatorname{tg} t),$$

$$9° \quad x\frac{d^2y}{dx^2} + 2\frac{dy}{dx} = 4\log x ; \qquad 10° \quad \frac{d^3y}{dx^3} + \frac{dy}{dx} = \operatorname{tg} x ;$$

$$11° \quad \frac{d^4y}{dx^4} + 2\frac{d^2y}{dx^2} + y = \cos mx, \qquad (\textit{cas de } m = \pm 1) ;$$

$$12° \quad x^2\frac{d^2y}{dx^2} + x\frac{dy}{dx} - 4y = 0 ; \qquad 13° \quad x^2\frac{d^2y}{dx^2} - 3x\frac{dy}{dx} + 4y = 0.$$

1° En intégrant deux fois successivement par rapport à x, on a

$$\frac{dy}{dx} = \frac{ax^2}{2} - \frac{x^3}{3} + C_1, \qquad y = \frac{ax^3}{6} - \frac{x^4}{12} + C_1 x + C_2.$$

2° L'équation ne renferme pas la variable x et on l'intègre (n° 462) en posant

$$\frac{dy}{dx} = p, \qquad \text{d'où} \qquad \frac{d^2y}{dx^2} = p\frac{dp}{dy}.$$

L'équation devient ainsi

$$p\frac{dp}{dy} = y(a - y), \qquad \text{ou} \qquad p\,dp = y(a - y)\,dy,$$

dont l'intégrale est donnée par

$$\frac{p^2}{2} = \frac{ay^2}{2} - \frac{y^3}{3} + C_1.$$

On est ramené à intégrer l'équation

$$\left(\frac{dy}{dx}\right)^2 = ay^2 - \frac{2}{3}y^3 + 2C_1,$$

dont l'intégrale est donnée par la relation

$$x + C_2 = \pm \int \frac{dy}{\sqrt{ay^2 - \dfrac{2}{3}y^3 + 2C_1}}.$$

Lorsque C_1 n'est pas nul, l'intégrale du second membre ne peut pas être déterminée par les fonctions élémentaires et elle se ramène aux intégrales elliptiques ; lorsque $C_1 = 0$, ce qui exprime que p ou $\dfrac{dy}{dx}$ est nul pour $y = 0$, on peut achever l'intégration par le changement de variable $a - \dfrac{2}{3}y = z^2$, qui donne $dy = -3zdz$, et conduit à l'intégrale

$$x + C_2 = \pm \int \frac{2dz}{z^2 - a}.$$

Si a est positif et si $z^2 - a$ est aussi positif, ce qui entraîne y négatif, l'intégrale du second membre est égale à

$$\frac{1}{\sqrt{a}} \log \frac{z - \sqrt{a}}{z + \sqrt{a}} = \frac{1}{\sqrt{a}} \log \frac{\sqrt{a - \dfrac{2}{3}y} - \sqrt{a}}{\sqrt{a - \dfrac{2}{3}y} + \sqrt{a}},$$

et on en déduit, tous calculs faits, la valeur de y

$$y = \frac{-6ae^{\sqrt{a}(x + C_2)}}{\left[1 - e^{\sqrt{a}(x + C_2)}\right]^2} = -\frac{3}{2} \frac{a}{\operatorname{sh}^2\left[\dfrac{\sqrt{a}(x + C_2)}{2}\right]}.$$

Si a est encore positif, mais $z^2 - a$ négatif, ce qui entraîne y positif, l'intégrale du second membre est $\dfrac{1}{\sqrt{a}} \log \dfrac{\sqrt{a} - z}{z + \sqrt{a}}$ et on en déduit cette fois

$$y = \frac{6ae^{\sqrt{a}(x + C_2)}}{\left[1 + e^{\sqrt{a}(x + C_2)}\right]^2} = \frac{3}{2} \frac{a}{\operatorname{ch}^2\left[\dfrac{\sqrt{a}(x + C_2)}{2}\right]}.$$

Si a est négatif, égal à $-a'$, ce qui entraîne y négatif, l'intégrale du second membre est égale à $\dfrac{2}{\sqrt{a'}}$ arc tg $\dfrac{z}{\sqrt{a'}}$, et on en déduit

$$z = \sqrt{a'}\,\text{tg}\,\frac{\sqrt{a'}(x+C_2)}{2}, \qquad y = -\frac{3}{2}\,\frac{a'}{\cos^2\left[\dfrac{\sqrt{a'}(x+C_2)}{2}\right]}.$$

3° En utilisant de même l'inconnue auxiliaire $p = \dfrac{dy}{dx}$, on forme l'équation

$$2yp\frac{dp}{dy} = 1 + p^2, \qquad \frac{dy}{y} = \frac{2p\,dp}{1+p^2},$$

dont l'intégrale est donnée par la relation

$$\log|y| = \log(1+p^2) + \log|C_1|, \qquad \text{d'où} \qquad y = C_1(1+p^2),$$

C_1 étant une constante arbitraire ; on en déduit l'équation du premier ordre

$$\left(\frac{dy}{dx}\right)^2 = \frac{y}{C_1} - 1, \qquad dx = \frac{\pm\,dy}{\sqrt{\dfrac{y}{C_1} - 1}},$$

dont l'intégrale est

$$x - C_2 = \pm 2C_1\sqrt{\frac{y}{C_1} - 1}, \qquad \text{d'où} \qquad (x - C_2)^2 = 4C_1(y - C_1),$$

C_2 étant une deuxième constante arbitraire ; la solution générale représente une famille de paraboles ayant pour directrice l'axe des x.

4° On pourrait employer la même méthode, mais il est plus simple de considérer $\dfrac{dy}{dx} = y'$ comme une fonction de x satisfaisant à l'équation

$$a\frac{dy'}{dx} = \sqrt{1 + y'^2}, \qquad \frac{dx}{a} = \frac{dy'}{\sqrt{1 + y'^2}},$$

dont l'intégrale est donnée par

$$\frac{x - x_0}{a} = \log\left(y' + \sqrt{1 + y'^2}\right), \qquad y' + \sqrt{1 + y'^2} = e^{\frac{x - x_0}{a}},$$

x_0 étant une constante. En remarquant que l'on a

$$y' - \sqrt{1 + y'^2} = \frac{-1}{y' + \sqrt{1 + y'^2}} = -\,e^{-\frac{x - x_0}{a}},$$

et ajoutant les deux équations, on trouve

$$y' = \frac{1}{2}\left(e^{\frac{x-x_0}{a}} - e^{-\frac{x-x_0}{a}}\right) = \operatorname{sh}\frac{x-x_0}{a},$$

et en intégrant, on obtient la solution

$$y = y_0 + \frac{a}{2}\left(e^{\frac{x-x_0}{a}} + e^{-\frac{x-x_0}{a}}\right) = y_0 + \frac{a}{2}\operatorname{ch}\frac{x-x_0}{a},$$

où y_0 est une deuxième constante arbitraire ; cette équation représente une famille de chaînettes qui se déduisent toutes d'une même chaînette $y = \frac{a}{2}\left(e^{\frac{x}{a}} + e^{-\frac{x}{a}}\right)$ par une translation quelconque dans le plan.

5° L'équation est linéaire du second ordre et le premier membre a ses coefficients constants ; l'équation caractéristique (n° 464) est $4r^2 - 1 = 0$ et a pour racines $r_1 = \frac{1}{2}$ et $r_2 = -\frac{1}{2}$; l'intégrale de l'équation sans second membre est $y = C_1 e^{\frac{x}{2}} + C_2 e^{-\frac{x}{2}}$.

Nous chercherons une intégrale particulière y_0 de l'équation totale de la forme $y_0 = a + bx + cx^2$; en substituant cette valeur à y et identifiant les deux membres, nous trouvons $c = -2$, $b = 0$, $a = -17$; l'intégrale générale de l'équation est alors

$$y = C_1 e^{\frac{x}{2}} + C_2 e^{-\frac{x}{2}} - 17 - 2x^2.$$

6° L'équation caractéristique de l'équation sans second membre est $r^3 - 1 = 0$ et a pour racines

$$r_1 = 1, \qquad r_2 = -\frac{1}{2} + \frac{i\sqrt{3}}{2}, \qquad r_3 = -\frac{1}{2} - \frac{i\sqrt{3}}{2};$$

l'intégrale de l'équation sans second membre est

$$y = C_1 e^x + e^{-\frac{x}{2}}\left(C_2 \cos\frac{\sqrt{3}}{2}x + C_3 \sin\frac{\sqrt{3}}{2}x\right).$$

Nous chercherons une solution particulière de l'équation avec second membre de la forme $y_0 = he^{-x}$; après substitution, nous obtenons $h = -\frac{1}{2}$, l'intégrale générale est alors

$$y = C_1 e^x + e^{-\frac{x}{2}}\left(C_2 \cos\frac{\sqrt{3}}{2}x + C_3 \sin\frac{\sqrt{3}}{2}x\right) - \frac{1}{2}e^{-x}.$$

7° En utilisant la solution particulière x^2 et posant $y = x^2 + z$, on est ramené à l'équation homogène

$$\frac{d^2 z}{dx^2}(1 + x^2) + 2x\frac{dz}{dx} = 0$$

qui ne renferme pas z; on l'intègre en considérant $\frac{dz}{dx} = z'$ comme inconnue et écrivant

$$\frac{1}{z'}\frac{dz'}{dx} + \frac{2x}{1 + x^2} = 0,$$

d'où

$$\log|z'| + \log(1 + x^2) = \log|C_1|, \quad z' = \frac{C_1}{1 + x^2},$$

C_1 étant une constante.

En intégrant encore une fois, on a $z = C_1 \operatorname{arc\,tg} x + C_2$ et l'intégrale de l'équation donnée est

$$y = x^2 + C_1 \operatorname{arc\,tg} x + C_2.$$

8° En posant $x = \operatorname{tg} t$, on a

$$\frac{dy}{dx} = \frac{dy}{dt}\cos^2 t, \qquad \frac{d^2 y}{dx^2} = \frac{d^2 y}{dt^2}\cos^4 t - 2\frac{dy}{dt}\sin t\cos^3 t$$

et l'équation différentielle devient

$$\frac{d^2 y}{dt^2} + 4y = 0.$$

L'équation caractéristique $r^2 + 4 = 0$ a pour racines $\pm 2i$; la solution générale est

$$y = C_1 \cos 2t + C_2 \sin 2t = C_1\frac{1 - x^2}{1 + x^2} + C_2\frac{2x}{1 + x^2}.$$

9° En posant $\frac{dy}{dx} = z$, l'équation qui donne z est linéaire du premier ordre,

$$x\frac{dz}{dx} + 2z = 4\log x;$$

l'équation sans second membre a pour solution $z = \frac{C}{x^2}$, et la méthode de variation des constantes donne

$$\frac{dC}{dx} = 4x\log x, \qquad C = \int 4x\log x\,dx = 2x^2\log x - x^2 + C_1.$$

On en déduit
$$z = 2 \log x - 1 + \frac{C_1}{x^2},$$

$$y = \int z \, dx = 2x \log x - 3x - \frac{C_1}{x} + C_2.$$

$10°$ L'équation caractéristique du premier membre est $r^3 + r = 0$ et a pour racines $r_1 = 0$, $r_2 = i$, $r_3 = -i$; la solution de l'équation sans second membre est

$$y = C_1 + C_2 \cos x + C_3 \sin x.$$

— La méthode de la variation des constantes (n° 470) consiste à considérer C_1, C_2, C_3 comme des fonctions de x, et à les assujettir aux conditions

$$\frac{dC_1}{dx} + \frac{dC_2}{dx} \cos x + \frac{dC_3}{dx} \sin x = 0,$$

$$-\frac{dC_2}{dx} \sin x + \frac{dC_3}{dx} \cos x = 0,$$

$$-\frac{dC_2}{dx} \cos x - \frac{dC_3}{dx} \sin x = \operatorname{tg} x.$$

Elles donnent

$$\frac{dC_1}{dx} = \operatorname{tg} x, \qquad \frac{dC_2}{dx} = -\sin x, \qquad \frac{dC_3}{dx} = -\sin x \operatorname{tg} x = \cos x - \frac{1}{\cos x},$$

$$C_1 = -\log|\cos x| + D_1, \qquad C_2 = \cos x + D_2,$$

$$C_3 = \sin x - \log\left|\operatorname{tg}\left(\frac{\pi}{4} + \frac{x}{2}\right)\right| + D_3.$$

$$y = D_1 + D_2 \cos x + D_3 \sin x - \log|\cos x| + 1 - \sin x \log\left|\operatorname{tg}\left(\frac{\pi}{4} + \frac{x}{2}\right)\right|.$$

$11°$ L'équation différentielle homogène obtenue en supprimant le second membre a pour équation caractéristique $r^4 + 2r^2 + 1 = 0$, qui a pour racines doubles $+i$ et $-i$. La solution générale est (n° 466)

$$(C_1 + C_2 x) \cos x + (C_3 + C_4 x) \sin x.$$

Si m n'est pas égal à $+1$ ou -1, l'équation complète a une solution particulière de la forme $y_0 = \alpha \cos mx$; par substitution, on trouve $\alpha(m^4 - 2m^2 + 1) = 1$, $\alpha = \dfrac{1}{(m^2 - 1)^2}$ et la solution générale est

$$y = (C_1 + C_2 x) \cos x + (C_3 + C_4 x) \sin x + \frac{\cos mx}{(m^2 - 1)^2}.$$

Si $m = \pm 1$, une solution particulière de l'équation complète est de la forme

$$y_0 = (\alpha + \beta x + \gamma x^2) \cos x + (\alpha' + \beta' x + \gamma' x^2) \sin x ;$$

par substitution et identification, on trouve $\gamma = -\dfrac{1}{8}$, $\gamma' = 0$, tandis que α, β, α' et β' restent indéterminés et l'on obtient pour solution générale

$$y = (C_1 + C_2 x) \cos x + (C_3 + C_4 x) \sin x - \frac{x^2}{8} \cos x.$$

12° Pour qu'une fonction $y = x^r$ soit solution de l'équation donnée, il faut que l'on ait identiquement (n° 467)

$$\varphi(r) = r(r - 1) + r - 4 = 0.$$

Les racines de cette équation caractéristique étant $r_1 = +2$ et $r_2 = -2$, on voit que la solution générale de l'équation est

$$y = C_1 x^2 + C_2 x^{-2}.$$

13° En remplaçant y par x^r (n° 467), on voit que r doit être racine de l'équation caractéristique

$$r(r - 1) - 3r + 4 = 0, \qquad (r - 2)^2 = 0,$$

qui a une racine double égale à 2 ; la solution générale est

$$y = x^2 (C_1 + C_2 \log x).$$

On la trouverait encore en effectuant le changement $x = e^t$, qui donne l'équation

$$\frac{d^2 y}{dt^2} - 4 \frac{dy}{dt} + 4y = 0 ;$$

sa solution générale $y = e^{2t}(C_1 + C_2 t)$ conduit au même résultat.

---

302. *Montrer que si n est un nombre entier positif, les équations*

$$(x^2 - 1) \frac{d^2 y}{dx^2} - n(n - 1)y = 0,$$

$$(x^2 - 1) \frac{d^2 y}{dx^2} + 2x \frac{dy}{dx} - n(n + 1)y = 0,$$

$$x \frac{d^2 y}{dx^2} + (x + 1) \frac{dy}{dx} - ny = 0,$$

ont chacune pour solution un polynome entier et former leur solu-
tion générale par des quadratures.

Lorsqu'on cherche une solution de la forme

$$y = a_0 + a_1 x + a_2 x^2 + \cdots + a_p x^p + \cdots,$$

on doit substituer à la fonction et à ses dérivées la série et ses dérivées

$$\frac{dy}{dx} = a_1 + 2a_2 x + \cdots + p a_p x^{p-1} + \cdots,$$

$$\frac{d^2 y}{dx^2} = 2 . 1 . a_2 + 3 . 2 . a_3 x + \cdots + p(p-1) a_p x^{p-2} + \cdots,$$

puis identifier les deux membres en écrivant que les coefficients des puissances successives de x sont nuls.

1° Pour la première équation, on a, d'une manière générale,

$$(p+2)(p+1) a_{p+2} + \left[n(n-1) - p(p-1) \right] a_p = 0.$$

On voit que chaque coefficient est donné au moyen de l'antépré-cédent tant que $p < n$; lorsque $p = n$, $a_{p+2} = 0$.

Si n est pair, en laissant a_0 arbitraire et choisissant $a_1 = 0$, on voit que tous les coefficients d'indice impair sont nuls, et que ceux d'indice pair le sont à partir de a_{n+2} ; il reste comme solution un poly-nome de degré n dont tous les coefficients renferment a_0 en facteur. Si n est impair, en choisissant $a_0 = 0$ et laissant a_1 arbitraire, on obtient de même comme solution un polynome de degré n, dont tous les coefficients renferment a_1 en facteur ; dans tous les cas, on obtient une solution de la forme $CP(x)$, où P est un polynome bien déter-miné de degré n et C une constante arbitraire.

Lorsqu'on connaît cette solution, on pose $y = P(x)z$; la fonc-tion z est déterminée par

$$\frac{d^2 z}{dx^2} P(x) + 2 \frac{dz}{dx} \frac{dP}{dx} = 0,$$

$\dfrac{dz}{dx}$ satisfait à une équation du premier ordre dont les variables se sépa-rent, et dont la solution est de la forme

$$\frac{dz}{dx} = \frac{C_1}{P(x)^2}, \qquad \text{d'où} \qquad z = C_1 \int \frac{dx}{P(x)^2} + C_2,$$

il en résulte pour l'équation donnée la solution

$$y = C_2 P(x) + C_1 P(x) \int \frac{dx}{P(x)^2}.$$

2° La même méthode donne la relation

$$(p+2)(p+1)a_{p+2} + \left[n(n+1) - p(p+1)\right]a_p = 0 ;$$

lorsque p atteint la valeur n, a_{p+2} est nul. On voit comme dans le cas précédent que l'équation admet comme solution un polynome de degré n, dont les coefficients renferment soit a_0, soit a_1 en facteur, et dont les termes ont des degrés de même parité. Si $P(x)$ est ce polynome et si l'on remplace encore y par $P(x)z$, on obtient l'équation

$$(x^2 - 1)P(x)\frac{d^2z}{dx^2} + 2\left[(x^2 - 1)\frac{dP}{dx} + xP(x)\right]\frac{dz}{dx} = 0,$$

qui est linéaire par rapport à $\dfrac{dz}{dx}$, et donne

$$\frac{\dfrac{d^2z}{dx^2}}{\dfrac{dz}{dx}} + 2\frac{\dfrac{dP}{dx}}{P(x)} + \frac{2x}{x^2 - 1} = 0,$$

$$\frac{dz}{dx} = \frac{C_1}{P(x)^2(x^2 - 1)}, \qquad z = C_1 \int \frac{dx}{P(x)^2(x^2 - 1)} + C_2,$$

d'où l'on a la valeur de y en multipliant $P(x)$ par z.

3° La même méthode donne la relation

$$(p+1)^2 a_{p+1} = (n-p)a_p ;$$

lorsque p atteint la valeur n, a_{p+1} est nul ; on voit que l'équation admet comme solution un polynome de degré n dont les coefficients renferment en facteur le coefficient arbitraire a_0. Si $P(x)$ est ce polynome, et si l'on remplace y par $P(x)z$, on obtient l'équation

$$\frac{\dfrac{d^2z}{dx^2}}{\dfrac{dz}{dx}} + 2\frac{\dfrac{dP}{dx}}{P(x)} + \frac{x+1}{x} = 0,$$

$$\frac{dz}{dx} = \frac{C_1 e^{-x}}{xP(x)^2}, \qquad z = C_1 \int \frac{e^{-x}dx}{xP(x)^2} + C_2,$$

d'où l'on déduit la solution générale de l'équation.

303. *Montrer que les équations*

$$x\frac{d^2y}{dx^2} + \frac{dy}{dx} - xy = 0, \qquad x\frac{d^2y}{dx^2} + a\frac{dy}{dx} - bxy = 0$$

ont chacune comme solution une série entière et former leur solution générale par des quadratures.

Lorsqu'on substitue à y, comme dans l'exercice précédent, une série entière, et qu'on égale à zéro les coefficients des puissances successives de x, on obtient pour la première équation

$$a_1 = 0, \qquad (p+2)^2\, a_{p+2} = a_p;$$

tous les coefficients d'indice impair sont nuls; ceux d'indice pair s'expriment tous au moyen de a_0, qui reste arbitraire et sert de constante d'intégration; on obtient ainsi la série

$$a_0 S(x) = a_0\left(1 + \frac{x^2}{2^2} + \frac{x^4}{2^2.4^2} + \cdots + \frac{x^{2n}}{2^2.4^2\ldots(2n)^2} + \cdots\right),$$

qui est convergente pour toutes les valeurs de x.

Si l'on remplace dans l'équation y par $S(x)z$, on a pour déterminer z l'équation

$$\frac{\dfrac{d^2z}{dx^2}}{\dfrac{dz}{dx}} + 2\frac{\dfrac{dS}{dx}}{S(x)} + \frac{1}{x} = 0,$$

qui donne

$$\frac{dz}{dx} = \frac{C_1}{xS(x)^2}, \qquad z = C_1\int\frac{dx}{xS(x)^2} + C_2$$

et l'on en déduit la solution générale de l'équation différentielle.

Si l'on considère la seconde équation, un calcul analogue donne

$$a_1 = 0, \qquad (p+2)(p+a+1)a_{p+2} = ba_p;$$

tous les coefficients d'indice impair sont nuls; ceux d'indice pair s'expriment tous au moyen de a_0; il faut toutefois que a ne soit pas un nombre entier négatif. On obtient ainsi une série dont les termes sont de degré pair, et qui est toujours convergente.

En posant $y = S(x)z$, un calcul analogue à celui fait précédemment donne·

$$\frac{dz}{dx} = \frac{C_1}{x^a S(x)^2}, \qquad z = C_1 \int \frac{dx}{x^a S(x)^2} + C_2,$$

d'où l'on déduit la solution générale de l'équation proposée.

Pour $a = 1$ et $b = -1$, on a l'équation de Bessel et la série $S(x)$ devient la fonction désignée par $J_0(x)$ (n° 471).

---

304. *Étant donnée une équation différentielle du second ordre linéaire et homogène mise sous la forme*

$$P(x)\frac{d^2y}{dx^2} + Q(x)\frac{dy}{dx} + ky = 0,$$

où k est une constante, est-il possible d'effectuer un changement de variable $x = f(t)$ de façon que l'équation entre y et t soit à coefficients constants? Appliquer à l'intégration de l'équation

$$(1 - x^2)\frac{d^2y}{dx^2} - x\frac{dy}{dx} + ky = 0.$$

Les formules de transformation indiquées au n° 231 donnent

$$\frac{dy}{dx} = \frac{y'_t}{x'_t}, \qquad \frac{d^2y}{dx^2} = \frac{x'_t y''_{t^2} - y'_t x''_{t^2}}{x'^3_t},$$

et l'équation différentielle devient, par le changement de variable,

$$\frac{P}{x'^2_t}\frac{d^2y}{dt^2} + \left[\frac{Q}{x'_t} - \frac{Px''_{t^2}}{x'^3_t}\right]\frac{dy}{dt} + ky = 0,$$

x étant remplacé dans P et Q par sa valeur en fonction de t.

Pour que cette équation soit à coefficients constants, il faut que les deux premiers coefficients soient égaux à deux constantes; en les désignant par a et b, il faut que l'on ait

$$P = ax'^2_t, \qquad Q = bx'_t + \frac{Px''_{t^2}}{x'^2_t}.$$

P et Q doivent satisfaire identiquement à la relation que l'on obtient en éliminant x'_t et sa dérivée entre les deux équations précédentes, qui donnent

$$x'_t = \frac{P^{\frac{1}{2}}}{a^{\frac{1}{2}}}, \qquad x''_{t^2} = \frac{1}{2}\frac{P^{-\frac{1}{2}}P'_x x'_t}{a^{\frac{1}{2}}} = \frac{P'_x}{2a},$$

d'où

$$Q = \frac{b}{a^{\frac{1}{2}}} P^{\frac{1}{2}} + \frac{P'_{x}}{2} = c\sqrt{P} + \frac{P'_{x}}{2},$$

c étant une constante. Si cette condition est remplie, on peut déterminer le changement de variable par l'équation qui lie x'_t à P et l'intégration de l'équation différentielle est ramenée à celle d'une équation à coefficients constants.

Dans l'exemple considéré, la condition est satisfaite en donnant à c une valeur nulle ; on posera

$$x'_t = -\sqrt{P} = -\sqrt{1 - x^2}, \qquad x = \cos t$$

et l'équation deviendra

$$\frac{d^2 y}{dt^2} + ky = 0.$$

Si k est positif, sa solution est $C_1 \cos\sqrt{k}\,t + C_2 \sin\sqrt{k}\,t$; si k est négatif et égal à $-k'$, sa solution est $C_1 \operatorname{ch}\sqrt{k'}\,t + C_2 \operatorname{sh}\sqrt{k'}\,t$.

---

305. *Déterminer en coordonnées cartésiennes une courbe plane de façon que le rayon de courbure en un point* M : 1° *se projette sur une droite fixe suivant une longueur constante;* 2° *soit égal à m fois la portion de la normale comprise entre le point* M *et l'axe* Ox; *cas où* $m = 1$, $m = -1$, $m = 2$, $m = -2$.

1° Si la droite fixe est prise comme axe des y, la projection sur cet axe du rayon de courbure en un point est égale à la différence $Y - y$ des ordonnées du centre de courbure et du point ; on a donc (n° 327, formule 3) en désignant par a la longueur constante

$$\frac{1 + y'^2}{y''} = a, \qquad \text{d'où} \qquad \frac{y''}{1 + y'^2} = \frac{1}{a},$$

$$\text{arc tg } y' = \frac{x - x_0}{a}, \qquad y' = \operatorname{tg}\frac{x - x_0}{a}, \qquad y - y_0 = -\log\left|\cos\frac{x - x_0}{a}\right|,$$

x_0 et y_0 étant deux constantes arbitraires.

2° La valeur algébrique du rayon de courbure (n° 328) est

$$\frac{(1 + y'^2)^{\frac{3}{2}}}{y''};$$

la portion de la normale comprise entre le point M et l'axe des x est égale à la valeur absolue de $y\sqrt{1+y'^2}$; nous supposerons y positif, nous aurons alors l'équation différentielle

$$\frac{(1+y'^2)^{\frac{3}{2}}}{y''} = my(1+y'^2)^{\frac{1}{2}}, \qquad 1+y'^2 = myy'',$$

dans laquelle m est positif ou négatif et a le signe de y''.

C'est une équation qui ne renferme pas la variable x ; on l'intègre (n° 462) en posant $\dfrac{dy}{dx}=p$, $\dfrac{d^2y}{dx^2}=p\dfrac{dp}{dy}$, d'où

$$1+p^2 = myp\frac{dp}{dy}, \qquad \frac{dy}{y} = \frac{mpdp}{1+p^2};$$

en intégrant et en désignant par C une constante arbitraire, on a

$$\frac{2}{m}\log y = \log(1+p^2) - \log C, \qquad 1+p^2 = Cy^{\frac{2}{m}},$$

$$p = \frac{dy}{dx} = \sqrt{Cy^{\frac{2}{m}}-1}, \qquad x = \int \frac{dy}{\sqrt{Cy^{\frac{2}{m}}-1}} = \left(Cy^{\frac{2}{m}}-1\right)^{-\frac{1}{2}}dy.$$

On est ramené à une intégrale binome (n° 390) ; elle s'exprime au moyen des fonctions élémentaires lorsque $\dfrac{m}{2}$ ou $\dfrac{m-1}{2}$ est entier, ce qui a lieu pour toutes les valeurs entières de m.

Si $m=1$, x s'exprime par l'équation

$$x = \int \frac{dy}{\sqrt{Cy^2-1}},$$

la constante C doit être positive ; nous la remplacerons par $\dfrac{1}{a^2}$ et nous aurons, en désignant par x_0 une deuxième constante,

$$\frac{x-x_0}{a} = \int \frac{dy}{\sqrt{y^2-a^2}} = \log\left(\frac{y+\sqrt{y^2-a^2}}{a}\right),$$

$$y+\sqrt{y^2-a^2} = ae^{\frac{x-x_0}{a}}, \qquad y-\sqrt{y^2-a^2} = \frac{a^2}{y+\sqrt{y^2-a^2}} = ae^{-\frac{x-x_0}{a}},$$

d'où

$$y = \frac{a}{2}\left(e^{\frac{x-x_0}{a}} + e^{-\frac{x-x_0}{a}}\right) = a\,\mathrm{ch}\,\frac{x-x_0}{a}.$$

La courbe est une chaînette quelconque ayant pour base l'axe Ox (exercice 210).

Si $m = -1$, on a

$$x = \int \frac{dy}{\sqrt{Cy^{-2} - 1}} = \int \frac{y\,dy}{\sqrt{C - y^2}} = -\sqrt{C - y^2} + x_0,$$

$$(x - x_0)^2 + y^2 = C;$$

la courbe est un cercle ayant son centre sur Ox.

Si $m = 2$, on a

$$x = \int \frac{dy}{\sqrt{Cy - 1}} = \frac{2\sqrt{Cy - 1}}{C} + x_0,$$

d'où l'on déduit l'équation

$$y = \frac{C}{4}(x - x_0)^2 + \frac{1}{C};$$

elle représente une parabole quelconque ayant pour directrice Ox.

Si $m = -2$, on a

$$x = \int \sqrt{\frac{y}{C - y}}\, dy;$$

nous avons vu dans l'exercice 290, 5°, que les coordonnées des points de la courbe s'expriment par les formules

$$x = \frac{C}{2}(\varphi - \sin\varphi), \qquad y = \frac{C}{2}(1 - \cos\varphi),$$

et que la courbe est une cycloïde (exercice 211).

---

306. *Déterminer en coordonnées polaires une courbe plane de façon que le rayon de courbure en un point* M *soit égal à* m *fois la portion de normale comprise entre le point* M *et la perpendiculaire à* OM; *cas de* $m = 1$, $m = -1$, $m = 2$.

Le rayon de courbure a pour valeur algébrique (n° 231)

$$\frac{(\rho^2 + \rho'^2)^{\frac{3}{2}}}{\rho^2 + 2\rho'^2 - \rho\rho''};$$

la sous-normale est égale à ρ', et la portion de normale comprise
entre M et la perpendiculaire à OM est égale à $\sqrt{\rho^2 + \rho'^2}$; on a
donc à intégrer l'équation

$$\rho^2 + \rho'^2 = m(\rho^2 + 2\rho'^2 - \rho\rho'').$$

Comme la variable θ n'y entre pas, on pose $\rho' = \dfrac{d\rho}{d\theta} = p$, d'où
$\rho'' = p\dfrac{dp}{d\rho}$, et l'on obtient l'équation

$$\rho^2 + p^2 = m\left(\rho^2 + p^2 - 2\rho p\frac{dp}{d\rho}\right) ;$$

on est ramené, en posant $p^2 = z$, à une équation linéaire en z

$$\rho\frac{dz}{d\rho} - \frac{2(2m-1)}{m}z - \frac{2(m-1)}{m}\rho^2 = 0,$$

dont l'intégrale, obtenue par la méthode du n° 453, est

$$z = C\rho^{\frac{2(2m-1)}{m}} - \rho^2 ;$$

en remplaçant z par p^2 ou par $\left(\dfrac{d\rho}{d\theta}\right)^2$, et séparant les variables, on a

$$\theta - \theta_0 = \int\left[C\rho^{\frac{2(2m-1)}{m}} - \rho^2\right]^{-\frac{1}{2}} d\rho,$$

θ_0 étant une deuxième constante arbitraire ; on est ainsi ramené à une
intégrale binome qui est toujours intégrable par les fonctions élémentaires lorsque m est entier positif ou négatif.

Si $m = 1$, on a, en posant $C - 1 = k^2$,

$$k(\theta - \theta_0) = \int\frac{d\rho}{\rho} = \log|\rho| ; \qquad \rho = \pm e^{k(\theta - \theta_0)} = \rho_0 e^{k\theta} ;$$

la courbe est une spirale logarithmique.

Si $m = -1$, on a

$$\theta - \theta_0 = \int\frac{d\rho}{\rho\sqrt{C\rho^4 - 1}} = \frac{1}{2}\operatorname{arc\,tg}\sqrt{C\rho^4 - 1},$$

$$C\rho^4 = 1 + \operatorname{tg}^2 2(\theta - \theta_0) = \frac{1}{\cos^2 2(\theta - \theta_0)},$$

C doit être positif ; en le remplaçant par $\dfrac{1}{k^4}$, on a l'équation

$$\rho^2 \cos 2(\theta - \theta_0) = \pm k^2 ;$$

cette équation représente une hyperbole équilatère quelconque ayant pour centre l'origine.

Si $m = 2$, on a

$$\theta - \theta_0 = \int \frac{d\rho}{\rho\sqrt{C\rho - 1}} = 2 \operatorname{arc\,tg}\sqrt{C\rho - 1},$$

comme le montrerait le changement de variable $C\rho - 1 = u^2$; on en déduit l'équation

$$C\rho = 1 + \operatorname{tg}^2 \frac{\theta - \theta_0}{2} = \frac{2}{1 + \cos(\theta - \theta_0)},$$

qui représente une parabole quelconque ayant pour foyer l'origine.

---

307. *Déterminer une courbe plane de façon que le rayon de courbure R en un point M : 1° soit proportionnel à l'angle que fait avec Ox la tangente au point M ; 2° soit proportionnel à la longueur de l'arc de la courbe compté jusqu'au point M.*

1° Si α désigne l'angle de la tangente en M avec l'axe des x, et si R est une fonction donnée de α, on a

$$\frac{ds}{d\alpha} = R, \qquad ds = R\,d\alpha ;$$

on peut ainsi déterminer l'arc par une quadrature ; dans le cas actuel, si $R = k\alpha$, on a $s = \dfrac{k\alpha^2}{2} + s_0$. Pour déterminer la courbe, on calcule les coordonnées x et y par les formules

$$dx = ds \cos \alpha = R \cos \alpha\, d\alpha, \qquad dy = ds \sin \alpha = R \sin \alpha\, d\alpha,$$

qui donnent dans le cas actuel

$$x - x_0 = k(\cos \alpha + \alpha \sin \alpha), \qquad y - y_0 = k(\sin \alpha - \alpha \cos \alpha) ;$$

on reconnaît les équations donnant les coordonnées des points d'une développante de cercle, celle du cercle de rayon k et de centre (x_0, y_0) (n° 330).

2° Si le rayon de courbure est une fonction donnée de l'arc, l'équation

$$\frac{ds}{d\alpha} = R, \qquad d\alpha = \frac{ds}{R}$$

permet d'exprimer l'angle α au moyen de s, et le problème est analogue au précédent. Dans le cas où $R = ks$, on a

$$d\alpha = \frac{1}{k}\frac{ds}{s}, \qquad \alpha = \frac{1}{k}\log\left|\frac{s}{C}\right|, \qquad s = Ce^{k\alpha};$$

on a ensuite

$$dx = ds\cos\alpha = Cke^{k\alpha}\cos\alpha\, d\alpha, \qquad dy = Cke^{k\alpha}\sin\alpha\, d\alpha,$$

d'où

$$x - x_0 = \frac{Cke^{k\alpha}}{1 + k^2}(k\cos\alpha + \sin\alpha), \quad y - y_0 = \frac{Cke^{k\alpha}}{1 + k^2}(k\sin\alpha - \cos\alpha):$$

la courbe est une spirale logarithmique, comme on le verrait en formant son équation en coordonnées polaires, après avoir transporté l'origine au point (x_0, y_0).

---

308. *Déterminer le mouvement d'un point matériel pesant se déplaçant suivant la verticale dans un milieu résistant : 1° lorsque la résistance est proportionnelle à la vitesse ; 2° lorsqu'elle est proportionnelle au carré de la vitesse ; cas du mouvement ascendant, cas du mouvement descendant.*

1° Si l'on prend comme axe des z la trajectoire, avec la direction positive dirigée vers le haut, si l'on représente par m la masse du mobile et par $km|v|$ la valeur absolue de la force de résistance, l'équation du mouvement est dans tous les cas

$$m\frac{d^2z}{dt^2} = -mg - km\frac{dz}{dt};$$

on est amené à prendre comme inconnue la vitesse $v = \dfrac{dz}{dt}$; elle est donnée par l'équation linéaire

$$\frac{dv}{dt} + kv = -g,$$

dont la solution est

$$v = -\frac{g}{k} + Ce^{-kt} \,;$$

on peut exprimer la constante d'intégration par la vitesse initiale v_0 ;
en faisant $t = 0$ dans cette équation, on a $v_0 = -\dfrac{g}{k} + C$, d'où

$$v = -\frac{g}{k} + \left(v_0 + \frac{g}{k}\right)e^{-kt} \,;$$

en intégrant et désignant par z_0 la cote initiale du mobile, on a

$$z = z_0 - \frac{g}{k}\, t + \frac{1}{k}\left(v_0 + \frac{g}{k}\right)(1 - e^{-kt}).$$

L'intégration directe de l'équation du second ordre à laquelle
satisfait z aurait conduit au même résultat.

Si v_0 est négatif, le mouvement est descendant et tend à devenir
uniforme avec la vitesse $-\dfrac{g}{k}$. Si v_0 est positif, le mouvement est
d'abord ascendant ; le mobile s'arrête lorsque la vitesse s'annule ; puis
le mouvement est descendant et tend à devenir uniforme.

2° En choisissant de même l'axe des z avec la direction positive
vers le haut, et représentant par mgk^2v^2 la valeur absolue de la force
de résistance, il faut écrire des équations différentes suivant que le
mouvement est ascendant ou descendant.

S'il est ascendant, il satisfait à l'équation

$$m\frac{d^2z}{dt^2} = -mg - mgk^2v^2, \qquad \frac{dv}{dt} = -g(1 + k^2v^2) \,;$$

on en déduit

$$\frac{k\dfrac{dv}{dt}}{1 + k^2v^2} = -kg, \qquad \text{arc tg } kv = -kgt + \text{arc tg } kv_0,$$

v_0 étant la vitesse initiale supposée positive. La vitesse v diminue et
s'annule au bout d'un temps t_1 déterminé par l'équation

$$kgt_1 = \text{arc tg } kv_0 \,;$$

le mobile s'arrête, et son mouvement, devenant descendant, change
de nature.

Quant à la loi du mouvement avant l'arrêt du mobile, t variant de 0 à t_1, elle est donnée par l'équation

$$\text{arc tg } kv = kg(t_1 - t), \qquad kv = k\frac{dz}{dt} = \text{tg } kg(t_1 - t),$$

d'où

$$z = z_0 + \frac{1}{k^2 g} \log \frac{\cos kg(t_1 - t)}{\cos kg t_1}.$$

La cote z_1 atteinte par le mobile au moment de l'arrêt est telle que

$$z_1 - z_0 = -\frac{1}{k^2 g} \log \cos kg t_1 = \frac{1}{k^2 g} \log \sqrt{1 + k^2 v_0^2}.$$

Si le mouvement est descendant, il satisfait à l'équation

$$m\frac{d^2 z}{dt^2} = -mg + mgk^2 v^2, \qquad \frac{dv}{dt} = -g(1 - k^2 v^2) ;$$

pour plus de facilité nous poserons $z = -Z$, $v = -V$, Z étant dirigé positivement vers le bas et allant en croissant, V étant positif ; nous aurons alors

$$g\,dt = \frac{dV}{1 - k^2 V^2} = \frac{1}{2k}\left(\frac{dkV}{1 - kV} + \frac{dkV}{1 + kV} \right).$$

Si la vitesse initiale V_0 est nulle ou inférieure à $\dfrac{1}{k}$, l'intégration de cette équation donne

$$2kgt = \log \frac{1 + kV}{1 - kV} - \log \frac{1 + kV_0}{1 - kV_0} ;$$

désignons par t_1 un nombre tel que l'on ait

$$2kgt_1 = \log \frac{1 + kV_0}{1 - kV_0} ;$$

t_1 représente le temps au bout duquel le mobile partant du repos acquerrait la vitesse V_0 ; nous pouvons écrire

$$2kg(t + t_1) = \log \frac{1 + kV}{1 - kV}, \qquad V = \frac{1}{k}\frac{e^{2kg(t + t_1)} - 1}{e^{2kg(t + t_1)} + 1} = \frac{1}{k}\frac{\text{sh } kg(t + t_1)}{\text{ch } kg(t + t_1)}.$$

V a pour limite $\dfrac{1}{k}$ lorsque t augmente indéfiniment, et le mouvement tend à devenir uniforme ; on obtient la loi de l'espace en intégrant la vitesse, ce qui donne

$$Z = Z_0 + \frac{1}{k^2 g} \log \frac{\operatorname{ch} kg(t_1 + t)}{\operatorname{ch} kg t_1}.$$

Dans le cas où $V_0 = \frac{1}{k}$, la vitesse reste constante et égale à $\frac{1}{k}$.

Dans le cas où $V_0 > \frac{1}{k}$, on a

$$2kgt = \log \frac{kV + 1}{kV - 1} - \log \frac{kV_0 + 1}{kV_0 - 1} ;$$

désignons encore par t_1 un nombre tel que l'on ait

$$2kgt_1 = \log \frac{kV_0 + 1}{kV_0 - 1},$$

t_1 représente le temps au bout duquel le mobile animé d'une vitesse initiale infinie acquerrait la vitesse V_0 ; nous pouvons écrire

$$2kg(t + t_1) = \log \frac{kV + 1}{kV - 1}, \qquad V = \frac{1}{k} \frac{e^{2kg(t + t_1)} + 1}{e^{2kg(t + t_1)} - 1} = \frac{1}{k} \frac{\operatorname{ch} kg(t + t_1)}{\operatorname{sh} kg(t + t_1)},$$

V a encore pour limite $\frac{1}{k}$ lorsque t augmente indéfiniment ; la loi de l'espace est

$$Z = Z_0 + \frac{1}{k^2 g} \log \frac{\operatorname{sh} kg(t_1 + t)}{\operatorname{sh} kg t_1}.$$

---

309. *Les équations du mouvement d'un point pesant sont*

$$\frac{d^2 x}{dt^2} = 0, \qquad \frac{d^2 y}{dt^2} = 0, \qquad \frac{d^2 z}{dt^2} = - g ;$$

déterminer la solution de ces équations satisfaisant aux conditions suivantes : la position initiale du mobile est l'origine, de plus, la vitesse initiale est égale à v_0 et est dirigée dans le plan des xz suivant une droite faisant avec Ox un angle donné α.

En intégrant une première fois, on a

$$\frac{dx}{dt} = C_1, \qquad \frac{dy}{dt} = C_2, \qquad \frac{dz}{dt} = - gt + C_3 ;$$

une deuxième intégration donne

$$x = C_1 t + C_1', \qquad y = C_2 t + C_2', \qquad z = -\frac{gt^2}{2} + C_3 t + C_3' ;$$

les six constantes sont données par les conditions initiales ; pour $t = 0$, les valeurs de x, y, z doivent être nulles, d'où $C_1' = C_2' = C_3' = 0$; de plus les dérivées par rapport au temps doivent avoir les valeurs

$$\left(\frac{dx}{dt}\right)_0 = v_0 \cos \alpha, \qquad \left(\frac{dy}{dt}\right)_0 = 0, \qquad \left(\frac{dz}{dt}\right)_0 = v_0 \sin \alpha,$$

on en déduit $C_1 = v_0 \cos \alpha$, $C_2 = 0$, $C_3 = v_0 \sin \alpha$, et la solution cherchée est $x = v_0 t \cos \alpha$, $y = 0$, $z = v_0 t \sin \alpha - \dfrac{g t^2}{2}$.

---

310. *Intégrer les systèmes suivants d'équations simultanées :*

$$\begin{cases} \dfrac{dx}{dt} = a(x - y), \\[2mm] \dfrac{dy}{dt} = b(y - x); \end{cases} \qquad \begin{cases} \dfrac{dx}{dt} + \omega y = -a \sin t, \\[2mm] \dfrac{dy}{dt} - \omega x = a \cos t. \end{cases}$$

Pour le deuxième système, on étudiera plus spécialement le cas où $\omega = 2$, et l'on construira la courbe représentant la solution particulière qui, pour $t = 0$, se réduit à $x = 0$, $y = 0$.

1° Nous éliminerons y en différentiant la première équation, ce qui donne

$$\frac{d^2 x}{dt^2} = a \left(\frac{dx}{dt} - \frac{dy}{dt} \right);$$

en tirant y et $\dfrac{dy}{dt}$ des équations données, on obtient

$$y = x - \frac{1}{a} \frac{dx}{dt}, \qquad \frac{dy}{dt} = - \frac{b}{a} \frac{dx}{dt},$$

et on en déduit l'équation donnant x :

$$\frac{d^2 x}{dt^2} = (a + b) \frac{dx}{dt}.$$

Si $a + b \neq 0$, la solution de cette équation est

$$x = C_1 + C_2 e^{(a+b)t}, \qquad \text{d'où} \qquad y = C_1 - \frac{b}{a} C_2 e^{(a+b)t}.$$

Si $a + b = 0$, la solution est

$$x = C_1 + C_2 t, \qquad y = C_1 - \frac{C_2}{a} + C_2 t.$$

On peut trouver *a priori* deux intégrales particulières en remarquant que l'on a

$$\frac{d}{dt}(bx + ay) = 0, \qquad \text{d'où} \qquad bx + ay = C'$$

et
$$\frac{d}{dt}(x - y) = (a + b)(x - y), \qquad \text{d'où} \qquad x - y = C''e^{(a+b)t}.$$

2° En éliminant y et $\dfrac{dy}{dt}$ après avoir différentié la première équation, nous trouverons le système

$$\frac{d^2x}{dt^2} + \omega^2 x = - a(\omega + 1) \cos t,$$

$$y = - \frac{a}{\omega} \sin t - \frac{1}{\omega} \frac{dx}{dt}.$$

L'équation donnant x, privée de second membre, a pour solution générale $C_1 \cos \omega t + C_2 \sin \omega t$. Si $\omega^2 - 1 \neq 0$, une solution particulière est $x_0 = \dfrac{-a}{\omega - 1} \cos t$ et la solution générale du système est

$$x = C_1 \cos \omega t + C_2 \sin \omega t - \frac{a}{\omega - 1} \cos t,$$

$$y = C_1 \sin \omega t - C_2 \cos \omega t - \frac{a}{\omega - 1} \sin t.$$

Si $\omega = - 1$, l'équation en x n'a pas de second membre et la solution générale du système est

$$x = C_1 \cos t + C_2 \sin t,$$
$$y = (a - C_1) \sin t + C_2 \cos t.$$

Enfin si $\omega = 1$, il faut chercher une solution particulière de l'équation en x de la forme $\alpha t \cos t + \beta t \sin t$; par substitution et identification, on trouve $\alpha = 0$, $\beta = - a$, de sorte que la solution du système est

$$x = C_1 \cos t + C_2 \sin t - at \sin t,$$
$$y = C_1 \sin t - C_2 \cos t + at \cos t.$$

Dans le cas où $\omega = 2$, la solution générale du système est

$$x = C_1 \cos 2t + C_2 \sin 2t - a \cos t,$$
$$y = C_1 \sin 2t - C_2 \cos 2t - a \sin t.$$

Pour que cette solution devienne $x = 0$, $y = 0$ pour $t = 0$, il faut que $C_1 = a$, $C_2 = 0$, d'où

$$x = a\,(\cos 2t - \cos t),$$
$$y = a\,(\sin 2t - \sin t).$$

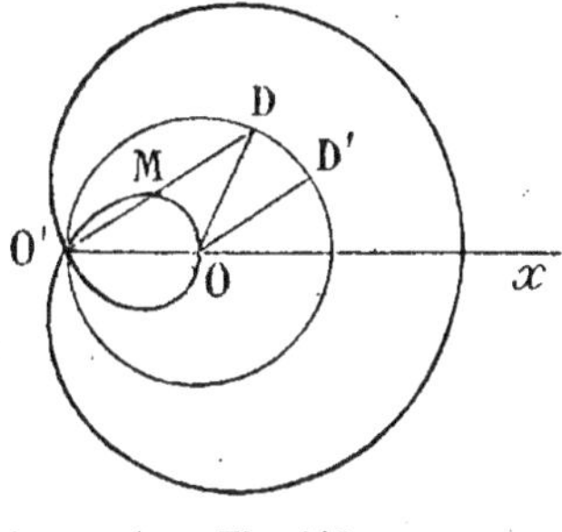

Fig. 112.

Pour construire la courbe représentée par ces équations, on peut étudier la variation des deux fonctions x et y de t comme au n° 305, mais il est plus simple de construire géométriquement les deux vecteurs l'un égal à a porté par la direction OD faisant avec Ox l'angle $2t$ (*fig.* 112), l'autre égal à $-a$ porté par la direction OD′ faisant avec Ox l'angle t; l'extrémité M de cette somme géométrique est un point de la courbe. Si l'on construit le cercle de centre O et de rayon a, le vecteur DM égal et parallèle à D′O va passer par le point O′ de coordonnées $(-a, 0)$; le point M se déduit du point D en portant sur O′D un vecteur constant DM $= -a$; il décrit donc un limaçon de Pascal particulier (n° 307).

On arriverait à la même conclusion par le calcul; si x' et y' sont les coordonnées du point M par rapport à un système d'axes d'origine O′ tel que O′x' soit confondu avec Ox, on a

$$x' = x + a = a \cos t\,(2 \cos t - 1), \qquad y' = y = a \sin t\,(2 \cos t - 1);$$

les coordonnées polaires de M dans le nouveau système sont telles que $\theta = t$, et que $\rho = a\,(2 \cos t - 1)$; l'équation de la courbe est

$$\rho = a(2 \cos \theta - 1),$$

et elle représente un limaçon de Pascal.

---

311. *Intégrer les systèmes suivants d'équations simultanées*

$$\left\{ \begin{aligned} \frac{dx}{dt} &= y + z, \\[1em] \frac{dy}{dt} &= z + x, \\[1em] \frac{dz}{dt} &= x + y, \end{aligned} \right. \qquad\qquad \left\{ \begin{aligned} \frac{dx}{dt} &= qz - ry, \\[1em] \frac{dy}{dt} &= rx - pz, \\[1em] \frac{dz}{dt} &= py - qx. \end{aligned} \right.$$

1° En différentiant la première équation, on a

$$\frac{d^2x}{dt^2} = \frac{dy}{dt} + \frac{dz}{dt} = 2x + \frac{dx}{dt}, \qquad \text{ou} \qquad \frac{d^2x}{dt^2} - \frac{dx}{dt} - 2x = 0.$$

L'équation caractéristique $r^2 - r - 2 = 0$ a pour racines 2 et -1, de sorte que l'on a

$$x = C_1 e^{2t} + C_2 e^{-t};$$

y est ensuite donné par l'équation

$$\frac{dy}{dt} = x + \left(\frac{dx}{dt} - y\right) = -y + 3C_1 e^{2t},$$

dont la solution est

$$y = C_1 e^{2t} + C_3 e^{-t},$$

C_3 étant une nouvelle constante.

Enfin z s'exprime au moyen de x et y par

$$z = \frac{dx}{dt} - y = C_1 e^{2t} - (C_2 + C_3) e^{-t}.$$

La solution trouvée renferme bien trois constantes arbitraires et elle est la solution générale. On peut remarquer qu'une intégrale du système est fournie par l'équation

$$\frac{d}{dt}(x + y + z) = 2(x + y + z),$$

d'où $x + y + z = C' e^{2t}$; on peut en déduire ensuite x, y et z en reprenant chacune des équations données; elles se ramènent alors à des équations renfermant chacune une seule fonction inconnue.

2° Pour éliminer y et z, il est nécessaire de dériver deux fois la première équation, et une fois chacune des autres, ce qui donne

$$\frac{d^3x}{dt^3} = q\frac{d^2z}{dt^2} - r\frac{d^2y}{dt^2} = p\left(q\frac{dy}{dt} + r\frac{dz}{dt}\right) - (q^2 + r^2)\frac{dx}{dt};$$

comme on a

$$q\frac{dy}{dt} + r\frac{dz}{dt} = p(ry - qz) = -p\frac{dx}{dt},$$

on arrive à l'équation

$$\frac{d^3x}{dt^3} + (p^2 + q^2 + r^2)\frac{dx}{dt} = 0.$$

Nous poserons $p^2 + q^2 + r^2 = \omega^2$; l'équation caractéristique $r^3 + \omega^2 r = 0$ a pour racines $r_1 = 0$, $r_2 = \omega i$, $r_3 = -\omega i$; la solution générale est, en désignant par $C_1 p$, C_2 et C_3 des constantes arbitraires,

$$x = C_1 p + C_2 \cos \omega t + C_3 \sin \omega t.$$

Les valeurs de y et de z se déduisent de celle de x par les équations

$$qz - ry = \frac{dx}{dt},$$

$$p(qy + rz) = (q^2 + r^2)x + q\frac{dz}{dt} - r\frac{dy}{dt} = (q^2 + r^2)x + \frac{d^2x}{dt^2},$$

qui donnent y et z exprimés au moyen des mêmes constantes C_1, C_2, C_3, par les formules

$$y = C_1 q + \frac{-C_2 pq - C_3 r\omega}{q^2 + r^2} \cos \omega t + \frac{-C_3 pq + C_2 r\omega}{q^2 + r^2} \sin \omega t,$$

$$z = C_1 r + \frac{-C_2 pr + C_3 q\omega}{q^2 + r^2} \cos \omega t + \frac{-C_3 pr - C_2 q\omega}{q^2 + r^2} \sin \omega t.$$

On peut remarquer que l'on obtient deux intégrales du système par les combinaisons

$$\frac{d}{dt}(px + qy + rz) = 0, \qquad x\frac{dx}{dt} + y\frac{dy}{dt} + z\frac{dz}{dt} = 0,$$

dont les intégrales sont

$$px + qy + rz = C', \qquad x^2 + y^2 + z^2 = C'',$$

C' et C'' étant deux constantes. Les lignes intégrales sont des cercles dont le plan est perpendiculaire à la droite $\dfrac{x}{p} = \dfrac{y}{q} = \dfrac{z}{r}$ et dont le centre est sur cette droite. Les équations donnant x, y, z sont celles du mouvement d'un mobile animé d'un mouvement de rotation autour de cette droite, avec la vitesse constante ω.

---

312. *Intégrer les équations simultanées suivantes, qui se présentent en électromagnétisme :*

$$M\frac{dC_1}{dt} + L_2\frac{dC_2}{dt} + R_2 C_2 = E_2,$$

$$M\frac{dC_2}{dt} + L_1\frac{dC_1}{dt} + R_1 C_1 = E_1 ;$$

on suppose constants et positifs les coefficients et les seconds membres.

Après différentiation de la première équation et élimination de C_2, on trouve le système équivalent

$$(M^2 - L_1 L_2)\frac{d^2 C_1}{dt^2} - (R_2 L_1 + R_1 L_2)\frac{dC_1}{dt} - R_1 R_2 C_1 = - R_2 E_1,$$

$$R_2 M C_2 = - (M^2 - L_1 L_2)\frac{dC_1}{dt} + R_1 L_2 C_1 + E_2 M - E_1 L_2.$$

Si $M^2 - L_1 L_2 = 0$, le système se réduit à un autre plus simple et a pour solution

$$C_1 = \alpha e^{mt} + \beta, \qquad C_2 = \gamma e^{mt} + \delta,$$

où α est une constante arbitraire, et où l'on pose

$$m = - \frac{R_1 R_2}{R_2 L_1 + R_1 L_2}, \qquad \beta = \frac{E}{R_1}, \qquad \delta = \frac{E_2}{R_2}, \qquad \gamma = \frac{R_1 L_2 \alpha}{R_2 M}.$$

On peut encore l'écrire sous la forme

$$C_1 = k \frac{\sqrt{M L_1}}{R_1} e^{mt} + \frac{E_1}{R_1}, \qquad C_2 = k \frac{\sqrt{M L_2}}{R_2} e^{mt} + \frac{E_2}{R_2},$$

où m a la valeur précédente et où k est une constante arbitraire.

Dans le cas général où $M^2 - L_1 L_2 \neq 0$, l'équation différentielle à laquelle satisfait C_1, privée de second membre, a pour équation caractéristique

$$(M^2 - L_1 L_2)r^2 - (R_2 L_1 + R_1 L_2)r - R_1 R_2 = 0.$$

Ses racines,

$$\left.\begin{array}{c} r_1 \\ r_2 \end{array}\right\} = \frac{(R_2 L_1 + R_1 L_2) \pm \sqrt{(R_2 L_1 - R_1 L_2)^2 + 4 R_1 R_2 M^2}}{2(M^2 - L_1 L_2)},$$

sont toujours réelles, et la solution générale de l'équation en C_1, ainsi que la valeur de C_2 que l'on en déduit, sont

$$C_1 = k_1 e^{r_1 t} + k_2 e^{r_2 t} + \frac{E_1}{R_1},$$

$$C_2 = \frac{- R_2 L_1 + R_1 L_2 - \sqrt{H}}{2 R_2 M} k_1 e^{r_1 t} + \frac{- R_2 L_1 + R_1 L_2 + \sqrt{H}}{2 R_2 M} k_2 e^{r_2 t} + \frac{E_2}{R_2},$$

où H désigne la quantité sous le radical entrant dans les valeurs de r_1 et r_2 et où k_1, k_2 désignent deux constantes arbitraires.

Pour mettre plus de symétrie dans la forme du résultat, nous introduirons deux nombres positifs A_1 et A_2, définis par les égalités

$$A_1^2 = \sqrt{\overline{H}} + R_1 L_2 - R_2 L_1, \qquad A_2^2 = \sqrt{\overline{H}} + R_2 L_1 - R_1 L_2,$$

et nous poserons

$$C_1 = \frac{A_1}{\sqrt{2R_1 M}} k_1' e^{r_1 t} + \frac{A_2}{\sqrt{2R_2 M}} k_2' e^{r_2 t} + \frac{E_1}{R_1},$$

où k_1' et k_2' sont deux constantes ; nous en déduirons

$$C_2 = \frac{-A_2}{\sqrt{2R_2 M}} k_1' e^{r_1 t} + \frac{A_1}{\sqrt{2R_2 M}} k_2' e^{r_2 t} + \frac{E_2}{R_2}.$$

---

313. *Intégrer les systèmes d'équations simultanées*

$$\begin{cases} \dfrac{d^2 x}{dt^2} + ay = 0, \\[2mm] \dfrac{d^2 y}{dt^2} + bx = 0, \end{cases} \qquad \begin{cases} \dfrac{d^2 x}{dt^2} + ax + by = 0, \\[2mm] \dfrac{d^2 y}{dt^2} + bx + cy = 0, \end{cases} \qquad \begin{cases} \dfrac{d^2 x}{dt^2} + ax + by = 0, \\[2mm] \dfrac{d^2 y}{dt^2} - bx + cy = 0. \end{cases}$$

$1°$ L'élimination de y entre les équations donne

$$\frac{d^4 x}{dx^4} - ab\, x = 0,$$

équation linéaire et homogène dont l'équation caractéristique est $r^4 - ab = 0$.

Si ab est positif, elle a deux racines réelles $\pm \sqrt[4]{ab}$ et deux racines imaginaires $\pm i\sqrt[4]{ab}$; en désignant par u la quantité $\sqrt[4]{ab}\, t$, par C_1, C_2, C_3, C_4 quatre constantes arbitraires, la solution générale de l'équation peut être écrite sous la forme

$$x = \sqrt{|a|}\,[C_1 \operatorname{ch} u + C_2 \operatorname{sh} u + C_3 \cos u + C_4 \sin u] ;$$

la première des équations données fournit ensuite y

$$y = \mp \sqrt{|b|}\,[C_1 \operatorname{ch} u + C_2 \operatorname{sh} u - C_3 \cos u - C_4 \sin u],$$

en choisissant le signe $-$ si a et b sont positifs, le signe $+$ s'ils sont négatifs.

Dans le cas où le produit ab est négatif, en supposant par exemple que a est positif et b négatif, l'équation caractéristique a ses quatre racines imaginaires comprises dans la formule

$$r = (\pm 1 \pm i)\frac{\sqrt{2}}{2}\sqrt[4]{-ab} \; ;$$

en désignant par u la quantité $\frac{\sqrt{2}}{2}\sqrt[4]{-ab}\,t$, la solution générale peut être écrite sous la forme

$$x = \sqrt{a}\,[C_1 e^u \cos u + C_2 e^u \sin u + C_3 e^{-u} \cos u + C_4 e^{-u} \sin u],$$
$$y = -\sqrt{-b}\,[-C_1 e^u \sin u + C_2 e^u \cos u + C_3 e^{-u} \sin u - C_4 e^{-u} \cos u].$$

On peut aussi introduire les fonctions hyperboliques et écrire la solution sous la forme

$$x = \sqrt{a}\,[D_1 \operatorname{ch} u \cos u + D_2 \operatorname{ch} u \sin u + D_3 \operatorname{sh} u \cos u + D_4 \operatorname{sh} u \sin u],$$
$$y = -\sqrt{-b}\,[-D_1 \operatorname{sh} u \sin u + D_2 \operatorname{sh} u \cos u - D_3 \operatorname{ch} u \sin u + D_4 \operatorname{ch} u \cos u].$$

2° En prenant la dérivée seconde de la première équation, puis éliminant y et sa dérivée seconde entre les équations données et l'équation obtenue, on arrive à l'équation

$$\frac{d^4 x}{dt^4} + (a + c)\frac{d^2 x}{dt^2} + (ac - b^2)x = 0.$$

L'équation caractéristique

$$r^4 + (a + c)r^2 + (ac - b^2) = 0,$$

où r^2 est considérée comme inconnue, a deux racines réelles, car la quantité sous le radical est $(a - c)^2 + 4b^2$ et est positive ; nous excluons le cas exceptionnel où $b = 0$, $a = c$; les équations ne renferment plus alors chacune qu'une fonction inconnue.

Si les valeurs de r^2 sont toutes deux positives, les racines de l'équation caractéristique sont réelles, de la forme $\pm r_1, \pm r_2$, la solution générale de l'équation en x est

$$x = C_1 e^{r_1 t} + C_2 e^{-r_1 t} + C_3 e^{r_2 t} + C_4 e^{-r_2 t}$$

et la première des équations données permet ensuite de calculer y. On pourrait encore exprimer la solution sous la forme

$$x = D_1 \operatorname{ch} r_1 t + D_2 \operatorname{sh} r_1 t + D_3 \operatorname{ch} r_2 t + D_4 \operatorname{sh} r_2 t.$$

Si les valeurs de r^2 sont l'une positive égale à r_1^2, l'autre négative égale à $-r_2^2$, la forme de la solution x est la précédente, dans laquelle on remplacerait $\operatorname{ch} r_2 t$ et $\operatorname{sh} r_2 t$ par $\cos r_2 t$ et $\sin r_2 t$. Enfin si les valeurs de r^2 sont toutes deux négatives, égales à $- r_1^2$ et $- r_2^2$, il suffit d'introduire partout dans la solution des sinus et des cosinus. Les valeurs de y tirées de la première des équations sont de même forme.

3° La même méthode d'élimination de y conduit à l'équation en x

$$\frac{d^4x}{dt^4} + (a+c)\frac{d^2x}{dt^2} + (b^2+ac)x = 0 \, ;$$

l'équation caractéristique est

$$r^4 + (a+c)r^2 + (b^2+ac) = 0 \, ;$$

les valeurs qu'elle fournit pour r^2 peuvent être réelles ou imaginaires ; dans le premier cas, la solution du système donné est analogue à celle du précédent ; dans le second cas, les racines de l'équation caractéristique sont de la forme $\pm\alpha\pm\beta i$, et la solution de l'équation en x est de la forme

$$D_1 \operatorname{ch}\alpha t \cos\beta t + D_2 \operatorname{ch}\alpha t \sin\beta t + D_3 \operatorname{sh}\alpha t \cos\beta t + D_4 \operatorname{sh}\alpha t \sin\beta t,$$

la valeur de y ayant une forme analogue.

Les équations envisagées se présentent en mécanique dans l'étude des petits mouvements d'un point matériel dans un plan au voisinage d'une position d'équilibre ; l'équilibre est stable si les deux racines de l'équation en r^2 sont réelles et négatives, la solution ne contenant que des sinus et des cosinus.

Dans le second cas, et dans le premier cas lorsque $a = b$, la force à laquelle est soumis le mobile dépend d'une fonction des forces, car

$$(ax + by)dx + (bx + cy)dy$$

est différentielle totale ; dans le dernier cas, la différentielle analogue est la somme d'une différentielle totale et d'une autre de la forme

$$- b(xdy - ydx).$$

---

314. *Intégrer les équations aux dérivées partielles*

1° $ap + bq = c$;   2° $py + qx = 0$;   3° $px + qy = \dfrac{xy}{z}$,

4° $pq = 1$;   5° $pq = z$;   6° $pq = xy$;

7° $p^2 + q^2 = m^2$;   8° $p + q = mz$;

9° $\dfrac{\partial^2 z}{\partial x^2} = A^2\dfrac{\partial^2 z}{\partial t^2} + 2AB\dfrac{\partial z}{\partial t}$ et $\dfrac{\partial^2 u}{\partial x^2} - \dfrac{\partial^2 u}{\partial t^2} + u = 0$

(équation des télégraphistes).

1° La méthode du n° 479 conduit à intégrer le système

$$\frac{dx}{a} = \frac{dy}{b} = \frac{dz}{c},$$

dont deux intégrales sont

$$\frac{x}{a} - \frac{z}{c} = C_1, \qquad \frac{y}{b} - \frac{z}{c} = C_2.$$

Les lignes caractéristiques sont des droites parallèles à la direction (a, b, c); l'intégrale générale est donnée par l'équation

$$\Phi\left(\frac{x}{a} - \frac{z}{c}, \ \frac{y}{b} - \frac{z}{c}\right) = 0,$$

où Φ est une fonction arbitraire ; elle représente un cylindre quelconque dont les génératrices sont parallèles à la direction précédente (a, b, c).

2° La même méthode conduit au système

$$\frac{dx}{y} = \frac{dy}{x} = \frac{dz}{0},$$

dont deux intégrales sont $z = C_1$ et $x^2 - y^2 = C_2$. Les lignes caractéristiques sont des hyperboles équilatères tracées dans des plans parallèles au plan xOy ; l'intégrale générale est donnée par l'équation $z = \varphi(x^2 - y^2)$, où φ est une fonction arbitraire.

3° En opérant de même, on est conduit au système

$$\frac{dx}{x} = \frac{dy}{y} = \frac{zdz}{xy},$$

ou
$$ydx = xdy = zdz = \frac{ydx + xdy}{2},$$

qui fournit deux intégrales

$$\frac{y}{x} = C_1, \qquad z^2 - xy = C_2.$$

Les lignes caractéristiques sont des courbes du second ordre situées dans des plans passant par Oz ; l'intégrale générale est fournie par l'équation $z^2 - xy = \varphi\left(\dfrac{y}{x}\right)$, où φ est une fonction arbitraire.

4° En suivant la méthode du n° 480, on voit que l'on a une intégrale complète fournie par l'équation

$$z = ax + by + c,$$

lorsque les trois coefficients satisfont à la condition $ab = 1$. L'équation renferme encore deux paramètres et représente un plan variable. Pour avoir l'intégrale générale, on établira entre les deux paramètres une relation arbitraire ; l'enveloppe du plan sera alors une certaine surface réglée développable ; il n'y a pas d'intégrale singulière.

5° Nous avons vu que $z = (x + a)(y + b)$ est une intégrale complète ; nous pouvons en former une autre en remarquant que l'équation est indépendante de x et y ; on pose alors

$$q = ap, \qquad \text{d'où} \qquad ap^2 = z, \qquad p = \sqrt{\frac{z}{a}}, \qquad q = \sqrt{az},$$

puis

$$dz = pdx + qdy = \sqrt{\frac{z}{a}}\,(dx + ady),$$

$$x + ay + b = \int \frac{\sqrt{a}\,dz}{\sqrt{z}} = 2\sqrt{az}, \qquad z = \frac{1}{4a}\,(x + ay + b)^2.$$

On obtient ainsi une famille de cylindres paraboliques qui sont tangents au plan xOy ; ce plan constitue l'enveloppe des surfaces et est une solution singulière.

6° Les variables se séparent ; on pose

$$\frac{p}{x} = \frac{y}{q} = a, \qquad \text{d'où} \qquad p = ax, \qquad q = \frac{y}{a}.$$

En transportant ces valeurs dans $dz = p\,dx + q\,dy$, on a

$$dz = ax\,dx + \frac{y}{a}\,dy, \qquad z = \frac{ax^2}{2} + \frac{y^2}{2a} + b\,;$$

on a ainsi une intégrale complète.

7° L'intégrale complète est représentée par l'équation

$$z = ax + by + c,$$

les constantes étant assujetties à la condition $a^2 + b^2 = m^2$.

Tous les plans représentés par cette équation forment avec l'axe Oz un angle constant dont le cosinus est

$$\gamma = \frac{1}{\sqrt{a^2 + b^2 + 1}} = \frac{1}{\sqrt{m^2 + 1}}.$$

8° En posant $q = ap$, où a est une constante arbitraire, on obtient l'équation $p(1+a) = mz$, et on en déduit

$$dz = pdx + qdy = \frac{mz}{1+a}(dx + ady);$$

cette dernière équation a pour intégrale

$$\log z = \frac{m}{1+a}(x + ay) + \log b,$$

et l'on obtient ainsi une intégrale complète de l'équation donnée

$$z = be^{\frac{m(x+ay)}{1+a}}.$$

9° L'équation dite des télégraphistes, qui détermine soit la variation du potentiel V soit la variation de l'intensité I dans un fil qui transmet une perturbation électrique, est de la forme

$$\frac{\partial^2 z}{\partial x^2} = A^2 \frac{\partial^2 z}{\partial t^2} + 2AB \frac{\partial z}{\partial t}.$$

On peut en déterminer une infinité de solutions particulières, de la forme $z = Ce^{\alpha x + \beta t}$ et faire la somme d'un nombre quelconque de ces solutions (n° 482) ; C est une constante arbitraire ; α et β sont des nombres constants assujettis à satisfaire à l'équation caractéristique

$$\alpha^2 = A^2\beta^2 + 2AB\beta.$$

Si β est réel, α est aussi réel ; si β est imaginaire de la forme $\beta''i$, α est imaginaire de la forme $\alpha' + \alpha''i$, et la solution considérée peut être écrite sous la forme

$$Ce^{\alpha'x} \cos(\alpha''x + \beta''t) + C'e^{\alpha'x} \sin(\alpha''x + \beta''t).$$

On peut simplifier l'équation ; en multipliant les variables x et t par des coefficients convenablement choisis, on la ramène à la forme

$$\frac{\partial^2 z}{\partial x^2} = \frac{\partial^2 z}{\partial t^2} + 2\frac{\partial z}{\partial t}.$$

Si l'on pose ensuite $z = ue^{-t}$, u étant une fonction inconnue de x et t, on a

$$\frac{\partial^2 z}{\partial x^2} = \frac{\partial^2 u}{\partial x^2}e^{-t}, \qquad \frac{\partial z}{\partial t} = \frac{\partial u}{\partial t}e^{-t} - ue^{-t},$$

$$\frac{\partial^2 z}{\partial t^2} = \frac{\partial^2 u}{\partial t^2}e^{-t} - 2\frac{\partial u}{\partial t}e^{-t} + ue^{-t},$$

et la fonction u satisfait à l'équation

$$\frac{\partial^2 u}{\partial x^2} - \frac{\partial^2 u}{\partial t^2} + u = 0.$$

On détermine comme précédemment des solutions de cette équation de la forme $u = Ce^{\alpha x + \beta t}$, α et β étant assujettis à satisfaire à l'équation caractéristique

$$\alpha^2 - \beta^2 + 1 = 0.$$

Si α est réel, β est aussi réel, et l'on peut constituer une solution par une somme de termes de la forme

$$Ce^{\alpha x} e^{t\sqrt{1+\alpha^2}}.$$

Si β est imaginaire de la forme $\beta'' i$, α est aussi imaginaire de la forme $i\sqrt{1 + \beta''^2}$, et l'on peut constituer une solution par une somme de termes de la forme

$$C \cos\left(\sqrt{1 + \beta''^2}\, x + \beta'' t\right) + C' \sin\left(\sqrt{1 + \beta''^2}\, x + \beta'' t\right).$$

---

315. *Intégrer les équations aux différentielles totales*

$$yz\,dx + zx\,dy - xy\,dz = 0,$$
$$yz(y+z)dx + zx(z+x)dy + xy(x+y)dz = 0.$$

1° En divisant tous les termes par xyz, l'équation devient

$$\frac{dx}{x} + \frac{dy}{y} - \frac{dz}{z} = 0 \;;$$

le premier membre est la différentielle totale de $\log|x| + \log|y| - \log|z|$, et on a immédiatement la solution générale sous la forme

$$\log|x| + \log|y| = \log|z| + \log|C|, \qquad \text{ou} \qquad xy = Cz.$$

2° En résolvant l'équation par rapport à dz, on la met sous la forme

$$dz = -\frac{z(y+z)}{x(x+y)}\,dx - \frac{z(z+x)}{y(x+y)}\,dy \;;$$

on vérifie que la condition d'intégrabilité est satisfaite, et l'on est ramené à intégrer le système des équations compatibles

$$\frac{\partial z}{\partial x} = -\frac{z(y+z)}{x(x+y)}, \qquad \frac{\partial z}{\partial y} = -\frac{z(z+x)}{y(x+y)}.$$

La première, considérée comme équation différentielle déterminant z en fonction de x, est une équation de Bernoulli qu'on intègre en posant $\dfrac{1}{z} = Z$, ce qui donne

$$\frac{\partial Z}{\partial x} - \frac{yZ}{x(x+y)} = \frac{1}{x(x+y)};$$

la solution de l'équation sans second membre est $Z_1 = \dfrac{Cx}{x+y}$, et la méthode de la variation des constantes donne $C = \dfrac{-1}{x} + u(y)$, d'où l'on a la solution de la première des deux équations sous la forme

$$Z = \frac{1}{z} = \frac{-1}{x+y} + \frac{xu(y)}{x+y}, \qquad \text{d'où} \qquad z = \frac{x+y}{xu(y)-1},$$

u étant une fonction de y seul.

En transportant dans l'équation qui donne $\dfrac{\partial z}{\partial y}$ la valeur de z ainsi déterminée, on obtient, tous calculs faits, l'équation $u - u'y = 0$, indépendante de x comme on devait s'y attendre ; sa solution est $u = Cy$, C étant une constante indépendante de x et y ; on obtient finalement la relation

$$z = \frac{x+y}{Cxy-1},$$

qu'on peut écrire

$$Cxyz - (x+y+z) = 0.$$

C'est la solution générale de l'équation. En la résolvant par rapport à C et prenant la différentielle de la relation obtenue, on obtient

$$\frac{-1}{(xyz)^2}\,[yz(y+z)dx + zx(z+x)dy + xy(x+y)dz] = 0 ;$$

on voit que le facteur par lequel est multipliée la parenthèse est un facteur intégrant de l'équation donnée.

TABLE DES MATIÈRES

CHARTRES. — IMPRIMERIE DURAND, RUE FULBERT (2-1926).

EXERCICES DE GÉOMÉTRIE MODERNE

Précédés de l'exposé élémentaire des principales théories

Par G. Papelier, ancien élève de l'École normale supérieure, agrégé des sciences mathématiques, professeur de Mathématiques spéciales au lycée d'Orléans. — La collection comprend neuf petits volumes de format 22/14ᶜᵐ. Il en paraît un toutes les six semaines environ.

I. *Géométrie dirigée.* . . . . **10 fr.** »
II. *Transversales.* . . . . **7 fr. 50**
III. *Division et faisceau harmoniques.* . . . . **7 fr. 50**
IV. *Pôles et polaires* dans le cercle. Transformations par polaires réciproques. Pôles et polaires dans la sphère. . . . . **10 fr.** »
V. *Rapport anharmonique.* . . . . *(Sous presse.)*
VI. *Inversion.* . . . . *(Sous presse.)*
VII. *Homographie.*
VIII. *Involution.*
IX. *Géométrie projective. Homologie. Coniques.*

L'enseignement de la géométrie pure, si vivant autrefois, est un peu délaissé aujourd'hui. Les programmes actuels du baccalauréat, les sujets qu'on donne à l'examen, n'y sont pas étrangers. La suppression de la classe de Mathématiques élémentaires supérieures a aussi porté un coup à cet enseignement.

La géométrie n'a cependant rien perdu de ses vertus éducatives : élégance et rigueur s'allient en elle comme autrefois, et aujourd'hui comme du temps de Pascal « entre esprits égaux, celui qui a de la géométrie l'emporte et acquiert une vigueur toute nouvelle ».

Il serait fâcheux de laisser s'accentuer toute tendance qui aboutirait au délaissement, même partiel, d'une pareille école de logique. C'est pour cette raison que nous avons cru utile de publier une série de fascicules consacrés à des exercices de géométrie moderne précédés de l'exposé élémentaire des principales théories. Sans doute ces théories sont exposées dans divers traités de géométrie ; mais, faute de place, ceux-ci ne peuvent en donner que fort peu d'applications.

Le présent ouvrage a pour but de montrer par de nombreux exemples tout le parti que l'on peut tirer des théories géométriques modernes et comment elles permettent fréquemment de résoudre avec simplicité nombre de problèmes dont la solution par la géométrie usuelle serait des plus compliquées.

INITIATION AUX MÉTHODES VECTORIELLES

et aux applications géométriques de l'analyse.

Cours et Exercices à l'usage des élèves de Mathématiques spéciales et des élèves des Facultés des sciences, par G. Bouligand, ancien élève de l'École normale supérieure, docteur ès sciences, professeur de mécanique rationnelle à la Faculté des sciences de Poitiers, et G. Rabaté, chargé de conférences de mathématiques à la Faculté des sciences de Poitiers. — Un vol. 25/16ᶜᵐ. . . . . *(Sous presse.)*

COURS DE GÉOMÉTRIE ANALYTIQUE, par G. Bouligand. — Un vol. 22/14ᶜᵐ, de XII-421 pages, avec une préface de M. Cartan, professeur à la Sorbonne. **22 fr.** »

Le livre de M. Bouligand a le grand mérite d'être court, clair et élevé ; il prend chaque question du point de vue général et fondamental, seule méthode pour faire pénétrer les idées nouvelles dans l'enseignement élémentaire.

LEÇONS DE GÉOMÉTRIE VECTORIELLE, par G. Bouligand. — Un vol. 25/16ᶜᵐ, avec une préface de M. E. Goursat, membre de l'Institut, professeur à la Sorbonne.

36 fr. »

PRÉCIS DE MÉCANIQUE RATIONNELLE *(Cours et problèmes)*, par G. Bouligand. — Un vol. 25/16ᶜᵐ. Tome I. . . . . **30 fr.** »

LES LIEUX GÉOMÉTRIQUES EN MATHÉMATIQUES SPÉCIALES avec application du principe de correspondance et de la théorie des caractéristiques à 1400 problèmes de lieux et d'enveloppes, par T. Lemoyne. — Vol. 25/16ᶜᵐ. . **15 fr.** »